普通高等教育"十三五"规划教材

工程力学

主　编　冯　旭　　叶建海
副主编　郭江涛　　耿亚杰
主　审　赵毅力

U0381989

中国水利水电出版社
www.waterpub.com.cn

内 容 提 要

本书是为高等职业院校水利水电工程专业国家级资源库编写的工程力学教材。本书基本理论满足专业要求,对传统静力学、材料力学和结构力学的内容进行了精选,对知识体系做了必要有效的调整,理论体系由浅入深,顺序架构符合认知规律;加强了实用性和针对性;内容表述简单直观,章节编排简洁明了。

全书共 11 章,主要内容有物体的受力分析、平面力系的合成与平衡、平面图形的几何性质、平面体系的几何组成分析、静定结构的内力分析、杆件的应力与强度计算、应力状态与强度理论、杆件的变形和结构的位移计算、超静定结构的内力计算和压杆稳定。

本书可作为高职高专和成人教育高校的水利类、土建类、交通类专业的教材,也可作为广大自学者及相关专业工程技术人员的参考用书。

图书在版编目（C I P）数据

工程力学 / 冯旭,叶建海主编. -- 北京 : 中国水利水电出版社, 2016.1(2018.8重印)
普通高等教育"十三五"规划教材
ISBN 978-7-5170-4069-9

Ⅰ. ①工… Ⅱ. ①冯… ②叶… Ⅲ. ①工程力学－高等学校－教材 Ⅳ. ①TB12

中国版本图书馆CIP数据核字(2016)第029875号

书　　　名	普通高等教育"十三五"规划教材 **工程力学**
作　　　者	主编 冯旭 叶建海　副主编 郭江涛 耿亚杰　主审 赵毅力
出 版 发 行	中国水利水电出版社 (北京市海淀区玉渊潭南路 1 号 D 座　100038) 网址:www. waterpub. com. cn E - mail:sales@waterpub. com. cn 电话:(010) 68367658 (营销中心)
经　　　售	北京科水图书销售中心 (零售) 电话:(010) 88383994、63202643、68545874 全国各地新华书店和相关出版物销售网点
排　　　版	中国水利水电出版社微机排版中心
印　　　刷	天津嘉恒印务有限公司
规　　　格	184mm×260mm　16 开本　20.75 印张　492 千字
版　　　次	2016 年 1 月第 1 版　2018 年 8 月第 2 次印刷
印　　　数	2001—4000 册
定　　　价	**54.00 元**

前　言

　　本书是为高职高专院校水利水电工程专业国家级资源库编写的工程力学教材。按照国家高职高专人才培养目标对于本课程的要求，由杨凌职业技术学院、黄河水利职业技术学院、重庆水利电力职业技术学院组成的合作团队编写完成。本书的编写主要突出以下几个方面的特点：

　　1. 本书基本理论满足专业要求，对传统静力学、材料力学和结构力学的内容进行了精选，对知识体系做了必要有效的调整；理论体系由浅入深，顺序架构符合认知规律。不仅节省了篇幅和学时，而且便于学生自学和逻辑思维能力的培养。

　　2. 加强实用性和针对性。重视力学概念和理论知识的应用，对概念和理论知识的阐述尽量结合工程实际，对水利工程中较实用的内容列举了较多的例题。在理论证明和公式推导上适当从简。

　　3. 内容表述简单直观，章节编排简洁明了。本书只有章和节的划分，思考题、习题配置在相关节的后面。这种改法，一方面给读者留有自己进行总结和提炼重点的空间，另一方面可以加强课后训练。

　　4. 文字努力做到少而精，通俗易懂。书中配合图形与实例，尽量使抽象的概念变得直观。

　　另外，本书配套了相应的《工程力学习题与实验》，使学生可以在课外与教材结合进行学习检测，激发学生的学习热情。

　　本书由杨凌职业技术学院冯旭、黄河水利职业技术学院叶建海担任主编；杨凌职业技术学院郭江涛、黄河水利职业技术学院耿亚杰担任副主编；杨凌职业技术学院赵毅力担任主审。

　　参加编写工作的人员及分工为：杨凌职业技术学院李荣轶（第1章）、袁芙蓉（第4章）、杨磊（第8章8.1～8.6）、冯旭（绪论、第8章8.7～8.9）、郭江涛（第9章9.1～9.4）、宁翠萍（第9章9.5～9.7）、李萍萍（第9章9.8～9.9）；黄河水利职业技术学院耿亚杰（第2章）、荆旭春（第3章、第6章

6.10)、管欣（第 5 章 5.1～5.6）、闫纲丽（第 5 章 5.7～5.9、第 6 章 6.4）、叶建海（第 6 章 6.1～6.3）、张翌娜（第 6 章 6.5～6.9）；重庆水利电力职业技术学院张杰（第 7 章）、程小龙（第 10 章）。本书摄影图片由杨凌职业技术学院王智民提供。

在本书编写过程中，受到杨凌职业技术学院、黄河水利职业技术学院、重庆水利电力职业技术学院相关领导的大力支持，在此一并表示感谢。

在本书编写过程中，参考了部分相同学科的教材文献，在此向文献的作者表示衷心感谢。

由于编者水平有限，不妥之处在所难免，恳请读者批评指正。

编 者

2015 年 8 月

目 录

绪 论

1. 工程力学的研究对象

在水利、交通、工业与民用建筑等工程中，为满足不同的需求，建造了各式各样的建筑物。如图0.1所示渡槽，是引渡水流跨过沟槽的建筑物；图0.2所示是正在施工中的办公楼房。

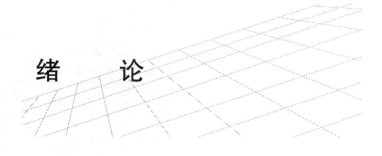

图 0.1

建筑物在施工和建成后的正常使用过程中，都要受到各种各样的力的作用，例如建筑物各部分的自重、人和设备的重量、风压和地震力的作用等，这些直接主动作用在建筑物上的外力，在工程上统称为荷载。

将建筑物中承受和传递荷载而起骨架作用的部分称为结构。图0.1所示渡槽的槽梁主要承受自身和水的重量，槽梁将力传到两端的支承柱上，而柱再将力传到下端的基础内。显然，图0.1所示建筑物中，槽梁、支承柱和基础构成渡槽的结构。楼板、梁、柱和地基构成的框架就是楼房的结构，如图0.2所示。将组成结构的各个部件称为构件。

组成结构的构件按其形状和尺寸可分为三类。构件的长度远大于截面宽度和厚度的称杆件；构件的长度和宽度远大于截面厚度的称薄壁构件；构件的长度、宽度、厚度为同量级尺寸的称实体构件。由杆件组成的结构称为杆系结构，如图0.3所示的移动式喷灌支

图 0.2

架。工程力学的研究对象主要是杆及杆系结构。杆系结构分为平面杆系结构和空间杆系结构，当组成结构的所有构件的轴线及所受外力在同一平面内时，称为平面杆系结构；否则，便是空间杆系结构。本书仅研究平面杆系结构，很多空间杆系结构可简化为平面杆系结构进行分析计算。

由薄壁构件和实体构件组成的薄壁结构和实体结构是弹性力学的研究对象。

2. 工程力学的任务

结构或构件在建造及使用过程中，当受到过大荷载后，可直接发生断裂；在一般情况下其尺寸与形状都要发生变化，这种变化称为变形。将外力解除后能消失的变形称为弹性变形，将外力解除后不能消失的变形称为塑性变形。

结构或构件在建造及使用过程中，必须使其具有足够的承载能力，才能保证结构及构件安全正常的工作。在工程力学范畴内，承载能力主要包括强度、刚度和稳定性三方面的要求。

构件应具备足够的强度（即抵抗破坏的能力），以保证在规定的使用条件下不发生意外断裂或显著塑性变形。

构件应具备足够的刚度（即抵抗变形的能力），以保证在规定的使用条件下不产生过大的弹性变形。

构件应具备足够的稳定性（即保持原有平衡形式的能力），以保证在规定的使用条件下构件在某种外力（例如轴向压力）作用下，其平衡形式不发生突然转变。

结构及构件的安全性和经济性是矛盾的，前者要求用好的材料、大的截面尺寸，而后者则要求用低廉的材料最经济的截面尺寸。要使两者达到完美的统一，就需要依靠科学理论和实践来探索材料的受力性能、确定构件的受力计算方法，使设计出的结构和构件既安

图 0.3

全又经济。

工程力学的任务是，研究结构及构件的平衡规律、承载能力和材料的力学性质，为保证结构及构件安全可靠又经济合理提供必要的计算理论。

3. 工程力学的内容

本书所论之"工程力学"包含以下内容：

（1）静力学基础及静定结构内力分析——主要介绍静力学公理，研究平面力系的合成及平衡问题和静定结构的内力计算问题。

（2）强度和刚度分析——分析构件在各基本变形形式下的应力、强度及计算方法，分析静定结构的变形及计算方法，保证结构或构件满足刚度要求。

（3）超静定结构的内力计算——主要介绍力法、位移法和力矩分配法。

（4）稳定计算——主要研究不同约束条件下轴向受压直杆的稳定性问题。

4. 学习工程力学的目的

作为施工技术及施工管理人员，必须具有工程力学的直觉能力。一个经验丰富的施工员，不用详细计算，就能感受到结构或构件何处应力大，何处应力小，什么位置是危险截面。在实际工程中，当具备这种能力后，才能科学地组织施工，制定出合理的安全和质量保证措施。而这种能力可以通过本课程得到培养。

学习工程力学有利于培养学生的创新素质，创新素质在工程力学中的培养不仅仅体现在内容安排上，而且体现在整个课程的全过程，包括教学形式、方法、手段、要求等方面。对学习者的思维训练也是极有益的，通过工程力学的学习可以培养严谨、理性的思维习惯。按科学的方法分析和解决问题，不论从事何种工作都将得益匪浅。通过这些知识的学习所培养的能力和形成的素质将会一辈子受益。

　　工程力学是水利工程计算的理论基础，通过学习可以逐步形成工程理念，为掌握好水利工程的专业知识奠定基础。工程力学是水利工程建筑结构、施工技术、地基与基础、水利工程建筑等课程的基础。

　　5. 工程力学的学习方法

　　在我们生活的方方面面都有许多力学问题，我们都自觉或不自觉地运用力学规律。在学习工程力学时，必须理论联系实际，要求大量地观察实际生活中的力学现象，并学会用学到的理论加以定性或定量的解释。

　　课前应预习，做到听课时抓重点和难点；课后应及时复习，加深对所学内容的理解和记忆。在复习理解的基础上，再做一定量的练习，练习是运用基本理论解决实际问题的一种训练。

　　工程力学系统性较强，后面的内容总是以前面的知识为基础，各部分有较紧密的联系。因此，在学习中要循序渐进，及时解决不清楚的问题；要注意深刻理解基本概念、基本理论和基本方法，挖掘知识之间的逻辑关系，不能满足于背公式、记结论；要注意分析问题的思路和解决问题的方法。

第1章 物体的受力分析

§1.1 静力学基本概念

1. 力的概念

力是物体间相互的机械作用，这种作用能使物体的机械运动状态发生改变，同时还能使物体产生变形。力使物体的机械运动状态发生改变，称力的运动效应或外效应；力使物体的形状发生改变，称力的变形效应或内效应。

就力对物体的外效应来说，又可以分为两种情况，即力的移动效应和转动效应。例如，人沿直线轨道推小车使小车产生移动，这是力的移动效应；人作用于绞车手柄上的力使鼓轮转动，这是力的转动效应。在一般情况下，一个力对物体作用时，既有移动效应，又有转动效应。如打乒乓球时，如果球拍作用于乒乓球的力恰好通过球心，只有移动效应；如果此力不通过球心，则不仅有移动效应，还有绕球心的转动效应。

实践证明，力对物体的作用效应取决于力的大小、方向和作用点。这三者称为力的三要素。

（1）力的大小。力的大小表示物体间机械作用的强弱程度，力的国际单位制是牛顿（N），千牛顿（kN），$1kN=10^3N$。

（2）力的方向。力的方向表示物体间的机械作用具有方向性，它包含方位和指向。如重力"铅直向下"，"铅直"是指力的作用线在空间的方位，"向下"是指力沿作用线的指向。

（3）力的作用点。力的作用点是力作用在物体上的位置。实际上，当两个物体直接接触时，力总是分布地作用在一定的面积上。如手推车时，力作用在手与车厢接触的面积上。当力作用的面积很小以至可以忽略其大小时，就可以近似地将力看成作用在一个点上。

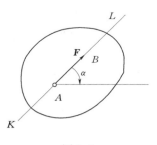

图 1.1

力是一个定位矢量，可用一个带箭头的线段表示，如图 1.1 所示。线段 AB 的始端 A 或末端 B 表示力的作用点，线段 AB 的长度表示力的大小，用线段的方位角和箭头表示力的方向。

2. 刚体的概念

由于结构或构件在正常使用情况下产生的变形很小，例如，桥梁在车辆、人群等荷载作用下的最大竖向位移一般不超过桥梁跨度的 1/900～1/700。物体的微小变形对于研究物体的平衡问题影响很小，忽略微小变形可使所研究的问题得以简化，因而，可以将物体视为不变形的理想体——刚体，即在任何外力的作用下，大小和形状始终保持不变的物体称为刚体。

　　显然，现实中刚体是不存在的。任何物体在力的作用下，总是或多或少地发生一些变形。在材料力学中，主要是研究物体在力作用下的变形和破坏，所以必须将物体看成变形体。在静力学中，主要研究的是物体的平衡问题，为研究问题的方便，则将所有的物体均视为刚体。

　　3. 力系的概念

　　作用在物体上的一群力称为一个力系。按照力系中各力作用线分布的情况，力系可分为：平面力系（力系中各力的作用线共面）和空间力系（力系中各力的作用线不完全共面）。本书主要研究平面力系，平面力系一般又可分为以下四种：

　　（1）平面汇交力系：力系中各力作用线汇交于一点。

　　（2）平面力偶系：力系中各力组成若干个力偶。

　　（3）平面平行力系：力系中各力作用线相互平行。

　　（4）平面一般力系：力系中各力作用线既不完全交于一点，也不完全平行。

　　4. 平衡的概念

　　所谓平衡，是指物体相对于地球表面保持静止或作匀速直线运动的状态。平衡状态的物体上作用的力系，称为平衡力系。将平衡力系必须满足的条件称力系的平衡条件。力系的平衡条件是静力学研究的主要问题之一。

　　在刚体静力学中，所研究的对象（物体或物体系统）被抽象为刚体，故暂不考虑物体的变形；所讨论的状态是平衡状态，所以也不考虑物体运动状态的改变。

§1.2　静 力 学 基 本 公 理

　　人们在长期的生产和生活实践中，经过反复观察和实践，总结出了关于力的最基本的客观规律，这些客观规律被称为静力学公理，并经过实践的检验证明它们是符合客观实际的普遍规律，它们是研究力系简化和平衡问题的基础。

　　1. 公理一（作用与反作用定律）

　　两个物体间的作用力与反作用力，总是大小相等，方向相反，作用线共线，分别作用在两个物体上。如图 1.2（a）所示，物体 A 与物体 B 相互压紧，物体 B 对物体 A 有支持力 F，物体 A 对物体 B 有压力 F'，力 F 与 F' 就是作用力与反作用用力的关系。作用力与反作用力总是成对出现，但它们分别作用在两个物体上，因此不能视作平衡力系。

　　2. 公理二（力的平行四边形法则）

　　作用在物体上同一点的两个力，可以合成为一个合力，此合力矢由两个分力矢构成的平行四边形

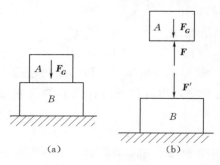

（a）　　　　　　（b）

图 1.2

对角线确定。合力的作用点仍在两分力的作用点。如图 1.3（a）所示两个共点力，可合成为一个合力，如图 1.3（b）所示。合力矢由平行四边形法则确定，如图 1.3（c）所示。为了简便起见，往往不必画出两分力矢为邻边所构成的整个平行四边形，把 F_2 力矢平移到对边，使得 F_1 和 F_2 力矢首尾相连，而只画出平行四边形中的一个三角形，如图 1.3（d）所示。这种通过作三角形求合力矢的方法，称为力的三角形法则。

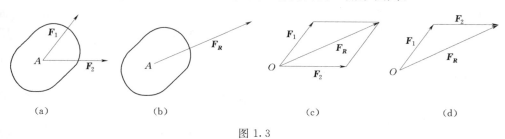

（a）　　　　　（b）　　　　　（c）　　　　　（d）

图 1.3

3. 公理三（二力平衡公理）

　　作用在同一刚体上的两个力，使刚体平衡的必要和充分条件是，这两个力大小相等，方向相反，作用在同一条直线上，如图 1.4 所示。

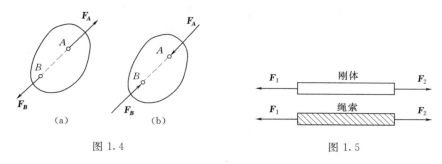

图 1.4　　　　　　　　　　　　　图 1.5

　　二力平衡公理对于刚体是充分的也是必要的，而对于变形体只是必要的，而不是充分的。如图 1.5 所示的绳索的两端若受到一对大小相等、方向相反的拉力作用可以平衡，但若是压力就不能平衡了。

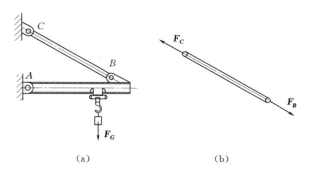

（a）　　　　　　　　　　（b）

图 1.6

　　受二力作用而处于平衡的杆件称为二力杆件（简称为二力杆），如图 1.6（a）所示简单吊车中的拉杆 BC，如果不考虑它的重量，杆就只在点 B 和点 C 处分别受到力 F_B 和 F_C

的作用；因杆 BC 处于平衡，根据二力平衡条件，力 F_B 和 F_C 必须等值、反向、共线，即力 F_B 和 F_C 的作用线都一定沿着 B、C 两点的连线，如图 1.6（b）所示。

4. 公理四（加减平衡力系公理）

在作用于刚体上的任意力系中，加上或去掉任何平衡力系，并不改变原力系对刚体的作用效应。也就是说在刚体上相差一个平衡力系的两个力系作用效果相同，可以互换。这个公理的正确性是显而易见的：因为平衡力系不会改变刚体原来的运动状态（静止或做匀速直线运动），也就是说，平衡力系对刚体的运动效果为零。所以在刚体上加上或去掉一个平衡力系，是不会改变刚体原来的运动状态的。

5. 推论一（力的可传性原理）

作用于刚体上的力可沿其作用线移动到刚体内的作用线段上任意一点，而不会改变该力对刚体的作用效应。

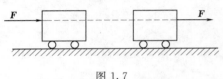

图 1.7

力的可传性原理很容易为实践所验证。例如，用绳拉车，或者沿绳子同一方向，用手以同样大小的力推车，对车产生的运动效果相同，如图 1.7 所示。

力的可传性原理告诉我们，力对刚体的作用效果与力的作用点在作用线上的位置无关。换句话说，力在同一刚体上可沿其作用线任意移动。这样，对于刚体来说，力的作用点在作用线上的位置已不是决定其作用效果的要素，而力的作用线对刚体的作用效果起决定性的作用。对刚体而言，力的三要素应表示为：力的大小、方向和作用线。

在应用力的可传性原理时应当注意，它只适用于同一个刚体，不适用于两个刚体（不能将作用于一个刚体上的力随意沿作用线移至另一个刚体上）。如图 1.8（a）所示，两平衡力 F_1、F_2 分别作用在两物体 A、B 上，能使物体系保持平衡（此时物体之间有压力），但是，如果将 F_1、F_2 各沿其作用线移动成为如图 1.8（b）所示的情况，则两物体各受一个拉力作用而失去平衡。

另外，力的可传性原理也不适用于变形体。如一个变形体受 F_1、F_2 的拉力作用将产生伸长变形，如图 1.9（a）所示；若将 F_1、F_2 沿其作用线移到另一端，如图 1.9（b）所示，物体将产生压缩变形，变形形式发生变化，即作用效果发生改变。

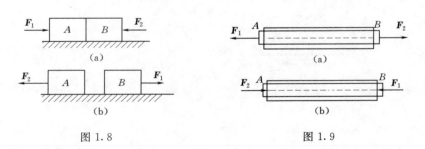

图 1.8   图 1.9

6. 推论二（三力平衡汇交定理）

一刚体只作用三个力而平衡时，则此三力作用线必汇交于一点且共面。

三力平衡汇交定理给出了三个力平衡的必要条件。如图 1.10（a）所示，设刚体在三

力 F_1、F_2 和 F_3 作用下处于平衡，若 F_1 和 F_2 汇交于 O 点，将力 F_1 和 F_2 沿其作用线移动到汇交点 O 处［图 1.10（b）］，并将其合成为 F_{12}，则 F_{12} 和 F_3 构成二力平衡力系［图 1.10（c）］，所以 F_3 必通过汇交点 O，且三力必共面。对于只作用三个平行力而平衡的刚体，则此三力作用线必汇交于力作用线方向的无穷远处点且三力共面，这是三力平衡汇交定理的特例。

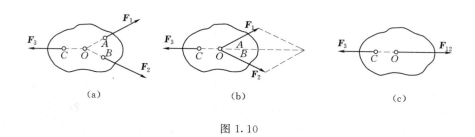

(a)　　　　　　　　　(b)　　　　　　　　　(c)

图 1.10

§1.3　约 束 和 约 束 力

1. 约束和约束力的概念

在建筑工程中所研究的物体，一般都要受到其他物体的限制而不能自由运动。例如，基础受到地基的限制，梁受到柱子或者墙的限制。物体某些方向的运动受到一定限制，这种物体称为非自由体。可在空间自由运动不受任何限制的物体称为自由体，例如，飞行的飞机、炮弹和火箭等。

（1）约束。将限制或阻碍物体运动的装置称为约束。例如上面提到的地基是基础的约束；墙或柱子是梁的约束。而非自由体称为被约束物体。

（2）约束力。由于约束限制了被约束物体的运动，在被约束物体沿着约束所限制的方向有运动趋势时，约束必然对被约束物体有力的作用，以阻碍被约束物体的运动。这种力称为约束力。因此，约束力的方向必与该约束所能阻碍物体的运动方向相反。运用这个准则，可确定约束力的方向。

2. 工程中常见的几种约束

（1）柔体约束。用柔软的皮带、绳索和链条等阻碍物体运动而构成的约束叫柔体约束。这种约束只能限制物体沿着柔体中心线离开柔体方向的移动。所以约束力一定通过接触点，沿着柔体中心线背离被约束物体的拉力。如图 1.11（a）所示重物，受到绳索的约束，其约束力如图 1.11（b）中所示的力 F_T。

（2）光滑面约束。当两物体表面接触压紧传力，在接触处的摩擦力很小且略去不计时，就是光滑接触面约束。这种约束不论接触面的形状如何，只能限制物体沿着接触面的公法线向着光滑面内的运动。所以光滑接触面约束力是通过接触点，沿着接触面的公法线指向被约束物体的压力。如图 1.12（a）所示地面对球体的约束力，可表示成图 1.12（b）中的力 F_N。

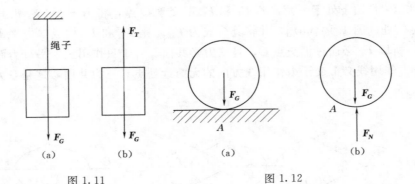

图 1.11   图 1.12

（3）圆柱铰链约束。如图 1.13（a）所示两个构件中的销孔和销轴，将销轴插入两构件的销孔内，如图 1.13（b）所示。两个构件受到的约束称为光滑圆柱铰链约束。受这种约束的物体，只可能绕销轴的中心轴线转动，而不能沿销孔径向任意方向运动。光滑圆柱铰链的简图如图 1.13（c）所示。这种约束实质是两个光滑圆柱面的接触，其约束力作用线是通过销轴中心和销轴与销孔接触点。一般情况销轴和销孔内壁的接触点是事先不能确定的，所以光滑圆柱铰链的约束力的大小和方向都是未知的，通常用两个垂直分力表示，力的指向可假定，如图 1.13（d）所示。

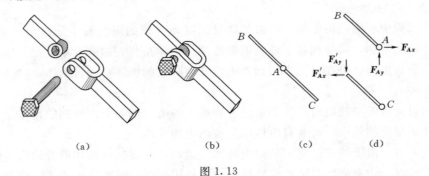

图 1.13

（4）链杆约束。链杆就是两端用圆柱铰链与物体相连而中间不受力的刚性直杆。如图 1.14（a）所示支架中的斜杆 BC，斜杆 BC 在 C 端用铰链与墙连接，在 B 处与杆 AB 铰链连接，杆 BC 是两端用光滑铰链连接而中间不受力的刚性直杆。杆 BC 就可看成是杆 AB 的链杆约束。这种约束只能限制物体沿链杆的轴线方向运动。链杆可以受拉或者是受压，如图 1.14（b）所示。链杆约束的约束力沿着链杆的轴线，其指向可假定，如图 1.14（c）所示 F_B'。

（5）固定铰支座。图 1.15（a）是固定铰支座的示意图。构件与支座用光滑的圆柱销轴连接，构件不能产生沿任何方向的移动，但可以绕销轴转动，固定铰支座的约束力与圆柱铰链相同，即约束力一定作用于接触点，垂直于圆柱销轴线，并通过销轴中心，而方向未定，如图 1.15（b）所示。固定铰支座的简图如图 1.15（c）所示。约束力如图 1.15（d）所示，可以用 F_A 和一未知大小的 α 角表示，也可以用一个水平分力 F_{Ax} 和铅直分力 F_{Ay} 表示。

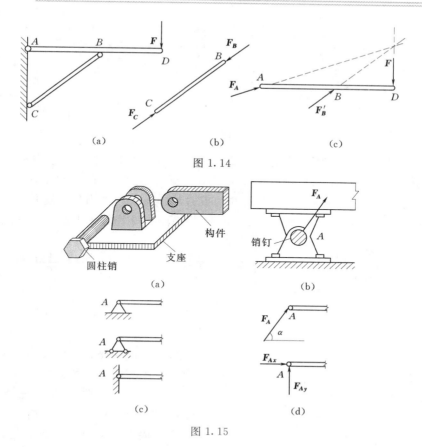

图 1.14

图 1.15

（6）可动铰支座。图 1.16（a）是可动铰支座的示意图。构件与支座用销轴连接，而支座可沿支承面移动，这种约束只能约束构件沿垂直于支承面方向的移动，而不能阻止构件绕销轴的转动和沿支承面方向的移动。所以，它的约束力的作用点就是约束与被约束物体的接触点，约束力通过销轴的中心，垂直于支承面，指向可假定。这种支座的简图如图 1.16（b）所示，约束力 F_A 如图 1.16（c）所示。

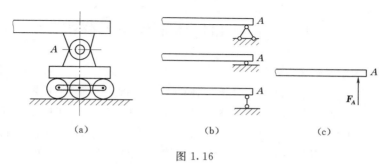

图 1.16

图 1.17（a）所示是一个搁置在砖墙上的梁，墙就是梁的支座，如略去梁与墙之间的摩擦力，则墙只能限制梁向下运动，而不能限制梁的转动与水平方向的移动。这样就可以将墙简化为可动铰支座，如图 1.17（b）所示。

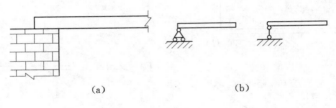

图 1.17

（7）固定端支座。现浇钢筋混凝土雨篷，它的一端完全嵌固在墙中，另一端悬空，如图 1.18（a）所示的支座称为固定端支座。在嵌固端，梁既不能沿任何方向移动，也不能转动，所以固定端支座除产生水平和铅直方向的约束力外，还有约束力偶。这种支座简图如图 1.18（b）所示。其支座约束力用 F_{Ax}、F_{Ay} 和 M_A 表示，约束力如图 1.18（c）所示。

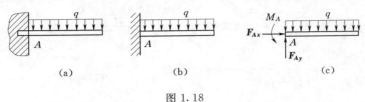

图 1.18

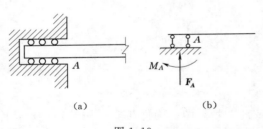

图 1.19

（8）定向支座。定向支座约束又称滑动支座，在工程实际中我们把一根构件一端插入墙体里，这根构件可以向一个方向移动，但不能转动如图 1.19（a）所示。其约束力是一个力偶和一个与支撑面垂直的力，支座简图如图 1.19（b）所示。

上面我们介绍了工程中常见八种约束类型以及它们的约束力的确定方法。当然，这远远不能包括工程实际中遇到的所有约束情况，在实际分析时注意分清主次，略去次要因素，可把约束简化为以上基本类型。

§1.4　物体和物体系的受力分析

1. 受力分析与受力图的概念

在求解静力平衡问题时，首先要分析物体的受力情况，了解物体受到哪些力的作用，各力的作用点、作用线以及指向，其中哪些是已知的，哪些是未知的，这个过程称为对物体进行受力分析。工程结构中的构件都是非自由体，它们与周围的物体（包括约束）相互连接在一起，用来承担荷载。为了分析某一物体的受力情况，往往需要解除限制该物体运动的全部约束，把该物体从与它相联系的周围物体中分离出来，单独画出这个物体的轮廓图，称为脱离体。然后，再将周围各物体对该物体的各作用力（包括主动力与约束力）全部表示在脱离体上。这种画有脱离体及其所受的全部作用力的简图，称为物体的受力图。

2．单个物体受力分析

画受力图的步骤及注意事项如下：

（1）确定研究对象，单独画出脱离体图。将全部主动力原封不动地照搬到脱离体上。

（2）观察研究对象周围都受到什么类型的约束，哪些约束力作用线方位可确定，哪些约束力作用线方位暂时未知。

（3）计算研究对象上所受力的个数（包括全部主动力和所有约束力），判定力系的平衡形式（二力平衡、三力平衡、多力平衡）。根据力系的平衡形式，分析未知作用线的约束力是否可以确定作用线方位，对于最终不能确定作用线方位的约束力可以用相互垂直的两分力表达。

（4）在研究对象的脱离体图上，画出相应的约束力。

下面举例说明如何画物体的受力图。

例题 1.1　重量为 F_G 的梯子 AB，放置在光滑的水平地面上并靠在铅直的光滑墙壁上，在点 D 用一根水平绳索与墙相连，如图 1.20（a）图所示。试画出梯子的受力图。

解： 将梯子从周围的物体中分离出来，作为研究对象画出其脱离体。先画上梯子的重力 F_G，作用于梯子的重心，方向铅直向下；再画墙和地面对梯子的约束力。根据光滑接触面约束的特点，A、B 处的约束力 F_{NA}、F_{NB} 分别与墙面、地面垂直并指向梯子；绳索的约束力 F_T 应沿着绳索的方向离开梯子为拉力。图 1.20（b）即为梯子的受力图。

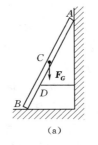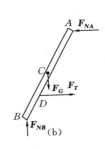

图 1.20

例题 1.2　简支梁 AB，跨中受到集中力 F 作用，A 端为固定铰支座约束，B 端为可动铰支座约束，如图 1.21（a）所示。试画出梁的受力图。

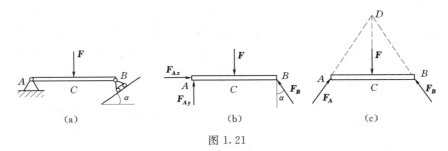

图 1.21

解： 1．取 AB 梁为研究对象，解除 A、B 两处的约束，画出其脱离体简图。

2．在梁的中点 C 画主动力 F。

3．在 B 处为可动铰支座约束，其约束力通过铰链中心且垂直于支承面，指向假定如图 1.21（b）所示；A 处为固定铰支座约束，约束力可用通过铰链中心 A，并用相互垂直的分力 F_{Ax}、F_{Ay} 表示。受力如图 1.21（b）所示。

此外，注意到梁只在 A、B 和 C 三点受到互不平行的三个力作用而处于平衡，因此，也可以根据三力平衡汇交定理判定固定铰支座 A 对梁的约束力作用线方位。已知 F、F_B 相交于 D 点，则 A 处的约束力 F_A 也应通过 D 点，从而可确定 F_A 必通过 A、D 两点的连线，可画出如图 1.21 (c) 所示的受力图。

3. 物体系的受力分析

前面我们的研究对象都是单个物体，而工程实际中一个建筑实体往往是由很多构件组成的物体系。对于物体系整体以及对组成物体系各个构件进行受力分析，是结构设计所必须做的工作。对物体系与对单个物体进行受力分析过程还有不同之处。因此，在对物体系进行受力分析时应特别注意以下几点：

(1) 必须明确研究对象。根据求解需要，可以取整个物体系为研究对象，也可以取由几个物体组成的系统为研究对象，又可以取单个物体为研究对象。

(2) 分析取研究对象的次序。对组成物体系的各个构件进行受力分析，分析次序是先二力构件，再三力构件，后多力构件。在物体系中，特别要注意的是只用两个端铰链与周围物体相连接，不计自重也不受其他荷载作用而平衡的构件，构件所受的两个约束力必定沿两铰的连线，且等值反向；另外，对于端铰为复铰（一个销轴连接了三个或三个以上的物件），一般不将销钉连接在二力构件上，而是将销钉连接在多力构件上。对于三力构件，要注意应用三力平衡汇交定理来判定中间铰或固定铰的约束力作用线方位。

(3) 研究对象内部的约束力不可暴露。对整体或由几个物体组成的系统为研究对象进行受力分析时，组成系统的各构件之间连接处的相互作用力不必考虑，在作系统受力图时不需画出，因为它们之间的相互作用力对研究对象而言是内力，对系统无外效应。系统上所受的荷载及其周围的约束力是系统的外力，这些力是系统受力分析的重点。

(4) 注意作用力与反作用力的画法。对组成物体系的各个构件进行受力分析时，特别要注意构件之间在连接处的作用力与反作用力的画法。作用力的方向一但假定，反作用力的方向应与之相反。另外，在复铰处，带销钉的构件与其他构件之间存在作用力与反作用力关系，而不带销钉的各构件之间不存在这种关系。

(5) 注意约束力表示的统一性。在整体受力图、局部受力图和单个构件受力图中，对于同一个约束处的约束力表达方式要一致，即约束力的方向、字母符号要统一。

例题 1.3　一个三角形支架如图 1.22 (a) 所示，不计各杆自重，试画出各杆件的受力图。

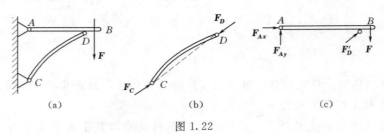

图 1.22

解：1. 取出隔离体 CD，由于 CD 杆只在两端受力且平衡，是二力构件，所受两力作用线在 CD 两点的连线上，如图 1.22 (b) 所示。

2. 取出隔离体 AB，A 处为固定铰支座，约束力用两个正交方向的分力表示；B 处作

用一向下的集中力 F；D 处受到 CD 杆对其施加的沿 CD 连线的反作用力，其受力图如图 1.22（c）所示。

例题 1.4 多跨梁由 AB 和 BD 两梁段组成，如图 1.23（a）所示。画各个梁段及整体受力图。

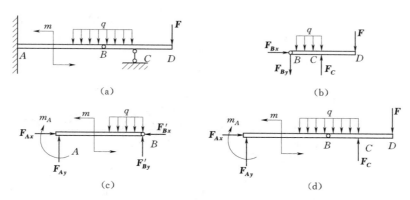

图 1.23

解： 1. 画梁段 BD 受力图。梁段 BD 的 B 处为圆柱铰链约束，分别有 F_{Bx}、F_{By} 两个正交的约束力；C 处为可动铰支，有一个沿链杆方向的约束力，方向可假定。受力如图 1.23（b）所示。

2. 画梁段 AB 受力图。梁段 AB 的 A 端为固定端支座，分别有 F_{Ax}、F_{Ay} 和 M_A 三个约束力，B 处受梁段 BD 的反作用力，受力如图 1.23（c）所示。

3. 画整体受力图。A 处和 C 处支座约束力与图 1.23（b）、（c）图保持一致。受力如图 1.23（d）所示。

例题 1.5 物体系由杆 AC、CD 与滑轮 B 铰接组成，如图 1.24（a）所示。物体重 F_G，用绳子挂在滑轮上。设杆、滑轮及绳子的自重不计，不考虑各处的摩擦。试分别画出滑轮 B（包括绳子）、杆 CD、AC 及整个系统的受力图。

解： 1. 以滑轮及绳子为研究对象，画出脱离体图，B 处为光滑铰链约束，杆 ABC 上的铰链销钉对轮孔的约束力为 F_{Bx}、F_{By}；在 E、H 处有绳子的拉力 F_{TE}、F_{TH}。受力如图 1.24（b）所示。

2. 取杆 CD 为研究对象，画出脱离体，设杆 CD 受拉，在 C、D 处画上拉力 F_C、F_D。其受力如图 1.24（c）所示。

3. 以杆 ABC（包括销钉）为研究对象，画出脱离体图，其中 A 处为固定铰支座，其约束力为 F_{Ax}、F_{Ay}；在 B 处画上 F'_{Bx}、F'_{By}，它们分别是 F_{Bx}、F_{By} 的反作用力；在 C 处画上 F'_C，它是 F_C 的反作用力。其受力如图 1.24（d）所示。

4. 以整个系统为研究对象，画出脱离体图。此时杆 ABC 与杆 CD 在 C 处铰接，滑轮 B 与杆 ABC 在 B 处铰接，这两处的约束力都为作用力与反作用力，成对出现，在研究整个系统时，不必画出。此时，系统所受的力有主动力（物体重）F_G，约束力 F_D、F_{TE}、F_{Ax} 及 F_{Ay}。其受力如图 1.24（e）所示。

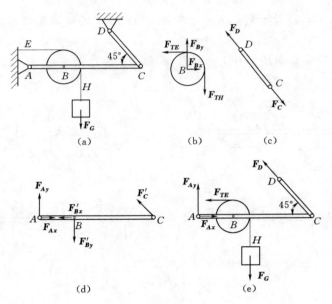

图 1.24

思考题

1. 举例说明改变力的三要素中任一要素都会影响力的作用效果。

2. 二力平衡公理和作用与反作用公理的区别是什么？

3. 二力构件的概念是什么？二力构件受力与构件的形状有无关系？

4. 常见的约束类型有哪些？各种约束力的方向如何确定？

5. 判断下列说法是否正确。

（1）物体相对于地面静止时，物体一定平衡；物体相对于地面运动时，则物体一定不平衡。

（2）桌子压地板，地板以反作用力支撑桌子，二力大小相等、方向相反且共线，所以桌子平衡。

（3）合力一定比分力大。

6. 下列各物体受力图（图 1.25）是否正确？若错误请改正。

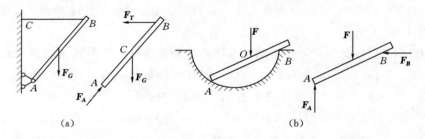

图 1.25

习题

1. 画出下列物体的受力图（图 1.26）。未画重力的物体的重量均不计，所有接触都为光滑接触。

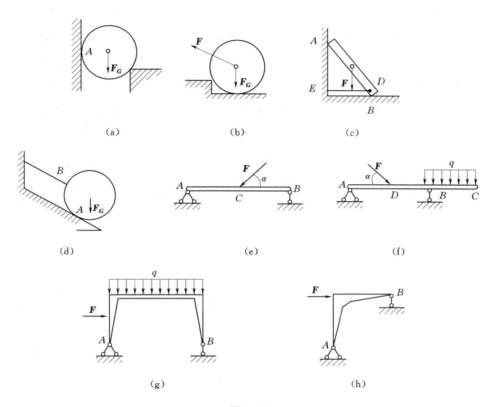

图 1.26

2. 画出下列各图中各杆件的受力图（图 1.27），重力不计。

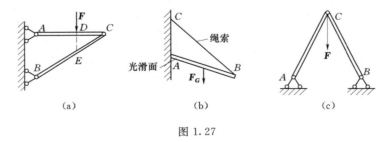

图 1.27

3. 画出下列物体系（图 1.28）中各物体的受力图，未画重力的物体重力均不计，所有摩擦不考虑。

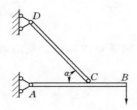
(a) 杆 *AB*、杆 *DC* 和整体

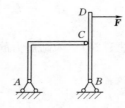
(b) 杆件 *AC* 和杆 *BD*

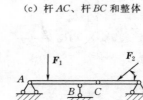
(c) 杆 *AC*、杆 *BC* 和整体

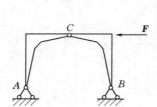
(d) 杆 *AC*、杆 *BC* 和整体

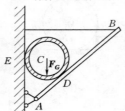
(e) 杆 *AB* 和圆管

(f) 杆 *AC*、杆 *CD* 和整体

图 1.28

第2章　平面力系的合成与平衡

若力系的各力作用线都在同一平面内，这种力系称为平面力系。平面力系又可划分为平面汇交力系、平面力偶系、平面平行力系和平面任意力系。工程实际中，多数结构或构件所受的力系都可以简化为平面力系。因此，对平面力系的研究就具有特别重要的意义。本章将讨论平面力系的简化和平衡问题。

§2.1　力矢与力矩

1. 力矢

作用在刚体上的力 F，当发生平移后，并不改变对刚体的移动效应。这一事实说明力的移动效应是由力的大小和方向决定，与其作用点无关。将由力的大小和方向所确定的矢量称为力矢。力矢反映了力的移动效应。力矢是一个自由矢量，而力是一个定位矢量。

2. 力在坐标轴上的投影

矢量在平面内可以有任何方向，为了便于分析，在平面内设置相互垂直的坐标轴（x 轴和 y 轴），任意方向的力矢都可以用 x 轴和 y 轴两方位的分力矢表达，如图 2.1 所示（$F = F_x + F_y$）。而每一个分力矢的指向只可能有两个，要么与轴的正向相同，要么与轴的正向相反。因此，沿轴方向的分力矢可用一个代数量反映，当分力矢的指向与相应的轴正向相同时用正值，反之取负值。图 2.1（a）所示力矢 F_x、F_y 对应的代数值为 $F_x > 0$、$F_y > 0$；图 2.1（b）所示力矢 F_x、F_y 对应的代数值为 $F_x < 0$、$F_y < 0$；由力 F 的起点 A 和终点 B 分别向

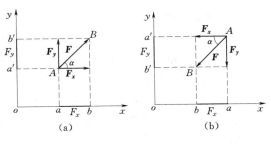

图 2.1

x 轴引垂线，得垂足 a、b，则线段 ab 的长度加上相应的正负号，定义为力 F 在 x 轴上的投影，即 $F_x = \pm ab$；同理，力 F 在 y 轴上的投影为 $F_y = \pm a'b'$。投影的正负号规定如下：若从力矢起点投影到终点投影的方向与轴正向一致，投影取正号；反之，取负号。由图 2.1 可知，若取力 F 作用线与 x 轴所夹锐角为 α，投影 F_x 和 F_y 可用下列式子计算。

$$\left.\begin{aligned} F_x &= \pm F\cos\alpha \\ F_y &= \pm F\sin\alpha \end{aligned}\right\} \tag{2.1}$$

由力矢可以求得投影，由投影是否可以求得力矢，回答是确定的。则该力矢 F 的大

小 F 和方位角 α 可由式（2.2）确定：

$$
\left.
\begin{aligned}
F &= \sqrt{F_x^2 + F_y^2} \\
\tan\alpha &= \left|\frac{F_y}{F_x}\right|
\end{aligned}
\right\}
\tag{2.2}
$$

力矢 $\boldsymbol{F}$ 的指向可由投影 F_x 和 F_y 的正负号确定。若 $F_x > 0$、$F_y > 0$，力矢 $\boldsymbol{F}$ 指向第一象限；$F_x < 0$、$F_y > 0$，力矢 $\boldsymbol{F}$ 指向第二象限；$F_x < 0$、$F_y < 0$，力矢 $\boldsymbol{F}$ 指向第三象限；$F_x > 0$、$F_y < 0$，力矢 $\boldsymbol{F}$ 指向第四象限。

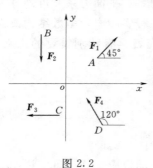

图 2.2

应当注意的是：力的投影 F_x、F_y 与力的分力 $\boldsymbol{F}_x$、$\boldsymbol{F}_y$ 是不同的，力的投影 F_x、F_y 是代数量，而力的分力 $\boldsymbol{F}_x$、$\boldsymbol{F}_y$ 是矢量。只有在平面直角坐标系中，力沿坐标轴方位的分力大小与力在该轴上投影的绝对值大小相等。

力矢反映了力的平移效应，力的投影完全可以反映力矢，因此，力的投影完全反映了力的移动效应。

例题 2.1   已知 $F_1 = 50\text{kN}$，$F_2 = 60\text{kN}$，$F_3 = 80\text{kN}$，$F_4 = 100\text{kN}$，各力方向如图 2.2 所示。试分别求出各力在 x 轴和 y 轴上的投影。

解： 由式（2.1）可得

$F_{1x} = F_1\cos45° = 50 \times 0.707 = 35.35(\text{kN})$　　　$F_{1y} = F_1\sin45° = 50 \times 0.707 = 35.35(\text{kN})$

$F_{2x} = 0$　　　　　　　　　　　　　　　　　　　$F_{2y} = -F_2 = -60\text{kN}$

$F_{3x} = -F_3 = -80\text{kN}$　　　　　　　　　　　$F_{3y} = 0$

$F_{4x} = -F_4\cos60° = -100 \times 0.5 = -50(\text{kN})$　$F_{4y} = F_4\sin60° = 100 \times 0.866 = 86.6(\text{kN})$

3. 力对点之矩

当用扳手拧螺栓时，在扳手 A 点需加力 $\boldsymbol{F}$，将使扳手和螺母一起绕螺母中心 O 转动，如图 2.3（a）所示。力 $\boldsymbol{F}$ 使扳手绕 O 点转动的效应，不仅与力 $\boldsymbol{F}$ 的大小成正比，而且还与点 O 到力的作用线的垂直距离 d 成正比。另外，力的方向不同，扳手绕点 O 转动的方向也随之改变。因此，可以用力 $\boldsymbol{F}$ 的大小与点 O 到力 $\boldsymbol{F}$ 作用线的垂直距离 d 的乘积，再冠以正负号来衡量力 $\boldsymbol{F}$ 使物体绕点 O 转动的效应，称为力 $\boldsymbol{F}$ 对点 O 之矩，简称力矩。用符号 $M_O(\boldsymbol{F})$ 表示，即

$$
M_O(\boldsymbol{F}) = \pm F \times d = \pm 2A_{\triangle OAB}
\tag{2.3}
$$

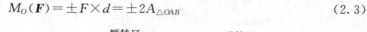
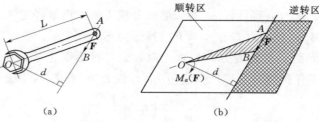

(a)　　　　　　　　　　　　　　(b)

图 2.3

其中，点 O 称为"力矩中心"，简称"矩心"。矩心 O 到力的作用线的垂直距离 d 称为"力臂"，力 $\boldsymbol{F}$ 与矩心 O 所确定的平面称为力矩平面。式（2.3）中 $A_{\triangle OAB}$ 表示三角形 OAB 的面积，即由力的起点 A、终点 B 和矩心 O 构成的面积，如图 2.3（b）所示。

由式（2.3）可以看出，在平面力系中，力矩是代数量，其正负号规定为：力使物体绕矩心逆时针方向转动时，力矩为正；反之力矩为负。将力的箭头向矩心一侧偏转后即可判定转向。力矩的单位为 N·m 或 kN·m。

由力矩的定义及计算公式可以得出如下结论：

（1）力对点之矩不仅与力的大小和方向有关，而且与矩心位置有关。同一个力对不同的矩心，其力矩一般是不相同的。因此在描述力矩时，必须要明确矩心。

（2）当力的大小为零（即 $F=0$）或力的作用线通过矩心（即力臂 $d=0$）时，力矩恒等于零。

（3）当力沿其作用线滑动时，不改变力对指定点之矩。

力矩反映了力对物体的转动效应。当一个力确定之后，这个力对物体的转动效应就完全确定；力的作用线将平面可分为两部分，一部分为顺转区，另一部分为逆转区；区域内的每一个点距力作用线越远，力对点的转动效应越大，反之越小，而作用线上的转动效应为零，如图 2.3（b）所示。

力对物体的运动效应可以分为移动效应和转动效应，其中力对物体的移动效应用力矢来度量，而力对物体的转动效应则用力对点之矩来度量。对刚体而言，一个力的力矢和对某点之矩已知后，这个力完全可以确定。因此，一个力可由其力矢和对某点之矩来反映。

4. 合力矩定理

平面汇交力系的合力对于平面内任一点之矩，等于所有各分力对该点之矩的代数和。即

$$M_O(\boldsymbol{F_R}) = \sum M_O(\boldsymbol{F_i}) \qquad (2.4)$$

证明：由力 $\boldsymbol{F_1}$ 和力 $\boldsymbol{F_2}$ 组成作用在 A 点的一汇交力系，其合力为 $\boldsymbol{F_R}$。如图 2.4 所示，以力作用点 A 和矩心 O 的连线 OA 为底边，分别以两个分力、合力为邻边可作三个三角形（$\triangle OAB$、$\triangle OAC$、$\triangle OAD$），如图 2.4 所示。则 $\triangle OAC$ 的高为 CE，$\triangle OAD$ 的高为 DG，$\triangle OAB$

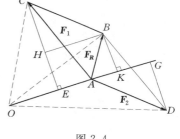

图 2.4

的高为 BK。过 B 点作 OA 的平行线交于 CE 上的点 H。由几何关系可知：

$$BK = CE - CH = CE - DG \qquad (2.5)$$

根据力对点之矩的定义，由式（2.3）可得

$$M_O(\boldsymbol{F_R}) = 2A_{\triangle OAB} = OA \times BK \qquad (2.6)$$

将式（2.5）代入式（2.6）得

$$M_O(\boldsymbol{F_R}) = OA \times (CE - DG) = OA \times CE - OA \times DG = 2A_{\triangle OAC} + (-2A_{\triangle OAD})$$
$$= M_O(\boldsymbol{F_1}) + M_O(\boldsymbol{F_2})$$

定理得证。

在工程计算中，求一个力对某点之矩时，当力臂难以计算时，可将这一力分解成便于确

定力臂的两个分力，再应用合力矩定理求解力对点之矩，这样往往可给计算带来很大方便。

例题 2.2　试计算图 2.5 中力 F 对 A 点之矩。

解：本例可有两种解法。

1. 由力矩的定义计算力 F 对 A 点之矩。

先求力臂 d。由图中几何关系得

$$d = AD\sin\alpha = (AB - DB)\sin\alpha = (AB - BC\cot\alpha)\sin\alpha$$
$$= (a - b\cot\alpha)\sin\alpha = a\sin\alpha - b\cos\alpha$$

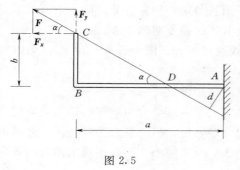

图 2.5

所以

$$M_A(\boldsymbol{F}) = -Fd = -F(a\sin\alpha - b\cos\alpha)$$

2. 根据合力矩定理计算力 F 对 A 点之矩。

将力 $\boldsymbol{F}$ 在 C 点分解为正交的两个分力 $\boldsymbol{F}_x$ 和 $\boldsymbol{F}_y$，由合力矩定理可得

$$M_A(\boldsymbol{F}) = M_A(\boldsymbol{F}_x) + M_A(\boldsymbol{F}_y) = F_x b - F_y a$$
$$= Fb\cos\alpha - Fa\sin\alpha = -F(a\sin\alpha - b\cos\alpha)$$

本例两种方法的计算结果是相同的，对比可以看出，当力臂不易确定时，用后一种方法较为简便。

§2.2　力　　偶

1. 力偶的概念

用丝锥在工件上加工螺纹孔、用双手转动方向盘等运动（图 2.6），都是作用了一对等值、反向且不共线的平行力，才使方向盘和铰杠发生转动。我们将作用于物体上的一对等值、反向且不共线的两个平行力组成的特殊力系，称为力偶，记作（$\boldsymbol{F}$，$\boldsymbol{F}'$）。力偶中两力作用线所确定的平面称为力偶作用面，两力作用线之间的垂直距离 d 称为力偶臂。

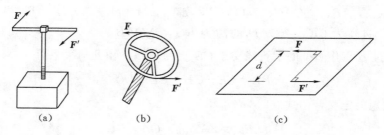

图 2.6

需要注意的是，组成力偶的两个力虽然等值、反向，但不共线，因此，组成力偶的两个力并不能相互平衡，力偶对物体只产生转动效应。

2. 力偶矩

实践表明，平面力偶对物体的作用效应取决于组成力偶的力的大小和力偶臂的长短。

同时也与力偶在其作用平面内的转向有关。力偶对物体的转动效应，用力偶矩 $M(\boldsymbol{F},\boldsymbol{F}')$ 来度量，简记为 M。力偶矩 M 等于力偶中力 $\boldsymbol{F}$ 的大小与力偶臂 d 的乘积，再冠以适当的正负号，即

$$M(\boldsymbol{F},\boldsymbol{F}')=M=\pm Fd \tag{2.7}$$

可以证明，力偶中的两个力对平面内任一点取矩的代数和恒等于力偶矩，即力偶对作用平面内任一点的转动效应相同。

在平面问题中，力偶矩是代数量，正负号表示力偶的转向，其规定为：力偶使物体逆时针方向转动时，力偶矩为正；反之为负。力偶矩的单位与力矩单位相同，即 N·m 或 kN·m。力偶矩的大小，力偶的转向，力偶的作用平面称为平面力偶的三要素。

3. 力偶的性质

（1）力偶的性质。力偶对物体只有转动效应，没有移动效应，这就是力偶的性质。此性质是显然的，力偶在任意坐标轴上的投影等于零（移动效应为零），力偶不能与一个力等效（一个力有转动和移动效应）；力偶的转动效应只能用力偶矩度量，力偶矩只取决于力偶的本身因素，而与矩心无关。

（2）力偶的等效性定理。由力偶的性质可知，力偶对物体只有转动效应，而反映转动效应的量是力偶矩。因此，在同平面内的两个力偶，如果两力偶的力偶矩相等，则两力偶等效，这就是力偶的等效性。

（3）力偶的等效性推论。由力偶的等效性定理可得，只要保持力偶矩的大小和转向不变，力偶可以在其作用平面内任意移动和转动，或者可以同时改变组成力偶的力的大小和力偶臂的大小。

（4）力偶的表达。由力偶的性质可知，在平面问题中，对物体进行受力分析时，只要将力偶矩表达清楚即可，不必知道组成力偶的力的大小和力偶臂的长度。因此，可以用带箭头的弧线表示力偶的转向，注明力偶矩的大小，如图 2.7（a）所示；或用力和力偶臂表示力偶的转向，但不必写出力的大小和力偶臂的长短，注明力偶矩的大小，如图 2.7（b）所示。

4. 力的平移定理

力的可传性表明，力可以滑移到刚体内的力作用线段上的任意一点，不改变力对刚体的作用效应。但当力平移出原来的作用线时，虽然力矢没有改变，即力对刚体的移动效应没有改变，但因为力的作用线位置发生了变化，改变了力对刚体的转动效应。将力等效地平行移动，可遵循如下定理：

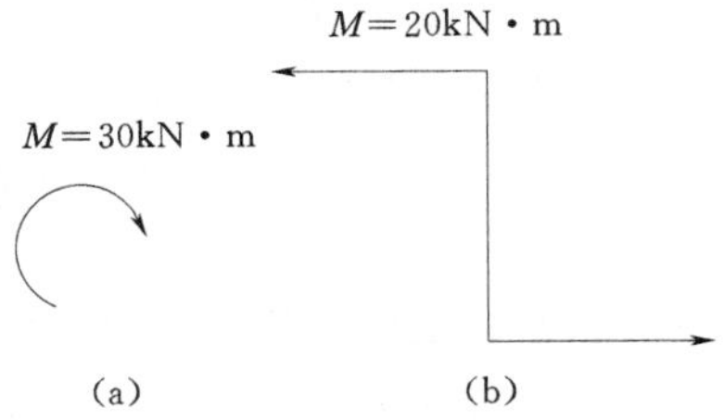

把作用在刚体 A 点的力 $\boldsymbol{F}_A$ 平移到任一点 B，但必须同时附加一个力偶，这个附加力偶的矩等于原来的力 $\boldsymbol{F}_A$ 对新作用点 B 的矩。

证明：刚体上点 A 作用一力 $\boldsymbol{F}_A$，如图 2.8（a）所示。在刚体上任取一点 B，并在点 B 加一对平衡力 $\boldsymbol{F}'$ 和 $\boldsymbol{F}_B$，令 $\boldsymbol{F}_B=\boldsymbol{F}_A=-\boldsymbol{F}'$，如图 2.8（b）所示。显然，这三个力与原力 $\boldsymbol{F}_A$ 等效。这三个力可视为一个作用在 B 点的力 $\boldsymbol{F}_B$ 和一个力偶（$\boldsymbol{F}_A$，$\boldsymbol{F}'$），这个力偶称

图 2.7

为附加力偶，附加力偶的矩为

$$M = F_A d = M_B(\boldsymbol{F_A}) \tag{2.8}$$

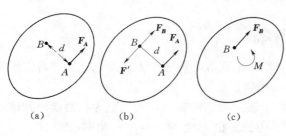

图 2.8

如图 2.8（c）所示。将力平移时，要注意附加力偶的转向。将原力的箭头向平移点的一侧偏转，即可判定附加力偶的转向。

由力的平移定理可知，已知一个力的力矢和对选定的某点之矩，如果将这个力平移到选定的矩心点，即这个力可表达成一个作用在矩心的一个力和力偶矩等于力矩的一个力偶，如由图 2.8（a）向图 2.8（c）变换。反之，将一个力和同平面内的一个力偶，可合成为一个距力作用点 d 距离 $\left(d = \dfrac{M}{F}\right)$ 的一个力，如由图 2.8（c）向图 2.8（a）变换。

例题 2.3　厂房立柱的点 A 受到吊车梁传来的偏心力 $F = 30\text{kN}$ 作用，点 A 距立柱轴线的偏心距 $e = 600\text{mm}$，如图 2.9（a）所示。试分析力 F 对立柱的作用。

解： 将力 $\boldsymbol{F}$ 向左平移到立柱轴线上，可知立柱受一个力 $\boldsymbol{F'}$（$F = F'$）和一个力偶矩为 M 的力偶作用。

$$F' = F = 30\text{kN}$$

$$M = -Fe = -30 \times 0.6 = -18(\text{kN} \cdot \text{m})$$

显然，力 $\boldsymbol{F'}$ 使立柱产生压缩变形，力偶 M 使立柱产生弯曲变形。

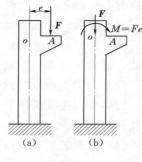

图 2.9

§2.3　平面汇交力系的合成与平衡

平面汇交力系是指各力的作用线都在同一平面内且汇交于一点的力系。它是一种简单的平面力系，是研究复杂力系的基础。

1. 平面汇交力系合成的几何法

由力 $\boldsymbol{F}_1$、$\boldsymbol{F}_2$、$\boldsymbol{F}_3$ 和 $\boldsymbol{F}_4$ 组成的平面汇交力系作用于刚体上，如图 2.10（a）所示。为合成此力系，根据力的平行四边形法则，每次将两个力合成为一个力，如图 2.10（c）所示。最后求得一个通过汇交点 A 的合力 $\boldsymbol{F}_R$，如图 2.10（b）所示。显然，图 2.10（c）中力矢 $\boldsymbol{F}_{R1}$、$\boldsymbol{F}_{R2}$ 只是几何求解过程中的代换量，因此可以省略。直接将各分力的矢量依次首尾相连，由此组成一个不封闭的力矢多边形 $abcde$，而合力矢 $\boldsymbol{F}_R$ 则是由力矢多边形的起点 a 向末点 e 作的矢量 $\overrightarrow{ae}$，如图 2.10（c）所示，将此种方法称为力多边形法则。另外，作力矢多边形时，只要遵循各分力矢首尾相接规则，可以按不同的分力顺序画出各分力矢，其结果只是力矢多边形的形状不同而已，但所求合力 $\boldsymbol{F}_R$ 的矢量不变，如图 2.10（d）所示。

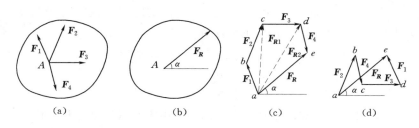

图 2.10

总之，平面汇交力系可简化为一合力，合力矢等于各分力矢的矢量和（几何和），合力的作用线通过汇交点。若平面汇交力系包含 n 个力，以 $\boldsymbol{F_R}$ 表示它们的合力矢，则有

$$\boldsymbol{F_R} = \boldsymbol{F_1} + \boldsymbol{F_2} + \cdots + \boldsymbol{F_n} = \sum \boldsymbol{F_i} \tag{2.9}$$

2. 合力投影定理

设刚体受一平面汇交力系 $\boldsymbol{F_1}$、$\boldsymbol{F_2}$、$\boldsymbol{F_3}$ 作用，如图 2.11（a）所示。在力系所在平面内作直角坐标系 Oxy，用几何法求出其合力矢 $\boldsymbol{F_R}$，如图 2.11（b）所示。

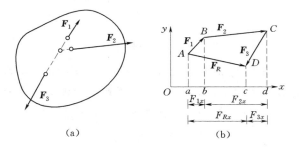

图 2.11

将各分力矢及合力矢向 x 轴投影，分别为

$$F_{1x} = ab, F_{2x} = bd, F_{3x} = -cd, F_{Rx} = ac$$

由图 2.11（b）所示几何关系知

$$ac = ab + bd - cd$$

由此可得

$$F_{Rx} = F_{1x} + F_{2x} + F_{3x}$$

同理，合力与各分力在 y 轴上的投影的关系是

$$F_{Ry} = F_{1y} + F_{2y} + F_{3y}$$

将上述关系推广到由 n 个力组成的平面汇交力系,则有

$$\left.\begin{array}{l} F_{Rx} = F_{1x} + F_{2x} + \cdots + F_{nx} = \sum F_{ix} \\ F_{Ry} = F_{1y} + F_{2y} + \cdots + F_{ny} = \sum F_{iy} \end{array}\right\} \tag{2.10}$$

式（2.10）就是合力投影定理表达式。即合力在任一轴上的投影等于各分力在该轴上投影的代数和。从运动效应的角度来看，这一定理是将一平面汇交力系的移动效应用两个标量（合力投影）反映。

3. 平面汇交力系合成的解析法

物体上作用有平面汇交力系 $\boldsymbol{F_1}$，$\boldsymbol{F_2}$，$\cdots$，$\boldsymbol{F_n}$，如图 2.12（a）所示。在力系所在的

平面内，设置直角坐标系 Oxy。应用合力投影定理，求出合力在正交轴上的投影 F_{Rx} 和 F_{Ry}。最后应用式 (2.2) 可得合力 F_R 的大小和方向为

$$F_R=\sqrt{F_{Rx}^2+F_{Ry}^2}=\sqrt{(\sum F_x)^2+(\sum F_y)^2}$$
$$\tan\alpha=\frac{|F_{Ry}|}{|F_{Rx}|}=\frac{|\sum F_y|}{|\sum F_x|}$$
$$(2.11)$$

式中：α 为合力 F_R 与 x 轴所夹的锐角，合力的指向由投影 $\sum F_x$ 和 $\sum F_y$ 的正负号判定，合力作用线通过该平面汇交力系的交点，如图 2.12 (b) 所示。

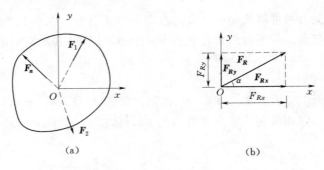

图 2.12

例题 2.4　已知平面汇交力系各力的大小分别为：$F_1=200kN$，$F_2=300kN$，$F_3=100kN$，$F_4=250kN$；各力方向如图 2.13 所示。求此平面汇交力系的合力。

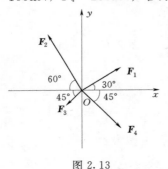

图 2.13

解： 1. 求合力投影。设置直角坐标系如图 2.13 所示。合力 F_R 在坐标轴上的投影为

$F_{Rx}=\sum F_x=F_1\cos30°-F_2\cos60°-F_3\cos45°+F_4\cos45°=129.3kN$

$F_{Ry}=\sum F_y=F_1\sin30°+F_2\sin60°-F_3\sin45°-F_4\sin45°=112.3kN$

2. 求合力矢。

$$F_R=\sqrt{F_{Rx}^2+F_{Ry}^2}=\sqrt{129.3^2+112.3^2}=171.3\ (kN)$$

$$\alpha=\arctan\left(\frac{112.3}{129.3}\right)=40.99°$$

因 F_{Rx}、F_{Ry} 均为正值，合力 F_R 指向第一象限，合力 F_R 作用线通过汇交点 O。

4. 平面汇交力系平衡条件

平面汇交力系平衡的必要和充分条件是：该力系的合力等于零。由式 (2.11) 可知，必须使力的大小等于零，即

$$F_R=\sqrt{(\sum F_x)^2+(\sum F_y)^2}=0$$

为使上式成立，必须同时满足

$$\sum F_x=0$$
$$\sum F_y=0$$
$$(2.12)$$

式 (2.12) 称平面汇交力系的平衡方程。因为平面汇交力系最大可能合成结果是一个力，根本不可能合成力偶，所以，只要合力矢等于零，也即合力矢在两个坐标轴上的投影

等于零，则力系不但无移动效应，也不会有
转动效应。因此，平面汇交力系满足在两个
坐标轴上的投影代数和等于零的方程，力系
必平衡。该解析条件包含两个独立方程，可
以求解两个未知量。

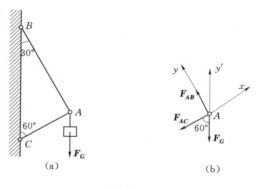

图 2.14

例题 2.5 支架由直杆 AB、AC 构成，
A、B、C 三处都是铰链，在 A 点悬挂重量为
$F_G=20\text{kN}$ 的重物，如图 2.14（a）所示。求
杆 AB、AC 所受的力。杆的自重不计。

解： 1. 取铰点 A 为研究对象，画其受力
图如图 2.14（b）所示。因杆 AB、AC 都是
二力直杆，设定杆对结点的作用力为拉力。

2. 建立坐标系如图 2.14（b）所示。将坐标轴分别与两未知力垂直，可使运算简化。
由平衡方程得

$$\sum F_x = 0, \qquad\qquad -F_{AC} - F_G\cos 60° = 0$$
$$F_{AC} = -F_G\cos 60° = -10\text{kN}$$
$$\sum F_y = 0, \qquad\qquad F_{AB} - F_G\sin 60° = 0$$
$$F_{AB} = F_G\sin 60° = 20 \times \frac{\sqrt{3}}{2} = 10\sqrt{3} \approx 17.3(\text{kN})$$

3. 校核。将所有力向 y' 轴投影求代数和得

$$\sum F_{y'} = F_{AB}\cos 30° - F_{AC}\cos 60° - F_G = 10\sqrt{3} \times \frac{\sqrt{3}}{2} - (-10) \times \frac{1}{2} - 20 = 0$$

由此可知以上计算过程无误。

在上边例题求解过程中，需要说明的有以下几点：

为了计算力的投影方便，坐标轴应尽量与较多的力平行或垂直。不一定总是设置水平
轴和铅直轴。

若力的大小代数值计算为正，说明力的设定指向与实际方向一致；结果为负，说明力
的设定方向与实际方向相反；尽管计算结果为负，但在后续的计算中，列投影方程时仍按
力的原设定方向投影，而在代入数值时，这个力的大小按负值代入即可。

对汇交力系平衡问题计算结果要进行校核。校核时可以选除已设置的投影轴以外的任
意轴，如果求解过程无误，则这一平衡力系向任意轴投影的代数和为零；否则，计算
有误。

例题 2.6 平面刚架上作用一主动力 $F=50\text{kN}$，如图 2.15（a）所示。求刚架 A、D
处的支座约束力。

解： 1. 选取刚架为研究对象，作刚架的受力图如图 2.15（b）所示。刚架受有集中力
F，A 支座约束力 $\boldsymbol{F}_A$ 和 D 支座约束力 $\boldsymbol{F}_D$。力 F 和力 $\boldsymbol{F}_D$ 的作用线交于点 C，根据三力平
衡汇交定理，可判定出力 $\boldsymbol{F}_A$ 的作用线沿 AC 线，指向暂可设定。

2. 设置坐标系，列平衡方程求解。由平面汇交力系平衡方程式（2.12）可得

$$\sum F_x = 0 \quad F + F_A \cos\alpha = 0 \quad F_A = -\frac{F}{\cos\alpha} = -50 \times \frac{\sqrt{5}}{2} = -25\sqrt{5} \approx -55.9(\text{kN})$$

$$\sum F_y = 0 \quad F_D + F_A \sin\alpha = 0 \quad F_D = -F_A \sin\alpha = -(-25\sqrt{5}) \times \frac{1}{\sqrt{5}} = 25(\text{kN})$$

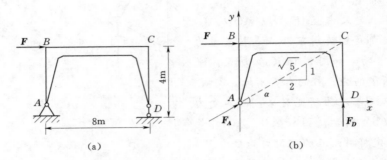

图 2.15

3. 校核。将所有力向 AC 射线上投影，求代数和，得

$$\sum F_{ACi} = F_A + F\cos\alpha + F_D\sin\alpha = -25\sqrt{5} + 50 \times \frac{2}{\sqrt{5}} + 25 \times \frac{1}{\sqrt{5}} = 0$$

上式计算结果等于零，说明求解过程计算无误。

§2.4 平面力偶系的合成与平衡

1. 平面力偶系的合成

只由力偶组成的力系称为力偶系。如果这些力偶的作用面在同一个平面内则称为平面力偶系。设在某平面内作用两个力偶 M_1 和 M_2，如图 2.16 （a）所示，根据平面力偶等效的性质及推论，将上述力偶进行等效变换，使两个力偶具有相同的力偶臂长 $AB = d$，如图 2.16 （b）所示，变换后的等效力偶（F_1，F_1'）和（F_2，F_2'）中各力的大小分别为

$$F_1 = F_1' = \frac{M_1}{d}, \quad F_2 = F_2' = \frac{M_2}{d}$$

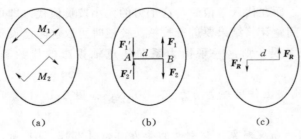

图 2.16

将图 2.16 （b）中作用在点 A 和点 B 的共线力系力合成（设 $F_1 > F_2$），得

$$F_R = F_1 - F_2$$

$$F'_R = F'_1 - F'_2$$

由于 $\boldsymbol{F}_R$ 与 $\boldsymbol{F}'_R$ 等值、反向、作用线平行且不共线，故组成一个新力偶 $(\boldsymbol{F}_R, \boldsymbol{F}'_R)$，如图 2.16（c）所示。其力偶矩为

$$M = F_R d = (F_1 - F_2)d = M_1 - M_2$$

故合力偶与原力偶系等效。

将上述关系推广到由 n 个力偶 M_1，M_2，$\cdots$，M_n 组成的平面力偶系，则有

$$M = M_1 + M_2 + \cdots + M_n = \sum_{i=1}^{n} M_i \tag{2.13}$$

由式（2.13）可知，平面力偶系可以合成为一个合力偶，合力偶的矩等于各分力偶矩的代数和。

2. 平面力偶系的平衡

由式（2.13）可知，平面力偶系可以合成为一个合力偶，若合力偶的矩等于零，则原平面力偶系必定平衡；反之，若要原平面力偶系平衡，则合力偶的矩必须为零。故平面力偶系平衡的必要和充分条件为：平面力偶系中各分力偶矩的代数和为零。即

$$\sum M_i = 0 \tag{2.14}$$

式（2.14）称为平面力偶系的平衡方程，该解析条件只能求解平面力偶系平衡问题中的一个未知量。

例题 2.7   一支架如图 2.17(a) 所示。各杆自重不计，A、D、C 三处均为铰接。杆 AB 上受一力偶作用。已知力偶矩的大小为 $M(\boldsymbol{F}, \boldsymbol{F}') = 100\text{N} \cdot \text{m}$，转向如图所示。求 A、D 处的约束力。

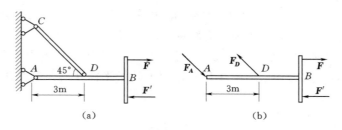

图 2.17

解：1. 以杆件 AB 为研究对象并进行受力分析。杆 AB 受已知力偶 $(\boldsymbol{F}, \boldsymbol{F}')$ 作用，杆 CD 为二力杆，因此作用在杆 AB 铰 D 处的约束力 $\boldsymbol{F}_D$ 的作用线必定沿杆 CD 方向。杆 AB 只受两个约束力和一个力偶作用，杆平衡时约束力 $\boldsymbol{F}_A$ 和 $\boldsymbol{F}_D$ 必须组成一个力偶。由此可以确定约束力 $\boldsymbol{F}_A$ 与 $\boldsymbol{F}_D$ 等值、反向、作用线平行，杆 AB 受力如图 2.17（b）所示。

2. 列平面力偶系的平衡方程求解。

$$\sum M_i = 0 \quad F_A \times 3\sin45° - M = 0$$

$$F_A = \frac{M}{3 \times \sin45°} = \frac{100\sqrt{2}}{3} \approx 47.1(\text{N})$$

因为 $F_D = F_A$，所以 $F_D = 47.1\text{N}$。

3. 校核。

$$\sum M_A(\boldsymbol{F}) = F_D \sin 45° \times 3 - M = \frac{100\sqrt{2}}{3} \times \frac{\sqrt{2}}{2} \times 3 - 100 = 0$$

计算过程无误。

在上面例题求解过程中，应当注意不要以为组成力偶的两个力的方向相反，其大小数值就要反号。力偶中的两个力反向已经在受力图中反映，因此，组成力偶的这两个力的大小代数值应该相等。

思考题

1. 将力 $\boldsymbol{F}$ 置于两个不同的坐标系中，如图 2.18 所示。试画出力 $\boldsymbol{F}$ 在每个坐标系中在坐标轴上的投影与分力？

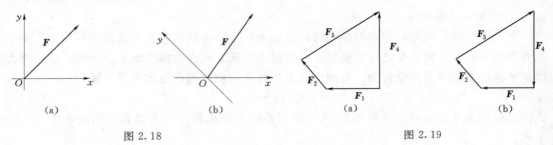

图 2.18　　　　　　　　　　　　　　图 2.19

2. 如图 2.19（a）、（b）所示的是两个形状相同的力矢多边形，问两个力矢多边形所表示的意义是否相同？试分别用矢量式表示其关系。

3. 一个由四个力组成的平面汇交力系。力系平衡时，四个力中，有一个力的方向未知，另一个力的大小未知。问这种情况能不能用平面汇交力系平衡方程求解？

4. 举出在骑自行车的过程中涉及力对点之矩的例子。

5. 半径为 R 的圆轮可绕轴 O 转动，轮上作用一力偶矩为 M 的力偶和一个与轮缘相切的力 $\boldsymbol{F}$（图 2.20），轮在力偶 M 和力 $\boldsymbol{F}$ 的作用下处于平衡状态。这是否说明力偶可以用一个力来平衡？

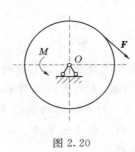

图 2.20

习题

1. 固定在墙壁上的圆环受三条绳索的拉力作用，$F_1 = 2000\text{N}$，$F_2 = 2500\text{N}$，$F_3 = 1500\text{N}$，各力方向如图 2.21 所示。求此力系的合力。

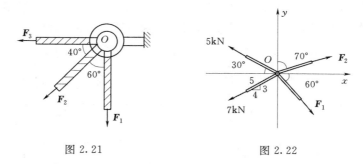

图 2.21　　　　　　　　　　图 2.22

2. 四根桁架杆件在节点 O 处铰接。节点 O 处于静止状态，各力方向如图 2.22 所示，已知其中两个力的大小，求力 F_1 和 F_2 的大小。

3. 平面刚架上作用一主动力 $F=60kN$，如图 2.23 所示。求刚架 A、D 处的支座约束力。

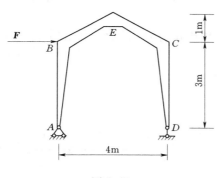

图 2.23

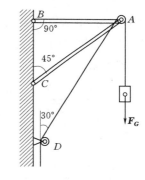

图 2.24

4. 图 2.24 所示简易起重机用钢丝绳吊起重为 $F_G=2kN$ 的重物，杆件自重、摩擦及滑轮大小等都不计，A、B、C 三处简化为铰链连接；求杆 AB 和 AC 所受的力。

5. 图 2.25 所示压路机的碾子重 $F_G=20kN$，半径 $r=40cm$，若用一通过其中心的水平力 F 拉碾子越过高 $h=8cm$ 的石坎，问力 F 应为多大？若要使力 F 值为最小，力 F 与水平线的夹角 α 应为多大，此时力 F 值为多少？

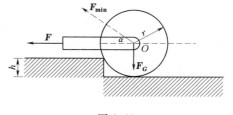

图 2.25

6. 求图 2.26 所示力 F 对 O 点之矩。

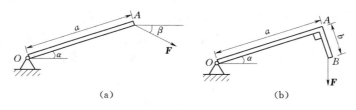

(a)　　　　　　　　　　(b)

图 2.26

7. 挡土墙如图 2.27 所示，已知单位长挡土墙重 $F_G = 130\text{kN}$，墙背作用土压力 $F_1 = 85\text{kN}$，试计算各力对挡土墙前趾 A 点的力矩，并判断墙是否会倾倒。

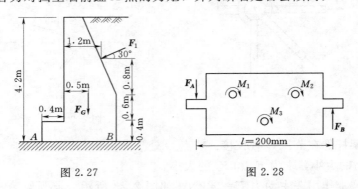

图 2.27   图 2.28

8. 如图 2.28 所示的工件上作用有三个主动力偶，三个力偶的矩分别为：$M_1 = M_2 = 10\text{N} \cdot \text{m}$，$M_3 = 20\text{N} \cdot \text{m}$。在 A、B 处各作用一力 F_A 和 F_B，两力作用线平行且指向相反，$F_A = F_B = 150\text{N}$。问工件是否能转动？

9. 已知梁 AB 上作用两个力偶，力偶矩大小分别为 $M_1 = 20\text{kN} \cdot \text{m}$，$M_2 = 8\text{kN} \cdot \text{m}$。求支座 A 和 B 的约束力。

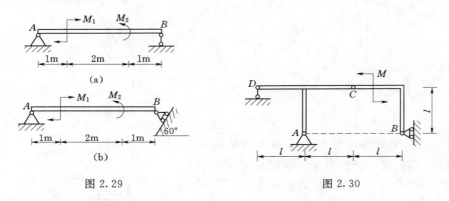

图 2.29   图 2.30

10. 在图 2.30 所示结构中，各构件的重量不计，在构件 BC 上作用一矩为 M 的力偶，求支座 A 的约束力。

§2.5 平面任意力系向一点简化

1. 力系的主矢与主矩

（1）力系的主矢。刚体上作用有 n 个力 F_1，F_2，$\cdots$，F_n 组成的平面任意力系，如图 2.31（a）所示。力系中各力的矢量首尾相接，可得力矢多边形，由力矢多边形起点向末点所作矢量 F'_R 称为该力系的主矢，如图 2.31（d）所示。力系的主矢 F'_R 等于力系中各力的矢量和（几何和），即

$$F'_R = F_1 + F_2 + \cdots + F_n = \sum F_i$$

由合矢量投影定理可得力系的主矢在平面直角坐标系中的投影为

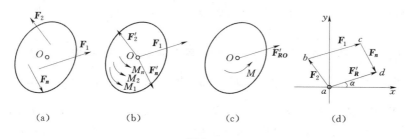

图 2.31

$$\left.\begin{array}{l} F'_{Rx} = \sum F_{xi} \\ F'_{Ry} = \sum F_{yi} \end{array}\right\}$$

力系主矢的大小和方向为

$$\left.\begin{array}{l} F'_R = \sqrt{(\sum F_{xi})^2 + (\sum F_{yi})^2} \\ \tan\alpha = \dfrac{|\sum F_{yi}|}{|\sum F_{xi}|} \end{array}\right\} \tag{2.15}$$

式中：α 为主矢方向与 x 轴所夹锐角，主矢指向由 $\sum F_{xi}$、$\sum F_{yi}$ 的正负号判定。

显然，力系的主矢反映了力系的移动效应。

（2）力系对某点的主矩。力系中各力对作用平面内某一点 O 取矩的代数和称为力系对该点的主矩 M_O，即

$$M_O = M_O(\boldsymbol{F_1}) + M_O(\boldsymbol{F_2}) + \cdots + M_O(\boldsymbol{F_n}) = \sum M_O(\boldsymbol{F_i}) \tag{2.16}$$

显然，力系的主矩一般与对应的矩心 O 有关，故必须指明力系是对哪一点的主矩。力系的主矩反映力系的转动效应。

2. 平面任意力系向一点简化

力系的主矢反映了力系对刚体的移动效应，力系的主矢就像一个力的力矢一样。力系对某点的主矩，反映了力系对刚体绕这点的转动效应，力系的主矩就像一个力对某点的力矩一样。由力的平移定理可知，已知一个力的力矢和力对某点之矩，可将这个力平移到矩心，但要附加一个与力矩等矩的力偶。因此，将力系的主矢安置在矩心处转变为一个力，在平面内作用与主矩等矩的一个力偶，这个力和力偶与原力系等效，如图 2.31（c）所示。若从另一角度分析，也可得到相同的结果。将如图 2.31（a）所示力系中各力向所定的简化中心点 O 平移，可得一个平面汇交力系和一个平面力偶系，如图 2.31（b）所示；再将汇交力系合成一个作用于点 O 的一个合力，将平面力偶系合成一个合力偶，即得图 2.31（c）所示结果。

3. 平面任意力系的简化结果讨论

只要求出力系的主矢和力系对某点的主矩后，就抓住了力系的本质；由力系的主矢 $\boldsymbol{F'_R}$ 和主矩 M_O 就可推知力系的等效性。

（1）当 $\boldsymbol{F'_R} = 0$，$M_O = 0$。因力系主矢等于零，力系无移动效应；力系主矩等于零，力系也无转动效应。所以，力系是平衡力系。

（2）当 $\boldsymbol{F'_R} = 0$，$M_O \neq 0$。因力系主矢等于零，力系无移动效应；力系主矩不等于零，

力系有转动效应。所以，力系是与一个力偶等效。即此力系的合成结果是一力偶，对任一点的转动效应相同，与矩心的选择无关。

（3）当 $F_R' \neq 0$。因力系主矢不等于零，力系有移动效应，所以，力系与一个力 F_R 等效，此力作用在距简化中心点 O 的 $d\left(d=\dfrac{|M_O|}{F_R'}\right)$ 距离处。显然，当主矩等于零（$M_O=0$）时，此力 F_R 作用在简化中心 O 处，如图 2.32（a）所示；当主矩大于零（$M_O>0$）时，主矩为逆时针转向，此力 F_R 在简化中心点 O 一侧的顺转区，如图 2.32（b）所示；当主矩小于零（$M_O<0$）时，主矩为顺时针转向，此力 F_R 在简化中心点 O 一侧的逆转区，如图 2.32（c）所示。由以上情况可知，只要力系主矢 F_R' 不为零，则无论主矩 M_O 是否为零，最终可将原力系合成为一个力 F_R。

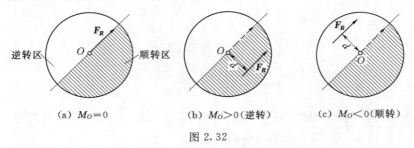

（a）$M_O=0$　　　　　（b）$M_O>0$（逆转）　　　　　（c）$M_O<0$（顺转）

图 2.32

综上所述，平面任意力系简化的最后结果（即力系的合成结果）：或者是一个合力，或者是一个合力偶，或者平衡。

4. 平面任意力系简化实例分析

（1）固定端支座约束力分析。图 2.33（a）所示梁的一端完全固定在墙体内，这种约束称为固定端支座。应用平面任意力系的简化理论，对平面固定端支座约束力系进行简化分析。固定端支座对物体的作用，是在接触面上作用了一群约束力，在平面问题中，这些力为一个平面任意力系，如图 2.33（b）所示。将这群力向作用平面内 A 点简化，得到一个力和一个力偶，如图 2.33（c）所示。一般情况下，这个力的大小和方向均为未知，可用两个正交分力来代替。因此，在平面力系情况下，固定端支座的约束力可简化为两个正交约束力 F_{Ax}、F_{Ay} 和一个约束力偶 M_A，如图 2.33（d）所示。固定端支座的工程结构简图如图 2.33（e）所示。

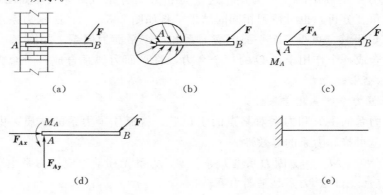

（a）　　　　　　　（b）　　　　　　　（c）

（d）　　　　　　　　　　　　（e）

图 2.33

（2）线分布荷载的简化。若力分布于物体的表面上或体积内的每个点，则称此力系为分布力。例如屋面上的风压力，水坝受到的静水压力以及梁的自重等。在进行计算时，将杆件用其轴线表示，如梁所受的重力则简化为沿梁轴线分布的分布力，称此荷载为线分布荷载。每单位长度上所受的力，称为荷载集度，并以 q 表示，其单位为 N/m。图 2.34（a）所示为三角形分布荷载，对此线分布荷载进行简化。

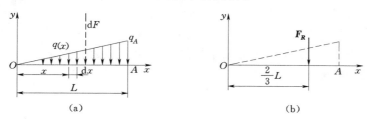

图 2.34

首先计算力系的主矢。选取坐标系如图 2.34 所示，微段长度 $\mathrm{d}x$ 上的荷载大小为 $\mathrm{d}F=q(x)\mathrm{d}x$；根据相似三角形性质，可得分布荷载集度函数 $q(x)=\dfrac{q_A}{l}x$，则有 $\mathrm{d}F=\dfrac{q_A}{l}x\mathrm{d}x$。主矢在两轴上的投影分别为

$$F'_{Rx}=0$$

$$F'_{Ry}=-\int_0^l \mathrm{d}F=-\int_0^l \frac{q_A}{l}x\,\mathrm{d}x=-\frac{1}{2}q_A l$$

主矢的大小为

$$F'_R=\sqrt{F_{Rx}'^2+F_{Ry}'^2}=\frac{1}{2}q_A l$$

主矢的方向铅直向下。

再计算力系对 O 点的主矩。选取 O 为简化中心，因为 $\mathrm{d}M_O=-x\mathrm{d}F=-x\dfrac{q_A}{l}x\mathrm{d}x$，所以有

$$M_O=\int_{M_O}\mathrm{d}M_O=\int_0^l -x\frac{q_A}{l}x\,\mathrm{d}x=-\frac{q_A l^2}{3}$$

最后讨论力系的等效结果。因为 $\boldsymbol{F'_R}\neq 0$，$M_O\neq 0$，所以力系可简化为一个合力 $\boldsymbol{F_R}$，合力的大小为

$$F_R=F'_R=\frac{1}{2}q_A l \tag{2.17}$$

合力作用线距简化中心距离为

$$d=\frac{|M_O|}{F'_R}=\frac{2}{3}l \tag{2.18}$$

简化结果如图 2.34（b）所示。

应注意到，式（2.17）中的合力大小恰好等于三角形分布荷载图的面积；式（2.18）中 d 恰好为该荷载图的形心横坐标。同理，可得一般线分布荷载的简化结果如下：一个

线分布荷载，可简化为一个合力，合力的大小等于该荷载图的面积，合力作用线必通过荷载图的形心，合力指向与分布荷载指向一致。

思考题

6. 平面汇交力系向汇交点以外一点简化，其结果可能是一个力吗？可能是一个力偶吗？可能是一个力和一个力偶吗？

7. 如图 2.35 所示刚体上 A、B、C 三点分别作用三个力 F_1、F_2、F_3，各力方向如图 2.35 所示，各力大小恰好与三角的形边长成正比例。问此力系是否平衡？为什么？

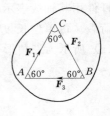

图 2.35

习题

11. 已知平面任意力系中各力大小分别为 $F_1=50N$、$F_2=60N$、$F_3=50N$ 和 $F_4=80N$，各力方向如图 2.36 所示，各力作用点的坐标依次是 $A_1(20,30)$、$A_2(30,10)$、$A_3(40,40)$ 和 $A_4(0,0)$，坐标单位是 mm，求该力系的合力。

12. 水坝受自身重量及上下游水压力作用，如图 2.37 所示（按坝长 1m 考虑）。试将此力系向坝底 O 点简化，求其主矢、对 O 点的主矩和力系合力的大小、方向、作用线位置，并画出合力。

13. 钢筋混凝土构件如图 2.38 所示，已知各部分的重量为 $F_{G1}=2kN$，$F_{G2}=F_{G4}=4kN$，$F_{G3}=8kN$。试求这些重力的合力。

图 2.36　　　　　　　图 2.37　　　　　　　图 2.38

§2.6　平面任意力系的平衡

1. 平面任意力系的平衡条件

由平面任意力系向一点简化的最后结果可知，当力系的主矢等于零时，力系无移动效应；再当力系的主矩等于零时，力系无转动效应。因此，平面任意力系平衡的必要与充分条件是：力系的主矢和力系对任一点的主矩都等于零。即

$$\left.\begin{array}{l} F'_R=0 \\ M'_O=0 \end{array}\right\}$$

(2.19)

2. 平面任意力系的平衡方程

将平面任意力系的平衡条件用代数方程表达，即为平衡方程。同一条件可以用以下三种不同形式的方程表达。

（1）平面任意力系平衡方程的基本形式。由式（2.15）和式（2.16）可知，式（2.19）成立时，可得下列方程式

$$\left.\begin{aligned}\sum F_{xi}=0\\ \sum F_{yi}=0\\ \sum M_O(\boldsymbol{F}_i)=0\end{aligned}\right\} \tag{2.20}$$

式（2.20）称为平面任意力系平衡方程的基本形式。此式表明平面任意力系平衡的解析条件为：力系中所有各力在两个任选的坐标轴上的投影代数和分别等于零，以及力系中各力对于平面内任一点矩的代数和也等于零。

式（2.20）方程组中前两个方程称为投影方程，第三个方程称为力矩方程。这三个方程相互独立，因此，用它们求解平面任意力系的平衡问题，可以并且最多只能求解三个未知量。

（2）平面任意力系平衡方程的二力矩形式。将式（2.20）中两个投影方程中的某一个用力矩式方程代替，便可得到

$$\left.\begin{aligned}\sum F_x=0\left(\text{或}\sum F_y=0\right)\\ \sum M_A(\boldsymbol{F}_i)=0\\ \sum M_B(\boldsymbol{F}_i)=0\end{aligned}\right\} \tag{2.21}$$

附加条件：A、B 两点的连线不得垂直于投影轴 x 轴（或 y 轴），此式称为平面任意力系平衡方程的二力矩式。

为什么式（2.21）也能满足力系平衡的必要和充分条件呢？这是因为，如果两个力矩方程成立，则排除了力系合成一个力偶的可能性。显然，力系最大可能是与过 A、B 两点连线的一个力等效，如图 2.39 所示；若选取的投影轴不与 A、B 两点连线垂直，当力系在满足投影方程

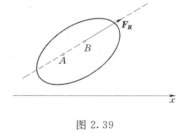

图 2.39

$\sum F_x=0$ 时，这就完全排除了力系简化为过 A、B 两点连线的力的可能性。故所研究的力系为平衡力系。

（3）平面任意力系平衡方程的三力矩形式。若将式（2.20）中的两个投影方程都用力矩式方程代替，便可得到

$$\left.\begin{aligned}\sum M_A(\boldsymbol{F}_i)=0\\ \sum M_B(\boldsymbol{F}_i)=0\\ \sum M_C(\boldsymbol{F}_i)=0\end{aligned}\right\} \tag{2.22}$$

附加条件为：A、B、C 三点不共线，此式称为平面任意力系平衡方程的三力矩式。若前两个力矩方程都成立，排除了力系合成力偶的可能性；力系最大可能是与过 A、B 两点连线的一个力等效；若选取的第三个矩心 C 不与 A、B 两点共线，并力系对点 C 的主矩等于零时，则就完全排除了此力存在的可能性。故所研究的力系也必为平衡力系。

上述式（2.20）～式（2.22）三组方程为不同形式的平衡方程，都可以用来求解平面

任意力系的平衡问题。在实际应用中，选择哪种形式的平衡方程，须根据具体条件确定。一般情况下，为简化计算过程，力求在一个方程中只包含一个未知量，以避免解联立方程，因此，投影轴尽可能选取与较多的未知力的作用线相垂直，而矩心宜取在较多未知力的交点处。

必须指出，对于平面任意力系作用的单个物体的平衡问题，只能写出 3 个独立的平衡方程式，任何第四个平衡方程式都不是独立的，而是前 3 个方程的线性组合。因此，第四个平衡方程不能用来求解新的未知量，但可以用来校核结果。故在求解平面任意力系的平衡问题时，对于一个物体最多只能求解 3 个未知量。

例题 2.8 如图 2.40（a）所示梁 AB，作用均布载荷 $q=10\text{kN/m}$、集中力 $F=20\text{kN}$、集中力偶的力偶矩为 $M=20\text{kN·m}$，梁的自重不计。试求 A、B 处的支座约束力。

解：1. 选梁 AB 为研究对象，作受力图如图 2.40 图（b）所示。

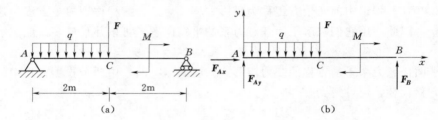

图 2.40

2. 建立坐标系，列平衡方程并求解。

$\sum F_x=0$ $F_{Ax}=0$

$\sum M_A(\boldsymbol{F}_i)=0$ $F_B\times4-M-F\times2-q\times2\times1=0$

$$F_B=\frac{M+F\times2+q\times2\times1}{4}=\frac{20+20\times2+10\times2\times1}{4}=20(\text{kN})$$

$\sum F_y=0$ $F_{Ay}-q\times2-F+F_B=0$

$$F_{Ay}=q\times2+F-F_B=10\times2+20-20=20(\text{kN})$$

3. 校核：

$$\sum M_C(F)=F_B\times2-M+q\times2\times1-F_{Ay}\times2$$
$$=20\times2-20+10\times2\times1-20\times2=0$$

以上计算无误。

例题 2.9 起重机重 $F_{G1}=10\text{kN}$，可绕铅直轴 AB 转动；起重机的挂钩上挂一重为 $F_{G2}=40\text{kN}$ 的重物，如图 2.41（a）所示。起重机的重心 C 到转轴的距离为 1.5m，其他尺寸如图所示。求止推轴承 A 和向心轴承 B 对起重机的约束力。

解：1. 取起重机为研究对象，作受力图如图 2.41（b）所示。它所受的主动力有 $\boldsymbol{F}_{G1}$ 和 $\boldsymbol{F}_{G2}$。止推轴承 A 处有两个约束力 $\boldsymbol{F}_{Ax}$、$\boldsymbol{F}_{Ay}$，向心轴承 B 处只有一个与转轴垂直的约束力 $\boldsymbol{F}_B$。

2. 取坐标系如图 2.41（b）所示，列平衡方程，即

$\sum F_y=0$ $F_{Ay}-F_{G1}-F_{G2}=0$

$$F_{Ay}=F_{G1}+F_{G2}=50(\text{kN})$$

$$\sum M_A(\boldsymbol{F}_i)=0 \qquad -F_B\times 5-F_{G1}\times 1.5-F_{G2}\times 3.5=0$$

$$F_B=\frac{-F_{G1}\times 1.5-F_{G2}\times 3.5}{5}=-31(\text{kN})$$

$$\sum F_x=0 \qquad F_{Ax}+F_B=0$$

$$F_{Ax}=-F_B=-(-31)=31(\text{kN})$$

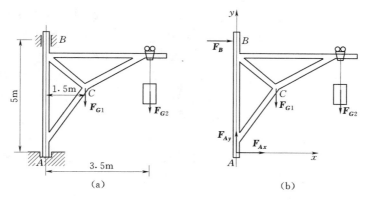

图 2.41

3. 校核：

$$\sum M_B(\boldsymbol{F})=F_{Ax}\times 5-F_{G1}\times 1.5-F_{G2}\times 3.5=31\times 5-10\times 1.5-40\times 3.5=0$$

以上计算无误。

3. 平面平行力系的平衡方程

若多个力作用于同一平面内，且各力作用线相互平行，则该力系称为平面平行力系，如图 2.42 所示。若取直角坐标系中 y 轴与力系中各力作用线平行，则各力在 x 轴上的投影均为零，式（2.20）中 $\sum F_x=0$ 恒成立。因此，平面平行力系平衡时只需满足两个平衡方程，即

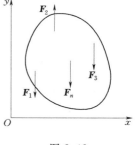

$$\left.\begin{array}{l}\sum F_y=0 \\ \sum M_O(\boldsymbol{F})=0\end{array}\right\} \tag{2.23}$$

图 2.42

式（2.23）表明，平面平行力系平衡的充分和必要条件为：力系中各力在与力的作用线不垂直的 y 轴上投影代数和等于零，且各力对平面内任一点 O 之矩的代数和也等于零。

与平面任意力系相同，平面平行力系的平衡方程也有二力矩式，即

$$\left.\begin{array}{l}\sum M_A(\boldsymbol{F})=0 \\ \sum M_B(\boldsymbol{F})=0\end{array}\right\} \tag{2.24}$$

附加条件为：各力作用线与 A、B 两点连线不得平行。

由于式（2.23）和式（2.24）独立方程的数目都是两个，最多可求解两个未知量。

例题 2.10　塔式起重机简图如图 2.43 所示。已知机架重量 $F_{G1}=500\text{kN}$，重心 C 至右轨 B 的距离 $e=1.5\text{m}$；起吊重量 $F_{G2}=250\text{kN}$，其作用线至右轨 B 的最远距离 $l=10\text{m}$；两轨间距 $b=3\text{m}$。为使起重机在空载和满载时都不致倾倒，试确定平衡锤的重量 F_{G3}（其

重心至左轨 A 的距离 $a=6\text{m}$)。

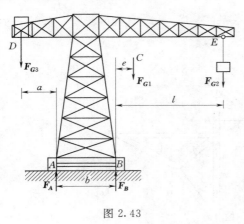

图 2.43

解： 为了保证起重机不翻倒，须使作用在起重机上的主动力 F_{G1}、F_{G2}、F_{G3} 和约束力 F_A、F_B 所组成的平面平行力系满足平衡条件。

1. 取满载时起重机倾倒的临界状态为对象。满载时起重机可能绕 B 点向右倾倒。开始倾倒的瞬间，左轮与轨道 A 脱离接触，这时，$F_A=0$。满足临界状态平衡条件的平衡锤重为所必须的最小值 $F_{G3\min}$。于是由平衡方程得

$$\sum M_B(F)=0 \qquad F_{G3\min}(a+b)-F_{G1}e-F_{G2}l=0$$

解得

$$F_{G3\min}=361\text{kN}$$

2. 取空载时起重机倾倒的临界状态为对象。

因空载时 $F_{G2}=0$，若平衡锤太重，起重机可能绕 A 点向左倾倒。在临界状态下，$F_B=0$。满足临界状态平衡条件的平衡锤重将是所允许的最大值 $F_{G3\max}$。于是由平衡方程得

$$\sum M_A(F)=0$$

$$F_{G3\max}a-F_{G1}(e+b)=0$$

求得

$$F_{G3\max}=375\text{kN}$$

综上所述，为保证起重机在空载和满载时都不倾倒，平衡锤的重量应满足

$$375\text{kN}\geq F_{G3}\geq 361\text{kN}$$

思考题

8. 如图 2.44 所示，在三铰刚架的 D 处作用一水平力 F，求 A、B 支座约束力时，水平力 F 是否可沿作用线移至 E 点？为什么？

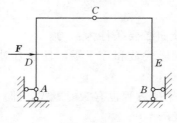

图 2.44

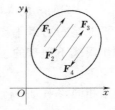

图 2.45

9. 平面任意力系的平衡方程有三种形式，每一种形式有三个平衡方程，那么一个平面任意力系就可以列出九个平衡方程，则可求解九个未知量，这种说法对吗？为什么？

10. 如图 2.45 所示作用于刚体上虽然是平衡的平行力系，只要设置的坐标轴不与力作用线平行，仍然可列两个投影平衡方程 $\sum F_x=0$、$\sum F_y=0$ 和一个矩平衡方程 $\sum M_O(F)=0$。这三个方程是独立的，因此可解三个未知量，这种判定成立吗？为什么？

习题

14. 如图 2.46 所示均质球重 F_G、半径为 r，放在墙与杆 AC 之间，杆长为 l，其与墙的夹角为 α，杆 AC 的 A 端用水平绳子 AB 拉住。不计杆重，求绳索的拉力，并问 α 为何值时绳的拉力为最小？

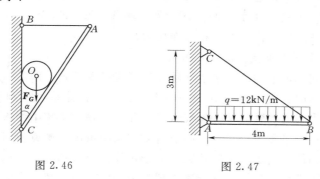

图 2.46　　　　　　　　图 2.47

15. 如图 2.47 所示雨篷结构，水平梁 AB 受均布荷载 $q=12\text{kN/m}$ 作用，B 端用斜杆 BC 拉住。求铰链 A、C 处的约束力。

16. 求如图 2.48 所示各梁的支座约束力。

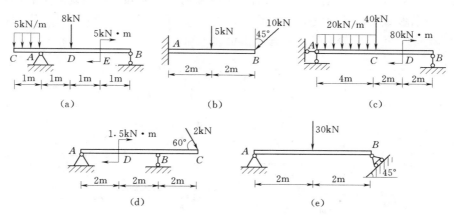

图 2.48

17. 求如图 2.49 所示刚架的支座约束力。

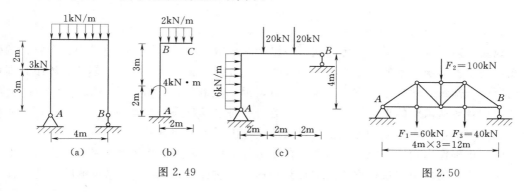

图 2.49　　　　　　　　　图 2.50

18. 一桁架桥如图 2.50 所示。桁架各杆的自重不计。试求 A、B 的支座约束力。

§2.7　物体系统的平衡

在工程实际中，常常会遇到由多个构件通过一定的约束联系在一起的结构，将这样的结构称为物体系统。研究物体系统的平衡问题，不仅需要求解整个系统所受的外部约束力，同时还须计算系统内各构件间的相互作用力。

1. 物体系统平衡问题类型

物体系统平衡问题可分为静定平衡问题和超静定平衡问题等两类。当由 n 个物体组成的物体系统处于平衡时，则可形成 n 个平衡力系；整个物体系可得到的独立平衡方程数目，等于各个平衡力系可列独立平衡方程数目之和。若物体系统中的未知量数目等于或小于物体系统可列的独立平衡方程数目，则所有未知量都可由平衡方程组求出，这样的问题称为静定问题。当物体系统中的未知量数目大于物体系统可列独立平衡方程数目，未知量不能全部由平衡方程求出，这样的问题称为超静定问题。对于超静定问题，将在第 9 章中研究。如图 2.51 （a）所示多跨梁，各梁段受力如图 2.51 （b）所示；显然，梁段 CD 所受平面汇交力系，可列两个独立平衡方程；梁段 AC 所受平面任意力系，可列三个独立平衡方程；整个系统可列五个独立平衡方程，系统中有五个未知量，系统属于静定问题。图 2.51 （c）所示多跨梁，各梁段受力如图 2.51 （d）所示；虽然梁段 CD 是静定的，但梁段 AC 是超静定的，不能用静力平衡方程求出全部未知量。

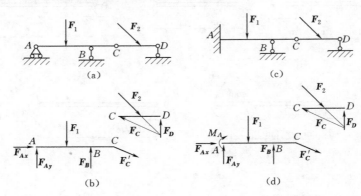

图 2.51

2. 解物体系统平衡问题的要点

只要物体系统的平衡是静定问题，最原始的解题方法是，作出物体系中各个物体的受力图，列出各平衡力系的平衡方程，所有的平衡方程组成一个方程组，解此方程组，即可求出所有未知量。此种原始方法，虽然可行，但比较麻烦，计算工作量大，针对性不强。只要我们针对所求解的未知量，选取合适的研究对象以及采用合理的计算顺序，可以避免解联立方程组，大大地减少计算量，简捷地计算出所求未知量。

（1）正确作出物体系统的受力图。在作出各个物体和整个物体系统的受力图后，对于不需要求解的物体系中某些物体间的相互作用力（物体系内力），可以不解除这些物体之间的约束，再画出由这几个物体组成的物体系统局部受力图。注意同一约束力在各个对象上的表达方式要相同；注意各物体之间的作用力 F 与反作用力 F' 作用线共线，且绝对指向相反；在计算过程中，要特别注意作用力与反作用力的大小相等，正负号相同，即 $F' = F$。

（2）确定研究对象的选取次序。首选研究对象的条件是：对象上未知量数目等于或小于此平衡力系所能列的独立平衡方程数目，即首选研究对象是静定问题；当没有符合上述条件的静定对象时，可观察是否存在除一个未知力外，其他未知力都汇交于一点或都相互平行的力，符合这种条件的对象也可作为首选，这时，对其他未知力交点可列力矩平衡方程，或在其他未知力垂直方向列力投影平衡方程，可求出部分未知力，将这种对象称部分静定对象。因此，首选对象应是静定或部分静定的。当首选对象上的未知力求出后，则与首选对象有相互作用的其他物体上对应的反作用未知力就变成了已知力，这样，可针对所求未知量以及根据首选对象的条件，再选研究对象，进行求解。重复以上步骤，即可解出所有未知量。

例题 2.11　如图 2.52（a）所示为一拔桩架，AC、CB 和 CD、DE 均为绳索。在点 D 用力 F 向下拉时，即有大于力 F 若干倍的力将桩向上拔起。若 AC 和 CD 各为铅垂和水平，CB 和 DE 各与铅垂和水平方向成角 $\alpha = 4°$，$F = 400$N，试求桩顶 A 所受的拉力。

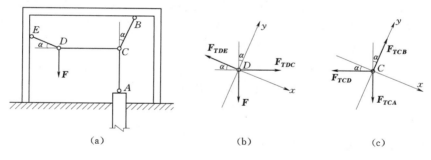

图 2.52

解：此例可取绳段 DC 为研究对象，按平面任意力系求解，可用一个方程解出未知量。若按平面汇交力系求解，则是一个简单的物体系统的平衡问题。本题应先取绳结 D 为研究对象，求得绳索 DC 段所受的力，再研究 C 点的平衡，问题即可解决。具体步骤如下：

1. 取绳结 D 为研究对象。画受力图、选取坐标系如图 2.52（b）所示。列平衡方程求解

$$\sum F_y = 0, \quad F_{TDC} \sin\alpha - F\cos\alpha = 0$$

$$F_{TDC} = F\cot\alpha$$

2. 选取绳结 C 为研究对象。画受力图并选取坐标系如图 2.52（c）所示。列平衡方程求解

$$\sum F_x = 0, \quad F_{TCA} \sin\alpha - F_{TCD} \cos\alpha = 0$$

$$F_{TCA} = F_{TCD} \cot\alpha$$

将 $F_{TCD}=F_{TDC}=F\cot\alpha$ 代入上式得

$$F_{TCA}=F\cot^2 4°=400\times\cot^2 4°=81.8\times10^3(N)=81.8(kN)$$

绳索作用于桩顶上的拉力约为81.8kN。

例题 2.12 如图 2.53（a）所示四连杆机构，在图示位置平衡。已知 $OA=60cm$，$O_1B=40cm$，作用在摇杆 OA 上的力偶矩 $M_1=1N\cdot m$，不计杆自重，求力偶矩 M_2 的大小。

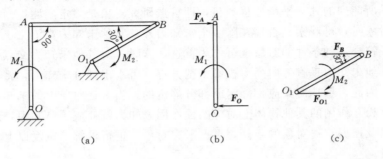

(a)   (b)   (c)

图 2.53

解： 1. 受力分析。杆 AB 为二力杆，其对周围构件的作用力沿杆轴线。在杆 OA 上作用有主动力偶 M_1，根据力偶的性质，力偶只能与力偶平衡，所以在杆 OA 两端的约束力必形成力偶（F_A，F_O），约束力 F_A 的作用方向被确定，杆 OA 的受力如图 2.53（b）所示。杆 O_1B 上作用一个待求力偶 M_2，作用在杆 O_1B 两端的约束力也构成约束力偶（F_B，F_{O1}），杆 O_1B 的受力如图 2.53（c）所示。

2. 取杆 AO 为对象，列平衡方程。

$$\sum M=0,\quad M_1-F_A\times 0.6=0 \qquad\qquad ①$$

$$F_A=\frac{M_1}{0.6}=1.67N$$

3. 取杆 BO_1 为对象，列平衡方程。

$$\sum M=0,\quad -M_2+F_B\times 0.4\times\sin 30°=0 \qquad\qquad ②$$

$$F_B=F_A=1.67N$$

因

故由式②得

$$M_2=F_A\times 0.4\times\sin 30°=1.67\times 0.4\times 0.5=0.33(N\cdot m)$$

例题 2.13 三铰刚架的受力及尺寸如图 2.54（a）所示，已知 $F=32kN$，$q=5kN/m$。求固定铰支座 A、B 和中间铰链 C 的约束力。

解： 对物体系进行受力分析，确定选取对象及选取顺序。刚架共有六个未知大小的约束力，而两个构件 AC 和 BC 均受平面任意力系作用，故可列六个独立平衡方程，物体系统是静定问题。分别对刚架整体和 AC、BC 单个构件进行受力分析，如图 2.54（b）、（c）、（d）所示。观察构件 AC 和构件 BC 的受力，未知力两两相交且两两平行，无论如何选取投影轴和矩心，每个平衡方程都将包含两个未知力，因而必须解联立方程组，才能解出这六个未知力。为避免解联立方程组，由刚架的整体受力图可知，作用在整体上的四个未知约束力虽然不能由三个平衡方程全部解出，若以点 A 为矩心，除力 F_{By} 外，其他三个未知力同时汇交于点 A，由力矩方程可单独解出 F_{By}；若以 B 点为矩心，同理也可解出

F_{Ay}。故刚架的整体受力是部分静定的。当解出 F_{By} 和 F_{Ay} 后，即可再取构件 AC 或者构件 BC 为对象求出其他未知量。由以上分析可得，本题取研究对象的顺序是先取整体刚架，再取其中任一部分构件。

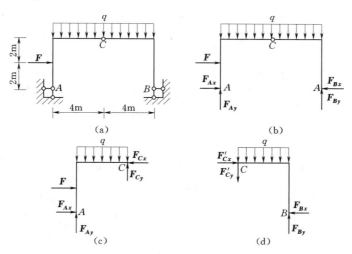

图 2.54

1. 选取整个刚架为研究对象，受力如图 2.54 （b） 所示，列平衡方程求解。

$$\sum M_A(\boldsymbol{F})=0 \qquad F_{By}\times 8-q\times 8\times 4-F\times 2=0$$

$$F_{By}=\frac{5\times 32+32\times 2}{8}=28(\text{kN})$$

$$\sum F_y=0 \qquad F_{Ay}+F_{By}-q\times 8=0$$

$$F_{Ay}=q\times 8-F_{By}=40-28=12(\text{kN})$$

$$\sum F_x=0 \qquad F_{Ax}-F_{Bx}+F=0$$

$$F_{Ax}=F_{Bx}-F \qquad\qquad\qquad\qquad ①$$

注意：尽管由上式还解不出 F_{Ax} 和 F_{Bx}，但是，还是要把两未知力之间的关系式列出，以备后边求解用，这样可避免重复选取对象的麻烦。

2. 选取 BC 为研究对象，受力如图 2.54 （d） 所示，列平衡方程求解。

$$\sum M_C(\boldsymbol{F})=0 \qquad F_{By}\times 4-F_{Bx}\times 4-q\times 4\times 2=0$$

$$F_{Bx}=\frac{F_{By}\times 4-q\times 8}{4}=\frac{28\times 4-5\times 8}{4}=18(\text{kN})$$

将 F_{Bx} 值代入式①中，可得

$$F_{Ax}=F_{Bx}-F=18-32=-14(\text{kN})$$

$$\sum F_x=0 \qquad F'_{Cx}-F_{Bx}=0$$

$$F'_{Cx}=F_{Bx}=18\text{kN}$$

$$\sum F_y=0 \qquad F_{By}-F'_{Cy}-q\times 4=0$$

$$F'_{Cy}=F_{By}-q\times 4=28-20=8(\text{kN})$$

例题 2.14　组合梁由梁段 AC 和梁段 CE 用铰链连接而成，结构的尺寸和载荷如图 2.55 （a） 所示。已知 $F=5\text{kN}$，$q=4\text{kN/m}$，$M=10\text{kN·m}$。试求梁的支座约束力。

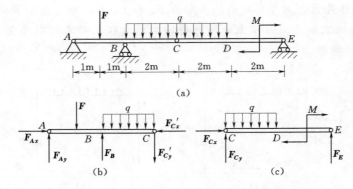

图 2.55

解：1. 取梁段 CE 为研究对象，受力如图 2.55（c）所示，列平衡方程求解得

$$\sum M_C(\pmb{F})=0 \qquad F_E\times 4-M-q\times 2\times 1=0$$

$$F_E=\frac{M+q\times 2\times 1}{4}=\frac{10+4\times 2\times 1}{4}=4.5(\text{kN})$$

$$\sum F_x=0 \qquad\qquad F_{Cx}=0$$

$$\sum F_y=0 \qquad\qquad F_{Cy}+F_E-q\times 2=0$$

$$F_{Cy}=q\times 2-F_E=8-4.5=3.5(\text{kN})$$

2. 取梁段 AC 为研究对象，受力如图 2.55（b）所示，列平衡方程求解得

$$\sum M_A(\pmb{F})=0 \qquad -F\times 1+F_B\times 2-q\times 2\times 3-F'_{Cy}\times 4=0$$

$$F_B=\frac{F\times 1+q\times 2\times 3+F'_{Cy}\times 4}{2}=21.5\text{kN}$$

$$\sum F_x=0 \qquad\qquad F_{Ax}-F'_{Cx}=0,F_{Ax}=F'_{Cx}=0$$

$$\sum F_y=0 \qquad\qquad F_{Ay}+F_B-F-q\times 2-F'_{Cy}=0$$

$$F_{Ay}=F+q\times 2+F'_{Cy}-F_B=-5\text{kN}$$

思考题

11. 判定图 2.56（a）和（b）所示物体系统是静定问题还是超静定问题。

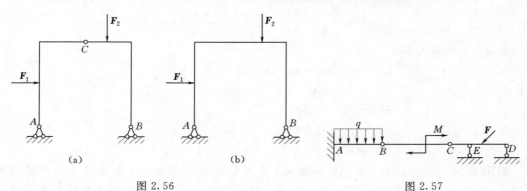

图 2.56   图 2.57

12. 图 2.57 所示结构由 AB、BC 和 CD 等三个梁段组成的多跨静定梁，共有九个未知约束力，试分析求解这些约束力时选取研究对象的次序。

13. 简支刚架和三铰刚架如图 2.58 所示，都作用了三个集中力 F_1、F_2 和 F_3，作用位置如图 2.58 所示。三个力的合力为 F_R，如图中虚线所示。对于这两个结构，用分力求支座约束力与用合力求出的支座约束力是否相同？为什么？

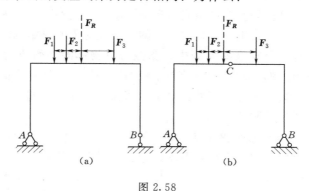

图 2.58

习题

19. 求图 2.59 所示各组合梁的支座约束力。

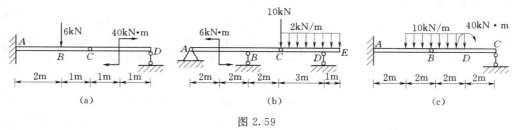

图 2.59

20. 各静定三铰刚架所受荷载及尺寸如图 2.60 所示。求支座约束力和中间铰处的约束力。

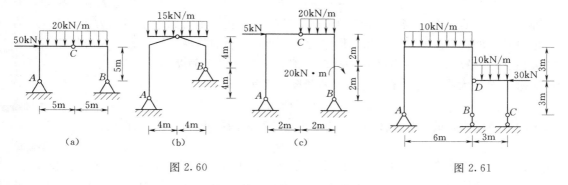

图 2.60

图 2.61

21. 求图 2.61 所示组合刚架的支座约束力。

§2.8　考虑摩擦的平衡问题

在前面的物体受力分析中，将物体的接触面都假定为是绝对光滑的。而事实上，绝对光滑的接触是不存在的。当物体沿接触面有相对运动或相对运动趋势时，由于接触面存在不同程度的粗糙度，在接触处便会产生阻碍运动的阻力，这种阻力称为摩擦力。如果摩擦力相对物体所受的其他力比较很小，且对物体的运动效应无明显影响时，便可将摩擦力作为次要因素而略去不计。但在某些问题中，摩擦力对物体的平衡或运动起着决定性作用时，则必须考虑摩擦力。例如皮带轮传动与车辆的制动等便是依靠摩擦实现的，同时摩擦又具有消耗机器能量、磨损机件等害处，由于摩擦在不同环境下的利弊不同，因此掌握摩擦力的规律，就是为了扬长避短。

1. 静滑动摩擦力和静滑动摩擦定律

两个相互接触的物体之间发生相对滑动或存在相对滑动趋势时，在两物体的接触面上就有阻碍滑动的机械作用存在，这种机械作用称为滑动摩擦力。滑动摩擦力作用在两物体的接触表面处，方向总是沿接触面的公切线，并和物体相对滑动或相对滑动趋势的方向相反。当两物体间尚处于静止状态，仅有相对滑动趋势时，两物体间的摩擦力称为静滑动摩擦力，简称静摩擦力；而当两物体已经产生相对滑动时，两物体间的摩擦力称为动滑动摩擦力，简称动摩擦力。

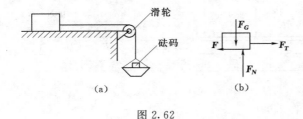

图 2.62

为了说明静摩擦力的性质，可做一个简单的实验。放在固定水平面上的一个重为 F_G 的物体受水平拉力 F_T 作用，如图 2.62（a）所示。物体平衡时，拉力的大小与砝码和盘的重量相等。实验表明，当拉力不大时，物体处于静止状态，物体的受力如图 2.62（b）所示，在接触面上有一个阻止物体沿支承面滑动的力 F 存在，该力即为静滑动摩擦力（或静摩擦力）。由平衡方程 $\sum F_x = 0$ 可得：$F_T - F = 0$，则有 $F = F_T$。当 F_T 为零时，物体无滑动趋势，于是静摩擦力 F 也为零；当 F_T 逐渐增大时，F 的值也相应地增大。但当拉力 F_T 增大到某一极限时，F 就不会再增大，此时物体处于将动而未动的临界平衡状态。这时静摩擦力 F 的大小已达到最大值，称为最大静滑动摩擦力，简称最大静摩擦力，用 F_m 表示。可见，静摩擦力 F 的大小总是介于零与最大静摩擦力之间，即

$$0 \leqslant F \leqslant F_m$$

大量的实验证明，最大静摩擦力 F_m 的大小与两物体间的正压力 F_N 成正比，即

$$F_m = f F_N \tag{2.25}$$

式（2.25）就是静摩擦定律。式中的比例常数 f 称为静摩擦系数，其值可通过实验确定，它的大小与两接触面的材料、接触面的粗糙程度、温度和湿度等因素有关。表 2.1 列出了几种常见材料的静摩擦系数值。

2. 动滑动摩擦力和动滑动摩擦定律

当图 2.62 所示系统中物体所受拉力 F_T 值超过 F_m 时，物体与接触面之间将出现相对滑动，此时接触面上仍存在有阻碍物体相对滑动的力，该力即为动滑动摩擦力（或动摩擦力），用 F' 表示。其方向与物体相对滑动的方向相反。

实验表明，动摩擦力 F' 的大小也与接触面间的正压力成正比，即

$$F' = f' F_N \tag{2.26}$$

式（2.26）称为动摩擦定律。式中比例常数 f' 称为动滑动摩擦系数，它除了与两接触面的材料、接触面的粗糙程度、温度和湿度等因素有关外，还与物体的相对滑动速度有关。多数情况下，f' 值随相对速度的增大而略有减小，但当相对滑动速度不大时，f' 值可近似地认为是个常数。一般情况下，动摩擦系数小于静摩擦系数，即 $f' < f$。常见材料的动摩擦系数 f' 值也列于表 2.1 中，可供参考。

表 2.1   **常见材料的摩擦系数**

材　料	摩擦系数			
	静摩擦系数 f		动摩擦系数 f'	
	无润滑剂	有润滑剂	无润滑剂	有润滑剂
钢–钢	0.15	0.10～0.12	0.15	0.05～0.10
钢–铸铁	0.30		0.18	0.05～0.15
铸铁–铸铁		0.18	0.15	0.07～0.12
皮革–铸铁	0.30～0.50	0.15	0.60	0.15
橡皮–铸铁			0.80	0.50
木材–木材	0.40～0.60	0.10	0.20～0.50	0.07～0.15

3. 摩擦角和自锁

在考虑摩擦的情况下，接触面对物体的约束力由两部分组成，即法向反力 F_N 和摩擦力 F，它们可以合成为一个合力 F_R，称为全约束反力，如图 2.63（a）所示。全反力 F_R 与接触面法线间的夹角 φ 将随着摩擦力 F 的增大而增大，当物体处于平衡的临界状态时，$F = F_{max}$，夹角 φ 也达到最大值 φ_m，如图 2.63（b）所示，夹角 φ_m 称为摩擦角。显然有

$$\tan\varphi_m = \frac{F_{max}}{F_N} = \frac{f \cdot F_N}{F_N} = f \tag{2.27}$$

式（2.27）表明：摩擦角 φ_m 的正切等于静摩擦系数 f。

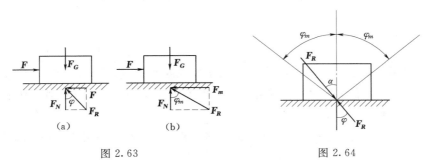

图 2.63   图 2.64

因为静摩擦力的变化有一个范围（$0 \leqslant F \leqslant F_m$），所以全反力 F_R 与法线的夹角 φ 也有

一个变化范围（$0 \leqslant \varphi \leqslant \varphi_m$）。因此，物体处于静止时，全反力作用线所在的位置总在摩擦角内。

如果作用在物体上的主动力的合力 $\boldsymbol{F}_R'$ 的作用线在摩擦角之内，如图 2.64 所示，则不论其大小如何，总有与 $\boldsymbol{F}_R'$ 共线反向等值的全反力 $\boldsymbol{F}_R$ 存在，物体始终处于平衡状态。这种现象称为自锁。显然，自锁条件为 $\alpha \leqslant \varphi_m$，即：主动力与法线夹角 α 小于或等于摩擦角 φ_m，物体将处于平衡状态。

工程中常用自锁原理设计某些机构和夹具，如螺旋千斤顶、压榨机等。但在另一些情况下，又要防止自锁现象发生，如水利工程中的水闸闸门启闭时，就应注意避免自锁，以防闸门卡住。

4. 考虑摩擦时物体的平衡

考虑摩擦时物体的平衡问题，仍然可以应用平衡方程求解，只是在画受力图和列平衡方程式时，都必须考虑摩擦力。一般情况下，可考虑物体处于临界平衡状态时应满足的条件，补充最大静摩擦力方程（$F_m = fF_N$）来进行计算。在计算过程中应注意以下几点：

（1）受力图中应包括摩擦力，摩擦力沿滑动面切向，指向与相对运动趋势相反，该方向不能随意假设。

（2）两物体接触面间的摩擦力，也是相互的作用力与反作用力。

（3）只有物体处于临界平衡状态时，才能应用补充最大静摩擦力方程 $F_m = fF_N$。

必须指出，由于静摩擦力可在零与最大静摩擦力之间变化，因此在考虑摩擦的平衡问题中，主动力也允许在一定范围内变化，所以关于这一类问题的解答往往是有变化范围的。

例题 2.15 梯子 AB 长为 $2a$，重为 F_G，A 端置于水平面上，B 端靠在铅直墙上，如图 2.65（a）所示。设梯子与墙壁、梯子与地板的静摩擦系数均为 f，问梯子与水平面所夹的倾角 α 最小为多大时，梯子能处于平衡？

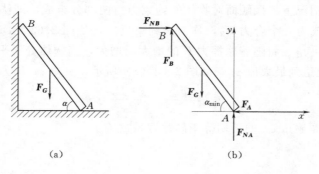

(a)   (b)

图 2.65

解：1. 取梯子处于临界平衡状态为研究对象，其受力如图 2.65（b）所示。当梯子处于临界平衡状态，其有向下滑动的趋势，A、B 两处的摩擦力 $\boldsymbol{F}_A$、$\boldsymbol{F}_B$ 都达到最大值，而梯子这时与地面夹角 α 是最小值 $\alpha_{\min}$。

2. 设置坐标系如图 2.65（b）所示，列平衡方程求解。根据平衡条件和静摩擦定律可得

$$\sum F_x = 0, \quad F_{NB} - F_A = 0 \qquad\qquad ①$$

$$\sum F_y = 0, \quad F_B + F_{NA} - F_G = 0 \qquad\qquad ②$$

$$\sum M_A(F)=0,\quad F_G a\cos\alpha_{\min}-F_B\times 2a\cos\alpha_{\min}-F_{NB}\times 2a\sin\alpha_{\min}=0 \qquad ③$$

$$F_A=fF_{NA} \qquad ④$$

$$F_B=fF_{NB} \qquad ⑤$$

将式④、式⑤代入式①、式②得

$$F_{NB}=fF_{NA}$$

$$F_{NA}=F_G-fF_{NB}$$

由以上二式解出

$$F_{NA}=\frac{F_G}{1+f^2}$$

$$F_{NB}=\frac{fF_G}{1+f^2}$$

将所得 F_{NA} 代入式②求出 F_B，将 F_B 和 F_{NB} 之值代入式③，并消去 F_G 及 a 得

$$\cos\alpha_{\min}-f^2\cos\alpha_{\min}-2f\sin\alpha_{\min}=0$$

再将 $f=\tan\varphi_m$ 代入上式，解出

$$\tan\alpha_{\min}=\frac{1-\tan^2\varphi_m}{2\tan\varphi_m}=\tan\left(\frac{\pi}{2}-2\varphi_m\right)$$

可见

$$\alpha_{\min}=\frac{\pi}{2}-2\varphi_m=\frac{\pi}{2}-2\arctan f$$

根据题意，倾角 α 不可能大于 $\dfrac{\pi}{2}$，因此保证梯子平衡的倾角 α 应满足的条件是

$$\frac{\pi}{2}\geqslant\alpha\geqslant\left(\frac{\pi}{2}-2\arctan f\right)$$

例题 2.16　物体重为 F_G，放在倾角为 θ 的斜面上，它与斜面间的静摩擦系数为 f，如图 2.66（a）所示。当物体处于平衡时，试求水平力 F_1 的大小。

解：1. 取物体上滑的临界状态，物体受力如图 2.66（b）所示。在此状态下，静摩擦力 F 沿斜面向下，并达到最大值 $F_{\max}$。这时，水平力 F_1 也就达到了其最大值 $F_{1\max}$。列平衡方程求解。

$$\sum F_x=0\quad F_{1\max}\cos\theta-F_G\sin\theta-F_{\max}=0$$

$$\sum F_y=0\quad F_N-F_{1\max}\sin\theta-F_G\cos\theta=0$$

列补充方程

$$F_{\max}=fF_N$$

三式联立，可解得

$$F_{1\max}=F_G\frac{\sin\theta+f\cos\theta}{\cos\theta-f\sin\theta}=F_G\frac{\tan\theta+f}{1-f\tan\theta}$$

2. 取物体下滑的临界状态，物体受力如图 2.66（c）所示。在此状态下，摩擦力 F 沿斜面向上，并达到最大值 $F_{\max}$，这时，水平力 F_1 将为最小值 $F_{1\min}$。列平衡方程求解。

$$\sum F_x=0\quad F_{1\min}\cos\theta-F_G\sin\theta+F_{\max}=0$$

$$\sum F_y=0\quad F_N-F_{1\min}\sin\theta-F_G\cos\theta=0$$

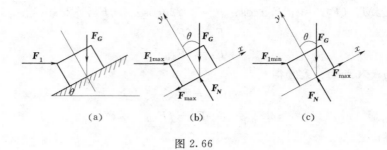

图 2.66

列补充方程

$$F_{\max} = fF_N$$

三式联立，可解得

$$F_{1\min} = F_G \frac{\sin\theta - f\cos\theta}{\cos\theta + f\sin\theta} = F_G \frac{\tan\theta - f}{1 + f\tan\theta}$$

3. 确定平衡范围。综合上述两个结果可知，为使物块静止，力 F_1 必须满足如下条件

$$F_{\min} \leqslant F_1 \leqslant F_{\max}$$

在此例题中，如斜面的倾角小于摩擦角，即 $\tan\theta < f$，推力 $F_{1\min} = F_G \dfrac{\tan\theta - f}{1 + f\tan\theta}$ 为负值。这说明，此时物块不需要力 F_1 的支持就能静止于斜面上；而且无论重力 F_G 有多大，物块也不会下滑，这就是自锁现象。另外，此例题要求 F_1 的取值范围，为了计算方便，也先在临界状态下计算，求得结果后再分析并讨论其解的平衡范围。

思考题

14. 当汽车行驶在结冰的路面上时，采用什么办法可以防止打滑？

15. 在风的作用下形成的沙堆，迎风面的坡度较小，背风面的坡度较大，沙的摩擦角等于迎风面的坡度还是背风面的坡度？为什么？

16. 物体 A 放在粗糙的斜面上，如图 2.67 所示，设 $\alpha > \varphi_m$（物体不自锁）。现在物体上加一个铅直向下的力 F，力的大小可以任意改变。问加上此力后能否制止物体下滑？为什么？

17. 已知桌子重 F_G，尺寸如图 2.68 所示。现以水平力 F 推桌子，当刚开始推动时，A、B 两处的摩擦力是否都达到最大值？若 A、B 两处的摩擦系数相同，此时两处的摩擦力是否相等？当力 F 较小而未能推动桌子时，能否求出 A、B 两处的静摩擦力？

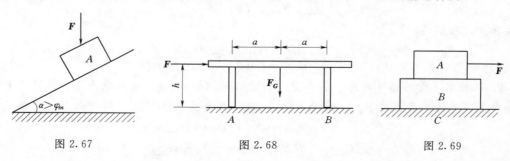

图 2.67   图 2.68   图 2.69

18. 如图 2.69 所示，物体 B 放在水平面 C 上，物体 A 放在物体 B 上，在物体 A 上作用一水平拉力 F。设 A、B 之间的最大静摩擦力为 F_{AB}，B、C 之间的最大静摩擦力为 F_{BC}。试就下列情况讨论 A、B 的运动状态。

(1) $F < F_{AB} < F_{BC}$；(2) $F_{AB} < F < F_{BC}$；(3) $F_{BC} < F < F_{AB}$；(4) $F_{AB} < F_{BC} < F$

习题

22. 均质棱柱体重 $F_G = 4.8\text{kN}$，放置在水平面上，摩擦系数 $f = \dfrac{1}{3}$，力 F 按如图 2.70 所示方向作用；试问当 F 的值逐渐增大时，该棱柱体是先滑动还是先倾倒？并计算运动刚发生时力 F 的值。

23. 混凝土坝的横断面如图 2.71 所示。设 1m 长的坝受到水压力 $F = 3390\text{kN}$，作用位置如图示。混凝土的容重 $\gamma = 22\text{kN/m}^3$，坝与地面的静摩擦系数 $f = 0.6$。问：

(1) 此坝是否会滑动？

(2) 此坝是否会绕 B 点而翻倒？

24. 一升降混凝土吊斗的简易装置如图 2.72 所示。已知混凝土和吊斗共重 $F_G = 25\text{kN}$，吊斗和滑道间的静摩擦系数 $f = 0.3$。试求出吊斗静止在滑道上时，绳子拉力 F_T 的大小范围。

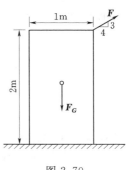

图 2.70

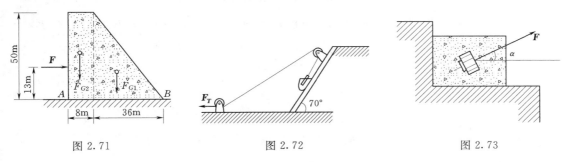

图 2.71　　　　　　　图 2.72　　　　　　　图 2.73

25. 如图 2.73 所示为一吊桥的锚固墩，吊桥的钢索锚固在墩内。已知钢索的拉力 $F = 1960\text{kN}$，锚固墩与地基的静摩擦系数为 0.4。钢索与水平线间的夹角 $\alpha = 20°$，求锚固墩不致滑动时的最小自重。

第3章 平面图形的几何性质

建筑结构中的杆件，其截面都是具有一定几何形状的平面图形。与平面图形形状及尺寸有关的几何量统称为平面图形的几何性质。杆件的强度、刚度、稳定性都与杆件横截面图形的几何性质密切相关，因此，必须明确这些几何性质的概念和几何量的计算方法。

§3.1 静 矩

1. 静矩的定义

图 3.1 所示为一任意形状的平面图形，其面积为 A，在平面图形内坐标为 z、y 处取一微面积 $\mathrm{d}A$，则定义乘积 $y\mathrm{d}A$（或 $z\mathrm{d}A$）为微面积 $\mathrm{d}A$ 对 z 轴（或 y 轴）的面积矩（也称静矩），把微面积 $\mathrm{d}A$ 的静矩在整个面积 A 上的积分 $\int_A y\mathrm{d}A$ 和 $\int_A z\mathrm{d}A$ 分别定义为该平面图形对 z 轴（或 y 轴）的静矩，用 S_z（或 S_y）表示，即

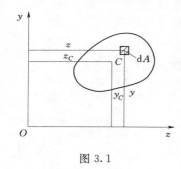

图 3.1

$$\left.\begin{array}{l} S_z = \displaystyle\int_A y\mathrm{d}A \\[2mm] S_y = \displaystyle\int_A z\mathrm{d}A \end{array}\right\} \tag{3.1}$$

根据积分中值定理，式（3.1）还可表达成如下形式：

$$\left.\begin{array}{l} S_z = \displaystyle\int_A y\mathrm{d}A = y_c A \\[2mm] S_y = \displaystyle\int_A z\mathrm{d}A = z_c A \end{array}\right\} \tag{3.2}$$

式（3.2）中的 z_C 和 y_C 表示图形平面内某点 C 的坐标；点 C 可以在图形内，也可能在图形外。

从上述定义可以看出，平面图形的静矩是对指定的坐标轴而言。同一图形对不同的坐标轴，其静矩显然不同。静矩的数值可能为正，可能为负，也可能为零。静矩的常用单位是 m^3 或 mm^3。

2. 形心的概念

由式（3.2）可求出坐标 z_C、y_C 为

$$z_C = \frac{S_y}{A} = \frac{\int_A z\,\mathrm{d}A}{A} \left.\vphantom{\frac{\int_A z\,\mathrm{d}A}{A}}\right\}$$

$$y_C = \frac{S_z}{A} = \frac{\int_A y\,\mathrm{d}A}{A} \tag{3.3}$$

在 Ozy 平面内由坐标 z_C、y_C 所确定的点 $C(z_C,y_C)$ 称为平面图形的形心。形心是由图形几何形状和尺寸所决定的几何中心，其相对于图形的位置不变，与坐标轴的选取无关。对于均质物体来说，形心和重心是重合的，但是两个意义完全不同，重心是物理概念，形心是几何概念。而对于非均质物体，它的重心和形心就不在同一点上。

3. 静矩的几何意义

静矩反映了图形的形心相对于坐标系的位置以及相对坐标轴的远近程度。静矩的绝对值愈大，形心离坐标轴愈远。当静矩为零时，说明图形的形心在坐标轴上。其中，当 $S_z=0$ 时，形心在 z 坐标轴上；当 $S_y=0$ 时，形心在 y 坐标轴上；图形对过形心的坐标轴的静矩为零。图形有对称轴时，图形对对称轴的静矩为零，因为图形的形心必在对称轴上。

4. 组合平面图形的静矩和形心的计算

在工程实际中，常碰到工字形、T 形、环形等横截面的构件，这些构件的截面是由几个简单的几何图形组合而成，称这类图形为组合图形。如图 3.2 所示，根据平面图形静矩的定义，组合图形对某轴的静矩等于各简单图形对同一轴静矩的代数和，即

$$S_z = S_{z1} + S_{z2} + \cdots + S_{zn} = A_1 y_{C1} + A_2 y_{C2} + \cdots + A_n y_{Cn} = \sum A_i y_{Ci} \left.\vphantom{\sum}\right\}$$
$$S_y = S_{y1} + S_{y2} + \cdots + S_{yn} = A_1 z_{C1} + A_2 z_{C2} + \cdots + A_n z_{Cn} = \sum A_i z_{Ci} \tag{3.4}$$

式中：z_{Ci}、y_{Ci} 为各简单图形的形心坐标；A_i 为各简单图形的面积。

将式（3.4）代入式（3.3）中可得组合图形的形心坐标公式为

$$z_C = \frac{S_y}{A} = \frac{\sum A_i \cdot z_i}{\sum A_i} \left.\vphantom{\frac{\sum A_i \cdot z_i}{\sum A_i}}\right\}$$
$$y_C = \frac{S_z}{A} = \frac{\sum A_i \cdot y_i}{\sum A_i} \tag{3.5}$$

例题 3.1　计算图 3.2 所示图形的形心坐标 z_C、y_C。其中 A_1 为矩形图形，边长为 $60\text{mm} \times 40\text{mm}$，$A_2$ 也为矩形，边长为 $100\text{mm} \times 40\text{mm}$。

解：将截面图形分为上下两个矩形，

矩形图形 A_1：$A_1 = 60 \times 40 = 2400(\text{mm}^2)$

$\qquad\qquad y_{C1} = 60\text{mm}, z_{C1} = 30\text{mm}$

矩形图形 A_2：$A_2 = 100 \times 40 = 4000(\text{mm}^2)$

$\qquad\qquad y_{C2} = 20\text{mm}, z_{C2} = 50\text{mm}$

以上数值代入形心式（3.5）可求得截面图形的形心坐标：

$$z_c = \frac{A_1 z_{C1} + A_2 z_{C2}}{A_1 + A_2} = \frac{2400 \times 30 + 4000 \times 50}{2400 + 4000} = 42.50(\text{mm})$$

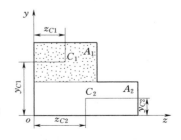

图 3.2

$$y_c = \frac{A_1 y_{C1} + A_2 y_{C2}}{A_1 + A_2} = \frac{2400 \times 60 + 4000 \times 20}{2400 + 4000} = 35 \text{(mm)}$$

例题 3.2 计算图 3.3 所示 T 形截面对 z 轴和 y 轴的静矩。

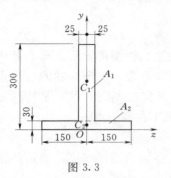

图 3.3

解：将 T 截面分为两个矩形，其面积分别为

$$A_1 = 50 \times 270 = 13.5 \times 10^3 \text{(mm}^2)$$

$$A_2 = 300 \times 30 = 9 \times 10^3 \text{(mm}^2)$$

各矩形形心的 y 坐标分别为

$$y_{C1} = 165 \text{mm}, y_{C2} = 15 \text{mm}$$

应用式（3.4）可求得 T 形截面对 z 轴的静矩

$$S_z = \sum A_i y_{Ci} = A_1 y_{C1} + A_2 y_{C2}$$
$$= 13.5 \times 10^3 \times 165 + 9 \times 10^3 \times 15$$
$$= 2.36 \times 10^6 \text{(mm}^3)$$

由于 y 轴是对称轴，所以 T 形截面对 y 轴的静矩为 $S_y = 0$。

思考题

1. 静矩的几何意义是什么？图形对其形心轴有无静矩？

2. 为什么图形对其对称轴的静矩为零？

3. 图 3.4 所示为矩形截面，z 为形心轴，问 k-k 线以上部分和以下部分对 z 轴的静矩是否相等？

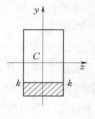

图 3.4

习题

1. 如图 3.5 所示，求阴影图形的形心坐标。

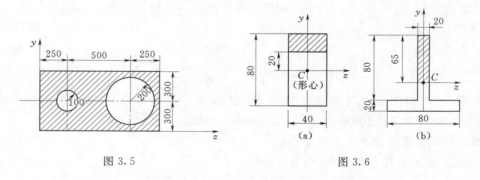

图 3.5   图 3.6

2. 求图 3.6 所示各截面的阴影部分对 z 轴的静矩。

§3.2 极 惯 性 矩

1. 极惯性矩的定义

如图 3.7 所示为一任意形状的平面图形，其面积为 A，Ozy 为平面图形所在平面内的任意直角坐标系。在矢径为 ρ 的任一点处，取微面积 $\mathrm{d}A$，则可求得下述积分

$$I_P = \int_A \rho^2 \mathrm{d}A \qquad (3.6)$$

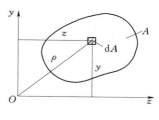

图 3.7

式中：I_P 称为平面图形对坐标原点 O 的极惯性矩。由上述定义可以看出，图形的极惯性矩恒为正，其单位是长度单位的四次方，即 m^4 或 mm^4。

2. 圆截面的极惯性矩

对于图 3.8 所示半径为 R 的圆，若以宽度为 $\mathrm{d}\rho$ 的环形区域取微面积，即

$$\mathrm{d}A = 2\pi\rho\mathrm{d}\rho$$

由式（3.6）可得，圆截面对圆心 O 的极惯性矩为

$$I_P = \int_0^R \rho^2 2\pi\rho\mathrm{d}\rho = \frac{\pi R^4}{2} \qquad (3.7)$$

对于内径为 r、外径为 R 的空心圆环截面（图 3.9），按上述计算方法，截面对圆心的极惯性矩为

$$I_P = \int_r^R \rho^2 2\pi\rho\mathrm{d}\rho = \frac{\pi R^4}{2}(1-\alpha^4) \qquad (3.8)$$

式（3.8）中，α 为空心圆环截面的内半径 r 与外半径 R 的比值，即 $\alpha = \dfrac{r}{R}$。

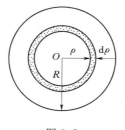
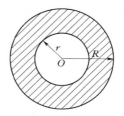

图 3.8　　　　　　　　　图 3.9

3. 极惯性矩的几何意义

极惯性矩反映了图形面积相对于极点 O 的分布远近程度。相同面积的圆和圆环图形，圆对圆心的极惯性矩小于圆环对圆心的极惯性矩，即 $I_{\rho 圆环} > I_{\rho 圆}$。在工程中，极惯性矩大的杆件，其抗扭转能力大。

§3.3　惯　性　矩

1. 惯性矩的定义

如图 3.10 所示任意形状的平面图形，在坐标为 (z, y) 处取微面积 $\mathrm{d}A$，则可求得下述积分

$$\left. \begin{aligned} I_z &= \int_A y^2 \mathrm{d}A \\ I_y &= \int_A z^2 \mathrm{d}A \end{aligned} \right\} \qquad (3.9)$$

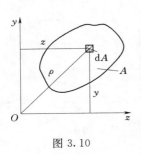

图 3.10

式中：I_z 为平面图形对 z 轴的二次矩（惯性矩）；I_y 为平面图形对 y 轴的二次矩（惯性矩）。由上述定义可以看出，图形对轴的惯性矩恒为正，其单位是长度单位的四次方，即 m^4 或 mm^4。

由图 3.10 所示可以看出，$\rho^2 = z^2 + y^2$，将此式代入式（3.6）中可得

$$I_P = I_z + I_y \qquad\qquad (3.10)$$

式（3.10）表明图形对任一点的极惯性矩，恒等于此图形对过该点的任一对直角坐标轴的两个惯性矩之和。

例题 3.3　如图 3.11 所示矩形，高度为 h，宽度为 b，z 轴和 y 轴为图形的形心轴，且 z 轴平行矩形底边。求矩形截面对形心轴 z、y 的惯性矩。

解：取宽为 b、高为 $\mathrm{d}y$ 且平行于 z 轴的狭长矩形的微面积为

$$\mathrm{d}A = b\,\mathrm{d}y$$

由式（3.9）得矩形图形对 z 轴的惯性矩为

$$I_z = \int_{-\frac{h}{2}}^{\frac{h}{2}} y^2 b\,\mathrm{d}y = \frac{bh^3}{12}$$

同理，可得矩形图形对 y 轴的惯性矩为

$$I_y = \frac{hb^3}{12}$$

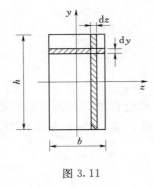

图 3.11

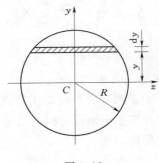

图 3.12

例题 3.4　如图 3.12 所示圆图形，半径为 R，z 轴和 y 轴为其形心轴。求圆形截面对过形心的 z 轴、y 轴的惯性矩。

解：取平行于 z 轴的微面积 $\mathrm{d}A = 2\sqrt{R^2 - y^2} \cdot \mathrm{d}y$，代入式（3.9）得

$$I_z = \int_A y^2 \mathrm{d}A = 2\int_{-R}^{R} y^2 \sqrt{R^2 - y^2}\,\mathrm{d}y = \frac{\pi R^4}{4}$$

由于对称，圆形截面对任意一根形心轴的惯性矩都等于 $\dfrac{\pi R^4}{4}$。

表 3.1 列出了几种常见简单图形的面积、惯性矩等截面几何性质。

表 3.1　　　　　　　　　　常用简单图形截面的面积、惯性矩等截面几何性质

截面图形	面积 A	惯性矩		惯性半径	
		I_z	I_y	i_z	i_y
	bh	$\dfrac{bh^3}{12}$	$\dfrac{hb^3}{12}$	$\dfrac{h}{2\sqrt{3}}$	$\dfrac{b}{2\sqrt{3}}$
	$\dfrac{bh}{2}$	$\dfrac{bh^3}{36}$	$\dfrac{hb^3}{36}$	$\dfrac{h}{3\sqrt{2}}$	$\dfrac{b}{3\sqrt{2}}$
	πR^2	$\dfrac{\pi}{4}R^4$	$\dfrac{\pi}{4}R^4$	$\dfrac{R}{2}$	$\dfrac{R}{2}$
	$\pi R^2(1-\alpha^2)$	$\dfrac{\pi}{4}R^4(1-\alpha^4)$	$\dfrac{\pi}{4}R^4(1-\alpha^4)$	$\dfrac{R}{2}\sqrt{1+\alpha^2}$	$\dfrac{R}{2}\sqrt{1+\alpha^2}$
	$2\pi r_0\delta$	$\pi r_0^3\delta$	$\pi r_0^3\delta$	$\dfrac{r_0}{\sqrt{2}}$	$\dfrac{r_0}{\sqrt{2}}$

2. 惯性半径

根据积分中值定理，式（3.9）还可表达成如下形式

$$\left.\begin{array}{l} I_z = \displaystyle\int_A y^2\,\mathrm{d}A = i_z^2 A \\[2mm] I_y = \displaystyle\int_A z^2\,\mathrm{d}A = i_y^2 A \end{array}\right\}$$
（3.11）

在工程中因为某些计算的特殊需要，常将图形的惯性矩表示为式（3.11）的形式，即将图形对轴的惯性矩定义为图形面积 A 与某一长度的平方之乘积，这一长度值可定义为

$$\left.\begin{aligned} i_z &= \sqrt{\dfrac{I_z}{A}} \\ i_y &= \sqrt{\dfrac{I_y}{A}} \end{aligned}\right\} \tag{3.12}$$

式中：i_z、i_y 分别为图形对 z 轴、y 轴的惯性半径，单位为 m 或 mm。

3. 惯性矩的几何意义

惯性矩反映了图形面积相对于坐标轴的分布远近程度。如图 3.13 所示的面积相同的两矩形，图 3.13（a）对 z 轴的惯性矩 I_z 就小于图 3.13（b）对 z 轴的惯性矩 I_z。在工程中，梁弯曲时横截面要绕截面形心轴转动，若截面对其绕转动的形心轴惯性矩大，则梁的抗弯曲能力就大。

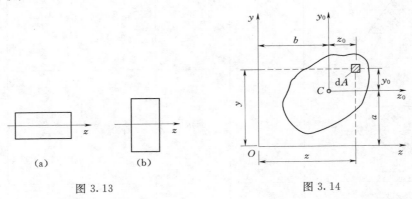

图 3.13   图 3.14

4. 平行移轴定理

同一平面图形对不同坐标轴的惯性矩各不相同，但它们之间存在一定的关系。现在讨论图形对两根互相平行坐标轴的惯性矩之间的关系。

如图 3.14 所示为一任意平面图形，图形面积为 A，设 z_0、y_0 轴为通过图形形心 C 的一对正交坐标轴，z 轴、y 轴是分别与 z_0、y_0 轴平行的另一对正交坐标轴，z_0 轴与 z 轴相距为 a，y_0 轴与 y 轴相距为 b。微面积 $\mathrm{d}A$ 在 Ozy 与 Cz_0y_0 坐标系中的坐标有如下关系

$$z = z_0 + b$$
$$y = y_0 + a$$

由式（3.9）可知，截面对 z 轴的惯性矩为

$$I_z = \int_A y^2 \mathrm{d}A = \int_A (y_0 + a)^2 \mathrm{d}A = \int_A y_0^2 \mathrm{d}A + 2a\int_A y_0 \mathrm{d}A + \int_A a^2 \mathrm{d}A$$

根据惯性矩和静矩的定义，上式右端的各项积分分别为

$$\int_A y_0^2 \mathrm{d}A = I_{z_0}, \quad \int_A y_0 \mathrm{d}A = S_{z_0}, \quad \int_A a^2 \mathrm{d}A = Aa^2$$

式中：I_{z_0} 为图形对形心轴 z_0 的惯性矩；第二项 $\displaystyle\int_A y_0 \mathrm{d}A$ 为截面对形心轴 z_0 的静矩，由

3.1 节中所述可知，截面对形心轴 z_0 的静矩 S_{z_0} 应为零。于是可得如下等式：

$$I_z = I_{z_0} + Aa^2 \tag{3.13}$$

式（3.13）表明：截面对任意 Z 轴的惯性矩，等于对与此轴平行的形心轴 Z_0 的惯性矩加上图形面积与两轴距离平方之乘积。此定理称为惯性矩的平行移轴定理。

5. 组合图形的惯性矩

组合图形由若干个简单图形组成，由惯性矩定义可知，组合图形对某轴的惯性矩等于组成组合图形的各简单图形对同一轴的惯性矩之和。即

$$I_z = I_{1z} + I_{2z} + \cdots + I_{nz} = \sum I_{iz} \tag{3.14}$$

式中：I_{iz} 为第 i 个图形对 z 轴的惯性矩；I_{iz} 可根据平行移轴式（3.13）计算。

在计算组合图形对其形心轴的惯性矩时，首先应确定组合图形的形心位置；然后求出各简单图形对自身形心轴的惯性矩；再应用平行移轴定理求各简单图形对组合图形形心轴的惯性矩；最后应用式（3.14）求组合图形对其形心轴的惯性矩。

例题 3.5　计算如图 3.15 所示组合图形对 z 轴的惯性矩。

解： 将图形可看成是由矩形 A_2 中挖去圆形 A_1 得到的组合图形。应用平行轴定理可求得各图形对 z 轴的惯性矩为

圆形 A_1：

$$I_{1z} = I_{1z_0} + A_1 a_1^2 = \frac{1}{4} \times \pi \times 25^4 + \pi \times 25^2 \times 75^2 = 11.4 \times 10^6 (\text{mm}^4)$$

矩形 A_2：

$$I_{2z} = I_{2z_0} + A_2 a_2^2 = \frac{1}{12} \times 100 \times 150^3 + 100 \times 150 \times 75^2 = 112.5 \times 10^6 (\text{mm}^4)$$

整个图形对 z 轴的惯性矩为

$$I_z = I_{2z} - I_{1z} = 112.5 \times 10^6 - 11.4 \times 10^6 = 101.1 \times 10^6 (\text{mm}^4)$$

此组合图形中，圆是被挖去的图形，因此，在惯性矩求和时是要减去的。

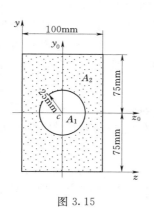

图 3.15

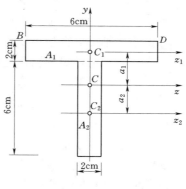

图 3.16

例题 3.6　求图 3.16 所示 T 形截面图形对形心轴 y 轴、z 轴的惯性矩。

解： 1. 确定 T 形图形形心 C 的坐标

因为 y 轴为对称轴，所以 $z_C = 0$，确定 y_C，需将 T 形图形分为两个矩形 A_1、A_2，各矩形的形心相对 BD 边的距离为：$y_1 = 1\text{cm}$，$y_2 = 5\text{cm}$。则组合图形形心相对 BD 边的距

离为

$$y_C = \frac{y_1 A_1 + y_2 A_2}{A_1 + A_2} = \frac{1 \times 12 + 5 \times 12}{12 + 12} = 3 (\text{cm})$$

组合图形的形心轴 z_0 与 A_1 图形的形心轴 z_1 相距 $a_1 = 3 - 1 = 2\text{cm}$；组合图形的形心轴 z 与 A_2 图形的形心轴 z_2 相距 $a_2 = 5 - 3 = 2(\text{cm})$

2. 计算惯性矩 I_z，由于 z 轴不通过矩形截面 A_1、A_2 的形心，故利用平行移轴公式计算

$$I_{1z} = I_{1z_{01}} + A_1 a_1^2 = \frac{1}{12} \times 6 \times 2^3 + 2^2 \times 12 = 52 (\text{cm}^4)$$

$$I_{2z} = I_{2Z_{02}} + A_2 a_2^2 = \frac{1}{12} \times 2 \times 6^3 + 2^2 \times 12 = 84 (\text{cm}^4)$$

所以　　　　　　　　　　$I_z = I_{1z} + I_{2z} = 84 + 52 = 136 (\text{cm}^4)$

3. 计算惯性矩 I_y，由于 y 轴通过矩形截面 A_1、A_2 的形心，所以直接等于两个矩形截面对 y 轴的惯性矩之和

$$I_y = I_{1y} + I_{2y} = \frac{2 \times 6^3}{12} + \frac{6 \times 2^3}{12} = 40 (\text{cm}^4)$$

§3.4　形心主惯性矩的概念

1. 形心主惯性轴的概念

图 3.17 所示为任意形状的平面图形，过图形任一 O 点可以作无数对正交坐标轴。图形对不同轴的惯性矩是不相同的，但是，经数学证明，平面图形对于通过同一点的任意一对正交坐标轴的惯性矩之和为一常数，并等于该图形对该坐标原点的极惯性矩。即

$$I_{zi} + I_{yi} = I_{z1} + I_{y1} = I_P$$

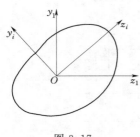

图 3.17

一般情况下，在通过同一点的所有坐标轴中，图形只对其中的一个轴可取得最大惯性矩，对与最大惯性矩轴正交的另一轴可取得最小惯性矩。将通过平面图形上某点可取得最大和最小惯性矩的轴称过该点的主惯性轴，简称主轴。平面图形对主轴的惯性矩称为主惯性矩。

以上结论表明，过平面图形上一点必有一对互相垂直的主轴；主惯性矩是平面图形对过该点所有轴的惯性矩中的极大值和极小值。

2. 形心主惯性轴

通过平面图形形心 C 的主惯性轴称形心主惯性轴，简称形心主轴。对于具有对称轴的平面图形，其形心主轴的位置可按如下方法确定。

如果图形有一根对称轴，则该轴必是形心主轴，与此形心主轴垂直且通过图形形心的另一轴也为形心主轴 ［图 3.18 (a)］。如果图形有两根对称轴，则两轴都是形心主轴 ［图 3.18 (b)］。如果图形具有两个以上的对称轴，则任一根对称轴都是形心主轴，且对任一形心主轴的惯性矩都相等 ［图 3.18 (c)］。

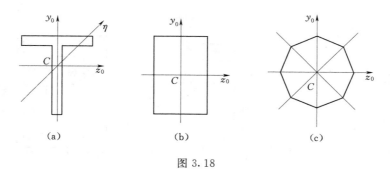

图 3.18

3. 形心主惯性矩

平面图形对形心主轴的惯性矩称形心主惯性矩。如图 3.18（a）所示，图中 z_0、y_0 为形心主惯性轴，该图形对通过形心 C 的任一轴 η 的惯性矩满足下列不等式

$$I_{z_0} \geqslant I_\eta \geqslant I_{y_0}$$

思考题

4. 平行移轴定理中，所求惯性矩的轴可以是任意的，但是对与此轴对应的图形形心轴有何要求？

5. 已知图 3.19 所示三角形截面对 z 轴的惯性矩为 $I_z = \dfrac{bh^3}{12}$，用平行轴公式求得该截面对 z_1 轴的惯性矩为 $I_{z1} = I_z + h^2 A = \dfrac{bh^3}{12} + h^2\dfrac{bh}{2} = \dfrac{7}{12}bh^3$，此计算结果对不对？为什么？

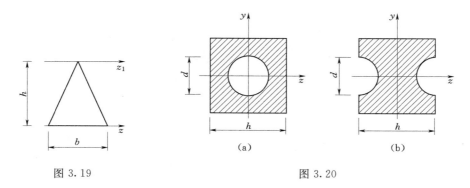

图 3.19　　　　　　　　　　　图 3.20

6. 如图 3.20 所示，两图形中尺寸 h 和 d 相同，对比两图形对图示坐标轴的惯性矩大小。

习题

3. 求图 3.21 所示平面图形对 z 轴、y 轴的惯性矩 I_z、I_y。

4. 计算图 3.22 所示平面图形对形心轴 y_C 的惯性矩 I_{yC}。

5. 求图 3.23 所示平面图形对形心主轴 z_C 和 y_C 的惯性矩。

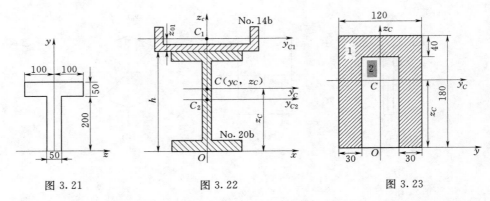

图 3.21　　　　　　　图 3.22　　　　　　　图 3.23

6. 图 3.24 所示由两个 20a 号槽钢组成的平面图形，y 轴、z 轴为组合图形的形心轴。若要使 $I_z = I_y$，试求间距 a 的大小。

7. 计算图 3.25 所示图形对 z 形心轴的惯性矩。图形由两根等边角钢组成。

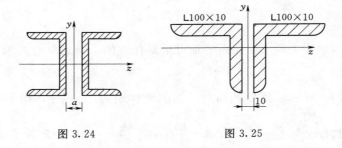

图 3.24　　　　　　　图 3.25

第4章 平面体系的几何组成分析

§4.1 几 何 组 成 分 析 概 述

1. 平面体系的几何性质

结构能够承受荷载，首先要求其几何形状保持不变；其次是要满足强度、刚度和稳定性。结构受荷载作用后会发生变形，这种变形一般是微小的，因此，在不考虑材料的变形情况下，单从几何性质方面考虑，将杆件体系可以分为以下两类：

（1）几何不变体系。体系受任意荷载作用后，其几何形状和位置不会发生改变，如图4.1所示。

（2）几何可变体系。体系受任意荷载作用后，其几何形状和位置都可以改变，如图4.2所示。

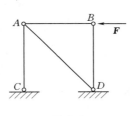

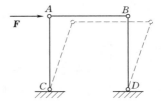

图 4.1　　　　　　　　　　　图 4.2

2. 几何组成分析的目的

分析体系的几何组成，以确定它们属于哪一类体系，称为体系的几何组成分析。几何组成分析的目的主要有以下几个方面：

（1）结构必须是几何不变体系。判别某一体系是否几何不变，从而决定它能否作为结构应用。

（2）通过对结构体系的几何组成分析，能正确区分静定结构和超静定结构，以便选择计算方法。

（3）对结构体系进行几何组成分析，可明确各物体之间的几何组成顺序，在求解静定结构的约束力时能确定选取研究对象的次序。

（4）通过对结构体系的几何组成分析，可明确各构件之间的几何组成过程的依赖关系，以便确定结构的施工顺序。

3. 刚片的概念

在几何组成分析中，可能遇到各种各样的平面物体，不论其具体形状如何，由于不考虑杆件的变形，因此可把体系中的每一杆件或几何不变的某一部分看作一个刚体。平面内的刚体称为刚片。

§4.2　平面体系的自由度和约束

1. 自由度

所谓平面体系的自由度是指该体系运动时可以独立变化的几何参数的数目，即确定体系的位置所需的独立坐标的数目。

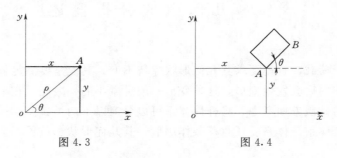

图 4.3　　　　　　　　　　　　　　图 4.4

确定平面内一点的位置只需两个独立参数 (x，y 或 ρ，θ)，所以一点在平面内有两个自由度，如图 4.3 所示。

确定平面内一个刚片的位置只需三个独立参数 (x，y，θ)，所以一个刚片在平面内有三个自由度，如图 4.4 所示。

如果一个体系有 n 个独立的运动方式，则这个体系有 n 个自由度。一个体系的自由度，等于这个体系运动时可以独立改变的坐标数目。普通机械中使用的构件是有自由度的，即可发生运动；一般工程结构都是几何不变体系，其自由度为零。凡是自由度大于零的体系就是几何可变体系。

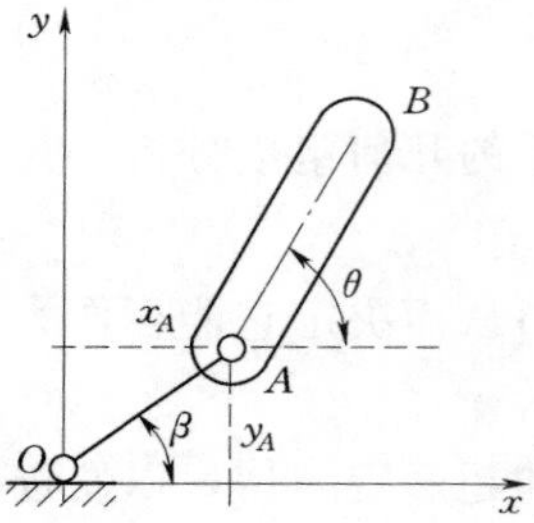

2. 约束

凡是能够减少体系自由度的装置都可称为约束。能减少一个自由度，就说它相当于一个约束。

(1) 链杆约束。链杆约束是两端以铰与别的物体相联的刚性杆。一个刚片在平面内有三个自由度 (x_A，y_A，θ)，若增加一根链杆，如图 4.5 所示。则 A 点的坐标 x_A，y_A 相互不独立，并且都是角 β 的函数；则此刚片还剩下两个运动独立几何参数角 θ 和角 β；故此刚片的自由度变为二。所以，一根链杆可减少一个自由度，即相当于一个约束。

图 4.5

(2) 单铰约束。连接两个刚片的铰称单铰。两个刚片在平面内有六个自由度，若用铰 A 连接，则还剩下四个运动独立几何参数 x_A，y_A，θ_1，θ_2，如图 4.6 所示。因此，一个单铰相当于两个约束，可减少两个自由度。

(3) 复铰约束。连接三个或三个以上刚片的铰称为复铰。三个刚片用铰 A 连接，其自由度由九减少为五 (x_A，y_A，θ_1，θ_2，θ_3)，如图 4.7 所示。由此类推：连接 n 个刚片的复铰，相当于 $(n-1)$ 个单铰或 $2(n-1)$ 个约束。

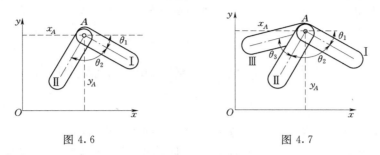

图 4.6　　　　　　　　　图 4.7

（4）刚性连接。两个刚片，若用刚结点连接，则两者被连为一体成为一个刚片，自由度由六减少为三。连接两个刚片的刚结点相当于三个约束，如图 4.8（a）所示。连接 n 个刚片的刚结点，它相当于 $(n-1)$ 个单刚结点或相当于 $3(n-1)$ 个约束，图 4.8（b）所示刚结点相当于六个约束。

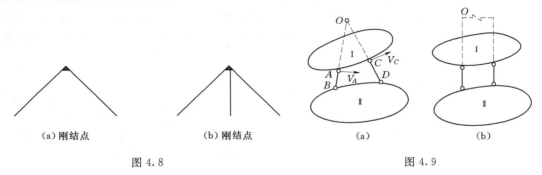

（a）刚结点　　　　　　（b）刚结点　　　　　　（a）　　　　　　（b）

图 4.8　　　　　　　　　　　　　　　　图 4.9

（5）虚铰。两根链杆的约束作用相当于一个单铰，不过，这个铰的位置是在两根链杆轴线的延长线交点处，且其位置随链杆的转动而变化，与一般的铰不同，称为虚铰，如图 4.9（a）所示。当连接两个刚片的两根链杆平行时，则认为虚铰位置在沿链杆方向的无穷远处，如图 4.9（b）所示。

3. 多余约束

如果在一个体系中增加一个约束，而体系的自由度并不因此而减少，则此约束称为多余约束。在平面内一个自由点有两个自由度，如果用两根不共线的链杆①和②把点与基础相连［图 4.10（a）］，则 A 点被固定，因此减少了两个自由度，体系这时的自由度为零；

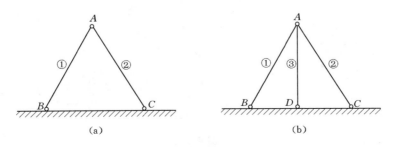

（a）　　　　　　　　　　（b）

图 4.10

如果用三根不共线的链杆把 A 点与基础相连［图 4.10（b）］，体系这时的自由度仍然为零，但是，三根链杆只是减少了两个自由度，有一根是多余约束（可把三根链杆中的任何一根视为多余约束）。

§4.3　几何不变体系的组成规则

1. 几何不变体系的组成规则

（1）三刚片规则。平面中三个独立的刚片，共有九个自由度，而组成一个刚片后便只有三个自由度。由此可见，在三个刚片之间至少应加入六个约束，才可能将三个刚片组成一个几何不变体系。

如图 4.11（a）所示，刚片 Ⅰ、刚片 Ⅱ 和刚片 Ⅲ 用不在同一直线的 A、B 和 C 三个铰两两相连。这一情况如同用三条直线 AB、AC 和 BC 作一三角形。由平面几何知识可知，用三条定长的线段只能做出一个形状和大小都一定的三角形。也就是说，由此得出的三角形是几何不变的。由此可得：三个刚片用不在同一直线上的三个铰两两相连，则所组成的体系是没有多余约束的几何不变体系。当然，两两相连的铰也可以是由两根链杆构成的虚铰，如图 4.11（b）所示。

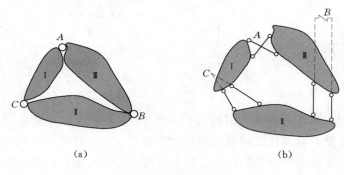

(a)　　　　　　　　(b)

图 4.11

（2）两刚片规则。图 4.12（a）与图 4.11（a）相比较，体系显然也是按三刚片规则构成的，只是把图 4.11（a）中刚片 Ⅲ 视为一根链杆 AB，这时就成为两刚片规则，即两个刚片用一个铰和一根不通过该铰的链杆相连，则所组成的体系是没有多余约束的几何不变体系。有时用两刚片规则来分析问题更方便些。

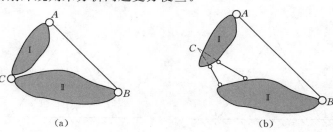

(a)　　　　　　　　(b)

图 4.12

　　前边已指出，两根链杆的约束作用相当于一个铰的约束作用。因此，若将图 4.12 （a）所示体系中的铰 C 用两根链杆来代替 ［图 4.12 （b）］，则两刚片规则也可叙述为：两个刚片用三根不完全平行也不完全交于一点的链杆相连，所组成的体系是没有多余约束的几何不变体。

　　（3）二元体规则。所谓二元体是指不在同一直线上的两根链杆由一个铰结点相连的装置。如图 4.13 （a）、（b）所示。

　　在一个无多余约束的刚片上增加一个二元体，组成无多余约束的几何不变体系，此规则称二元体规则，如图 4.13 （a）所示。

　　利用连续增加二元体的方法，可以得到更为一般的几何不变体。如图 4.13 （c）所示体系，是从一个基本的铰结三角形 ABC 开始，依次增加二元体结点 D、E，组成一个没有多余约束的几何不变体系。

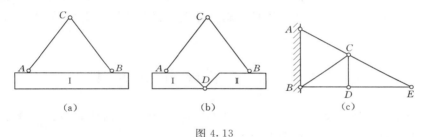

图 4.13

　　从二元体规则可以看出，在任何体系上加上或拆去一个二元体时其几何组成性质不变。也就是说，在原来的几何不变体系上加上或拆去一个二元体后依然几何不变；在原来的几何可变体系上加上或拆去一个二元体后依然几何可变，如图 4.13 （b）所示；在原来的有多余约束的几何不变体系上加上或拆去一个二元体后，体系仍然是有多余约束的几何不变体。

2. 瞬变体系

　　在上述组成规则中，对刚片间的连接方式都提出了一些限制条件，如连接三刚片的三铰不能在同一直线上；连接两刚片的铰与链杆不能共线或三链杆不能全交于一点也不能全平行。如果不满足这些条件，将会出现下面所述的情况。如图 4.14 （a）所示，令基础为刚片 I，杆 AC 为刚片 II，杆 CB 为刚片 III。三刚片之间用位于同一直线上的三个铰 A、铰 C 和铰 B 两两相连，此时，点 C 位于以 AC 和 BC 为半径的两个圆弧的公切线上，故点 C 可沿此公切线作微小位移 ΔV_c，体系是几何可变的。但在发生一微小位移后，三个铰就不再位于同一直线上，因而体系又变成为几何不变体。这种本来是几何可变的，经微小位移后又成为几何不变的体系称为瞬变体系。

　　体系当约束个数足够，但布置不合理时，即不符合规则中的约束布置要求，几何体系可成为瞬变体。如图 4.14 （a）所示的瞬变体系，在发生瞬变后三铰虽不共线，体系成为几何不变体系，但角 α 很小。取 C 点为研究对象，受力如图 4.14 （b）所示，由平衡方程求得杆 CA 和杆 CB 的内力为

$$F_{NCA} = F_{NCB} = \frac{F}{2\sin\alpha}$$

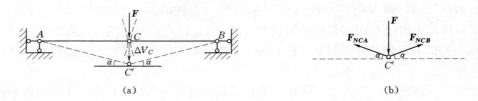

图 4.14

因 α 为一无穷小量,当 α 趋于 0 时,得

$$F_{NCA} = F_{NCB} = \lim_{\alpha \to 0} \frac{F}{2\sin\alpha} = \infty$$

由此可见,杆件 AC、BC 将产生很大的内力,可导致杆件破坏。

通过分析,虽然瞬变体经过瞬变后,体系转化为几何不变形式,但杆件中将产生很大的内力,这些杆件首先发生破坏。因此,瞬变体系是属于几何可变的一类,不能作为结构使用。

§4.4 几何组成分析方法

几何不变体系的组成规则虽然简单,但在分析复杂的几何体系时,往往感到无从下手。为使分析过程简单明了,可遵循以下方法进行。

1. 对几何体系进行简化

对于复杂的几何体系可先进行等效简化,得到简单的几何体系,可使分析过程明了化。一般常采用以下两种方法简化几何体系。

(1) 拆除二元体。拆除体系中的二元体结点或体系中的二元体(二元体系是指连续应用二元体规则构成的几何体系)。如依次连续拆除图 4.15(a)所示体系中的二元体结点 G、F、E、D 和 C,体系简化为只有一个杆 AB 和基础相连的简单体系,如图 4.15(b)所示。显然,对如图 4.15(b)所示体系进行几何组成分析是比较简单的。

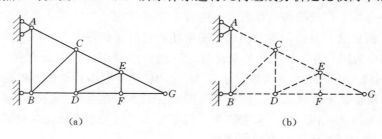

图 4.15

(2) 构件等效代换。任何形状的构件,只要是只由两个铰与其他构件相连,都可以用过两铰的链杆代之。如图 4.16(a)所示体系中的构件 EG,可用链杆 EG 代换 [图 4.16(b)]。任何形状的无多余约束的刚片,只要是只由三个铰与其他构件相连,都可以用以三铰为顶点的铰链三角形代换之。如图 4.16(a)所示体系中的无多余约束刚片 AB-CDE,可用铰链三角形 ABE 代换 [图 4.16(b)]。

2. 对刚片和链杆的认定

刚片和链杆的认定是否合理，直接影响能否顺利地应用规则进行分析。对刚片和链杆可应用以下方法认定。

（1）要将具有链杆支座或可动铰支座的构件必须认定为刚片。如图 4.17（a）所示体系中的构件 BH 可认定为刚片。

（2）要将整个基础连同固定铰支座

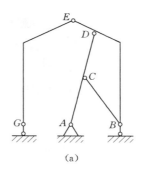
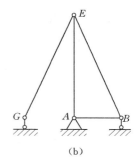

图 4.16

以及一端与基础固结相连的杆件也必须认定为一个大刚片。如图 4.17（a）所示体系中的杆 EA、杆 JD、固定铰支座 C 和整个基础可认定为一个刚片。

（3）可将体系中铰结三角形以及在铰结三角形基础上用增加二元体方法拓展成三角形体系的认定为一个刚片。如图 4.17（b）所示体系中的三角形体系 $DELH$ 可认定为刚片。

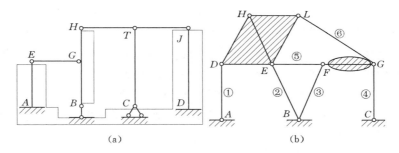

图 4.17

（4）在杆件体系中，有很多杆件都是只用两个杆端铰与其他构件相连，对于这类杆件是将其认定为链杆（刚片之间的约束）还是认定为刚片，一般情况下可根据刚片和链杆要相间隔认定的原则而定。在如图 4.17（b）所示几何体系中，当把三角形体系 $DELH$ 认定为刚片后，则与此刚片铰连的杆 EB、杆 EF 和杆 LG 应认定为链杆；与链杆 EF 和链杆 LG 相连的杆 FG 则要认定为刚片，这样才符合刚片和链杆要相间隔认定的要求。在如图 4.18（a）所示体系几何中，当把杆 DM 认定为刚片后，则与此刚片铰连的杆 ML 应认定为链杆①，链杆①的 L 端铰连刚片Ⅳ，刚片Ⅳ在 H 处铰连的杆 HG 则应认定为链杆②，而链杆②的 G 端铰连刚片Ⅱ，这就是按刚片→链杆→刚片→链杆的相间隔认定。如图 4.18（a）所示几何体系的刚片和链杆认定如图 4.18（b）所示。

3. 作刚片联系网络图

为了消除具体的刚片形状和约束分布对分析产生的不利影响，将几何体系的约束条件抽象出来，并用紧凑简洁的图像表达。用刚片代号（Ⅰ，Ⅱ，Ⅲ…）表示刚片；当两个刚片之间有约束时，可在两个刚片代号之间画连接线，表明两刚片之间有约束联系；在连接线中部用数字（1，2，3…）表达刚片之间的约束个数，此图即为刚片联系网络图。如图 4.18（b）所示几何体系的刚片联系网络图如图 4.18（c）所示。

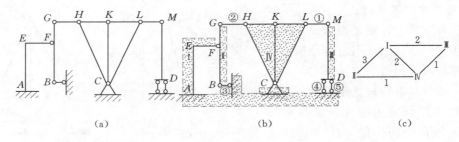

图 4.18

4. 应用组成规则进行分析

从刚片联系网络图中可直接全面观察到各刚片间有无约束及约束个数情况，根据刚片数和约束个数（两刚片之间至少有三个约束，才可应用两刚片规则分析；三刚片中两两之间至少有二个约束，才可应用三刚片规则分析），确定应用什么规则进行分析。

在如图 4.18（c）所示的刚片联系网络图中，首先可明显看出刚片 Ⅰ 和 Ⅱ 之间有三个约束，具备两刚片规则所需约束个数的必要条件；再从图 4.18（b）中可看出两刚片之间约束布置也满足规则要求（链杆③与铰 F 不共线）；则刚片 Ⅰ 和 Ⅱ 可构成一个无多余约束的几何不变体——即构成第一构造层大刚片。

将第一构造层大刚片在刚片联系网络图中现在只作为一个刚片看待，再观察第一构造层大刚片和其他刚片之间的约束个数，确定应用什么规则进行第二构造层分析。显然，图 4.18（c）所示的刚片联系网络图中，这个第一构造层大刚片与刚片 Ⅳ 之间有三个约束，当约束布置满足两刚片规则要求时，第一构造层大刚片与刚片 Ⅳ 也可构成一个无多余约束的第二构造层大刚片。

继续从刚片联系网络图中观察已构成的大刚片团和其他刚片之间的约束情况，可应用以上方法完成后续构造层分析。当然，在构成某些刚片团后，各刚片团和刚片之间也可能由于约束个数不够形成几何可变体系，或约束布置不合理而形成几何瞬变体系。

例题 4.1　对图 4.19（a）所示体系进行几何组成分析。

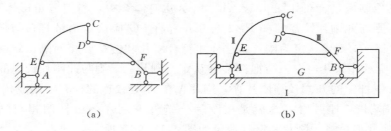

图 4.19

解：1. 刚片认定。地基认定为刚片 Ⅰ，构件 AC 认定为刚片 Ⅱ，构件 BD 认定为刚片 Ⅲ。将刚片号标注在图 4.19（b）中。

2. 应用规则。刚片 Ⅰ 和刚片 Ⅱ 用铰 A 连接，刚片 Ⅰ 和刚片 Ⅲ 用铰 B 连接，刚片 Ⅱ 和刚片 Ⅲ 用链杆 CD 和链杆 EF 连接，形成一个虚铰在 EF 链杆上。连接三个刚片的三个铰不在一直线上。由三钢片规则可知该体系为几何不变体系，且无多余约束。

例题 4.2　对图 4.20（a）所示体系进行几何组成分析。

解： 1. 对刚片和链杆的认定。此几何体
系中杆件 AB、杆件 BC 和杆件 CD 都有可动
铰支承，因此，将这些杆件都要认定为各个
刚片。整个地基认定为刚片 Ⅰ，杆 AB 认定
为刚片 Ⅱ，杆 BC 认定为刚片 Ⅲ，杆 CD 认
定为刚片 Ⅳ。刚片和链杆的认定如图 4.20
（b）所示。

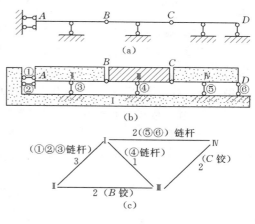

图 4.20

2. 作刚片联系网络图，应用规则分析。
刚片联系网络图如图 4.20（c）所示。从刚
片联系网络图上可看出，刚片 Ⅰ、Ⅱ 满足两
刚片规则的约束个数要求；再通过观察图
4.20（b）可知，两刚片由①、②、③不全

平行也不汇交一点的三链杆相连，满足两刚片规则的约束布置要求，则构成第一构造层大
刚片。再观察刚片联系网络图，第一构造层大刚片（Ⅰ、Ⅱ）与刚片 Ⅲ 也有三个约束（B
铰和链杆④），显然约束也布置满足两刚片规则，组成第二构造层大刚片。第二构造层大
刚片（Ⅰ、Ⅱ、Ⅲ）与刚片 Ⅳ 有四个约束（C 铰和链杆⑤、⑥），也满足二刚片规则，还
有一个多余约束，因此，第三构造层大刚片是由 Ⅰ、Ⅱ、Ⅲ 和刚片 Ⅳ 构成，并有 1 个多余
约束。

例题 4.3　对图 4.21（a）所示体系进行几何组成分析。

解： 1. 对刚片和链杆的认定。整个地基认定为刚片 Ⅰ；几何体系中铰结三角形 ECD
是几何不变体，因其具有可动铰支承，所以认定为刚片 Ⅱ；与刚片 Ⅱ 相连的 DG、CA、
CB 杆则要认定为链杆②、③和④；链杆 DG 的 G 端和链杆 CB 的 B 端相连的杆件 GB 认
定为刚片 Ⅲ；与刚片 Ⅲ 相连的杆 BA 和 GH 则认定为链杆⑤和⑥，刚片和链杆认定如图
4.21（b）所示。

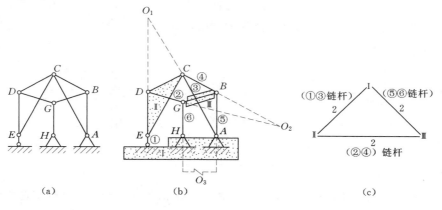

图 4.21

2. 作刚片联系网络图如图 4.21 （c） 所示。显然几何体系满足三刚片规则的约束个数要求。

3. 应用规则分析。刚片Ⅰ和刚片Ⅱ由链杆①、③形成虚铰 O_1，刚片Ⅱ和刚片Ⅲ由链杆②、④形成虚铰 O_2，刚片Ⅲ和刚片Ⅰ由链杆⑤、⑥形成虚铰 O_3，三铰不共线，构成无多余约束的几何不变体系。

例4.4 对图 4.22 （a） 所示体系进行几何组成分析。

解： 1. 刚片认定。将构件 AB、构件 BED 和基础分别作为刚片Ⅰ、Ⅱ、Ⅲ。

2. 刚片Ⅰ和Ⅱ用铰 B 相连；刚片Ⅰ和Ⅲ用铰 A 相连；刚片Ⅱ和Ⅲ用虚铰 C（D 和 E 两处支座链杆的交点）相连。因三铰在一直线上，故该体系为瞬变体系。

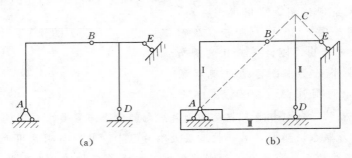

图 4.22

§4.5　静定结构和超静定结构

1. 静定结构

结构的全部约束力和构件内力，只由静力平衡条件即可确定，这种结构称静定结构。如图 4.23 （a） 所示梁，其受力如图 4.23 （b） 所示；梁上作用的是平面任意力系，其中有三个未知约束力 （F_{Ax}、F_{Ay}、F_B），可列三个静力平衡方程 $[\sum F_x = 0$，$\sum F_y = 0$，$\sum M_A(\boldsymbol{F}) = 0]$；未知力个数等于静力平衡方程数，因此，只由静力平衡方程可解出全部约束力，此结构为静定结构。从结构的几何性质上看，如图 4.23 （a） 所示梁，刚片 AB 与基础刚片由固定铰支座 A 和可动铰支座 B 相连，构成无多余约束的几何不变体。静定结构都是无多余约束的几何不变体系。

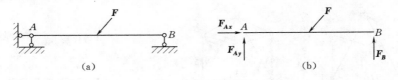

图 4.23

2. 超静定结构

结构的全部约束力和构件内力，不能只由静力平衡条件而确定，这种结构称为超静定结构。如图 4.24 （a） 所示梁，其受力如图 4.24 （b） 所示；梁上作用的也是平面任意力系，但有四个未知约束力（F_{Ax}、F_{Ay}、M_A、F_B），可列三个静力平衡方程（$\sum F_x = 0$，$\sum F_y = 0$，$\sum M_A(F) = 0$）；未知力个数大于静力平衡方程数，因此，不能由静力平衡方程解出全部约束力，此结构为超静定结构。从结构的几何性质上看，如图 4.24（a）所示梁，刚片 AB 与基础刚片由固定端支座 A 和可动铰支座 B 相连，构成有一个多余约束的几何不变体。因此超静定结构都是有多余约束的几何不变体系。

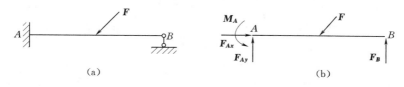

图 4.24

思考题

1. 建筑施工中的脚手架主要由竖杆和水平横杆连接构成，但为什么还要必须设置一定数量的斜杆支撑？

2. 几何不变体系与瞬变体系的区别是什么？怎样用几何组成规则判定？

3. 自行车的车架多采用三角形构造，以确保其几何不变性。你是否还可以找出生活和工程中与之相似的结构实例？

4. 何为虚铰？你在生活实践中能找到虚铰的实例吗？

5. 在几何组成分析中，为什么一定要将有可动铰支座的构件认定为刚片？

6. 什么是多余约束？如何确定多余约束的个数？

7. 几何可变体系一定是无多余约束的体系吗？试举例说明。

8. 用增加二元体的办法，能将可变体系变为不变体系吗？

9. 几何不变体系的几个简单组成规则之间有何联系？能归结为 1 个基本规则吗？

10. 对链杆较多的体系进行几何组成分析时，为什么对刚片和链杆要相间隔认定？

习题

1～14. 对图 4.25～图 4.38 所示体系作几何组成分析。如果是具有多余约束的几何不变体系，指出多余约束的数目。

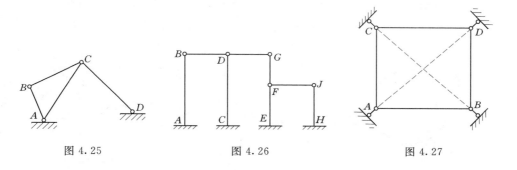

图 4.25　　　　　　图 4.26　　　　　　图 4.27

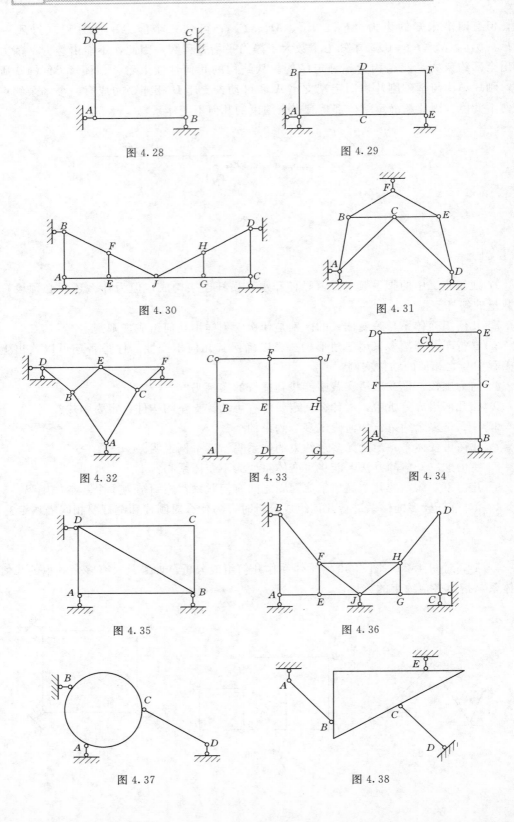

图 4.28

图 4.29

图 4.30

图 4.31

图 4.32

图 4.33

图 4.34

图 4.35

图 4.36

图 4.37

图 4.38

第 5 章 静定结构的内力分析

§5.1 杆件的基本变形及内力的概念

1. 变形固体及基本假设

（1）变形固体。在工程结构中，任何物体在外力作用下都会发生一定的变形，只是变形程度的大小不同，在前面的章节中，我们在忽略物体变形情况下，研究了作用于物体上的外力系的合成与平衡问题。显然，实际的构件并不是刚体，刚体是实际物体的理想模型，它是不存在的，现实生活中的物体都是可变形体。

在工程实际中，针对某些具体问题，当材料在受到荷载作用而产生的变形不能忽略时，应将材料视为变形固体。工程中构件在荷载作用下产生的变形量若与其原始尺寸相比很微小时，称为小变形，否则称为大变形。对小变形构件的外力平衡计算，仍可采用刚体模型，以便于简化计算。

（2）变形固体的基本假设。为了便于研究，抓住主要因素，略去次要因素，我们对变形固体材料作以下基本假设：

1）连续性假设。连续是指材料内部没有空隙，整个体积内连续不断地充满了物质，根据这一假设，固体内的一些力学量，则可用坐标的连续函数表达，给研究问题带来很大方便。

2）均匀性假设。材料在外力作用下所表现出的力学性质，称为材料的力学性能。均匀性假设是指在构件内部任何部位所切取的微小单元体，都具有相同的力学性能。按此假设，通过试样所测得的力学性能，可以用于构件内的任何部位。

3）各向同性假设。假设材料沿各个方向的力学性质相同，具有这种性质的材料称为各向同性材料。而各方向力学性能不同的材料称为各向异性材料，如木材、竹材为各向异性材料。

2. 杆件的基本变形形式

从构件的三维方向尺寸看，把一个方向的尺寸远大于另外两个方向尺寸的构件称为杆件。将垂直于杆件长度方向的截面称为横截面，杆件中各横截面形心的连线称为杆的轴线，如图 5.1 所示。

按照杆件的轴线形状，将杆分为直杆 ［图 5.1 (a)、(c)］、曲杆 ［图 5.1 (b)］；按照杆件横截面沿杆轴线方向是否有变化，又将杆分为等截面杆 ［图 5.1 (a)、(b)］、变截面杆 ［图 5.1 (c)］。工程中大部分杆件是等截面的，并且是直杆，称这类杆为等截面直杆。

在工程结构中，当外力以不同的方式作用在杆件上时，杆件不可避免地会发生变形，

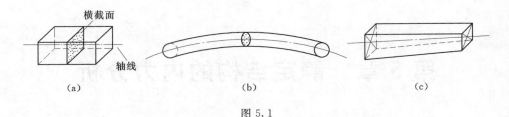

图 5.1

由于受力情况不同，杆件的变形也是多种多样的。总体来说，基本变形主要有以下四种：

（1）轴向变形。杆件所受外力或外力合力作用线与杆轴线重合时，杆件的主要变形是沿杆件轴线方向的伸长或缩短，这种变形称为轴向变形。如起吊构件的钢索、桁架中的杆件、桥墩等，如图 5.2（a）所示。

（2）剪切变形。垂直于杆轴方向作用横向外力，且相邻外力大小相等、方向相反、作用线很近，杆件的主要变形是某横截面两侧杆段沿外力作用方向发生相对错动。如用作连接件的螺栓、销钉、键块等都会产生剪切变形，如图 5.2（b）所示。

（3）扭转变形。这种变形是由一对大小相等、方向相反、作用平面垂直于杆轴线的力偶作用引起的，此时杆的两端截面绕轴线会发生相对转动。例如机械中的传动轴就是受扭杆件，如图 5.2（c）所示。

（4）弯曲变形。这种变形是由垂直于杆件轴线的横向力或作用面与杆轴重合的力偶引起的，杆件的轴线变成曲线。在建筑工程中，梁就是典型的受弯构件，如图 5.2（d）所示。

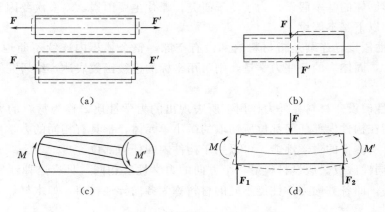

图 5.2

工程实际中，杆件往往会同时承受多种不同形式的外力，变形情况比较复杂。但究其实质，其变形均可分解为几种基本变形的组合。将杆件同时发生两种或两种以上的基本变形称组合变形。

3. 内力的概念

固体材料是由许多质点组成的，构件不受外力作用时，材料内部质点之间保持一定的相互作用力，这种作用力称为固体的固有内力，它使构件具有固定形状。当构件受到外力作用产生变形时，其内部质点之间相互位置改变，原有内力也发生变化。这种由于外力作用而引起的构件内部质点之间相互作用力的改变量称为附加内力，简称内力。工程力学所研究的内力是由外因（外部温度变化及支座移动）引起的。内力随外力的变化而变化，外力撤消后，内力也随之消失。

4. 截面法的概念

工程力学中，确定构件任一截面上内力值的基本方法是截面法。图 5.3（a）所示为一受平衡力系作用的构件。可假想地在需求内力截面处将构件一分为二，弃去其中一部分。将弃去部分对保留部分的作用以力的形式表示，即该截面上的内力，如图 5.3（b）所示，再由平衡条件求出截面上的内力。

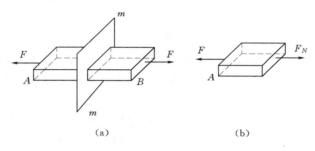

(a)　　　　　　　　(b)

图 5.3

截面法求内力的步骤可归纳为

（1）截开。在欲求内力截面处，用一假想截面将构件截开一分为二。

（2）代替。弃去任一部分，并将弃去部分对保留部分的作用以相应内力代替，画出受力图。

（3）平衡。根据保留部分的平衡条件，运用平衡方程确定截面内力值。

在研究变形体的内力和变形时，对"等效力系"的应用应该慎重。例如，在求内力时，截开截面之前，力的合成、分解及平移，力和力偶沿其作用线和作用面的移动等定理，均不可使用，否则将改变构件的变形效应，但在考虑研究对象的平衡问题时，仍可应用等效力系简化计算。

§5.2　轴向变形杆的内力分析

1. 轴向变形的概念

轴向变形是工程中常见受力构件中一种最简单、最基本和最普遍的变形形式，如图 5.4（a）所示屋架结构中的杆件，如图 5.4（b）所示桥梁结构中的拉索，都属于这种变形的构件。虽然这些杆件的结构形式各不相同，加载方式也不同，但他们均可抽象为直杆。这些杆的受力特点是：杆件受到与杆轴线重合的外力作用；变形特点是：杆件沿轴线方向伸长或缩短。

2. 轴力及轴力图

（1）轴向变形及轴力的正负规定。当杆件微段沿轴向伸长称拉伸变形，拉伸变形规定为正；相应的压缩变形规定为负。显然，当杆件微段发生拉伸变形时，截面上必作用指向

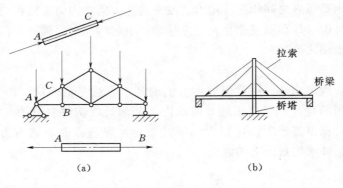

图 5.4

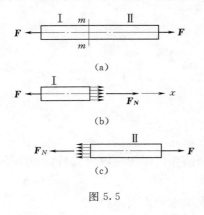

图 5.5

离开截面的轴力，因此，规定指向离开截面的轴力为正；相应的指向向着截面的轴力规定为负。为了便于由最后计算结果判定轴力的实际指向，不论截面上轴力的实际指向如何，一律应预设定为正值即拉力。若解出结果是负值，则表明实际指向与所设定指向相反，即横截面的轴力实际上是压力。

（2）轴力计算。求如图 5.5（a）所示构件 $m-m$ 横截面上的内力时，先假想将杆沿 $m-m$ 截面截开，取 $m-m$ 截面的左段为研究对象，截面上的分布内力必能合成一个合力，由平衡条件可推知，截面上的合力是与杆轴线相重合的一个力，这个内力即为轴力 F_N，设定轴力指向以离开截面的为正向。列平衡方程

$$\sum F_x=0 \qquad F_N-F=0$$

得
$$F_N=F$$

同理，若取右段为研究对象，如图 5.5（c）所示，可得出相同的结果。

为了简便，可以应用截面任一侧杆段上的轴向外力直接求截面轴力。显然，截面任一侧杆段上的各个轴向外力在截面上产生相应轴力的代数和，即为截面上的轴力。杆段上离开截面的轴向外力在截面上产生相应的正轴力；反之，产生相应的负轴力。用公式表达为

$$F_N=\sum F_i \tag{5.1}$$

（3）轴力图。在工程中，有时杆件会受到沿轴线作用的多个外力，将在不同杆段的横截面上产生不同的轴力，因此必须要知道杆件各个截面内力的变化规律。一般情况下，杆件上轴向外力作用处为轴力变化处，因此，可在轴向外力作用处将杆划分为若干段，分别计算出各杆段的轴力。

为了形象地表明杆内轴力随截面位置的变化情况，判定最大轴力所在截面位置，将轴力随截面位置的变化规律用图线表达出来，即为轴力图。作图过程和方法可概括为"三画两标注"。一画基线，作与杆轴等长平行的线，表示截面位置的横坐标；二画轴力纵标线，在垂直基线方向按比例画出杆段两端截面轴力纵标，正轴力纵标画在基线上方，负轴力纵标画在基线下方，将一个杆段两端截面轴力纵标端点连线；三画示纵标线，在垂直基线方向画均匀分布的高度等于纵标长的细线，以显示纵标值。一标注符号、数值和单位（在正

的纵标区标注正号⊕，在负的纵标区标注负号⊖，标明纵标数值和单位）；二标注图名。

例题 5.1　轴向变形杆如图 5.6（a）所示，作轴力图（不计杆的自重）。

解：1. 用截面法求各杆段横截面上的轴力。求横截面内力时，一般应先由杆件整体的平衡条件求出支座约束力，再截取对象，运用平衡条件计算。但对于本例题这类具有自由端的构件，往往取自由端部分为隔离体，这样可避免求支座约束力。显然，杆件在 A、B、D 处作用有轴向外力，这些位置是轴力的变化处，因此杆件要在 A、B、D 处分段求轴力。

AB 段：取 $m-m$ 截面右侧部分作为研究对象，其受力如图 5.6（b）所示，由平衡条件

$$\sum F_x = 0 \qquad 3F - F - F_{N1} = 0$$
$$F_{N1} = 3F - F = 2F$$

BD 段：取 $n-n$ 截面右侧部分作为研究对象，其受力如图 5.6（c）所示，由平衡条件

$$\sum F_x = 0 \qquad -F - F_{N2} = 0$$
$$F_{N2} = -F$$

2. 画轴力图。将所求出各段横截面轴力按照其大小及正负画出轴力图，如图 5.6（d）所示。

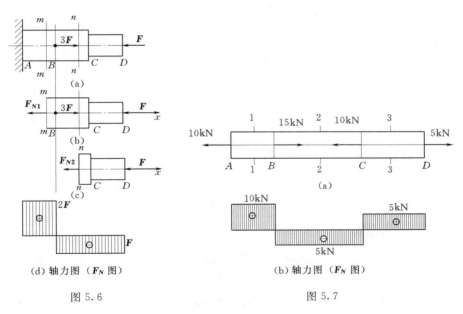

(d) 轴力图（F_N 图）　　　　　(b) 轴力图（F_N 图）

图 5.6　　　　　　　　　　　图 5.7

例题 5.2　试作图 5.7（a）所示等截面直杆的轴力图。

解：1. 杆在 A、B、C 和 D 处作用有轴向外力，则应在 A、B、C 和 D 处分段，求各段轴力。

AB 段：　　　　　　　　　　　$F_{N1} = 10\text{kN}$

BC 段：　　　　　　　　　$F_{N2} = 10 - 15 = -5(\text{kN})$

CD 段：　　　　　　　　　　　$F_{N3} = 5\text{kN}$

2. 作轴力图。如图5.7（b）所示。在此轴力图中，C处两侧截面轴力由负值突变为正值，这是由于C处作用有轴向力10kN，使得C处左侧截面轴力为-5kN，C处右侧截面轴力变为5kN；B处轴力突变是由轴向力15kN引起的。

思考题

1. 用斧头劈柴时，顺木纹和横木纹难易程度一样吗？为什么？

2. 试判定图5.8所示杆件是不是单纯的轴向变形？

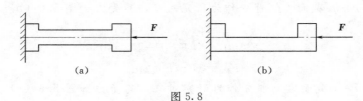

(a)　　　　　　　　(b)

图 5.8

习题

1. 试求图5.9所示杆指定截面的轴力，并绘制杆件的轴力图。

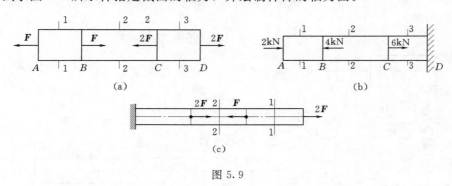

(a)　　　　　　　　　　(b)

(c)

图 5.9

§5.3　静定平面桁架的内力计算

1. 桁架的概念及特点

桁架是由若干直杆在其两端用铰连接而成的几何不变杆系结构。当所有杆件的轴线都在同一个平面内时称为平面桁架。实际工程中桁架一般都是空间结构，但很多都可以简化分解为平面桁架。这种结构当荷载作用在各结点上时，各杆的截面内力主要是轴力。桁架与梁相比，材料的使用经济合理，自重较轻。桁架的缺点是结点多、施工复杂。所以，桁架多用在桥梁、屋架、水闸闸门构架、输电塔架及其他大跨度结构中。如图5.10（a）所示为钢筋混凝土屋架的示意图。

为了简化计算，选取既能反映结构的主要受力性能，又便于计算的计算简图。通常对实际桁架的计算简图采用下列假定：

（1）桁架的各杆之间都是用杆端部铰链相连，且各结点都是光滑无摩擦的理想铰

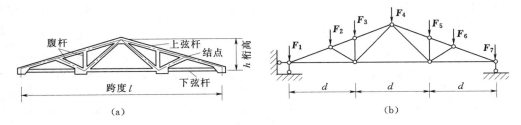

图 5.10

结点。

　　（2）各杆的轴线都是直线且在同一平面之内并通过铰中心。

　　（3）荷载和支座约束力都作用在结点上，且位于桁架平面内。

　　（4）各杆重量略去不计，或平均分配在杆件两端的结点上。

　　满足上述特点的桁架称为理想桁架，理想桁架中的各杆均为二力杆。根据上述假定简化得到的如图 5.10（a）所示实际桁架，得其计算简图如图 5.10（b）所示。

　　实际工程中的桁架受力比较复杂，与理想桁架特点并不完全符合。如在钢结构中，结点通常都是铆接或焊接的，有些杆件在结点处可能还是连续的，这就使得结点具有一定的刚性；木桁架的榫接或螺栓连接处结点构造也不完全符合理想铰的情况；各杆轴线不一定绝对平直；结点上各杆轴线也不一定全交于一点；荷载也不一定都作用在结点上等。这些因素的影响还会使桁架产生除主要轴力外的其他次要内力（简称次内力）。科学实验计算和工程实践证明，在实际工程中次内力对桁架的影响一般来说是很小的，可以忽略不计，因此本节只限于讨论理想桁架的情况。

　　在桁架中，由于各杆件所处位置不同，分别有不同的名称，总体可分为弦杆和腹杆两大类。图 5.10（a）所示的屋架中，桁架上边外围的杆件称为上弦杆，在下边外围的杆件称为下弦杆，上弦杆与下弦杆之间的杆件称为腹杆。腹杆又可分为竖杆和斜杆。各杆的连接处称为结点（或节点）。弦杆相邻结点间的区间称为节间，其水平间距 d 称为节间长度，两支座间的水平距离 l 称为跨度，两支座连线至桁架最高点的距离 h 称为桁高。

　　2. 平面桁架的类型

　　桁架按几何组成方式可分为以下三类：

　　（1）简单桁架：由基础或一个基本铰结三角形开始，逐次增加二元体所组成的桁架，如图 5.11 所示。

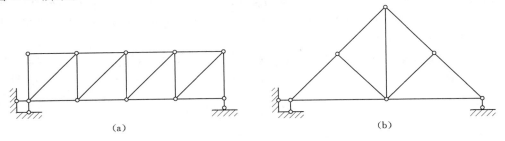

图 5.11

（2）联合桁架：由几个简单桁架按几何不变体系的组成规则组成的桁架，如图 5.12（a）所示。

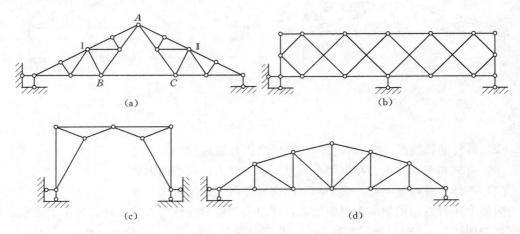

图 5.12

（3）复杂桁架：凡不属于前两类的桁架都属于复杂桁架，如图 5.12（b）所示。

平面桁架也有按支座约束特点分类，如平面桁架在竖向荷载作用下不能产生水平推力称为梁式桁架［图 5.12（a）、（b）、（d）］；能产生水平推力的称为拱式桁架［图 5.12（c）］。根据桁架的外形，又可分为平行弦桁架［图 5.11（a）］、三角形桁架［图 5.11（b）、图 5.12（a）］和抛物线桁架［图 5.12（d）］等。

3. 结点法计算桁架的内力

每次截取桁架的一个结点为隔离体，作用在该结点上的外荷载、支座约束力以及杆件的作用力构成了平面汇交力系，然后利用平面汇交力系平衡方程，计算出杆件的未知轴力。

由于平面汇交力系的平衡方程有两个（$\sum F_x=0$，$\sum F_y=0$），所以运用结点法最多可以求解两个未知量。因此，每次截取的结点上未知轴力的杆件应不多于两根。在计算时，可先由桁架整体平衡计算出支座约束力，每次选择所受未知轴力数小于或等于两个的结点计算，即可求出整个桁架中各杆的内力。在画结点受力图时，杆件对结点的作用力先设定为拉力，如果计算结果为正值，说明假设方向与真实方向相同，即杆件轴力是拉力；反之杆件轴力是压力。

例题 5.3 平面桁架的受力及尺寸如图 5.13（a）所示，试求桁架各杆的轴力。

解：由于该桁架及荷载都是对称的，在对称位置上的支座约束力和轴力必然相等，故只需计算半边桁架的内力。

1. 计算桁架的支座约束力。取桁架整体为对象，作受力图如图 5.13（a）所示。

$$\sum M_A(\boldsymbol{F})=0 \qquad F_{By}\times 8-8\times 8-10\times 4=0$$

$$F_{By}=\frac{1}{8}(8\times 8+10\times 4)=13(\text{kN})$$

$$\sum F_x=0 \qquad F_{Ax}=0$$

$$\sum F_y=0 \qquad F_{Ay}+F_{By}-8-8-10=0$$

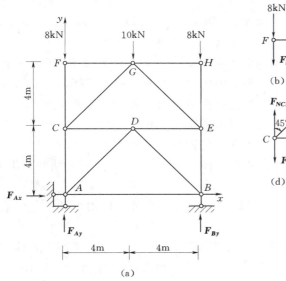

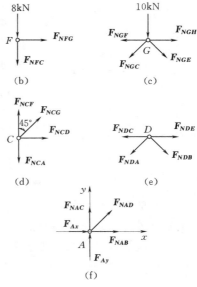

图 5.13

$$F_{Ay} = 26 - F_{By} = 13(kN)$$

2. 计算各杆内力。

本题先从结点 F（或结点 H）开始，然后依次选取结点 $G \rightarrow C \rightarrow D \rightarrow A$（或结点 $G \rightarrow E \rightarrow D \rightarrow B$）为对象求解。结点 F：其隔离体如图 5.13（b）所示。根据平衡条件

$\sum F_y = 0$ 　　　　　　　$F_{NFC} = -8$（kN）

$\sum F_x = 0$ 　　　　　　　$F_{NFG} = 0$

结点 G：其隔离体如图 5.13（c）所示。根据平衡条件

$\sum F_y = 0$ 　　　　　$-F_{NGC}\cos45° - F_{NGE}\cos45° - 10 = 0$

$\sum F_x = 0$ 　　　　　$F_{NGE}\sin45° - F_{NGC}\sin45° = 0$

联立求解得 　　　　　$F_{NGC} = F_{NGE} = -5\sqrt{2}kN = -7.07kN$

结点 C：其隔离体如图 5.13（d）所示。根据平衡条件

$\sum F_y = 0$ 　　　　　$F_{NCF} + F_{NCG}\cos45° - F_{NCA} = 0$

$\sum F_x = 0$ 　　　　　$F_{NCG}\sin45° + F_{NCD} = 0$

联立求解得 　　　　$F_{NCD} = 5kN$

　　　　　　　　　　$F_{NCA} = -13kN$

结点 D：其隔离体如图 5.13（e）所示。根据对称性可知

　　　　　　　　　　$F_{NDA} = F_{NDB}$

$\sum F_y = 0$ 　　　　　$F_{NDA} = -F_{NDB}$

故此可判断出 　　　　　　　　$F_{NDA} = F_{NDB} = 0$

结点 A：其隔离体如图 5.13（f）所示。根据平衡条件

$\sum F_x = 0$ 　　　　　　　　　$F_{NAB} = 0$

桁架其余杆件的内力，可以根据对称性求得。

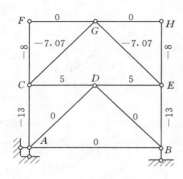

图 5.14　轴力图（单位：kN）

桁架的内力由于只有轴力，且每个杆的各截面轴力相等，故将轴力直接标注在相应杆件一侧，如图 5.14 所示。

4. 判定桁架中的零杆

例题 5.3 中的 FG、GH、AD、DB、AB 五个杆轴力均为零。桁架中内力为零的杆称为零杆，内力相等的杆件称为等力杆。计算中若先判断出零杆或等力杆，可使计算得到简化，具体情况有以下几种：

（1）不共线的两杆构成结点（$0° < \alpha < 180°$），结点上无外力作用时，即 "V" 字形结点，不共线两杆均为零杆，如图 5.15（a）所示。

（2）不共线的两杆构成结点（$0° < \alpha < 180°$），结点上有外力作用，且外力与某一杆轴线共线，则不与外力共线的另一杆必为零杆，如图 5.15（b）所示。

（3）三杆连接构成结点，结点上无外力作用时，若其中两杆在一直线上，即 "丁" 字形结点，则另一不共线杆为零杆，并且共线杆 内力相等，为等力杆，如图 5.15（c）所示。

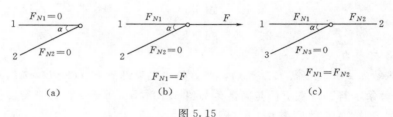

（a）　　　　　　　　　（b）　　　　　　　　　（c）

图 5.15

上述结论都不难由结点平衡条件得到证实。在分析桁架时，可先利用上述原则找出零杆或等力杆，这样可使计算工作简化。实际分析时，通常在零杆上画上 "//" 线表示。

例题 5.4　判定图 5.16（a）所示桁架中的零杆。

解：首先观察结点 E，属于如图 5.15（b）所示情况，可知杆 EC 为零杆。再观察结点 D，属于如图 5.15（c）所示情况，可知杆 DC 为零杆。杆 EC 和 DC 已判定为零杆，因此 C 结点可视为图 5.15（a）所示情况，所以杆 CA 和 CB 也可判定为零杆。最后观察结点 B，则属于图 5.15（c）所示情况，可知杆 BA 为零杆。图 5.16（a）所示桁架中共有五根零杆，如图 5.16（b）所示。

5. 截面法计算桁架的内力

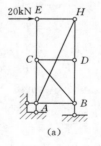

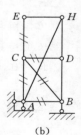

（a）　　　　　　（b）

图 5.16

截面法就是选择一个适当的假想截面切断欲求内力的杆件，截取桁架的一部分（至少包括两个结点）为脱离体，作用在脱离体上的力组成一个平面一般力系，则可列出三个平衡方程，可求出三个未知内力。截面法适用于联合桁架和简单桁架指定杆件的轴力计算。如欲求图 5.17（a）所示桁架中杆 CH 的轴力（$\boldsymbol{F}_{N1}$），可先用 n - n 截面截开桁架，取右部分为对象，受力如图 5.17（b）所示，可应用方程 $\sum M_H(\boldsymbol{F}) = 0$ 求出 $\boldsymbol{F}_{N6}$ 轴力。再用

$m-m$ 截面截开桁架，取左半部分为对象，受力如图 5.17（c）所示，应用方程 $\sum M_G(\boldsymbol{F})$ $=0$ 即可求出 $\boldsymbol{F}_{N1}$ 轴力。

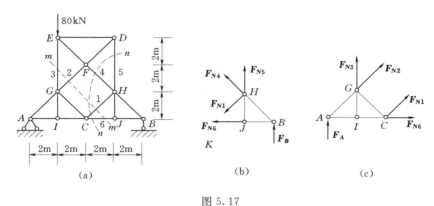

图 5.17

例题 5.5　试求图 5.18（a）所示桁架中 1、2、3 杆轴力。

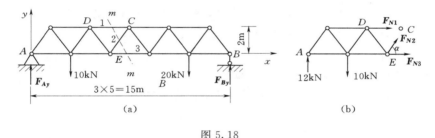

图 5.18

解：1. 求支座反力。取整体为研究对象，受力图如图 5.18（a）所示。

$$\sum M_A(\boldsymbol{F})=0 \qquad F_{By}\times 15-20\times 12-10\times 3=0 \qquad F_{By}=18\text{kN}$$
$$\sum F_y=0 \qquad F_{Ay}+F_{By}-10-20=0 \qquad F_{Ay}=12\text{kN}$$

2. 计算杆轴力。

假想用截面 $m-m$ 切断 1、2、3 杆，取左半部分为分离体，受力如图 5.18（b）所示。

$$\sum M_E=0 \qquad -12\times 6+10\times 3-F_{N1}\times 2=0,\ F_{N1}=-21\text{kN}$$
$$\sum M_C=0 \qquad -12\times 7.5+10\times 4.5+F_{N3}\times 2=0,\ F_{N3}=22.5\text{kN}$$
$$\sum F_y=0 \qquad 12+F_{N2}\sin\alpha-10=0,\ F_{N2}=-2.5\text{kN}$$

为了计算方便，在取矩时要选择合适的矩心，可以将力沿其作用线滑移到便于计算力臂的位置。如为了计算 $\boldsymbol{F}_{N3}$，选择对 C 点取矩，所列方程将只含一个未知量；用截面法求桁架各杆件的轴力，所假想的截面既可以是开放的，也可以是闭合的，或平面或曲面都行，但必须将原桁架截断为两个部分；在列平衡方程进行计算时，矩心应选在大多数未知轴力的交点，而投影轴应使之垂直于大多数未知力，以使计算更简便。

6. 联合法计算桁架的内力

在桁架计算中，有的杆件用单一的一种方法难以求得其内力，通常联合应用结点法和截面法更为便利。如先用截面法计算联合桁架中连接杆的轴力，或用截面法计算某些杆的轴力，然后再用结点法计算其他杆件的轴力。

例题 5.6 试求图 5.19（a）所示桁架中杆 a、b、c 的内力。

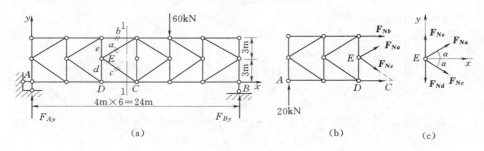

图 5.19

解： 1. 求支座反力。取整体为研究对象，受力如图 5.19（a）所示。

$$\sum M_B(\boldsymbol{F})=0 \qquad -F_{Ay}\times24+60\times8=0 \qquad F_{Ay}=20\text{kN}$$

$$\sum F_y=0 \qquad F_{Ay}+F_{By}-60=0 \qquad F_{By}=40\text{kN}$$

2. 求杆的轴力。用假想截面 1-1 将桁架截断，取左半部分为分离体，受力如图 5.19（b）所示。由于此截面切断了四根杆件，将会产生四个未知力，仅由所取得的隔离体不能算出所有杆件内力，需要由其他条件算出某一个未知力或某两个未知力的关系，从而使该截面只含有三个独立的未知轴力，才能进一步计算。

取结点 E 为对象，受力如图 5.19（c）所示。由平衡方程

$$\sum F_x=0 \qquad F_{Na}\cos\alpha+F_{Nc}\cos\alpha=0$$

得

$$F_{Na}=-F_{Nc}$$

再根据图 5.19（b）所截得隔离体列平衡方程

$$\sum F_y=0 \qquad F_{Na}\times\frac{3}{5}-F_{Nc}\times\frac{3}{5}+20=0$$

$$F_{Na}=-16.7\text{kN}, \quad F_{Nc}=16.7\text{kN}$$

$$\sum M_C(\boldsymbol{F})=0 \qquad -20\times12-F_{Na}\times\frac{4}{5}\times6-F_{Nb}\times6=0$$

$$F_{Nb}=-26.6\text{kN}$$

思考题

3. 在某一荷载作用下，静定桁架中可能存在零杆。由于零杆表示该杆不受力，因此该杆可以拆去，此种做法是否正确？

4. 计算桁架内力时，应如何利用其几何组成特点简化计算，以避免解算联立方程？

习题

2. 判断图 5.20 所示各桁架中的零杆。

3. 试用结点法求图 5.21 所示各桁架中各个杆件的轴力。

4. 用截面法求图 5.22 所示各桁架中指定杆件的轴力。

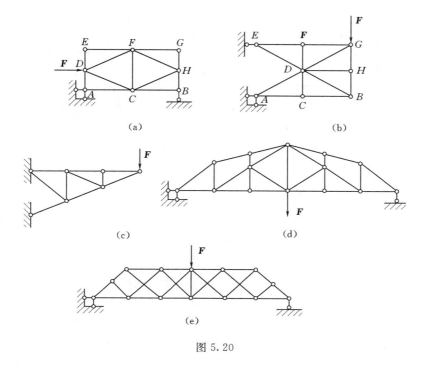

图 5.20

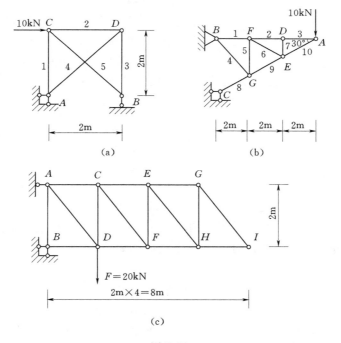

图 5.21

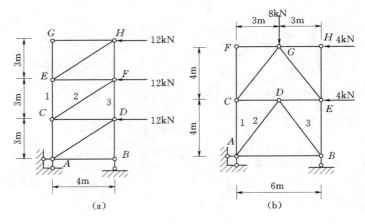

图 5.22

§5.4　扭转轴的内力分析

1. 扭转的概念

杆件两端在垂直杆轴线的平面内作用一对大小相等，转向相反的力偶（扭力偶），杆件发生的变形称为扭转，如图 5.23 所示。此时杆段的两端截面会发生绕杆轴线相对转动

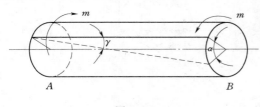

图 5.23

的变形。杆件任意两截面间的相对角位移称为扭转角，图 5.23 中的 α 角就是 B 截面相对 A 截面的扭转角。将以扭转为主要变形的直杆称为轴。

在建筑工程和机械工程中，以扭转变形为主的杆件是很多的。例如图 5.24 所示杆件（驾驶方向盘轴、钻探机的钻杆和雨篷梁）都是扭转变形。

2. 计算扭力偶矩

研究扭转轴的内力，首先必须确定作用在轴上的外力偶矩，在工程中，作用于轴上的外力偶矩并不直接给出，往往仅标明轴的转速和传递的功率，需要根据转速与功率计算轴所承受的扭力偶矩。力偶在单位时间内所作之功称为功率 P，功率等于该力偶之矩 m 与相应角速度 ω 的乘积，即

$$P = m\omega \qquad (5.2)$$

在工程实际中，功率 P 常用单位为千瓦（kW），扭力偶矩 m 常用单位为牛顿·米（N·m），转速 n 常用单位为转/分（r/min），角速度 ω 常用单位为弧度/秒（rad/s）。采用以上常用单位，则有 $\omega = \dfrac{2\pi}{60}n$。此外，又由于 $1W = 1N \cdot m/s$，于是式（5.2）变为

$$P \times 10^3 = m \times \frac{2\pi}{60}n$$

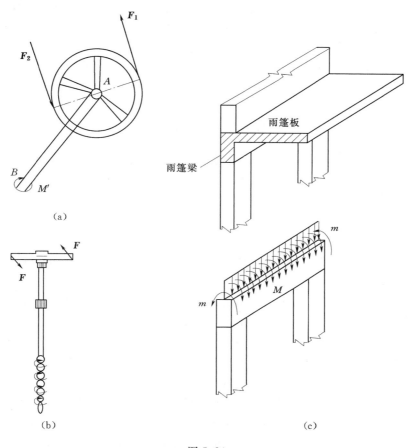

图 5.24

由此得
$$m = 9549 \frac{P}{n} \text{ (N · m)} \tag{5.3}$$

如果功率的单位为马力，则式（5.3）变为

$$m = 7024 \frac{P}{n} \text{(N · m)}$$

3. 扭矩与扭矩图

（1）扭转变形和扭矩的正负规定。规定轴微段左侧截面相对向上转动，右侧截面相对向下转动的扭转变形规定为正（可简述为左上右下为正），反之为负。如图 5.25（b）、（c）所示 C 截面处微段扭转变形为正。受扭轴截面上的内力的合力必是一个力偶，此内力偶矩称扭矩，用 M_x 表示。轴截面上扭矩用代数值反映，面向截面观察，截面上逆时针转向的扭矩规定为正，反之为负。如图 5.25（b）、（c）所示 C 截面上的扭矩为正。

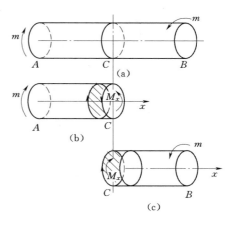

图 5.25

扭矩的正负号还可以用以下方法判定。以右手四指顺着扭矩的转向，若拇指指向与截面外法线方向一致时，扭矩为正，如图 5.26（a）所示；反之为负，如图 5.26（b）所示。

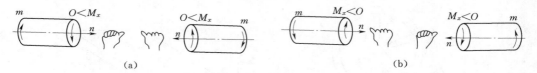

图 5.26

（2）计算扭矩。应用截面法计算扭矩时，一般将截面上扭矩设定为正向，计算结果的代数值符号就可反映扭矩的转向。如图 5.25（a）所示轴，求 C 截面上的扭矩时，在 C 处假想将轴截开，先取左轴段为对象，受力如图 5.25（b）所示，列平衡方程

$$\sum M_x = 0 \quad M_x - m = 0$$

得

$$M_x = m$$

若取右轴段为研究对象，受力如图 5.25（c）所示，用平衡方程也可求得与取左轴段数值相同的扭矩。

为了简便，可以应用截面任一侧轴段上的扭力偶矩直接求截面扭矩。显然，截面任一侧轴段上的各个扭力偶在截面上产生相应扭矩的代数和，即为截面上的扭矩。截面左侧轴段上向上转向的扭力偶，或截面右侧轴段上向下转向的扭力偶，在截面上产生相应的正扭矩（简记为左上右下为正）；反之，产生相应的负扭矩。由公式表达为

$$M_x = \sum m_i \tag{5.4}$$

（3）扭矩图。为了形象地表明轴内扭矩随截面位置的变化情况，将扭矩随截面位置的变化规律用图线表达出来的图形称为扭矩图。在多个扭力偶作用的扭转轴上，扭力偶作用处是扭矩变化处，因此，必须分段计算各轴段的扭矩。扭矩图的绘制方法与轴力图相似，即采用"三画两标注"法作图。

例题 5.7   如图 5.27（a）所示受扭轴，所受扭力偶矩已知，计算截面 E 的扭矩。

解：用假想截面将轴在 E 处截开，先取左轴段为研究对象，在截面上用正扭矩代替去掉部分的作用，其受力如图 5.27（b）所示。由平衡条件得

$$\sum M_x = 0, M_x - M_1 + M_2 = 0$$

则有

$$M_x = M_1 - M_2$$

将扭力偶矩的数值代入上式得

$$M_x = 40 - 80 = -40(\text{kN·m})$$

若取右轴段为研究对象，其受力如图 5.27（c）所示。同理可得

$$M_x = M_3 - M_4 = 40 - 80 = -40(\text{kN·m})$$

例题 5.8   传动轴如图 5.28（a）所示，主动轮 A 轮，输入功率 $P_A = 50\text{kW}$，从动轮 B，C，D，输出功率分别为

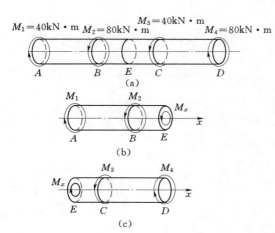

图 5.27

$P_B = P_C = 15\text{kW}$，$P_D = 20\text{kW}$，轴转速为 $n = 300\text{r/min}$。试绘制轴的扭矩图。

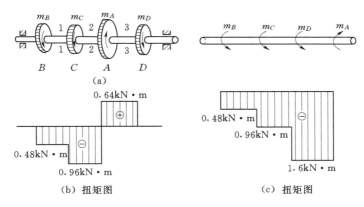

图 5.28

解：1. 计算外力偶矩。由式（5.3）可知，作用在轮 A、B、C、D 上的扭力偶矩分别为

$$m_A = 9549 \frac{P_A}{n} = 9549 \times \frac{50}{300} = 1591.5(\text{N} \cdot \text{m}) = 1.6(\text{kN} \cdot \text{m})$$

$$m_B = m_B = 9549 \frac{P_B}{n} = 9549 \times \frac{15}{300} = 477.45(\text{N} \cdot \text{m}) = 0.48(\text{kN} \cdot \text{m})$$

$$m_D = 9549 \frac{P_D}{n} = 9549 \times \frac{20}{300} = 636.6(\text{kN} \cdot \text{m}) = 0.64(\text{kN} \cdot \text{m})$$

2. 分段计算扭矩，运用直接法计算

BC 段：　　　　$M_{x1} = -m_B = -0.48\text{kN} \cdot \text{m}$

CA 段：　　　　$M_{x2} = -m_B - m_C = -0.48 - 0.48 = -0.96(\text{kN} \cdot \text{m})$

AD 段：　　　　$M_{x3} = -m_B - m_C + m_A = -0.48 - 0.48 + 1.6 = 0.64(\text{kN} \cdot \text{m})$

显然用截面右侧轴段上扭力偶计算更简单。

$$M_{x3} = m_D = 0.64\text{kN} \cdot \text{m}$$

3. 作扭矩图。画基线与轴 BD 等长平行，按比例画各轴段的扭矩纵标图，于是得到如图 5.28（b）所示的扭矩图。可以看出最大扭矩为 $0.96\text{kN} \cdot \text{m}$，发生在 CA 轴段。

若将该轴主动轮 A 装置在轴右端，则其扭矩图如图 5.28（c）所示。此时，轴的最大扭矩为 $1.6\text{kN} \cdot \text{m}$。显然图 5.28（a）所示的轮布置比较合理。

思考题

5. 如图 5.29（a）、（b）和（c）所示各杆中，哪个杆将发生扭转变形？

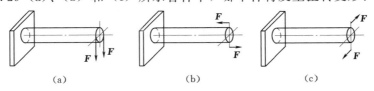

图 5.29

习题

5. 求图 5.30 所示各轴段上的扭矩。并作轴的扭矩图。

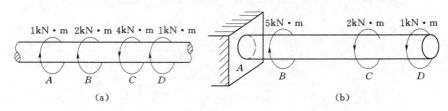

(a)   (b)

图 5.30

6. 如图 5.31 所示传动轴，其转速为 $n=1000\text{r/min}$，轴上装有 5 个轮子，主动轮 2 的输入功率为 60kW，从动轮 1、3、4、5 依次输出 18kW、12kW、22kW 和 8kW。试作出该轴的扭矩图。

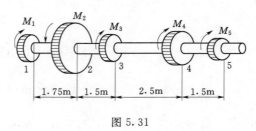

图 5.31

§5.5　单跨静定梁内力分析

1. 平面弯曲和单跨静定梁类型

杆件受到垂直杆轴方向的外力（横向力）或作用面与杆轴共面的外力偶（弯力偶），杆轴线将由直线变成曲线，将以杆轴线变弯为主要特征的变形称为弯曲变形。产生弯曲变形的杆件称为梁。如图 5.32（a）所示房屋建筑中的主梁受楼板传来的均布荷载及由次梁传来的集中荷载作用，使梁发生弯曲变形。如图 5.32（b）中阳台的挑梁，也发生弯曲

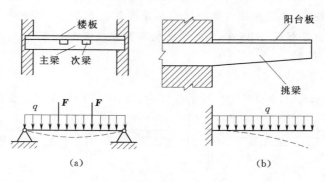

(a)   (b)

图 5.32

变形。

在对图 5.33（a）所示梁进行分析计算时，通常用梁的轴线代表梁，外力都简化为作用在梁的轴线上。梁的这种受力图称梁的计算简图，如图 5.33（b）所示。

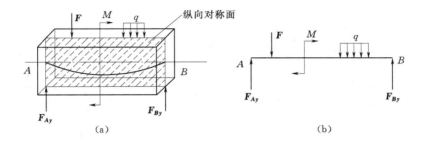

图 5.33

在工程中单跨静定梁按其支承情况可分为以下三种类型：

（1）简支梁。一端为固定铰支座，另一端为可动铰支座的梁，称为简支梁，如图 5.34（a）所示。

（2）外伸梁。在简支梁的基础上向一边或两边伸出的梁，称为外伸梁，如图 5.34（b）、（c）所示。

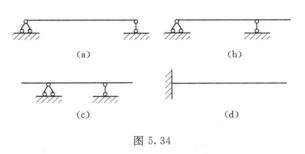

图 5.34

（3）悬臂梁。一端为固定端支座，另一端为自由端的梁，称为悬臂梁，如图 5.34（d）所示。

2. 梁截面上的剪力计算

当梁在横向力作用下弯曲时，横截面上必然同时产生两种内力分量：垂直于轴线（平行于横截面）的内力称为剪力 F_Q；作用面与梁轴共面的内力偶（作用面与梁横截面垂直）称为弯矩 M。对梁剪力分析如下：

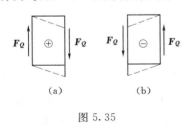

图 5.35

（1）剪切变形和剪力的正向规定。为了使用代数量反映剪切变形的性质，规定梁微段的左侧截面相对向上错动，右侧截面相对向下错动为正剪切变形（简述为左上右下的顺转剪切变形为正）；反之为负剪切变形。为了使剪力的符号与其产生剪切变形的符号相匹配，规定梁微段的左侧截面上方向向上，右侧截面上方向向下的剪力为正（也可简述为左上右下的顺转剪力为正），如图 5.35（a）所示；反之剪力为负，如图 5.35（b）所示。正剪力将产生正剪切变形；负剪力将产生负剪切变形。

（2）截面上的剪力计算。如图 5.36（a）所示梁，若要求截面 C 的剪力，将梁用假想截面在 C 处截开，先取左梁段为研究对象，在截面上用正向剪力代替去掉部分的作用，

其受力如图 5.36（b）所示。由平衡条件得

$$\sum F_y = 0 \qquad F_A - q \times 2 - F_Q = 0$$

$$F_Q = F_A - q \times 2 \tag{5.5}$$

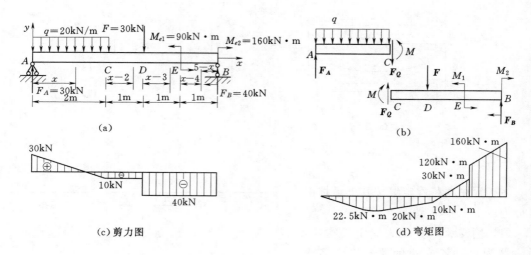

图 5.36

将横向力数值代入式（5.5）得 $\qquad F_Q = 30 - 20 \times 2 = -10 (\text{kN})$

若选取右梁段为研究对象，其受力如图 5.36（b）所示，同理可得

$$F_Q = F - F_B \tag{5.6}$$

由式（5.5）、式（5.6）可知，截面上的剪力等于截面任一侧梁段上的每一个横向力单独作用时，在截面上产生的各个剪力之代数和。显然，截面左侧向上的或右侧梁段上向下的横向外力，能使截面处微段发生正剪切变形，则在截面上必产生相应的正剪力，反之产生相应的负剪力。可简述为左上右下指向的横向力产生正剪力，反之产生负剪力。用公式表示为

$$F_Q = \sum F_i \tag{5.7}$$

3. 剪力方程

梁的剪力沿轴线方向是分段变化。如图 5.36（a）所示梁，梁中部分布力分布区间的端点（C）、横向力作用处（D）等都是剪力变化的分界点。其中梁中部横向力作用处是剪力变化的不连续划分点（$D_左$、$D_右$）；分布力分布区间的两端处是剪力变化的连续划分点；梁上的弯力偶对剪力变化无影响。

将剪力沿梁轴线方向变化的规律用方程表达出来，即为剪力方程。选梁左端为坐标原点，取沿梁轴线向右为 x 轴正向。用 x 坐标表示梁的截面位置。在每一梁段内取一截面，用式（5.7）求出此截面的剪力值，并标明 x 的变化区间。图 5.36（a）所示梁的剪力方程如下：

$$F_Q = \begin{cases} F_A - qx = 30 - 20x & (0 \leqslant x \leqslant 2) \\ F_A - q \times 2 = -10(\text{kN}) & (2 \leqslant x < 3) \\ F_A - q \times 2 - F = -40(\text{kN}) & (3 < x \leqslant 5) \end{cases} \quad \begin{cases} F_{QA} = 30\text{kN} \\ F_{QC} = -10\text{kN} \end{cases} \\ \begin{cases} F_{QC} = -10\text{kN} \\ F_{QD左} = -10\text{kN} \end{cases} \\ \begin{cases} F_{QD右} = -40\text{kN} \\ F_{QB} = -40\text{kN} \end{cases}$$

4. 梁截面上的弯矩计算

当梁在横向力或弯力偶作用下弯曲时，横截面上必然产生弯矩，对横截面上的弯矩分析如下：

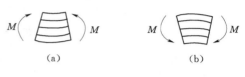

图 5.37

(1) 弯曲变形和弯矩的正向规定。对于水平梁，规定梁微段上部纤维缩短，下部纤维伸长的弯曲变形为正；反之弯曲变形为负。为了使弯矩的符号与其产生弯曲变形的符号相匹配，规定梁微段的左侧截面处顺时针转向，右侧截面处逆时针转向的弯矩为正（简述为左顺右逆转向的弯矩为正），如图 5.37 （a）所示；反之弯矩为负，如图 5.37 （b）所示。正弯矩将产生正弯曲变形；负弯矩将产生负弯曲变形。

(2) 截面上的弯矩计算。如图 5.36 （a）所示梁，若要求截面 C 的弯矩，将梁用假想截面在 C 处截开，先取左梁段为研究对象，在截面上用正向弯矩代替去掉部分的作用，其受力图如图 5.36 （b）所示。由平衡条件得

$$\sum M_C(\boldsymbol{F}) = 0 \quad M - F_A \times 2 + q \times 2 \times 1 = 0$$
$$M = F_A \times 2 - q \times 2 \times 1 \tag{5.8}$$

将横向外力和弯力偶矩的数值代入式 （5.8） 得

$$M = 30 \times 2 - 20 \times 2 \times 1 = 20(\text{kN} \cdot \text{m})$$

若选取右梁段为研究对象，受力图如图 5.36 （b）所示，同理可得

$$M = F_B \times 3 + M_1 - F \times 1 - M_2 \tag{5.9}$$

由式 （5.8）、式 （5.9） 可知，截面上的弯矩等于截面任一侧梁段上的每一个横向力和弯力偶单独作用时，在截面上产生的各个弯矩之代数和。显然，梁段上指向向上的横向力对截面取矩，将引起截面处微段正弯曲变形，在截面上必产生相应的正弯矩；左梁段上的顺转弯力偶或右梁段上的逆转弯力偶（简述为左顺右逆），也将引起截面处微段正弯曲变形，在截面上必产生相应的正弯矩。反之，在截面上产生相应的负弯矩。用公式表示为

$$M = \sum M_c(\boldsymbol{F}_i) \tag{5.10}$$

例题 5.9　已知简支梁受力如图 5.38 （a）所示，各荷载大小为 $F_1 = 40\text{kN}$，$F_2 = 26\text{kN}$，求 C 截面上内力。

解：1. 取整体为研究对象，由平衡条件求支座约束力。

$$\sum M_A(\boldsymbol{F}) = 0 \quad F_B \times 6 - F_1 \times 1 - F_2 \times 4 = 0 \quad F_B = \frac{40 \times 1 + 26 \times 4}{6} = 24(\text{kN})$$

$$\sum F_y = 0 \quad F_A + F_B - F_1 - F_2 = 0 \quad F_A = 40 + 26 - 24 = 42(\text{kN})$$

2. 截面法求内力。假想从 C 截面将梁截断，取左段为研究对象，其受力如图 5.38

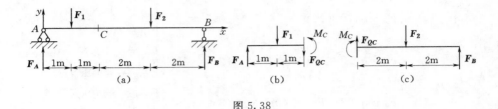

图 5.38

（b）所示，为了便于判断计算结果，图中内力设定为正向。

$$\sum F_y = 0 \qquad\qquad F_A - F_1 - F_{QC} = 0$$

$$F_{QC} = F_A - F_1 = 42 - 40 = 2(\text{kN})$$

$$\sum M_C(F) = 0 \qquad\qquad F_1 \times 1 + M_C - F_A \times 2 = 0$$

$$M_C = F_A \times 2 - F_1 \times 1 = 42 \times 2 - 40 \times 1 = 44(\text{kN} \cdot \text{m})$$

若取右侧梁段为研究对象，由平衡方程也可得到同样结果：

$$F_{QC} = F_2 - F_B = 26 - 24 = 2(\text{kN})$$

$$M_C = F_B \times 4 - F_2 \times 2 = 24 \times 4 - 26 \times 2 = 44(\text{kN} \cdot \text{m})$$

5. 弯矩方程

梁的弯矩沿轴线方向是分段变化的，如图 5.36（a）所示梁，梁中部的分布力分布区间的端点（C）、横向力作用处（D）、弯力偶作用处（E）等都是弯矩变化的分界点。梁中部弯力偶作用处是弯矩变化的不连续划分点；分布力分布区间的两端和横向力作用处都是弯矩变化的连续划分点。

将弯矩沿梁轴线方向变化的规律用方程表达出来，即为弯矩方程。坐标轴设置与剪力相同。用 x 坐标表示梁的截面位置。在梁中部的横向外力作用处、分布力分布的起点和终点处进行连续点划分；在梁中部的弯力偶作用处进行间断点划分。在每一梁段内任取一截面，求出此截面的弯矩值，标明 x 的变化区间。如图 5.36（a）所示梁的弯矩方程如下：

$$M = \begin{cases} F_A x - \dfrac{qx^2}{2} = 30x - 10x^2 & (0 \leqslant x \leqslant 2) \\[2mm] F_A x - q \times 2(x-1) = 40 - 10x & (2 \leqslant x \leqslant 3) \\[2mm] F_B(5-x) + M_{e1} - M_{e2} = 130 - 40x & (3 \leqslant x < 4) \\[2mm] F_B(5-x) - M_{e2} = 40 - 40x & (4 < x \leqslant 5) \end{cases} \begin{cases} M_A = 0 \\ M_{x=1.5} = 22.5\text{kN} \cdot \text{m} \\ M_C = 20\text{kN} \cdot \text{m} \\[1mm] M_C = 20\text{kN} \cdot \text{m} \\ M_D = 10\text{kN} \cdot \text{m} \\[1mm] M_D = 10\text{kN} \cdot \text{m} \\ M_{E左} = -30\text{kN} \cdot \text{m} \\[1mm] M_{E右} = -120\text{kN} \cdot \text{m} \\ M_B = -160\text{kN} \cdot \text{m} \end{cases}$$

6. 剪力图和弯矩图

为了形象地表明梁内力随截面位置的变化情况，判定最大内力所在截面的位置，将内力随截面位置的变化规律用图线表达出来，即为梁内力图。作梁内力图方法与作轴力图方法完全相同，采用"三画两标注"方法（画基线，画纵标线，画示纵标线，标注符号、数值和单位，标注图名）。图 5.36（a）所示梁的剪力图如图 5.36（c）所示。但在画弯矩纵标线时，将正弯矩纵标画在基线下方，负弯矩纵标画在基线上方（弯矩纵标始终画在梁的受拉侧）；只标注数值和单位（不标注正负号）。图 5.36（a）所示梁的弯矩图如图 5.36（d）所示。

例题 5.10 悬臂梁在自由端作用集中荷载 F，如图 5.39（a）所示。试绘制其剪力图和弯矩图。

解： 1. 建立剪力方程和弯矩方程。取梁左端 A 点为坐标原点，截取任意横截面的右段梁为研究对象，由内力计算方法分别列出该截面的剪力函数表达式和弯矩函数表达式，即该梁段的剪力方程和弯矩方程。

$$F_Q(x)=F \qquad (0 \leqslant x \leqslant l) \qquad ①$$
$$M(x)=-F(l-x) \qquad (0 \leqslant x \leqslant l) \qquad ②$$

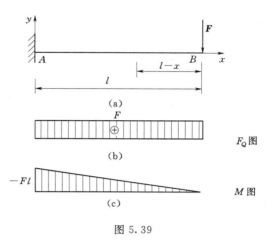

图 5.39

2. 绘剪力图和弯矩图。由式①可知，剪力函数为常量，即各个横截面上的剪力都等于常数 F，故剪力图是一条平行于 x 轴的水平直线，因各横截面剪力为正值，故绘在 x 轴的上方，并注明正号，如图 5.39（b）所示。

由式②可知，弯矩 M 为 x 的一次函数，故弯矩图为一条斜直线。一般由梁段两端的弯矩值来确定该直线：在 $x=0$ 处，$M_A=-Fl$；在 $x=l$ 处，$M_B=0$。因 M 为负值，按规定 M 图负值画在基线上侧，可不注负号，如图 5.39（c）所示。

例题 5.11 作图 5.40（a）所示外伸梁的剪力图和弯矩图。

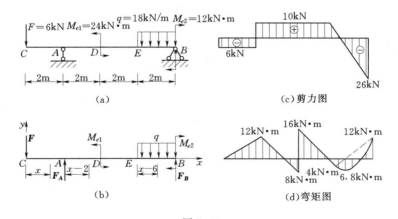

图 5.40

解： 1. 作梁的受力图、计算支座约束力。取整个梁为研究对象，梁受力如图 5.40（b）所示。由平衡方程 $\sum M_B(F)=0$ 和 $\sum F_y=0$，求得支座约束力为

$$F_A=16kN \qquad F_B=26kN$$

2. 列剪力方程、画剪力图。将梁分为 $CA_左$、$A_右E$ 和 EB 三个梁段。分段列剪力方程。

$$F_Q = \begin{cases} -F = -6\text{kN} & (0 \leqslant x < 2) \\ -F + F_A = 10\text{kN} & (2 < x \leqslant 6) \\ -F + F_A - q \times (x-6) = 118 - 18x & (6 \leqslant x \leqslant 8) \begin{cases} F_E = 10\text{kN} \\ F_B = -26\text{kN} \end{cases} \end{cases}$$

由控制面剪力作剪力图如图 5.40（c）所示。

3. 列弯矩方程、作弯矩图。将梁划分为 CA、$AD_左$、$D_右E$ 和 EB 等四个梁段。分段列弯矩方程。

$$M = \begin{cases} -Fx = -6x & (0 \leqslant x \leqslant 2) \\ -Fx + F_A(x-2) = -32 + 10x & (2 \leqslant x < 4) \\ -Fx + F_A(x-2) - M_{e1} = -56 + 10x & (4 < x \leqslant 6) \\ -Fx + F_A(x-2) - M_{e1} - q\dfrac{(x-6)^2}{2} = -380 + 118x - 9x^2 & (6 \leqslant x \leqslant 8) \end{cases}$$

由各控制面弯矩值作弯矩图如图 5.40（d）所示。

思考题

6. 梁中部的横向力作用处左侧和右侧截面剪力是不相等的，为什么？左侧和右侧截面剪力之差等于多少？

7. 梁中部集中弯力偶作用处两侧截面上的弯矩值不相等，为什么？两侧截面上的弯矩值之差是多少？

习题

7. 用直接法计算图 5.41 示各梁指定截面的剪力和弯矩。

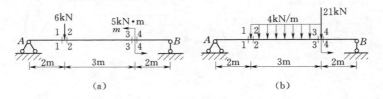

(a)　　　　　　　　　　(b)

图 5.41

8. 列图 5.42 示各梁的剪力方程和弯矩方程，并作剪力图和弯矩图。

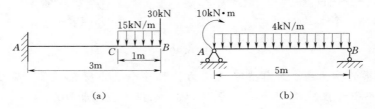

(a)　　　　　　　　　　(b)

图 5.42

§5.6 用简捷法绘制梁的剪力图和弯矩图

1. 剪力、弯矩与荷载集度间的微分关系

图 5.40 中梁段 CA 和梁段 EB 的剪力方程、弯矩方程和分布荷载函数分别为

梁段 CA $F_Q = -6\text{kN}$ $M = -6x$ $q = 0$

梁段 EB $F_Q = 118 - 18x$ $M = -380 + 118x - 9x^2$ $q = -18\text{kN/m}$

考察各梁段的剪力方程、弯矩方程以及分布荷载函数，它们三者之间存在着如下微分关系

$$\frac{\mathrm{d}F_Q}{\mathrm{d}x} = q \tag{5.11}$$

$$\frac{\mathrm{d}M}{\mathrm{d}x} = F_Q \tag{5.12}$$

$$\frac{\mathrm{d}^2 M}{\mathrm{d}x^2} = q \tag{5.13}$$

通过数学证明，这种微分关系是普遍的，不是偶然的，这里不再详细证明。

式 (5.11) 表明：梁的剪力方程对 x 的一阶导函数等于对应梁段上的分布荷载集度 q 函数。也即剪力图在某点处的切线斜率，等于相应截面处的荷载集度。

式 (5.12) 表明：梁的弯矩方程对 x 的一阶导函数等于对应梁段上的剪力方程。也即弯矩图在某点处的切线斜率，等于相应截面处的剪力。

式 (5.13) 表明：梁的弯矩方程对 x 的二阶导函数，等于对应梁段上的荷载集度函数。也即弯矩图在某点的曲率等于该点对应截面处的分布荷载集度。

2. 利用微分关系判定梁内力图的形状

将梁在集中力作用处、集中力偶作用处、分布荷载的分布起末点处分段，根据各段上的荷载集度判定内力图形状，判定方法如下：

(1) 无分布荷载作用梁段，由于 $q(x) = 0$，所以 $\frac{\mathrm{d}F_Q}{\mathrm{d}x} = q(x) = 0$，因此，梁段的剪力 F_Q 为常数，即剪力图为平行于基线的直线；由于 $\frac{\mathrm{d}M}{\mathrm{d}x} = F_Q(x) = $ 常数，所以 $M(x)$ 是 x 的一次函数，相应的弯矩图为斜交于基线的直线。将这种梁段上的分布荷载图、剪力图、弯矩图三图图形依次变化规律可简述为"零、平、斜"。变化规律如图 5.43 (a) 所示，至于斜线的倾斜方向及倾角大小则取决于梁段端截面内力值大小。

(2) 均布荷载作用梁段，由于 $q(x) = $ 常数，分布荷载图为一条平行于梁轴的直线，因为 $\frac{\mathrm{d}F_Q}{\mathrm{d}x} = q(x) = $ 常数，所以，$F_Q(x)$ 是 x 的一次函数，相应的剪力图为斜交于基线的直线；由于 $\frac{\mathrm{d}M}{\mathrm{d}x} = F_Q(x)$ 为 x 的一次函数，所以 $M(x)$ 必定是 x 的二次函数，相应的弯矩图为二次抛物弯曲线。将这种梁段上的分布荷载图、剪力图、弯矩图三图图形依次变化规律也可简述为"平、斜、弯"。变化规律如图 5.43 (b) 所示，弯矩图弯曲的凸向按本书规定，始终与均布荷载指向一致。

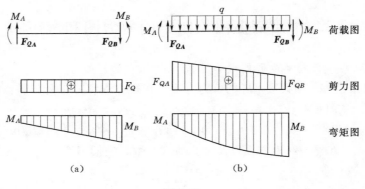

图 5.43

将以上常见的两种梁段的分布荷载图、剪力图、弯矩图三图图形依次变化规律简述为"零、平、斜、弯"。至于线性分布荷载（$q=ax+b$）作用的梁段以及其他分布荷载作用的梁段，三图图形的变化规律，读者可自己进行讨论。

3. 弯矩的极值点

弯矩 $M(x)$ 在梁段上 x_0 处取极值的充分条件是：在 x_0 处有

$$\frac{\mathrm{d}M(x)}{\mathrm{d}x}=F_Q(x)=0, \frac{\mathrm{d}^2 M(x)}{\mathrm{d}x^2}=q(x)\neq 0$$

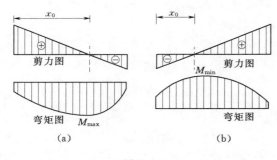

图 5.44

因此，可以说，当梁段上有分布荷载 $q(x)\neq 0$ 时，若存在剪力为零 $F_Q(x)=0$ 的截面，则弯矩 $M(x)$ 在此截面处可取得极值。当剪力从左向右由正变负时，弯矩有极大值［图 5.44（a）］；当剪力从左向右由负变正时，变矩有极小值［图 5.44（b）］。对于图 5.44 所示的斜线分布的剪力图，梁段上必有均布荷载 q，剪力为零的点到左端（均布荷载的起点）的距离 x_0，可由左端的剪力值 $|F_Q|$ 除以均布荷载集度 $|q|$ 求得，即

$$x_0=\frac{|F_Q|}{|q|} \tag{5.14}$$

4. 用简捷法绘制梁的剪力图和弯矩图

利用梁的剪力、弯矩与荷载集度间的微分关系绘制梁的内力图，因这种方法简便、快捷而称之简捷法。同时，我们还可以用这些规律来校核用其他方法作出的内力图的正确性。一般取梁的端点、支座及荷载变化处（集中力处、集中力偶处、分布荷载起始点和终末点处）为控制截面，求这些控制截面的剪力和弯矩，再按内力图的特征画图即可。具体步骤为

（1）应用平衡方程求解支座约束力。

（2）将梁分段，在集中力处、分布荷载起末点处、集中力偶处划分，一般分界截面即梁的控制截面。特别注意，在梁中部集中力处是剪力不连续点，要求此处左、右截面剪

力。在梁中部集中力偶处是弯矩不连续点，要求此处左、右截面弯矩。

（3）应用直接方法，求各控制截面内力值。

（4）画内力图，根据各梁段内力图特征逐段进行。

例题 5.12 用简捷法作图 5.45（a）所示梁的内力图。

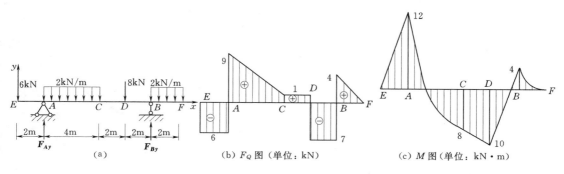

图 5.45

解： 1. 求支座约束力。由平衡方程 $\sum M_A=0$ 及 $\sum F_y=0$ 可得

$$F_{Ay}=15\text{kN} \qquad F_{By}=11\text{kN}$$

2. 将梁分段，根据控制截面定义将梁分为 EA、AC、CD、DB、BF 五段。

3. 分段作内力图。

作梁剪力图：

EA 段：水平直线 $\qquad\qquad F_{QE}=F_{QA左}=-6\text{kN}$

AC 段：斜的直线 $\qquad\qquad F_{QA右}=-6+15=9\text{(kN)}$

$\qquad\qquad\qquad\qquad\qquad F_{QC}=-6+15-2\times4=1\text{(kN)}$

CD 段：水平直线 $\qquad\qquad F_{QD左}=-6+15-2\times4=1\text{(kN)}$

DB 段：水平直线 $\qquad\qquad F_{QD右}=F_{QD左}-8=-7\text{(kN)}$

$\qquad\qquad\qquad\qquad\qquad F_{QB左}=-7\text{kN}$

BF 段：斜的直线 $\qquad\qquad F_{QB右}=F_{QB左}+11=-7+11=4\text{(kN)}$

$\qquad\qquad\qquad\qquad\qquad F_{QF}=0$

梁剪力图如图 5.45（b）所示。

作梁弯矩图：

EA 段：斜直线 $\qquad\qquad M_E=0$

$\qquad\qquad\qquad\qquad\qquad M_A=-6\times2=-12\text{ (kN·m)}$

AC 段：抛物线 $\qquad\qquad M_c=-6\times6+15\times4-2\times4\times2=8\text{(kN·m)}$

CD 段：斜直线 $\qquad\qquad M_D=-2\times2\times3+11\times2=10\text{(kN·m)}$

DB 段：斜直线 $\qquad\qquad M_B=-2\times2\times1=-4\text{(kN·m)}$

BF 段：抛物线 $\qquad\qquad M_F=0$

由于在剪力图中 AC 段中没有剪力为零的点，故在此梁段中弯矩没有极值。做出弯矩图如图 5.45（c）所示。

例题 5.13 用简捷法作图 5.46（a）所示梁的内力图。

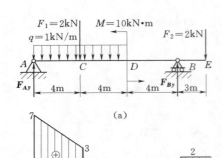

(a)

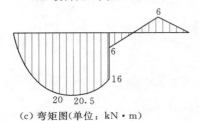

(b) 剪力图（单位：kN）

(c) 弯矩图（单位：kN·m）

图 5.46

解： 1. 求支座约束力。由平衡方程得

$$F_{Ay}=7\text{kN}$$

$$F_{By}=5\text{kN}$$

2. 将梁分段。根据控制截面定义将梁分为 AC、CD、DB、BE 四段。

3. 分段作内力图。

作剪力图：

AC 段：斜的直线 $\quad F_{QA}=F_{Ay}=7\text{kN}$

$$F_{QC左}=F_{Ay}-4q=3\text{kN}$$

CD 段：斜的直线 $\quad F_{QC右}=1\text{kN}$

$$F_{QD}=-3\text{kN}$$

DB 段：水平直线 $\quad F_{QB左}=F_2-F_{By}=-3\text{kN}$

EB 段：水平直线 $\quad F_{QB右}=F_2=2\text{kN}$

其中 F 点剪力为零，M 有极值，令其距 C 截面的距离为 x_0，则 $x_0=\dfrac{|F_{QC右}|}{|q|}=\dfrac{1}{1}=1(\text{m})$。

作弯矩图：

AC 段：抛物线 $\quad M_A=0$

$$M_C=4F_{Ay}-\frac{q}{2}\times 4^2=20(\text{kN}\cdot\text{m})$$

CD 段：抛物线 $\quad M_{D左}=F_A\times 8-q\times 8\times\dfrac{8}{2}-F_1\times 4=16(\text{kN}\cdot\text{m})$

$$M_{\max}=M_F=F_A\times 5-q\times 5\times\frac{5}{2}-F_1\times 1=20.5(\text{kN}\cdot\text{m})$$

DB 段：斜直线 $\quad M_{D右}=-7F_2+4F_{By}=6\text{kN}\cdot\text{m}$

$$M_B=-3F_2=-6\text{kN}\cdot\text{m}$$

BE 段：斜直线 $\quad M_E=0$

剪力图与弯矩图如图 5.46（b）、（c）所示。

例题 5.14 用简捷法作图 5.47（a）所示梁的内力图。

解： 1. 作梁的受力图、求支座约束力。取整个梁为对象，其受力如图 5.47（b）所示。由平衡方程求得 A 与 B 端支座约束力分别为

$$F_A=170\text{kN},\ F_B=70\text{kN}$$

2. 将梁分段。根据控制截面定义将梁分为 AC、CD、DE、EG、GB 五段。

3. 分段作内力图

作剪力图：

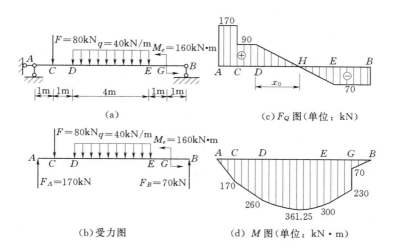

(a)

(c) F_Q 图（单位：kN）

(b) 受力图

(d) M 图（单位：kN·m）

图 5.47

AC 段：水平直线　　　　　　$F_{QA} = F_{QC左} = F_A = 170\text{kN}$

CD 段：水平直线　　　　　　$F_{QC右} = F_{QD} = F_A - F = 90\text{kN}$

DE 段：为斜直线　　　　　$F_{QE} = F_A - F - q \times 4 = -70(\text{kN})$

EG、GB 段：由于 G 点为一个集中力偶，不影响剪力图，故此无需计算 G 点剪力，图为水平直线

$$F_{QE} = F_{QB} = -70\text{kN}$$

其中 H 点剪力为零，M 值存在极值，令其距 D 截面的距离为 x_0，$x_0 = 2.25\text{m}$，则距离 A 端 4.25m 处有弯矩极值。

作弯矩图：

AC 段：图为斜直线　　　　$M_A = 0$　　　　$M_C = F_A \times 1 = 170(\text{kN·m})$

CD 段：图为斜直线　　　　$M_D = F_A \times 2 - F \times 1 = 260(\text{kN·m})$

DE 段：图为二次曲线　　　$M_E = F_B \times 2 + M_e = 300(\text{kN·m})$

$$M_{\max} = F_A \times 4.25 - F \times 3.25 - \frac{q}{2} \times 2.25^2 = 361.25(\text{kN·m})$$

EG 段：图为斜直线　　　　$M_{G左} = F_B \times 1 + M_e = 230(\text{kN·m})$

GB 段：图为斜直线　　　　$M_{G右} = F_B \times 1 = 70(\text{kN·m})$　　$M_B = 0$

剪力图与弯矩图如图 5.47（c）、（d）所示。

思考题

8. 在有分布荷载的梁段内，当有剪力为零的点存在时，此点弯矩必有极值。如何判定是极大值还是极小值？

9. 试根据弯矩、剪力和荷载集度之间的关系，指出图 5.48 所示剪力图和弯矩图的错误。

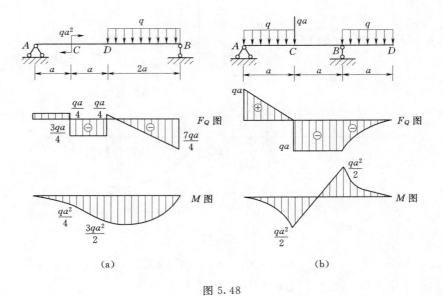

图 5.48

习题

9. 用简捷法作图 5.49 和图 5.50 所示各梁的剪力图和弯矩图。

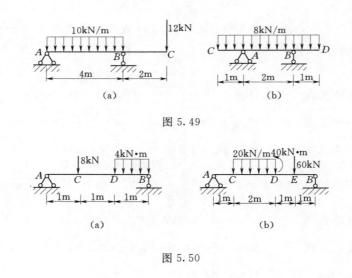

图 5.49

图 5.50

§5.7 用叠加法作梁的内力图

1. 叠加原理

材料在弹性范围，在小变形条件下，梁在多种荷载共同作用下产生的某量值（支座约束力、变形、某截面内力等）等于各荷载单独作用时所引起的该量值的叠加（代数和）。运用叠加原理，先求每一种荷载单独作用下引起的约束力或内力，然后再代数相加，即得所有荷载共同作用下产生的约束力和内力，这种方法称为叠加法。

如图 5.51（a）所示悬臂梁，将其所受荷载可看成集中力（F）和分布力（q）单独作用状态的叠加，固定端支座约束力可看待成集中力产生的约束力（$F_{A1}=F$，$M_{A1}=Fl$）和分布力产生的约束力（$F_{A2}=ql$，$M_{A2}=\dfrac{ql^2}{2}$）的叠加，即

$$F_A=F_{A1}+F_{A2}=F+ql$$

$$M_A=M_{A1}+M_{A2}=Fl+\frac{ql^2}{2}$$

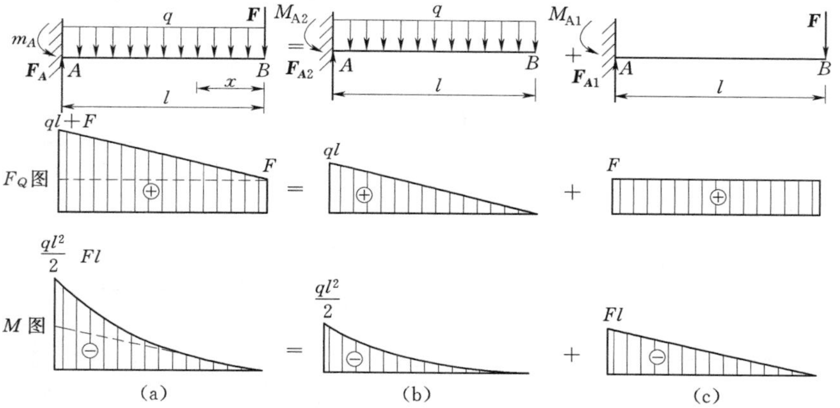

图 5.51

距离右端为 x 的任意截面上的剪力和弯矩同样也可应用叠加方法求得，即

$$F_Q=F_{Q1}+F_{Q2}=F+qx$$

$$M=M_1+M_2=-Fx-\frac{1}{2}qx^2$$

将其内力图叠加，就可得到梁上同时作用集中力 F 和均布荷载 q 时的剪力图和弯矩图。注意：内力图的叠加是将对应截面上的内力值代数相加，而不是内力图形的简单几何拼合。一般情况下，叠加法不用来画剪力图（过程不够简单），常用来绘制弯矩图。

2. 叠加法绘制内力图

叠加法绘内力图的步骤如下：

（1）荷载分组。把梁上作用的复杂荷载分解为几组简单荷载单独作用情况。

（2）分别作出各简单荷载单独作用下梁的剪力图和弯矩图。各简单荷载作用下单跨静定梁的内力图可查表 5.1。

（3）叠加各内力图上对应截面的纵坐标代数值，得梁原荷载作用下的内力图。

表 5.1 静定梁在简单荷载作用下的 F_Q 图、M 图

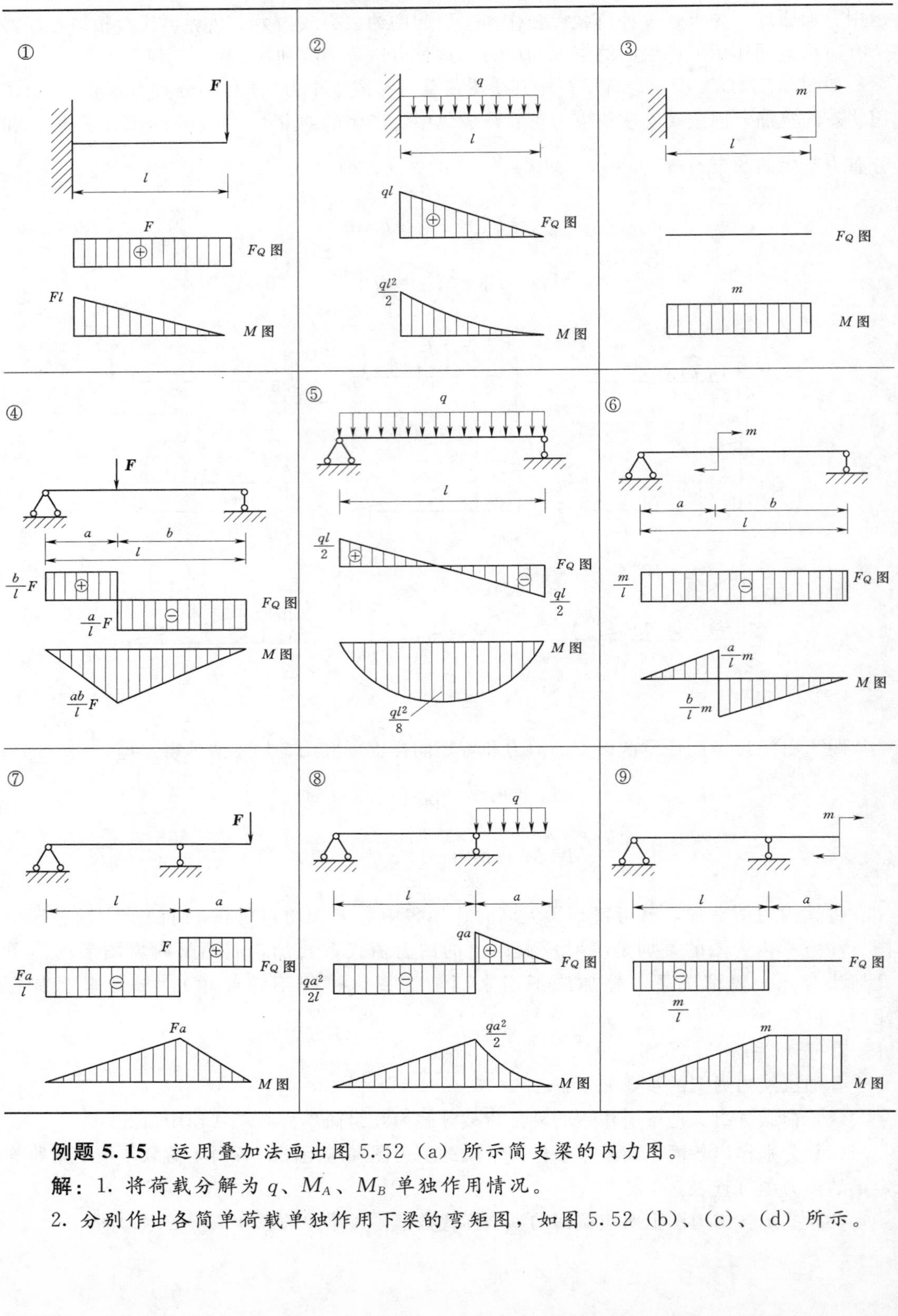

例题 5.15 运用叠加法画出图 5.52（a）所示简支梁的内力图。

解： 1. 将荷载分解为 q、M_A、M_B 单独作用情况。

2. 分别作出各简单荷载单独作用下梁的弯矩图，如图 5.52（b）、（c）、（d）所示。

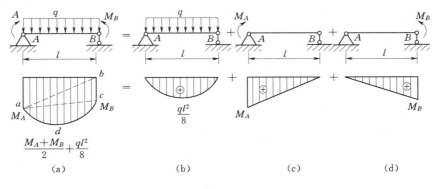

图 5.52

3. 叠加各单独荷载弯矩图上对应截面的纵坐标代数值，得梁原荷载作用下的弯矩图。

先画出 M_A 单独作用下梁的弯矩图，再以 ab 为基线（画成虚线），画 M_B 单独作用下梁的弯矩图，在 B 端向下量取 $bc = M_B$，再以 ac 为基线，画均布荷载 q 单独作用下梁的弯矩图，在跨中向下量取 $\dfrac{ql^2}{8}$ 于 d 点，用曲线连接即为最终弯矩图。由图示几何关系可知，梁跨中弯矩值为 $\dfrac{M_A+M_B}{2}+\dfrac{ql^2}{8}$。

3. 区段叠加法

对于复杂荷载作用梁段，也可以运用叠加法作内力图。如图 5.53（a）所示简支梁，梁上承受集中力 F 和均布荷载 q 作用，如果已求出该梁截面

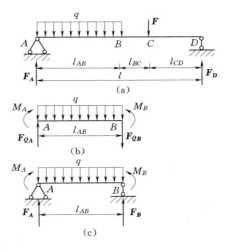

图 5.53

A、B 的弯矩分别为 M_A、M_B，则可取出 AB 梁段为脱离体，由其平衡条件分别求出截面 A、B 的剪力 $\boldsymbol{F}_{QA}$、$\boldsymbol{F}_{QB}$，如图 5.53（b）所示。此梁段的受力图与图 5.52（a）所示简支梁的受力图完全相同，所以由简支梁平衡条件可求出其支座反力 $F_A = F_{QA}$、$F_B = F_{QB}$。因此，区段 AB 梁段的弯矩图可用对应简支梁弯矩图的叠加法作出，其过程同例 5.15 完全相同。用叠加法画梁段的弯矩图时，一般先确定两端截面的弯矩值，如 BD 梁段，先求出 M_B 和 M_D，将两端截面弯矩的连线作为基线，在此基线上叠加区段间作用荷载时的弯矩图，即得该梁段的弯矩图。

由以上分析可知，任意梁段都可以看作简支梁，都可用简支梁弯矩图的叠加法作该梁段的弯矩图。这种作图方法称为区段叠加法。运用区段叠加法作静定梁的弯矩图，应先将梁分段。分段的原则是：分界截面的弯矩值易求；所分梁段对应简支梁的弯矩图易画，可通过表 5.1 查到。

例题 5.16　运用区段叠加法作图 5.54（a）所示外伸梁的弯矩图。

解： 1. 梁的受力如图 5.54（b）所示，由平衡条件求得支座约束力分别为

$$F_A = 15\text{kN} \qquad F_B = 11\text{kN}$$

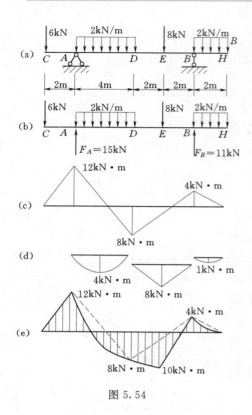

图 5.54

2. 将梁划分为 CA、AD、DB、BH 等四个梁段。即可视为四个简支梁，各控制面弯矩值分别为

$$M_C = 0$$

$$M_A = -6 \times 2 = -12(\text{kN} \cdot \text{m})$$

$$M_D = -6 \times 6 + 15 \times 4 - 2 \times 4 \times 2 = 8(\text{kN} \cdot \text{m})$$

$$M_B = -2 \times 2 \times 1 = -4(\text{kN} \cdot \text{m})$$

$$M_H = 0$$

由各控制面弯矩作出直线弯矩图如图 5.54 (c) 所示。因在 AD 和 BH 梁段还有均布荷载，DB 段有集中力，通过查表 5.1 可知均布荷载作用在简支梁上产生的弯矩图和集中力作用在简支梁上产生的弯矩图，如图 5.54 (d) 所示。将图 5.54 (c) 和图 5.54 (d) 叠加得图 5.54 (e)，即为图 5.54 (a) 所示外伸梁的弯矩图。

其中 AD、BH 段中点和 E 点的弯矩值分别为

$$M_{AD\text{中}} = \frac{M_A + M_D}{2} + \frac{q l_{AD}^2}{8} = \frac{-12 + 8}{2} + \frac{2 \times 4^2}{8} = -4(\text{kN} \cdot \text{m})$$

$$M_{BH\text{中}} = \frac{M_B + M_H}{2} + \frac{q l_{BH}^2}{8} = \frac{-4 + 0}{2} + \frac{2 \times 2^2}{8} = -1(\text{kN} \cdot \text{m})$$

$$M_E = \frac{M_D + M_B}{2} + \frac{F l_{DB}}{4} = \frac{8 - 4}{2} + \frac{8 \times 4}{4} = 10(\text{kN} \cdot \text{m})$$

习题

10. 用叠加法作图 5.55 所示各梁的剪力图和弯矩图。

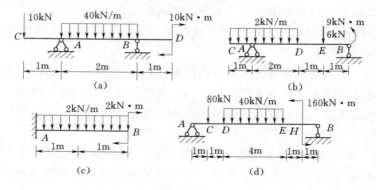

图 5.55

§5.8 多跨静定梁的内力分析

1. 多跨静定梁的概念

多跨静定梁是由多个梁段用若干个中间铰链连结，并排列在一直线上，再由相应的支座与基础相连而成的无多余约束的几个不变体系。这种梁一般只受竖向荷载作用，即水平约束力和轴力一般为零。在工程结构中，常用它来跨越几个相连的跨度。

2. 多跨静定梁的类型

根据多跨静定梁的几何组成规律，将多跨静定梁分为三种类型：

（1）连续简支型。基本梁段是一个简支梁，也可以是外伸梁或悬臂梁。基本梁段与基础组成一个无多余约束的几何不变体。单链杆支座梁段与基本梁段总是用一个中间铰链相连，而与地基则用一个可动铰支座相连。用这种方式组成的多跨静定梁称连续简支型，如图 5.56（a）所示。

（2）间隔搭接型。基本梁段是一个简支梁，也可以是外伸梁或悬臂梁。基本梁段与基础组成一个无多余约束的几何不变体。搭接梁段与其前边的基本梁段以及后边的双链杆支座梁段都是用中间铰链相连，搭接梁段无支座约束；后边的双链杆支座梁段与地基则用两个链杆支座约束相连。若搭接梁段是间隔出现的，将这种多跨静定梁称间隔搭接型，如图 5.56（c）所示。

（3）混合型。由简支与搭接混合形成的多跨静定梁称混合型多跨静定梁，如图 5.56（e）所示。

3. 多跨静定梁的特点

（1）几何组成特点。根据多跨静定梁的几何组成规律，将其各组成部分划分为基本部分和附属部分。所谓基本部分，是指不依赖于其他部分能独立与基础组成一个几何不变的部分，或者说本身就能独立地承受荷载并能维持平衡的部分。所谓附属部分，是指需要依赖基本部分才能保持其几何不变性的部分。为了清楚地表示多跨静定梁各部分之间相互支撑与依赖的关系，把基本部分画在最下层，各附属部分依次画在其相邻基本部分上层，梁段之间的中间铰链用形式上的固定铰支座（支座与基本部分固定）表示，这样形成的图形，称为层次图。

图 5.56（a）所示多跨静定梁，左边第一跨梁 ABC 与基础通过不共线的一个铰和一根链杆相连，组成没有多余约束的几何不变体系，为基本部分。其余各跨均需依靠左边部分支撑才能保持其几何不变性，因此为附属部分，其层次图如图 5.56（b）所示。

图 5.56（d）所示为间隔搭接型多跨静定梁［图 5.56（c）］的层次图。图 5.56（f）所示为混合型多跨静定梁［图 5.56（e）］的层次图。

（2）构造特点。从层次图可以看出：一旦基本部分遭到破坏，附属部分的几何不变性也随之破坏；相反，若附属部分遭到破坏，则对基本部分的几何不变性并无任何影响。因此，多跨静定梁的构造顺序为：先基本部分，后附属部分。

（3）受力特点。多跨静定梁的几何组成特点决定了其受力特点。从力的传递关系来看，荷载是从上层依次传递给下层的，所以作用在基本部分上的荷载将只对基本部分产生内力。相反，当荷载作用在附属部分上时，不仅对附属部分产生内力，而且由于它是支撑在基本部分上的，它在联结处产生反力，反向作用在基本部分上，使基本部分也产生内力。因此，计算多跨静定梁时应遵循先附属部分后基本部分的原则。

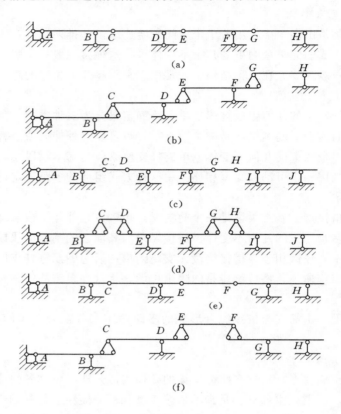

图 5.56

4. 多跨静定梁内力分析步骤及内力图的绘制

计算多跨静定梁的步骤可归纳为以下三步：

（1）先对结构进行几何组成分析，按几何组成分析中刚片的选取次序确定基本部分和附属部分，作出层次图。

（2）根据所作层次图，从上层向下层依次取研究对象，计算各梁的约束力。

（3）按照作单跨梁内力图的方法，分别作出各梁段的内力图，然后再按原顺序连接在一起，即得多跨静定梁的内力图。

例题 5.17　作图 5.57（a）所示多跨静定梁的剪力图和弯矩图。

解：1. 进行几何组成分析并作层次图。选地基为刚片 I，ABE 梁为刚片 II，FCD 梁为刚片 III。几何组成分析如下：

[（I　II）　III]→几何不变无多余约束。

　　　　　　　　　　　　→杆 EF、链杆 C、链杆 D 相连接。满足二刚片规则。

　　　　　　　　　　　　→铰 A、链杆 B 相连结。满足二刚片规则。

作层次图如图 5.57（b）所示。

2. 计算约束力。先取 *EF* 梁为研究对象，再取 *FCD* 梁为研究对象，后取 *ABE* 梁为研究对象。图 5.57（c）所示为各梁段的受力图。应用平衡条件依次求出各梁的约束力。求解过程这里不再详述。将所求得的各约束反力值标在受力图中。

3. 作内力图。根据各梁的荷载及约束力情况，分别画出各梁段的剪力图和弯矩图，最后分别把它们按原顺序连在一起。多跨静定梁的剪力图和弯矩图如图 5.57（d）、（e）所示。

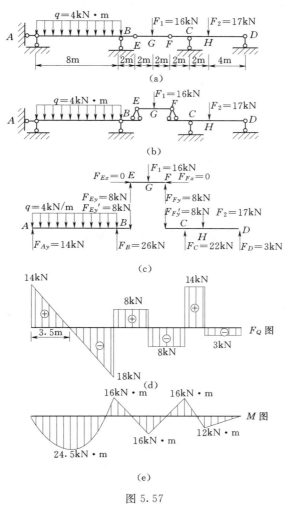

图 5.57

思考题

10. 你是否可根据层次图排列出由各梁段构建多跨静定梁的施工次序？排列出求解多跨静定梁约束力时选取研究对象的顺序？

11. 什么叫基本部分？什么叫附属部分？其受力特点是什么？

12. 多跨静定梁在梁段之间的铰链处无集中弯力偶作用时，弯矩总是等于零。铰链处有集中弯力偶作用时，弯矩应等于多少？

习题

11. 绘制图 5.58 所示多跨静定梁的剪力图和弯矩图。

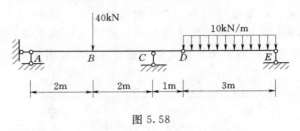

图 5.58

12. 绘制图 5.59 所示多跨静定梁的剪力图和弯矩图。

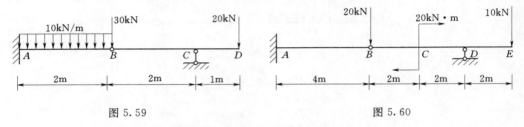

图 5.59　　　　　　　　　　　　图 5.60

13. 绘制图 5.60 所示多跨静定梁的剪力图和弯矩图。

14. 绘制图 5.61 所示多跨静定梁的剪力图和弯矩图。

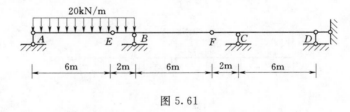

图 5.61

15. 绘制图 5.62 所示多跨静定梁的剪力图和弯矩图。

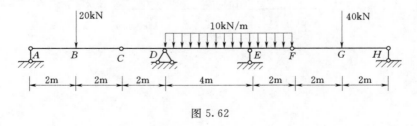

图 5.62

§5.9　静定平面刚架的内力分析

1. 刚架的特点

刚架是由若干根直杆用全部或部分刚结点联结而组成的结构。刚架的特点主要是由刚结点的特性决定的。现以图 5.63 (a)、(b) 所示结构为例，将刚结点和铰结点从几何和受力两方面做对比，进而分析刚架的特点。刚结点所连接各杆端不能发生相对转动，即各杆端夹角在任何情况下都保持不变，因而当梁发生弯曲时会通过刚结点带动柱子一起发生弯曲，如图 5.63（a）中虚线所示；铰结点所连接各杆端可发生相对转动，因而梁的弯曲不会通过铰结点传给柱子，如图 5.63（b）中虚线所示。受力方面：刚结点除能承受和传递力外，还能承受和传递力矩，刚结点处弯矩一般不为零；铰结点只能承受和传递力，不能承受和传递力矩，铰结点处弯矩一定为零。两结构弯矩图如图 5.63（c）、（d）所示。

由于刚架中有刚结点，使得刚架具有下列特点：

（1）刚架整体性好，刚度大，具有较大的内部空间，便于使用。若将 5.63（a）所示刚架的所有刚结点（包括固定端）都变为铰结点后，所得体系如图 5.64（a）所示，此体系为几何可变体系，不能作为结构来使用。为使其变为几何不变体系，可增设一根斜杆如图 5.64（b）所示，与图 5.63（a）相比，斜杆占用了结构的内部空间，不变使用；相反，图 5.63（a）中利用刚结点变为几何不变体系，且组成杆件少，内部空间大，便于使用。

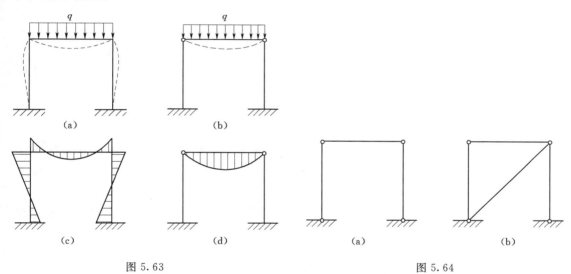

图 5.63　　　　　　　　　　　　　　　　　图 5.64

（2）刚架弯矩分布较均匀，杆件的峰值弯矩减小，因而比较节省材料。

刚架因以上优点在工业与民用建筑、水工建筑和桥梁工程中得到广泛应用。

2. 静定平面刚架的类型

凡由静力平衡条件即可确定全部约束力和内力的平面刚架，称为静定平面刚架。静定平面刚架主要有以下几种型式：悬臂刚架，如图 5.65（a）、（b）所示；简支刚架，如图 5.65（c）、（d）所示；三铰刚架，如图 5.65（e）、（f）所示。此外，也可由这三种刚架组成组合刚架。

3. 支座约束力的计算

（1）对于简支、悬臂式刚架，支座约束反力只有三个。即可取整体为研究对象，由平面一般力系的三个平衡方程计算支座约束力。

（2）对于三铰刚架，支座约束力个数多于三个，取整体的三个平衡方程不能求出全部

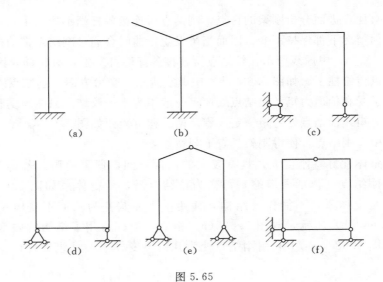

图 5.65

的约束力，还需取局部为研究对象，对中间铰取矩补充一个弯矩为零的方程，才能求出全部的约束力。

（3）对于多跨或多层刚架，在支座约束力多于三个时，可先进行几何组分析，按照几何组成分析次序相反的顺序选取构件单元，计算支座约束力。

4. 刚架的内力分析及内力图的绘制

（1）截面内力计算及正负号规定。

截面上的弯矩值等于截面一侧所有外力对截面形心取矩的代数和。对于水平杆和斜杆，能使其下侧受拉的外力矩规定为正，反之为负；对于竖直杆，能使其左侧受拉的外力矩规定为正，反之为负。

截面上的剪力值等于截面一侧所有外力在截面切向方向投影的代数和。规定能使截面处微段发生顺时针剪切的外力投影为正，反之为负。

截面上的轴力值等于截面一侧所有外力在截面法向方向投影的代数和。规定能使截面处微段发生受拉的外力投影为正，反之为负。

（2）杆端截面内力的表示方法。因刚架在刚结点处联结了多个杆件，刚结点处有多个杆件的杆端截面，因此，刚架的杆端截面内力用两个下标字母表示，第一个下标表示杆件截面所在杆端，第二个下标表示杆的另一端。例如 M_{AB} 表示 AB 杆 A 端截面弯矩。

（3）内力图的绘制。绘制内力图时，规定弯矩图画在杆件受拉侧，不标注正负号；剪力图、轴力图将正、负纵标分别画在杆件的两侧，应注明正负号。

绘制刚架内力图时，先将刚架从刚结点处分解为若干个杆件，应用剪力、弯矩与荷载集度间的微分关系逐杆逐段作内力图，最后应用刚结点或某一杆件的平衡条件进行校核。

例题 5.18　作图 5.66（a）所示悬臂刚架的内力图。

解：悬臂刚架不需求约束力，控制截面内力的计算均取自由端一侧为隔离体。图 5.66（a）悬臂刚架有三根杆件组成，需分别求三根杆件的内力。

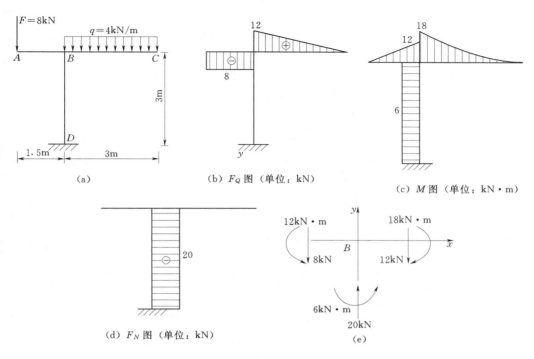

图 5.66

1. 作剪力图。

AB 杆: 杆段上无均布荷载作用, 剪力图为平行于杆轴的直线。

$$F_{QAB} = F_{QBA} = -8 \text{kN}$$

BC 杆: 杆段上有均布荷载作用, 剪力图为斜直线。

$$F_{QBC} = 4 \times 3 = 12 (\text{kN})$$

$$F_{QCB} = 0$$

BD 杆: 杆段上无均布荷载作用, 剪力图为平行于杆轴的直线。

$$F_{QBD} = F_{QDB} = 0$$

剪力图如图 5.66 (b) 所示。

2. 作弯矩图。

AB 杆: 杆段上无均布荷载作用, 弯矩图为斜直线。

$$M_{AB} = 0$$

$$M_{BA} = -8 \times 1.5 = -12 (\text{kN} \cdot \text{m}) (上侧受拉)$$

BC 杆: 杆段上有均布荷载作用, 弯矩图为二次抛物线, 且抛物线极值点位于杆端 C 处 (剪力为零点在杆端 C 处)。

$$M_{BC} = -4 \times 3 \times 1.5 = -18 (\text{kN} \cdot \text{m}) (上侧受拉)$$

$$M_{CB} = 0$$

BD 杆: 杆段上无均布荷载作用, 弯矩图为平行于杆轴的直线 (此杆段各截面剪力为零）。

$$M_{BD}=M_{DB}=-8\times1.5+4\times3\times1.5=6(\mathrm{kN\cdot m})（左侧受拉）$$

弯矩图如图 5.66（c）所示。

3. 作轴力图。

AB 杆、BC 杆轴力均为零，BD 杆轴力为

$$F_{NBD}=F_{NDB}=-8-4\times3=-20(\mathrm{kN})$$

轴力图如图 5.66（d）所示。

4. 校核。取刚结点 B 为隔离体，受力如图 5.66（e）所示（各截面内力按真实方向画出，并标明内力大小绝对值）。

$$\sum F_x=0,\ \sum F_y=20-12-8=0,\ \sum M=12+6-18=0$$

以上计算无误。

例题 5.19　作图 5.67（a）所示简支刚架的内力图。

解：

1. 求支座反力。以整体为研究对象，由平衡条件可得

$$\sum F_x=0:\quad 10\times4-F_{Bx}=0,F_{Bx}=40\mathrm{kN}$$

$$\sum M_B=0:\quad 60\times3+30-6F_{Ay}=0,F_{Ay}=35\mathrm{kN}$$

$$\sum F_y=0:\quad F_{Ay}+F_{By}-60=0,F_{By}=25\mathrm{kN}$$

2. 作剪力图。

AC 杆：杆段上有均布荷载作用，剪力图为斜直线。

$$F_{QAC}=0,\ F_{QCA}=-10\times4=-40(\mathrm{kN})$$

CD 杆：杆段上无均布荷载作用，剪力图为平行于杆轴的直线，且以集中荷载作用点为界，分为两段。

$$F_{QCD}=35\mathrm{kN},F_{QDC}=35-60=-25(\mathrm{kN})$$

BD 杆：杆段上无均布荷载作用，剪力图为平行于杆轴的直线。

$$F_{QBD}=F_{QDB}=40\mathrm{kN}$$

剪力图如图 5.67（b）所示。

3. 作弯矩图。

AC 杆：杆段上有均布荷载作用，弯矩图为二次抛物线，凸侧向右，且抛物线极值点位于杆端 A 处（剪力为零点在杆端 A 处）。

$$M_{AC}=0,M_{CA}=\frac{1}{2}\times10\times4^2=80(\mathrm{kN\cdot m})（左侧受拉）$$

作弯矩图时，将 AC 杆两杆端弯矩纵标顶点先用虚线相连，再以此虚线为临时基线，将相应简支梁在均布荷载单独作用下的弯矩图叠加即可。

CD 杆：杆段上无均布荷载作用，弯矩图为斜直线。

$$M_{CD}=-\frac{1}{2}\times10\times4^2=-80(\mathrm{kN\cdot m})（上侧受拉）$$

$$M_{DC}=35\times6-40\times2-60\times3=-50(\mathrm{kN\cdot m})（上侧受拉）$$

作弯矩图时，将 CD 杆两杆端弯矩纵标顶点先用虚线相连，再以此虚线为临时基线，

将相应简支梁在跨中集中荷载单独作用下的弯矩图叠加即可。

BD 杆：杆段上无均布荷载作用，弯矩图为斜直线。

$$M_{DB}=-40\times2=-80(\text{kN}\cdot\text{m})(右侧受拉),M_{BD}=0$$

弯矩图如图 5.67（c）所示。

4. 作轴力图。

AC 杆：各截面轴力相同，$F_{NAC}=F_{NCA}=-35\text{kN}$

CD 杆：各截面轴力相同，$F_{NCD}=F_{NDC}=-40\text{kN}$

BD 杆：各截面轴力相同，$F_{NBD}=F_{NDB}=-25\text{kN}$

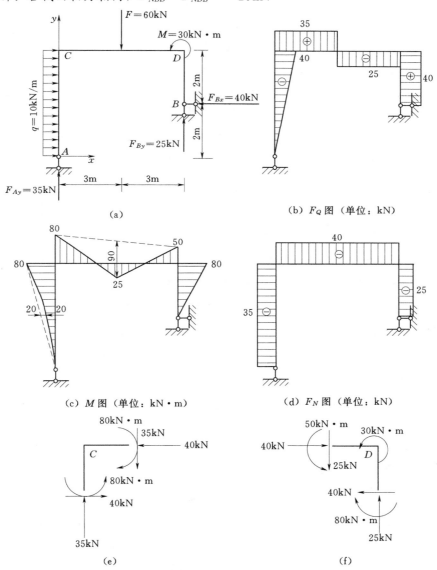

图 5.67

轴力图如图 5.67（d）所示。

5. 校核。

分别取刚结点 C、D 为隔离体，受力如图 5.67（e）、（f）所示（各截面内力按真实方向画出，并标明内力大小绝对值）。

刚结点 C：

$$\sum F_x = 40 - 40 = 0, \quad \sum F_y = 35 - 35 = 0, \quad \sum M = 80 - 80 = 0$$

刚结点 D：

$$\sum F_x = 40 - 40 = 0, \quad \sum F_y = 25 - 25 = 0, \quad \sum M = 50 + 30 - 80 = 0$$

以上计算无误。

例题 5.20　作图 5.68（a）所示三铰刚架的内力图。

解：

1. 求支座反力。以整体为研究对象，由平衡条件可得

$\sum M_B = 0$：　$-8F_{Ay} + 20 \times 4 \times 6 = 0$，$F_{Ay} = 60\text{kN}$

$\sum F_y = 0$：　$F_{Ay} + F_{By} - 20 \times 4 = 0$，$F_{By} = 20\text{kN}$

$\sum F_x = 0$：　$F_{Ax} - F_{Bx} = 0$

以 CB 为研究对象，由平衡条件可得

$\sum M_C = 0$：　$4F_{By} - 8F_{Bx} = 0$，$F_{Bx} = 10\text{kN}$

将上式代入式①中得　　　　　　　$F_{Ax} = 10\text{kN}$

2. 作剪力图。

AD 杆：杆段上无均布荷载作用，剪力图为平行于杆轴的直线。

$$F_{QAD} = F_{QDA} = -10\text{kN}$$

DC 杆：杆段上有均布荷载作用，剪力图为斜直线。

$$F_{QDC} = 60\text{kN} \quad F_{QCD} = 60 - 20 \times 4 = -20(\text{kN})$$

CE 杆：杆段上无均布荷载作用，剪力图为平行于杆轴的直线。

$$F_{QCE} = F_{QEC} = -20\text{kN}$$

EB 杆：杆段上无均布荷载作用，剪力图为平行于杆轴的直线。

$$F_{QBE} = F_{QEB} = 10\text{kN}$$

剪力图如图 5.58（b）所示。

3. 作弯矩图。

AD 杆：杆段上无均布荷载作用，弯矩图为斜直线。

$$M_{AD} = 0, M_{DA} = 10 \times 8 = 80(\text{kN} \cdot \text{m})(\text{左侧受拉})$$

DC 杆：杆段上有均布荷载作用，弯矩图为二次抛物线，凸侧向下，且抛物线含极值点（剪力为零点在杆段内）。

$$M_{DC} = -10 \times 8 = 80(\text{kN} \cdot \text{m})(\text{上侧受拉}), M_{CD} = 0$$

CE 杆：杆段上无均布荷载作用，弯矩图为斜直线。

$$M_{CE}=0,M_{EC}=-10\times 8=-80(\text{kN}\cdot\text{m})(\text{上侧受拉})$$

EB 杆：杆段上无均布荷载作用，弯矩图为斜直线。

$$M_{EB}=-10\times 8=-80(\text{kN}\cdot\text{m})(\text{右侧受拉}),M_{BE}=0$$

弯矩图如图 5.68（c）所示。

4. 作轴力图。

AD 杆：各截面轴力相同，$F_{NAD}=F_{NDA}=-60\text{kN}$

DC、CE 杆：各截面轴力相同，$F_{NDC}=F_{NCD}=F_{NCE}=F_{NEC}=-10\text{kN}$

BE 杆：各截面轴力相同，$F_{NBE}=F_{NEB}=-20\text{kN}$

轴力图如图 5.68（d）所示。

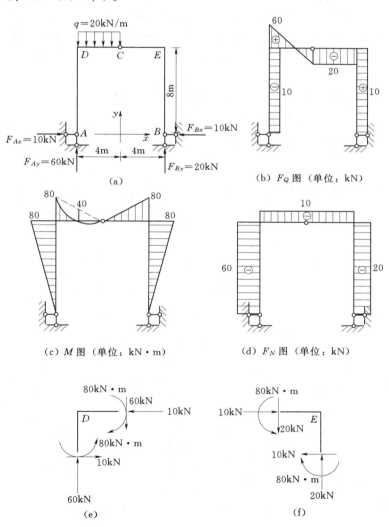

图 5.68

5. 校核。

分别取刚节点 D、E 为隔离体，受力如图 5.68（e）、（f）所示（各截面内力按真实方向画出，并标明内力大小绝对值）。

刚结点 D：

$$\sum F_x = 10 - 10 = 0, \quad \sum F_y = 60 - 60 = 0, \quad \sum M = 80 - 80 = 0$$

刚结点 E：

$$\sum F_x = 10 - 10 = 0, \quad \sum F_y = 20 - 20 = 0, \quad \sum M = 80 - 80 = 0$$

以上计算无误。

思考题

13. 刚架中的刚结点是能传递弯矩的，如果刚架的某刚结点上只有两个杆件，且无外力偶作用，结点上的两个杆端弯矩有何关系？如果有外力偶作用，这种关系存在吗？

14. 如何根据刚架的弯矩图作它的剪力图，又如何根据剪力图作轴力图？

习题

16. 作图 5.69 所示各刚架的内力图（剪力图、弯矩图、轴力图）。

17. 作图 5.70 所示各刚架的内力图。

18. 作图 5.71 所示各刚架的内力图。

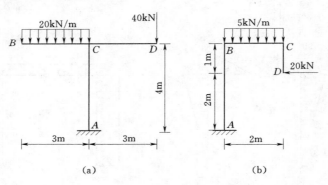

图 5.69

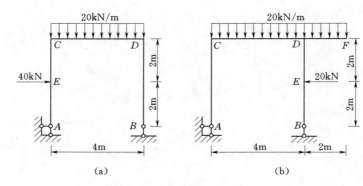

图 5.70

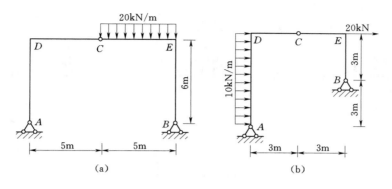

图 5.71

第6章 杆件的应力与强度计算

§6.1 轴向拉压杆的应力

1. 应力的概念

内力是由外力引起的，并且随外力的增大而增大。但从强度角度看，仅用内力的大小还不能判断杆件是否会因强度不足而破坏。例如，两根材料相同，粗细不同的等直杆，受同样大小的轴向拉力作用，显然两根杆件横截面上的内力相等，随着外力增加，细杆必然先断。要判断杆的强度问题，还必须知道内力在截面上分布的密集程度。受力杆件某一截面上某一点处的分布内力集度，即为该点处的应力。

若考察受力杆件的 m-m 截面上任一点 O 的应力，则可在 O 点周围取微面积 ΔA，设在微面积 ΔA 上分布内力的合力为 ΔF，如图 6.1（a）所示，将比值 $\dfrac{\Delta F}{\Delta A}$ 称为在微面积 ΔA 上的平均应力，用 $\overline{P}$ 表示：

$$\overline{P} = \frac{\Delta F}{\Delta A}$$

截面上的内力分布虽然是连续的，但并一定均匀，因此平均应力的大小将随微面积 ΔA 的大小变化而不同，它还不能表明内力在 O 点处的真实密集程度。为了更真实地反映分布内力在 O 点处的真实密集程度，令微面积 ΔA 无限缩小而趋于零，则其极限值为

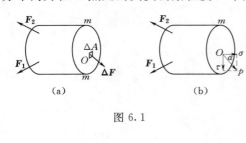

$$p = \lim_{\Delta A \to 0} \frac{\Delta F}{\Delta A} = \frac{\mathrm{d}F}{\mathrm{d}A}$$

即 p 为 O 点处的内力集度，称为截面 m-m 上 O 点处的全应力。

图 6.1

通常将全应力 p 分解为与截面垂直的法向分量 σ 和与截面相切的切向分量 τ，如图 6.1（b）所示，即

$$\sigma = p\cos\alpha$$

$$\tau = p\sin\alpha$$

σ 称为 O 点处的正应力或法向应力，τ 称为 O 点处的切应力或剪应力。

在国际单位制中，应力的单位是帕斯卡，简称帕，符号为"Pa"，$1\mathrm{Pa} = 1\mathrm{N/m^2}$。工程实际中，这个单位太小，常用帕的倍数单位：千帕（kPa）、兆帕（MPa）和吉帕（GPa），其换算关系为

$$1\mathrm{kPa} = 10^3\,\mathrm{Pa}$$

$$1\text{MPa} = 10^6\,\text{Pa}$$
$$1\text{GPa} = 10^9\,\text{Pa}$$

工程计算中，长度尺寸常以毫米（mm）为单位，力用牛顿（N）为单位，应力单位为兆帕（MPa）。

$$1\text{MPa} = 10^6\,\text{N/m}^2 = 1\text{N/mm}^2$$

2. 拉压杆横截面上的应力

轴向拉（压）杆横截面上的内力为轴力，其方向垂直于横截面且过截面形心，而横截面上各点的应力与微面积 dA 的乘积的合成即为该横截面上的内力。显然，与轴力相应的只可能是垂直于横截面的正应力。下面，推导等直拉杆横截面上的正应力公式。

取一等截面直杆，未受力前在杆件表面均匀地画上若干条与杆轴线平行的纵向线及与杆轴线垂直的横线，使杆表面形成许多大小相同的矩形小格，如图 6.2（a）所示。然后沿杆的轴线作用拉力 F，使杆产生轴向拉伸变形，此时可观察到以下现象，杆件表面所有纵向线仍平行于杆轴线，但与变形前相比都有所伸长，且纵向线间距减小；所有横向线仍保持直线且垂直于杆轴线，只是横向线间距增大；因而，所有的矩形小格仍为矩形，但纵向伸长横向缩短，如图 6.2（b）所示。

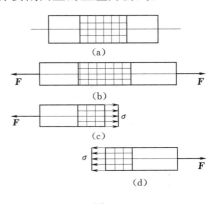

图 6.2

通过对上述所观察到的现象进行分析，可作如下平面假设：在杆件变形前为平面的横截面，变形后仍为平面，仅沿轴向方向产生了相对平移，并与杆的轴线垂直。若认为杆件是由许多纵向纤维组成的，根据平面假设，任意横截面之间的所有纵向纤维伸长都相同，即杆件横截面上各点的变形都相同。

基于以上假设，根据材料均匀连续性假设可知，在弹性范围内各纵向纤维受力相等，所以横截面上的内力是均匀分布的，即横截面上的各点处的应力大小相等，其方向与轴力 F_N 的方向一致，即为横截面上的正应力，如图 6.2（c）、（d）所示。设杆的横截面面积为 A，该截面轴力为 F_N，则轴向拉（压）时在杆横截面上正应力 σ 的计算公式为

$$\sigma = \frac{F_N}{A} \tag{6.1}$$

正应力的正负号与轴力 F_N 一致：拉应力为正，压应力为负。

由于轴向拉（压）杆横截面上各点正应力相同，故求其应力时只需确定截面，不必指明点的位置。

例题 6.1　在中部开槽的直杆，如图 6.3（a）所示，承受轴向载荷 $F = 30\text{kN}$ 的作用，已知 $h = 30\text{mm}$，$h_0 = 15\text{mm}$，$b = 25\text{mm}$，试求杆内的最大正应力。

解：1. 计算轴力。用截面法求得杆中各处的轴力为

$$F_N = -F = -30\text{kN}$$

2. 求横截面面积。该杆有两种大小不等的横截面面积 A_1 和 A_2，如图 6.3（b）所示，显然 A_2 较小，故中段正应力大。求中段截面面积即可。

$$A_2 = (h - h_0) \times b = (30 - 15) \times 25 = 375(\text{mm}^2)$$

3. 计算最大正应力。

$$\sigma_{\max} = \frac{F_N}{A_2} = -\frac{30 \times 10^3}{375}(\text{N}/\text{mm}^2) = -80(\text{MPa})$$

故杆内的最大正应力为压应力，大小 80MPa，如图 6.3（c）所示。

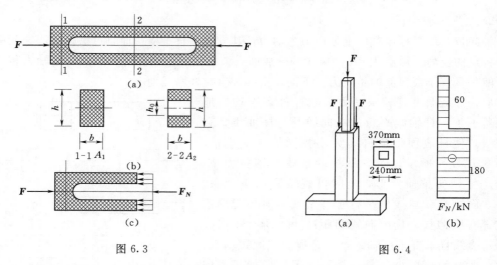

图 6.3   图 6.4

例题 6.2 横截面为正方形的砖柱，分上、下两段，其受力情况、各段横截面尺寸如图 6.3（a）所示，$F = 60\text{kN}$，柱两侧所受轴向力为对称作用，砖柱自重忽略不计，试求荷载引起的最大工作应力。

解：首先画立柱的轴力图，如图 6.4（b）所示。

由于砖柱为变截面杆，故需分段求出每段横截面上的正应力，再进行比较确定全柱的最大工作应力。

$$F_{N\text{上}} = -F = -60\text{kN}, F_{N\text{下}} = -3F = -180\text{kN}$$

上段：
$$\sigma_{0\text{上}} = \frac{F_{N\text{上}}}{A_{\text{上}}} = \frac{-60 \times 10^3}{240 \times 240} = -1.04(\text{MPa})$$

下段：
$$\sigma_{0\text{下}} = \frac{F_{N\text{下}}}{A_{\text{下}}} = \frac{-60 \times 3 \times 10^3}{370 \times 370} = -1.31(\text{MPa})$$

由上述计算结果可见，砖柱的最大工作应力在柱的下段，其值为 1.31MPa，是压应力。

3. 拉压杆斜截面上的应力

以上分析了轴向拉（压）杆横截面上的正应力，但实际工程中轴向拉（压）杆的破坏面未必都是横截面，例如铸铁压缩时沿着约与轴向成 45° 的斜截面发生破坏。现在研究轴向拉（压）杆斜截面上的应力情况，仍以拉杆为例分析与横截面成 α 角的任一斜截面 k-k 上的应力。

设等截面直杆两端分别受到一对大小相等的轴向拉力 **F** 作用，如图 6.5（a）所示，杆的横截面面积为 A，现分析任意斜截面 k-k 上的应力，截面 k-k 的方位用它的外法线

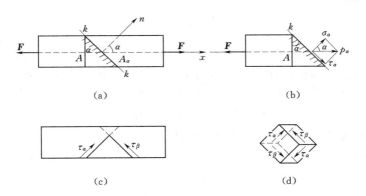

图 6.5

n 轴与 x 轴的夹角 α 表示，斜截面 k-k 的面积为 A_α。用截面法可求得斜截面上的内力为

$$F_{N\alpha} = F$$

仿照求横截面上正应力的分析过程，可得斜截面上各点的全应力 p_α 相等。则有

$$p_\alpha = \frac{F_{N\alpha}}{A_\alpha} = \frac{F}{A_\alpha}$$

斜截面面积 A_α 与横截面面积 A 之间的关系为 $A_\alpha = \dfrac{A}{\cos\alpha}$，将其代入上式得

$$p_\alpha = \frac{F}{A_\alpha} = \frac{F}{A}\cos\alpha = \sigma_0\cos\alpha \tag{6.2}$$

式中：$\sigma_0 = \dfrac{F}{A}$ 为横截面上的正应力。

全应力 p_α 是矢量，可分解成垂直于斜截面的正应力 σ_α 和与截面相切的切应力 τ_α，如图 6.5（b）所示，则

$$\left. \begin{array}{l} \sigma_\alpha = p_\alpha\cos\alpha = \sigma_0\cos^2\alpha \\[2mm] \tau_\sigma = p_\alpha\sin\alpha = \dfrac{\sigma_0}{2}\sin 2\alpha \end{array} \right\} \tag{6.3}$$

式中：σ_0、σ_α 以杆受拉为正，受压为负；τ_α 以相对截面内任一点顺时针剪切为正，逆时针剪切为负；α 为斜截面 k-k 的方位角，从杆轴线到截面外法线方向逆时针转角为正，顺时针转角为负。

由式（6.3）可得，通过拉杆内任意一点的不同斜截面上的正应力 σ_α 和切应力 τ_α 均为 α 角的函数，其数值随 α 角做周期变化；它们的最大值及其所在截面方位，可分别由式（6.3）得到

（1）当 $\alpha = 0°$ 时，$\sigma_0 = \sigma_{\max}$，$\tau_0 = 0$；

（2）当 $\alpha = 45°$ 时，$\sigma_{45°} = \dfrac{1}{2}\sigma_0$，$\tau_{45°} = \dfrac{1}{2}\sigma_0 = \tau_{\max}$。

在受力构件内任一点所取的两个相互垂直的截面 α 与截面 $\beta = \alpha + \dfrac{\pi}{2}$，用式（6.3）计算其切应力

$$\tau_\alpha = \frac{1}{2}\sigma_0\sin 2\alpha$$

$$\tau_{\alpha+90°}=\frac{1}{2}\sigma_0\sin2\ (\alpha+90°)\ =-\frac{1}{2}\sigma_0\sin2\alpha=-\tau_\alpha$$

上式表明，杆件内部某点相互垂直的两个截面上，在垂直于两交线的方向上，两面上切应力必然成对出现，两者数值相等且都垂直于两个截面的交线，其方向则同时指向（或背离）两面交线，这种关系称为切应力互等定理，如图 6.5（c）、（d）所示。

例题 6.3 如图 6.6（a）所示轴向受压等截面杆，横截面面积 $A=400\mathrm{mm}^2$，荷载 $F=50\mathrm{kN}$。试求斜截面 $m-m$ 上的正应力与切应力。

解： 杆横截面上的正应力为

$$\sigma_0=\frac{F_N}{A}=\frac{-50\times10^3}{400}=-125(\mathrm{MPa})$$

斜截面 $m-m$ 的方位角为

$$\alpha=50°$$

计算斜截面 $m-m$ 上的正应力与切应力为

$$\sigma_{50°}=\sigma_0\cos^2\alpha=-125\cos^250°=-5.6(\mathrm{MPa})$$

$$\tau_{50°}=\frac{\sigma_0}{2}\sin2\alpha=\frac{-125}{2}\sin100°=-61.6(\mathrm{MPa})$$

斜截面上应力方向如图 6.6（b）所示。

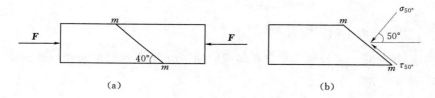

（a）　　　　　　　　　　　　　（b）

图 6.6

例题 6.4 轴向受拉杆如图 6.7（a）所示，已知拉力 $F=100\mathrm{kN}$，横截面面积 $A=1000\mathrm{mm}^2$。试求 $\alpha=30°$ 和 $\alpha=120°$ 两个正交截面上的应力。

解： 1. 横截面上的正应力为

$$\sigma_0=\frac{F}{A}=\frac{100\times10^3}{1000}=100(\mathrm{MPa})$$

横截面上的正应力分布如图 6.7（b）所示。

2. 计算 $\alpha=30°$ 斜截面上的应力。

$$\sigma_{30°}=\sigma_0\cos^2\alpha=100\times\cos^230°=75(\mathrm{MPa})$$

$$\tau_{30°}=\frac{\sigma_0}{2}\sin2\alpha=\frac{100}{2}\sin60°=43.3(\mathrm{MPa})$$

此斜截面上的正应力分布如图 6.7（c）所示。

3. 计算 $\alpha=120°$ 斜截面上的应力。

$$\sigma_{120°}=100\times\cos^2120°=25(\mathrm{MPa})$$

$$\tau_{120°}=\frac{100}{2}\times\sin\ (2\times120°)\ =-43.3(\mathrm{MPa})$$

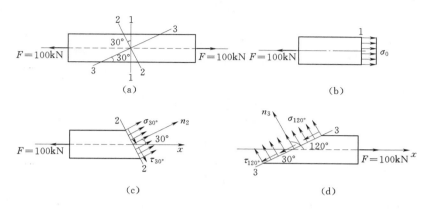

图 6.7

此斜截面上的正应力分布如图 6.7（d）
所示。

　　4. 圣维南原理

　　轴向拉压杆横截面上的正应力均匀分
布的条件是，外力沿着杆的轴线方向，并
使杆产生均匀轴向变形，如图 6.8（a）所
示，只有这时，式（6.1）才是适用的。
当杆的两端直接施加集中力时，如图 6.8
（b）所示，虽然力也是沿杆轴线方向，但
在加力点附近将产生非均匀变形。在这些
非均匀变形区域的横截面上的正应力将不
是均匀分布的。但是，这种应力非均匀分
布区域很小。圣维南原理指出，力作用于
杆端的分布方式，只影响杆端局部范围的

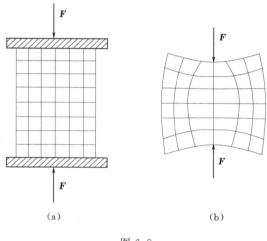

图 6.8

应力分布，影响区的轴向范围约距杆端 1～2 个杆的横向尺寸。此原理已为大量试验与计
算所证实。

　　除了专门研究局部加载区域内的应力外，在工程常规计算中，一般都不考虑端部加载
方式对应力分布的影响。对于拉压杆，只要横截面上的轴向力通过截面形心，并沿着杆轴
线方向，即可应用式（6.1）计算横截面上的正应力。

思考题

　　1. 什么是应力？应力与内力有何区别？又有何联系？

　　2. 在刚体静力学中介绍的力是可传的，在材料力学中是否仍然适用？

　　3. 两根不同材料的等截面直杆，承受着相同的拉力，它们的截面积与长度都相等。
问：①两杆的内力是否相等？②两杆应力是否相等？③两杆的变形是否相等？

习题

1. 求图 6.9 所示阶梯杆各段横截面上的应力。已知横截面面积 $A_{AB}=200\text{mm}^2$，$A_{BC}=300\text{mm}^2$，$A_{CD}=400\text{mm}^2$。

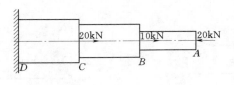

图 6.9

2. 圆截面杆中部有槽如图 6.10 所示，杆直径 $d=20\text{mm}$，受拉力 $F=15\text{kN}$ 作用，试求 1-1 和 2-2 截面上的应力。

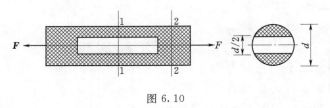

图 6.10

§6.2 材料在拉伸和压缩时的力学性质

材料在外力作用下所呈现的有关强度和变形等方面的特性，称为材料的力学性质。材料的力学性质是杆件进行承载力计算或确定构件截面大小的重要依据。材料的力学性质通常采用试验的方法测定，试验要求在常温、静载的条件下进行。本节主要介绍几种常用材料在拉伸和压缩时的力学性质。

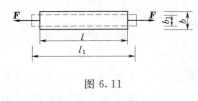

图 6.11

1. 拉压杆的变形

当杆件承受轴向荷载时，其轴向与横向尺寸均发生变化。杆件沿轴线方向的变形称为轴向变形或纵向变形；垂直于轴线方向的变形称为横向变形。设杆的原长为 l，在轴向拉力 F 作用下，杆的变形如图 6.11 所示，轴向绝对变形量 Δl 为

$$\Delta l = l_1 - l$$

杆件的轴向绝对变形量 Δl 与杆件的原长 l 之比称为轴向线应变，即

$$\varepsilon = \frac{\Delta l}{l} \tag{6.4}$$

杆在轴向拉伸时，轴向的绝对变形量 Δl 与正应变 ε 都为正值，压缩时为负值。

杆件的横向绝对变形量 $\Delta b = b_1 - b$ 与杆件的原宽度 b 之比称为横向线应变 ε'，即

$$\varepsilon' = \frac{\Delta b}{b} \tag{6.5}$$

试验表明：当轴向拉压杆的应力不超过某一值时，横向线应变与纵向线应变之比值的绝对值为一常数，将这一常数称为泊松比，用 μ 表示。

$$\mu = \left| \frac{\varepsilon'}{\varepsilon} \right|$$

泊松比是一个无量纲数。它的值与材料有关，此值可由试验测定。由于杆的横向线应变与纵向线应变总是正、负号相反，当轴向拉压杆的应力不超过某一值时，总有下式成立

$$\varepsilon' = -\mu\varepsilon \tag{6.6}$$

2. 低碳钢在拉伸时的力学性质

低碳钢是工程中广泛使用的材料，并且低碳钢试样在拉伸试验中所表现的力学现象比较全面、典型。因此，先来研究它在拉伸时的力学性质。

在做拉伸试验时，应将材料做成标准试件。试验前，先在试样中部划两条横线，如图 6.12 所示。在拉力作用下，横线之间的杆段各横截面上应力均相同，这段等直的杆称为工作段，用来测量变形，其长度称为标距，用 l 表示。为了比较不同粗细的试件工作段的变形程度，通常对试件的标距 l 与横截面尺寸的比例加以限定：圆形截面标准试件的标距 l 与截面直径 d 的比例为 $l=10d$ 或 $l=5d$；矩形截面标准试件的标距 l 与截面面积 A 的比例为 $l=11.3\sqrt{A}$ 或 $l=5.65\sqrt{A}$。试验通常在

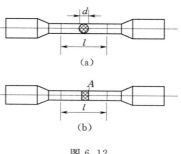

图 6.12

万能试验机上进行，其方法是将标准试件安装在万能试验机上，开动试验机，对试件施加静力载荷，即载荷从零缓慢地增加直到试件拉断。试验过程中，注意观察试验现象并记录各个时刻拉力 F 与试件绝对变形的数据，将 F 与 Δl 的关系按一定的比例绘制成 F-Δl 曲线，称这条曲线为材料的拉伸图，如图 6.13（a）所示。一般地，试验机上配有自动绘图装置。

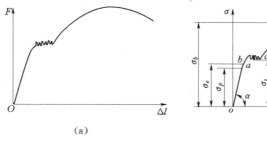
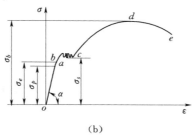

图 6.13

由于 Δl 与原长 l 及横截面积 A 有关，为消除原始尺寸的影响，将纵坐标 F 除以横截面积 A，横坐标 Δl 除以原长 l，得到应力-应变图，即 σ-ε 图，如图 6.13（b）所示。由图可知，低碳钢在整个拉伸试验过程中，其应力-应变关系大致分为以下四个阶段：

（1）弹性阶段（ob）。此阶段中材料的变形完全是弹性的，即完全卸载后试件将恢复原长，所以称之为弹性阶段。这一阶段中的 oa 段为直线，说明应力与应变成正比例关系，

故称为比例阶段，此阶段中的最高点 a 对应的应力值称为比例极限，用 σ_p 表示。过了 a 点以后到 b 点这一段虽然应力、应变不再成正比例关系，但是从此阶段最高点 b 卸载后试件将恢复原长，证明整个 ob 段为弹性阶段，此段中最高点 b 对应的应力值称为弹性极限，用 σ_e 表示。

比例极限 σ_p 与弹性极限 σ_e 二者虽意义不同，但二者数值接近。在弹性阶段中，从开始加载到点 a，oa 是一条直线，表明应力与应变成正比，即

$$\sigma = E\varepsilon \tag{6.7}$$

式中：E 为直线 OA 的斜率，称为材料的弹性模量，即

$$E = \tan\alpha$$

由材料的单向拉伸试验表明，在正应力 σ 作用下，材料沿正应力作用方向发生正应变 ε，而且在正应力不超过材料的比例极限 σ_p 时，正应力与正应变成正比。上述关系称为胡克定律。胡克定律是具有普遍性的，对于其他变形固体材料同样适用。

（2）屈服阶段（bc）。应力超过弹性极限 σ_e 后应变不断增加，应力则在很小的范围内波动，σ-ε 图上为一段接近水平的锯齿形线段 bc，表示试件横截面上的应力几乎不增加，但应变迅速增加，好像材料失去抵抗变形的能力。这一现象称为屈服，这一阶段称为屈服阶段。在 σ-ε 图中，屈服阶段 bc 范围内最高点的应力值称为屈服高限，最低点的应力值称为屈服低限。由于屈服高限受很多因素影响不够稳定，而屈服低限较稳定，故常将屈服低限称为材料的屈服极限或屈服点，用 σ_s 表示。低碳钢的屈服点约 240MPa，屈服点是衡量材料强度的一个重要指标。当材料处于屈服阶段时，若试件表面光滑，在其表面将出现许多与试件轴线约成 45° 方向的条纹，它们是由于 45° 斜面上存在的最大切应力使材料内部的颗粒间发生相对滑移而引起的，称为滑移线。

（3）强化阶段（cd）。经过屈服阶段，材料重新产生抵抗变形的能力，进入强化阶段，此阶段 σ-ε 图为一段向上凸起的曲线 cd，表示若试件继续变形，应力将增大。由于强化阶段中的变形比弹性阶段内试件的变形大得多，故此阶段可明显看到试件的横向尺寸在缩小。此阶段中最高点 d 对应的应力称为强度极限，用 σ_b 表示。低碳钢的强度极限约为 400MPa。

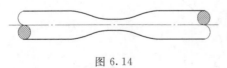

图 6.14

（4）局部变形阶段（de）。当应力达到强度极限后，可以看到试件工作段上某一局部的横截面显著收缩，如图 6.14 所示，称这一现象为"颈缩"现象。由于颈缩部分横截面面积急剧减小，因此荷载读数不上升反而逐渐降低，直到试件被拉断，因此，此阶段也称颈缩阶段。它在 σ-ε 图上为一段下降的曲线 de。

3. 材料的塑性指标

由试验可知，试件在荷载的作用下的变形有两种：弹性变形和塑性变形。试件断裂后，弹性变形消失，塑性变形残留下来。衡量材料塑性性能的指标有两个：

（1）延伸率。试件拉断后的标距长度 l' 与原标距长度 l 之差为 Δl，Δl 与 l 比值的百分数称为材料的延伸率，用 δ 表示。则有

$$\delta = \frac{l' - l}{l} \times 100\% \tag{6.8}$$

工程中常按 δ 的大小把材料分为两大类：$\delta \geqslant 5\%$ 的材料称为塑性材料，$\delta < 5\%$ 的材料称为脆性材料。低碳钢的伸长率 δ 约为 $20\% \sim 30\%$，属于典型的塑性材料。

（2）截面收缩率。试件原截面面积 A 与断裂后断口处的最小横截面面积 A_1 之差 ΔA，ΔA 与 A 比值的百分数称为材料的截面收缩率，用 ψ 表示，即

$$\psi = \frac{A - A_1}{A} \times 100\% \tag{6.9}$$

低碳钢的 ψ 值约为 $60\% \sim 70\%$。

4. 材料的冷作硬化性能

低碳钢在拉伸试验过程中，如加载到强化阶段某一点 f 时 [图 6.15（a）]，开始逐渐卸载至零，可以发现，卸载过程中应力-应变曲线沿直线回落到 O_1 点，且卸载直线 fO_1 与弹性阶段内的直线 Oa 基本平行。由 σ-ε 图可知，当卸载至应力为零时，试件还残留部分塑性应变（OO_1 部分）。

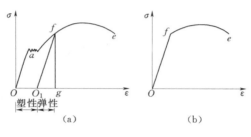

图 6.15

若卸载后立即进行二次加载，则 σ-ε 的变化规律基本上仍按卸载时的同一直线规律，但当达到原卸载点 f 为止 [图 6.15（b）]，而后大体遵循原来 σ-ε 曲线关系。显然，通过二次加载，材料的弹性极限由原来 b 点的应力提高到相应于 f 点的应力，这种不经过热处理，只是冷拉到强化阶段再卸载，以此来提高材料强度的方法，称为冷作硬化。应当指出，材料经过冷作硬化后，再加载时其比例极限和屈服极限提高了，但塑性将有所降低。钢筋冷拉后提高的强度短时间内不稳定，常温下一般需要放 $2 \sim 3$ 周才用，这种方法称为时效处理。时效处理后材料的弹性极限还可以提高，强度极限也可以适当提高。

5. 其他材料拉伸时的力学性能

材料分为两大类，塑性材料和脆性材料。通过拉伸试验，画出它们的应力-应变图。分析它们的力学性质时，一方面注意与低碳钢的应力-应变曲线进行比较；另一方面注意对它们本身在试验过程出现的一些现象进行分析。

（1）其他塑性材料拉伸时的力学性能。图 6.16 所示为低碳钢和其他几种材料拉伸时的应力-应变图。从图中可以看出，它们断裂时均具有较大的塑性变形。其中 16 锰钢是常用的低合金钢，它的应力-应变曲线与 Q235 钢很相似，其弹性模量与 Q235 钢几乎一样。它的强度极限 σ_b 和屈服极限 σ_s 较 Q235 钢有明显的提高。有些材料的应力-应变曲线没有明显的屈服阶段（如铜、硬铝），有些也很难精确地确定比例极限。

对于没有明显屈服阶段的塑性材料，不存在屈服极限 σ_s，其他三个阶段仍然比较明显。对这些材料，我国的标准规定，取对应

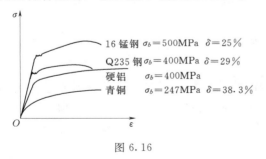

图 6.16

于试样卸载后能产生 0.2% 的残余应变时对应应力值，作为材料的屈服极限，称为名义屈服极限，用 $\sigma_{0.2}$ 表示。具体的作法是：从原点作应力-应变曲线的切线，并在横轴上 $\varepsilon = 0.2\%$ 的 A 点开始，作与此切线的平行线，此平行线与应力-应变曲线相交 B 点，B 点对应的应力就是该材料的名义屈服极限 $\sigma_{0.2}$，如图 6.17 所示。

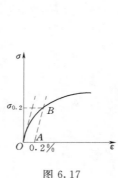

图 6.17

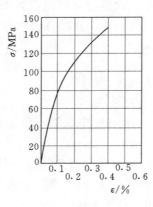

图 6.18

（2）其他脆性材料拉伸时的力学性能。工程上常用的脆性材料有铸铁、混凝土、陶瓷等。在拉伸试验时，它们从开始拉伸直到断裂，试件的变形都非常小。图 6.18 所示是灰口铸铁在拉伸时的应力-应变曲线。由图可见，在拉伸过程中没有屈服现象，试件断裂时变形很小，断裂后的横截面几乎没有什么变化，材料的延伸率很小，$\delta = 0.4\% \sim 0.6\%$。脆性材料一般拉伸强度极限很低，断裂总是突然发生。因此，脆性材料不用作受拉杆件，也不宜制作承受动荷载的重要构件。

6. 材料在压缩时的力学性能

金属材料如低碳钢、铸铁等，压缩试件为圆柱形，为避免试件发生弯曲变形，一般规定其高度为直径的 $1.5 \sim 3$ 倍，非金属材料如石料、混凝土等，试件常采用边长为 20cm 的立方体试块。

（1）低碳钢压缩时的力学性能。把低碳钢受压时的 σ-ε 曲线（图 6.19 中实线）和受拉时的 σ-ε 曲线（图 6.19 中虚线）进行比较可以看出：首先在屈服阶段前，受拉与受压两条曲线基本重合，可见受压时的弹性模量 E、比例极限 σ_p 和屈服极限 σ_s 与受拉时相同。其次，超过屈服极限后，受压时的 σ-ε 曲线不断上升，其原因是试件的截面不断的增加，最后变成了薄饼形，构件受压面积越来越大，不可能产生断裂，因此，压缩时的强度极限 σ_b 不能测出。

由于钢材受拉和受压时的主要力学性能（E、σ_p、σ_s）相同，所以钢材的力学性能一般都由拉伸试验来测定，不必进行压缩试验。

（2）铸铁压缩时的力学性能。铸铁是典型的脆性材料，它的压缩试验表明：在 σ-ε 曲线上，没有明显的直线部分，也没有屈服阶段。强度极限 σ_b 可以测得，其值约为受拉时的 $4 \sim 5$ 倍。试件破坏时，沿着接近于 45° 的斜面上断裂，如图 6.20 所示，这说明铸铁的抗剪强度低于抗压强度。

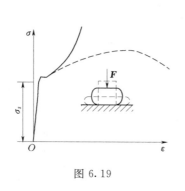

图 6.19

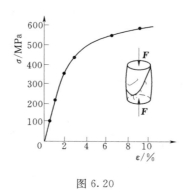

图 6.20

对于脆性材料，压缩试验是很重要的。脆性材料如铸铁、混凝土和砖石等，受压的特征也和受拉一样，在很小的变形下就发生破坏；但是抗压的能力远远大于抗拉的能力。所以脆性材料常用于受压的构件，以充分利用其抗压性能。

§6.3　拉压杆的强度计算

1. 许用应力和安全系数

(1) 极限应力。通过材料的拉伸压缩实验可知，当塑性材料的应力达到屈服极限 σ_s 时，材料将产生显著的塑性变形，不能继续正常工作；脆性材料虽不会产生显著的塑性变形，但当其应力达到强度极限 σ_b 时，材料将立即破坏。所以，任何一种材料都存在一个承载能力的固有极限，把材料断裂或产生显著塑性变形时的应力称为极限应力，用 σ^0 表示。

对塑性材料：
$$\sigma^0 = \sigma_s$$

对脆性材料：
$$\sigma^0 = \sigma_b$$

(2) 许用应力和安全系数。为了保证构件安全可靠地工作，必须使其实际的最大工作应力小于或等于某一限值。显然，该限值应小于材料的极限应力，将极限应力 σ^0 缩小 n 倍，称为材料在拉伸（压缩）时的许用应力，用符号 $[\sigma]$ 表示。即

$$[\sigma] = \frac{\sigma^0}{n}$$

其中，n 是一个恒大于 1 的系数，称为安全系数。安全系数是表示构件所具有安全储备量大小的系数，其值通常由设计规范规定。由上式可见，安全系数的大小直接影响着许用应力。若增大安全系数，虽然构件的强度和刚度得到了保证，但会浪费材料，加大结构自重；若选得过小，虽然比较经济，但结构的安全性就得不到可靠的保证，甚至还会引起严重的事故。因此，选择安全系数时，应该是在满足安全要求的情况下，尽量满足经济要求，它取决于以下几方面的因素。材料性质：包括材料的质地好坏，均匀程度，是塑性材料还是脆性材料；荷载情况：包括对荷载的估算是否准确，是静荷载还是动荷载；构件在使用期内可能遇到的意外事故或其他不利的工作条件等；计算简图和计算方法的精确程度；构件的重要性等。

下面给出了几种常用材料在常温、静载条件下的许用应力值。

表 6.1　　　　　　　　　　几种常用材料的许用应力

材料名称	牌　　号	许 用 应 力	
		轴向拉伸 /MPa	轴向压缩 /MPa
低碳钢	Q235	170	170
低合金钢	16Mn	230	230
灰口铸铁		35～55	160～200
混凝土	200（标号）	0.45	7
混凝土	300（标号）	0.6	10.5
红松（顺纹）		6.4	10

2. 拉（压）杆的强度条件

为了保证拉压杆在工作时不致因强度不够而失效。杆内的最大工作拉应力 $\sigma_{t,\max}$ 不得超过材料的许用拉应力 $[\sigma_t]$，杆内的最大工作压应力 $\sigma_{c,\max}$ 不得超过材料的许用压应力 $[\sigma_c]$，即要求

$$\left.\begin{aligned} \sigma_{t,\max} &= \left(\frac{F_{N,t}}{A}\right)_{\max} \leqslant [\sigma_t] \\ \sigma_{c,\max} &= \left(\frac{F_{N,c}}{A}\right)_{\max} \leqslant [\sigma_c] \end{aligned}\right\} \tag{6.10}$$

上述判据称为拉压杆的强度条件。

对于一些抗拉强度与抗压强度相同的塑性材料，其许用拉应力等于许用压应力，这时就不再区分拉与压，统称为许用应力 $[\sigma]$，强度条件也就不区分拉与压，则上述强度条件变为

$$\sigma_{\max} = \left(\frac{|F_N|}{A}\right)_{\max} \leqslant [\sigma] \tag{6.11}$$

对于等截面拉压杆，最大应力必定出现在轴力绝对值最大的截面，式（6.11）可表达为

$$\sigma_{\max} = \frac{|F_N|_{\max}}{A} \leqslant [\sigma] \tag{6.12}$$

式中：$\sigma_{\max}$ 为杆内最大工作应力；$|F_N|_{\max}$ 为杆内轴力的最大绝对值；A 为杆件横截面面积。

通常，在轴向拉（压）杆中，我们把 $\sigma_{\max}$ 所在截面称为危险截面；把 $\sigma_{\max}$ 所在的点称为危险点。对于塑性材料的轴向拉（压）等直杆，其轴力绝对值最大截面就是危险截面。

3. 拉（压）杆的强度计算

应用轴向拉（压）杆的强度条件可以解决有关强度计算的三类问题：

（1）强度校核。已知杆的材料许用应力 $[\sigma]$、杆件截面尺寸 A 和承受的荷载，可用上式校核杆的强度是否满足要求。

（2）设计截面尺寸。已知荷载与材料的许用应力 $[\sigma]$ 时，可将式（6.12）改写成

$$A \geqslant \frac{|F_N|_{max}}{[\sigma]} \tag{6.13}$$

由式（6.13）确定截面尺寸。

（3）确定许可荷载。已知构件截面尺寸 A 和材料的许用应力 $[\sigma]$ 时，可将式（6.12）改写成

$$F_{max} \leqslant [\sigma]A \tag{6.14}$$

由式（6.14）确定许可荷载。

例题 6.5 如图 6.21（a）所示的屋架，受均布荷载 q 作用。已知屋架跨度 $l=8.4\text{m}$，高度 $h=1.4\text{m}$，荷载集度 $q=10\text{kN/m}$，钢拉杆 AB 的直径 $d=22\text{mm}$，许用应力 $[\sigma]=170\text{MPa}$，试校核该拉杆的强度。

解：1. 求支座约束力。取整体为研究对象，受力如图 6.21（b）所示。由平衡方程 $\sum M_A(\boldsymbol{F})=0, \sum M_B(\boldsymbol{F})=0$ 求得支座约束力为

$$F_{Ay}=F_{By}=\frac{1}{2}\times10\times10^3\times8.4=42\times10^3(\text{N})$$

2. 求拉杆 AB 的轴力。用截面法截取左半屋架作为隔离体，如图 6.21（c）所示，由平衡方程得

$$\sum M_C = 0$$

$$F_{Ay}\times\frac{l}{2} - F_{NAB}\times h - q\times\frac{l}{2}\times\frac{l}{4} = 0$$

$$F_{NAB} = 6.3\times10^4\text{N}$$

3. 求拉杆 AB 横截面上的正应力。由式（6.1）得

$$\sigma_{AB} = \frac{F_{NAB}}{\frac{\pi d^2}{4}} = \frac{6.3\times10^4}{\frac{3.14}{4}\times22^2} = 165.7(\text{MPa})$$

4. 校核杆件强度。比较最大工作压力与材料许用应力，得

$$\sigma_{max} = 165.7\text{MPa} < [\sigma] = 170\text{MPa}$$

杆件满足强度条件。

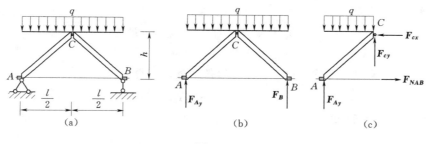

图 6.21

例题 6.6 图 6.22（a）为三角形托架，其 AB 杆由两个等边角钢组成。已知 $F=75\text{kN}$，$[\sigma]=160\text{MPa}$，试选择等边角钢型号。

解：1. 求 AB 杆轴力。取 B 结点为脱离体，受力如图 6.22（b）所示，由平衡条件得

$$\sum Fx = 0 \quad -F_{NBA} - F_{NBC}\cos45° = 0$$

$$\sum F_y = 0 \quad -F_{NBC}\sin45°-F=0$$

解联立方程得

$$F_{NBC}=-\sqrt{2}F=-\sqrt{2}\times75=-106.11(\text{kN})$$
$$F_{NBA}=F=75\text{kN}$$

2. 设计截面。由式（6.13）得

$$A\geqslant\frac{|F_N|_{\max}}{[\sigma]}=\frac{75\times10^3\text{N}}{160\text{MPa}}=468.7\text{mm}^2$$

从附表 I 型钢表查得 3mm 厚的 4 号等边角钢的截面面积为 $2.359\text{cm}^2=235.9\text{mm}^2$。用两个相同的角钢 [图 6.22 （c）]，其总面积为 $2\times235.9=471.8(\text{mm}^2)>A=468.7\text{mm}^2$，即能满足要求。

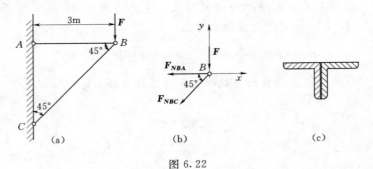

图 6.22

例题 6.7 图 6.23 （a）所示桁架，由 BC 杆与 BA 杆组成，在结点 B 承受荷载 F 作用。已知 BC 杆与 BA 杆的横截面面积均为 $A=100\text{mm}^2$，许用拉应力为 $[\sigma_t]=200\text{MPa}$，许用压力为 $[\sigma_c]=150\text{MPa}$，试计算荷载 F 的最大允许值，即许用荷载 $[F]$。

解： 1. 轴力分析。取结点 B 为研究对象，受力如图 6.23 （b）所示，根据结点 B 的平衡条件得

$$\sum F_x = 0 \quad -F_{N1}\cos45°-F_{N2}=0$$
$$\sum F_y = 0 \quad F_{N1}\sin45°-F=0$$

联合求解得

$$F_{N1}=\sqrt{2}F \quad 即 \quad F_{N1,t}=\sqrt{2}F \qquad ①$$
$$F_{N2}=-F \quad 即 \quad F_{N2,c}=F \qquad ②$$

2. 确定荷载 F 的许用值。由 BC 杆 1 的强度条件可得

$$F_{N1,t}\leqslant[\sigma_t]A_1$$

将式①代入上式可得

$$\sqrt{2}F\leqslant[\sigma_t]A_1$$

由杆 1 的强度条件所确定的许用荷载为

$$[F]_1=\frac{[\sigma_t]A_1}{\sqrt{2}}=\frac{200\times100}{\sqrt{2}}=14.14\times10^3(\text{N})$$

由 BA 杆的强度条件可得

$$F_{N2,c} \leqslant [\sigma_c]A_2$$

将式②代入上式可得

$$F \leqslant [\sigma_c]A_2$$

由杆 2 的强度条件所确定的许用荷载为

$$[F]_2 = [\sigma_c]A_2 = 150 \times 100 = 15 \times 10^3 (\text{N})$$

结构中所有各杆的许用荷载的最小值即为结构的许用荷载为 $[F] = 14.14\text{kN}$。

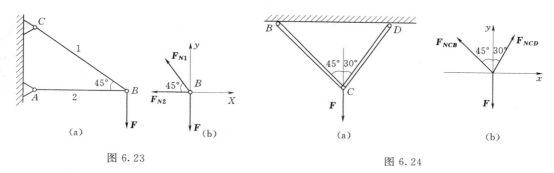

图 6.23　　　　　　　　　　　　　图 6.24

例题 6.8　图 6.24（a）所示结构中，BC 和 CD 都是圆截面钢杆，直径均为 $d = 20\text{mm}$，许用应力 $[\sigma] = 160\text{MPa}$。求此结构的许可荷载 $[F]$。

解: 1. 求 BC、CD 杆的内力。取结点 C 为脱离体，受力如图 6.24（b）所示。由平衡条件确定两杆轴力与荷载 F 的关系

$$\sum F_x = 0 \quad F_{NCD}\sin30° - F_{NCB}\sin45° = 0$$

$$\sum F_y = 0 \quad F_{NCD}\cos30° + F_{NCB}\cos45° - F = 0$$

解方程得 $F_{NCD} = 0.732F$，$F_{NCB} = 0.518F$。

由此可见，CD 杆所受力比 CB 杆大，而两杆的材料及截面尺寸又均相同，若 CD 杆的强度得到满足，则 CB 杆的强度也一定足够，故 CD 杆为危险杆件。

2. 确定许可荷载。由强度条件得

$$\sigma = \frac{F_{NCD}}{A} = \frac{4 \times 0.732F}{\pi d^2} \leqslant [\sigma]$$

$$[F] = \frac{\pi d^2[\sigma]}{4 \times 0.732} = \frac{3.14 \times 20^2 \times 160}{4 \times 0.732} = 68.6 \times 10^3 (\text{N}) = 68.6 (\text{kN})$$

故许可荷载 $[F] = 68.6\text{kN}$。

4. 应力集中的概念

工程上由于实际情况的需要，常在构件上钻孔、开槽，如带有螺纹的拉杆或有螺栓孔的钢板等，从而引起杆件横截面的尺寸或形状发生突变，如图 6.25（a）、（c）所示。实验表明，构件在截面突变处的应力不是均匀分布的，如图 6.25（b）、（d）所示，在孔、槽附近，应力急剧增加；而在距孔、槽稍远处，应力又趋于均匀。这种由于截面尺寸突变而引起的应力局部增大的现象，称为应力集中。

实验表明，截面尺寸改变越突然，孔越小、角越尖，局部产生的最大应力 σ_{max} 就越

大。在实际工程中，应力集中的程度可用应力集中处的最大应力 σ_{max} 与杆被削弱处横截面上的平均应力 $\overline{p}$ 的比值来衡量，此比值称为理论应力集中系数，用 α 表示，即

$$\alpha = \frac{\sigma_{max}}{\overline{p}} \tag{6.15}$$

式中：α 是大于 1 的系数，与构件的形状和尺寸有关，而与材料无关。对于工程中常见的典型构件，α 值可以从有关手册中查到。

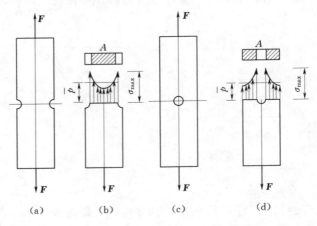

图 6.25

5. 应力集中对杆件强度的影响

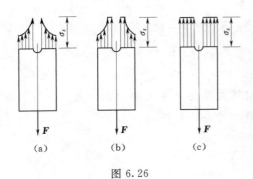

图 6.26

在静荷载作用下，应力集中对不同力学性能材料的杆件强度影响不同。对于塑性材料构件，因存在屈服性能，当截面上局部的最大应力 σ_{max} 达到材料的屈服极限 σ_s 时，若继续增加荷载，应变可以继续增大而应力数值不再增加，增加的荷载就由截面上其余尚未屈服的材料来承担，直至截面上其他点的应力相继增大到屈服极限，杆件才丧失工作能力，如图 6.26（c）所示。上述的应力重分布现象降低了应力不均

匀的程度，也限制了最大正应力 σ_{max} 的数值，减小了应力集中的不利影响。因此，静荷载作用下可以不考虑塑性材料构件应力集中的影响。对于由脆性材料制成的构件情况就不同了。因为脆性材料没有屈服阶段，当截面上局部的最大应力达到强度极限 σ_b 时，将因构件在该处产生裂纹而导致构件突然破坏。所以，静荷载作用下应力集中对脆性材料杆件的影响较大，在强度计算中应考虑。当构件受动荷载作用时，不论是塑性材料还是脆性材料都必须考虑应力集中的影响。

思考题

4. 指出下列各概念的区别：正应力与切应力；工作应力、危险应力与许用应力。
5. 在轴向拉（压）杆中，发生最大正应力的横截面上，其切应力等于零。在发生最

大切应力的截面上，其正应力是否也等于零？

6．何谓强度条件？可以解决哪些方面的问题？

7．何谓应力集中？对杆件的强度有何影响？

习题

3．刚性梁 AB 用两根钢杆 AC 和 BD 悬挂着，受力如图 6.27 所示。已知钢杆 AC 和 BD 的直径分别为 $d_1=25$mm 和 $d_2=18$mm，钢的许用应力 $[\sigma]=170$MPa，试校核钢杆的强度。

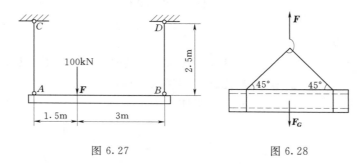

图 6.27　　　　　　　　　图 6.28

4．图 6.28 所示为起吊钢管的受力情况。已知钢管的重量 $F_G=10$kN，绳索的直径 $d=40$mm，其许用应力 $[\sigma]=10$MPa，试校核绳索的强度。

5．图 6.29 为一个三角形托架。已知：杆 AO 为圆截面钢杆，许用应力 $[\sigma]=170$MPa；杆 BO 是正方形截面木杆，许用应力 $[\sigma]=12$MPa；荷载 $F=60$kN。试选择钢杆的直径 d 和木杆的边长 a。

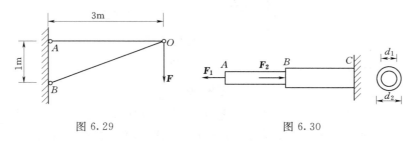

图 6.29　　　　　　　　　图 6.30

6．图 6.30 所示右端固定的阶梯形圆截面杆，承受轴向力 F_1 与 F_2 作用，试计算杆内横截面上的最大正应力。已知 $F_1=20$kN，$F_2=50$kN，$d_1=20$mm，$d_2=30$mm。

7．在图 6.31 所示结构中，AB 杆可视为刚性杆，CD 杆的横截面面积 $A=500$mm^2，材料的许用应力 $[\sigma]=160$MPa。试求 B 点能承受的最大荷载 F_{max}。

8．一个矩形截面木杆，两端的截面被圆孔削弱，中间的截面被两个切口减弱，如图 6.32 所示。试验算在承受拉力 $F=70$kN 时，杆是否安全，已知 $[\sigma]=7$MPa。

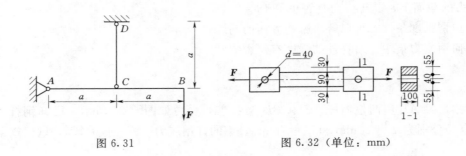

图 6.31   图 6.32（单位：mm）

§6.4   连接件的强度计算

1. 连接件与剪切的概念

在工程实际中，经常要把若干杆件连接起来组成结构。其连接形式是各种各样，有螺栓连接、铆钉连接、销轴连接、键块连接、榫连接、焊接等。图 6.33 所示连接系统中的螺栓、销轴等起连接作用的部件，称为连接件。

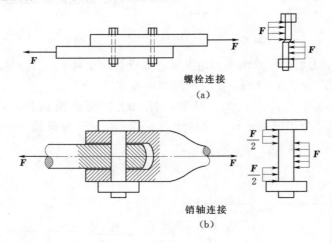

图 6.33

连接件主要受到垂直杆轴方向的一组等值、反向、作用线相距极近的平行力作用；相邻两力之间的横截面将产生相对错动变形，将这种变形称为连接件的剪切变形；发生相对错动的截面称为剪切面，剪切面平行于作用力的方向。图 6.34 所示为一般连接件的受力特点和变形特征。连接件受力后引起的应力，如果超过材料的强度极限，接头就要破坏而造成工程事故。因此，连接件的强度计算在结构设计中不能忽视。

2. 剪切的实用计算

工程实际中，广泛应用的螺栓、铆钉、销钉等连接件，一般尺寸都较小，受力与变形也比较复杂，难以从理论上计算它们的真实工作应力。它们的强度计算通常采用实用计算法来进行，即在实验和经验的基础上，作出一些假设而得到的简化计算方法。对连接件进行剪切强度计算时，按以下步骤进行：

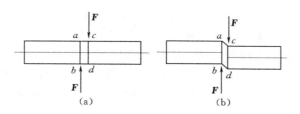

图 6.34

（1）计算剪切力。如图 6.35（a）所示的连接件，试验表明，当外力 F 过大时，销钉将沿 1-1 和 2-2 横截面被剪断。因此 1-1 和 2-2 截面为剪切面。沿剪切面 1-1 和 2-2 假想地将销钉切断，连接系统将分为两个部分，任取一部分为研究对象，在剪切面上用剪切力 F_Q 代替取掉部分对留下部分的作用。取右部分为对象，如图 6.35（b）所示。然后，用静力平衡条件根据系统外力求剪切面上的剪切力 F_Q。由平衡条件可得

$$\sum F_x = 0 \quad F - 2F_Q = 0 \quad F_Q = \frac{F}{2}$$

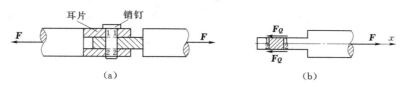

图 6.35

（2）计算切应力。在连接件的强度计算中，通常均假定剪切面上的切应力均匀分布，则切应力实用计算公式为

$$\tau = \frac{F_Q}{A} \tag{6.16}$$

式中：A 为剪切面的面积。

（3）连接件的剪切强度计算。为了保证连接件不发生剪切破坏，要求剪切面上的切应力不超过材料的许用切应力。即抗剪强度条件为

$$\tau \leqslant [\tau] \quad 或 \quad \frac{F_Q}{A} \leqslant [\tau] \tag{6.17}$$

式中：$[\tau]$ 为连接件的许用切应力，其值等于连接件的剪切强度极限 τ_b 除以安全因数，由剪切破坏试验测出破坏剪切力 F_Q，再应用式（6.16）计算剪切强度极限 τ_b。金属材料的许用切应力 $[\tau]$ 与许用拉应力 $[\sigma_t]$ 之间有下列关系：

对于塑性材料： $\qquad [\tau] = (0.6 \sim 0.8)[\sigma_t]$

对于脆性材料： $\qquad [\tau] = (0.8 \sim 1.0)[\sigma_t]$

材料的许用切应力也可从有关设计手册中查得。

应用连接件的剪切强度条件，也能解决强度校核、设计截面和确定许用荷载等三类强度计算问题。

3. 挤压的实用计算

连接件除了可能被剪切破坏外，还可能发生挤压破坏。所谓挤压，是指两个构件相互

传递压力时接触面相互压紧而产生的局部压缩变形。在图 6.36 （a）所示铆钉连接中，铆钉与钢板接触面上的压力过大时，接触面上将发生显著的塑性变形或压溃，铆钉被压扁，圆孔变成了椭圆孔，连接件松动，不能正常使用，如图 6.36 （b）所示。连接件在满足剪切条件的同时还必须满足挤压条件。连接件与被连接件之间相互接触面上的压力称为挤压力，挤压力的作用面称为挤压面，如图 6.36 （a）所示；挤压面上应力称为挤压应力。

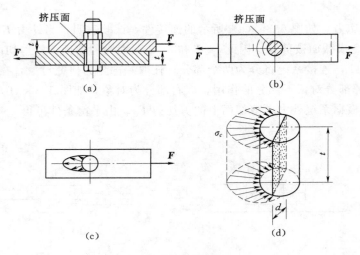

图 6.36

挤压面上的挤压应力的分布也很复杂，它与接触面的形状及材料性质有关。例如，钢板上铆钉孔附近和铆钉上的挤压应力分布，如图 6.36 （c）、（d）所示。挤压面上各点的应力大小与方向都不相同。实用计算中假设挤压应力均匀地分布在挤压面上，即

$$\sigma_c = \frac{F_c}{A_c}$$

所以，挤压强度条件为

$$\sigma_c = \frac{F_c}{A_c} \leqslant [\sigma_c] \tag{6.18}$$

式中：$[\sigma_c]$ 为材料的许用挤压应力，其值由实验测定。各种材料的许用挤压应力可在有关手册中查得。

关于挤压面面积 A_c 的计算，要根据接触面的情况而定。当实际挤压面为平面时，挤压面面积为接触面面积；当实际受压面是半圆柱曲面时，在计算中，是按挤压面的正投影面积计算，如图 6.37 （a）、（b）所示，用此面积求得的应力与实际最大应力大致相等。

挤压计算中须注意，如果两个相互挤压构件的材料不同，应对挤压强度较小的构件进行计算。

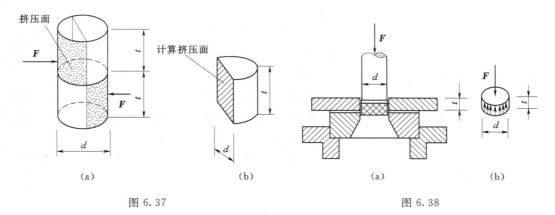

挤压面 计算挤压面

(a) (b) (a) (b)

图 6.37   图 6.38

例题 6.9 图 6.38（a）所示，已知钢板的厚度 $t=10\text{mm}$，其许用切应力为 $[\tau]=300\text{MPa}$，若用冲床将钢板冲出直径 $d=25\text{mm}$ 的孔，问需要多大的冲力 F?

解：剪切面就是钢板被冲头冲出的圆柱体侧面，如图 6.38（b）所示，其面积为
$$A=\pi dt=3.14\times25\times10=785\text{mm}^2$$

冲孔所需要的最小冲力应为
$$F_{\min}=A[\tau]=785\text{mm}^2\times300\text{MPa}=235.5\times10^3\text{N}$$

例题 6.10 电瓶车挂钩用销轴连接，如图 6.39（a）所示。已知 $t=8\text{mm}$，销轴的材料为 20 号钢，$[\tau]=30\text{MPa}$，$[\sigma_c]=100\text{MPa}$，牵引力 $F=15\text{kN}$，试确定销轴的直径 d。

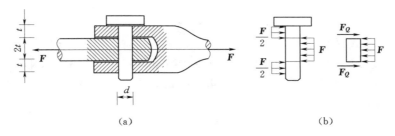

(a)   (b)

图 6.39

解：1. 求剪切力。销轴的受力如图 6.39（b）所示。由平衡条件求剪切力得
$$F_Q=\frac{F}{2}=\frac{15}{2}=7.5(\text{kN})$$

2. 按剪切强度条件设计销轴的直径。由剪切强度条件得
$$A\geqslant\frac{F_Q}{[\tau]}$$

代入相应数值得
$$\frac{\pi d^2}{4}\geqslant\frac{7.5\times10^3}{30}$$

$$d\geqslant\sqrt{\frac{4\times7.5\times10^3}{30\pi}}=17.8(\text{mm})$$

3. 校核挤压强度。

$$\sigma_c = \frac{F_c}{A_c} = \frac{F}{2td} = \frac{15 \times 10^3}{2 \times 8 \times 17.8} = 52.7 \text{(MPa)}$$

$$\sigma_c = 52.7 \text{MPa} < [\sigma_c] = 100 \text{MPa}$$

连接系统也满足挤压强度，选取 $d=18\text{mm}$。

例题 6.11　两块宽度 $b=270\text{mm}$，厚度 $t=16\text{mm}$ 的钢板，用八个直径 $d=25\text{mm}$ 的铆钉连接在一起，如图 6.40（a）所示。钢板的 $[\sigma]=120\text{MPa}$，铆钉的 $[\tau]=80\text{MPa}$，$[\sigma_c]=200\text{MPa}$。试求此连接系统能承受的最大荷载 F。

解： 1. 按铆钉剪切强度计算最大荷载 F。实用计算中假定荷载 F 由各铆钉平均承担，由平衡条件计算剪切力 [图 6.40（b）]：

$$F_Q = \frac{F}{8}$$

由剪切强度条件得

$$F_Q \leqslant A[\tau]$$

将相应数值代入上式得

$$F \leqslant \frac{\pi}{4} \times 25^2 \times 8 \times 80 = 314 \times 10^3 \text{(N)} = 314 \text{(kN)}$$

2. 按铆钉或钢板的挤压强度计算最大荷载 F。由平衡条件计算挤压力

$$F_c = \frac{F}{8}$$

由挤压强度条件得

$$F_c \leqslant A_c[\sigma_c]$$

将相应数值代入上式得

$$F \leqslant 8 \times A_c[\sigma_c] = 8 \times 16 \times 25 \times 200 = 640 \times 10^3 \text{(N)} = 640 \text{(kN)}$$

3. 按钢板拉伸强度计算最大荷载 F。由钢板的轴力图 [图 6.40（c）] 可知，1-1 和 2-2 截面为危险截面。

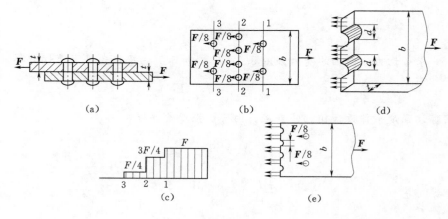

图 6.40

根据 1-1 截面计算，其受力如图 6.40（d）所示。1-1 截面的轴力为 $F_{N1}=F$，截面面积为 $A_1=(b-2d)t$，代入强度条件式中

$$\sigma = \frac{F_{N1}}{A_1} \leqslant [\sigma]$$

得

$$F \leqslant 120 \times (270 - 2 \times 25) \times 16 = 422.4 \times 10^3 (\text{N}) = 422.4 (\text{kN})$$

根据 2-2 截面计算，其受力如图 6.40（e）所示。2-2 截面的轴力为 $F_{N2} = \dfrac{3}{4} F$，截面面积为 $A_2 = (b - 4d)t$，代入强度条件式中

$$\sigma = \frac{F_{N2}}{A_2} \leqslant [\sigma]$$

得

$$F \leqslant \frac{1}{3} \times 4 \times 120 \times (270 - 4 \times 25) \times 16 = 435.2 \times 10^3 (\text{N}) = 435.2 (\text{kN})$$

连接系统的许用荷载为各个强度条件所确定的所有许用荷载中的最小值。由以上计算可知，此连接系统的许用荷载为 314kN。

思考题

8. 什么是挤压？挤压和压缩有什么区别？

9. 挤压面与计算挤压面是否相同？举例说明。

习题

9. 图 6.41 所示两块板由一个螺栓连接。已知螺栓直径 $d = 24\text{mm}$，每块板厚 $\delta = 12\text{mm}$，拉力 $F = 27\text{kN}$，螺栓许用应力 $[\tau] = 60\text{MPa}$，$[\sigma_c] = 120\text{MPa}$，试对螺栓作强度校核。

10. 如图 6.42 所示，两块厚度为 10mm 的钢板，用两个直径为 17mm 的铆钉搭接在一起，钢板受拉力 $F = 60\text{kN}$。已知 $[\tau] = 140\text{MPa}$，$[\sigma_c] = 280\text{MPa}$，$[\sigma] = 160\text{MPa}$。试校核该铆接件的强度（假定每个铆钉的受力相等）。

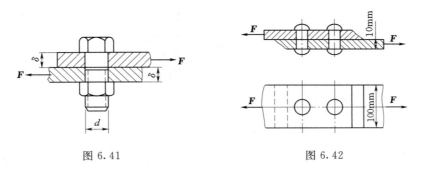

图 6.41　　　　　　　　　　图 6.42

11. 一个螺栓将拉杆与厚度为 8mm 的两块盖板相连接（图 6.43）。各构件材料相同，其许用应力均为 $[\sigma] = 80\text{MPa}$，$[\tau] = 60\text{MPa}$，$[\sigma_c] = 160\text{MPa}$。若拉杆的厚度 $t = 15\text{mm}$，拉力 $F = 120\text{kN}$。试设计螺栓直径 d 和拉杆宽度 b。

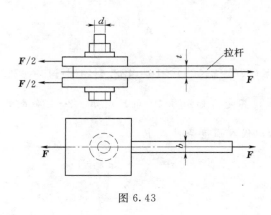

图 6.43

§6.5　扭转轴的应力和强度计算

1. 薄壁圆管扭转时横截面上的切应力

为了研究薄壁园管扭转时横截面上的应力，先观察薄壁圆管扭转时的变形现象。取一个等厚薄壁圆管，受扭前在其表面用等间距的圆周线和纵向线画成微小的方格，如图 6.44（a）所示。然后在两端加一对外力偶矩 m_x，使圆管产生扭转变形，如图 6.44（b）所示。可以观察到下列现象：

（1）各纵向线向同一方向倾斜了同一微小角度 γ，小方格变成了菱形。

（2）各圆周线的形状、大小及间距没有改变，只是绕轴线发生了相对转动。

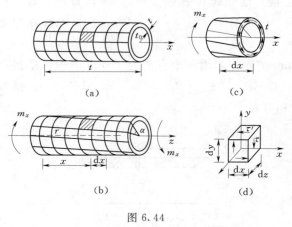

(a)　(c)

(b)　(d)

图 6.44

用相距 dx 的两横截面取出一圆环，如图 6.44（c）所示。由于各圆周线的间距不变，表明横截面上无正应力。在变形过程中 dx 微段左右两个侧面产生相对转动，原来的小方格变成菱形，这种变形称为剪切变形，角度 γ 是原小方格的直角改变量，这种直角改变量称为切应变，其方向位于圆周的切线方向，单位为弧度。产生了切应变，说明横截面上必然存在切应力 τ，其方向垂直于半径。又因为管壁很薄（壁厚 t 远远小于圆管的平均半径 r），可以认为切应力沿壁厚方向均匀分布。

在横截面上任取一微面积 $dA = tr d\varphi$，其上的微内力为 τdA，它对 x 轴之矩为 $r\tau dA$。该横截面上所有微内力对 x 轴之矩的总和即为该截面的扭矩

$$M_x = \int_A r\tau dA = \int_0^{2\pi} r\tau tr d\varphi = \tau tr^2 2\pi$$

所以，薄壁圆管受扭时，横截面上切应力的计算公式为

$$\tau = \frac{M_x}{2\pi r^2 t} \tag{6.19}$$

精确分析表明，当 $t \leqslant r/10$ 时，用式（6.19）计算薄壁圆管扭转时横截面上的切应力是足够精确的，其误差不超过 5%。

2. 剪切胡克定律

用相距为 $\mathrm{d}x$ 的两个横截面和两个径向纵截面从薄壁圆管上截取一厚度为 t 的微小单元体，如图 6.44（d）所示。单元体的左右两侧面是薄壁圆管横截面的一部分，故在这两个侧面上只有切应力而无正应力，由切应力互等定理知，其上下侧面上也只有切应力而无正应力，单元体的这种受力状态称为纯剪切状态。

由塑性材料薄壁圆管的扭转实验可以得到切应力与切应变的关系曲线，如图 6.45 所示。

实验表明，对于大多数工程材料，在纯剪状态下，当切应力不超过材料的剪切比例极限 τ_p 时，切应力 τ 与切应变 γ 成线性关系。即

$$\tau = G\gamma \tag{6.20}$$

式（6.20）称为剪切胡克定律。式中 G 为剪切弹性模量，其量纲与弹性模量 E 的量纲相同，不同材料的剪切弹性模量取值见表 6.2。

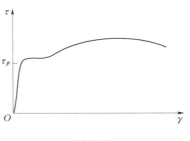

图 6.45

对于各向同性的材料，在弹性范围内，可以证明 G 与其他两个弹性常数 E，μ 之间存在如下关系

$$G = \frac{E}{2(1+\mu)} \tag{6.21}$$

表 6.2　　　　　　　　　　　材料的剪切弹性模量 G

材料名称	低碳钢	合金钢	灰铸铁	铜及其合金	橡胶	木材（顺纹）
G/GPa	78.5～79.5	79.5	44.1	39.2～45.1	0.47	0.055

3. 圆轴扭转时的应力

与薄壁圆管相仿，圆轴扭转时横截面上也只有与扭矩对应的切应力。研究圆轴扭转时切应力的方法与薄壁圆管类似，首先通过实验、观察、假设，由变形的几何关系、变形与应力之间的物理关系以及静力学关系，推求横截面上应力公式。

（1）几何关系。加载前在圆轴表面上画纵向平行线和横向圆周线，如图 6.46（a）所示。在外力矩作用下，弹性范围内所观察到的圆轴表面变形现象与薄壁圆管扭转时管表面变形现象完全相同，如图 6.46（b）所示。根据观察到的变形现象可以提出如下假设：圆轴扭转时，原横截面变形后仍为平面，其形状、大小不变，横截面只是刚性地绕轴线转动一个角度，这一假设称为平面假设。

在圆轴上取 $\mathrm{d}x$ 微段，再从微段中用夹角很小的两个径向截面切出楔形体，如图 6.46（c）所示。在圆轴扭转变形中，若截面 n-n 相对截面 m-m 转动 $\mathrm{d}\varphi$，由平面假设，截面

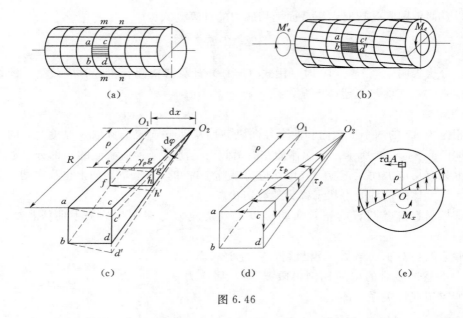

图 6.46

$n-n$ 上的两个半径 O_2c 和 O_2d 均旋转了同一个角度 $\mathrm{d}\varphi$。圆周表面的矩形 $abcd$ 变成了平行四边形 $abc'd'$，cd 边相对 ab 的错动为 $cc'=R\mathrm{d}\varphi$。圆周表面上任意点的直角改变量 γ 即为该点的切应变，即

$$\gamma \approx \tan\gamma = \frac{cc'}{ac} = \frac{R\mathrm{d}\varphi}{\mathrm{d}x}$$

根据平面假设，得到距圆心为 ρ 的任意点的切应变为

$$\gamma_\rho = \frac{hh'}{\mathrm{d}x} = \rho\frac{\mathrm{d}\varphi}{\mathrm{d}x} = \rho\theta \qquad (6.22)$$

式中：$\theta = \dfrac{\mathrm{d}\varphi}{\mathrm{d}x}$ 为扭转角沿杆长的变化率，称为单位长度扭转角，其单位为 rad/m。对于给定截面，θ 为常数，可见切应变 γ_ρ 与 ρ 成正比。

　　式（6.22）表明：横截面上任一点的切应变 γ_ρ 与该点到圆心的距离 ρ 成正比。因此，所有距圆心等距离的点，其切应变都相等。这就是扭转圆轴横截面上任一点切应变的变化规律。

　　（2）物理关系。在剪切比例极限范围内，根据剪切胡克定律，得

$$\tau_\rho = G\gamma_\rho = G\rho\theta \qquad (6.23)$$

　　式（6.23）表明：扭转圆轴横截面上任一点的切应力 τ_ρ 与该点到圆心的距离 ρ 成正比。由此可见，所有距圆心等距离的点，其切应力都相等。因为 γ_ρ 是垂直于半径平面内的切应变，所以 τ_ρ 的方向应垂直于半径。切应力沿任一半径线的变化情况如图 6.46（d）所示。

　　（3）静力学关系。几何关系、物理关系已确定了切应力在横截面上的分布规律，因为单位长度扭转角 θ 还是个待定的参数，故还不能由此计算切应力 τ_ρ，还需从静力学平衡条件确定单位长度扭转角 θ。

在横截面上距圆心 ρ 处取一微面积 $\mathrm{d}A$，如图 6.46（e）所示。作用在微面积 $\mathrm{d}A$ 上的微内力为 $\tau\mathrm{d}A$，此力对 x 轴的力矩为 $\rho\tau\mathrm{d}A$。整个横截面上各点处微内力对轴之矩为 M_x，即

$$M_x=\int_A\rho\tau\,\mathrm{d}A=\int_A G\rho^2\theta\mathrm{d}A=G\theta\int_A\rho^2\,\mathrm{d}A$$

上式中积分 $\int_A\rho^2\,\mathrm{d}A$ 为圆截面对圆心的极惯性矩 I_p。

于是

$$\theta=\frac{\mathrm{d}\varphi}{\mathrm{d}x}=\frac{M_x}{GI_p} \tag{6.24}$$

式中：GI_p 称为抗扭刚度，它反映了材料及截面形状、尺寸对扭转变形的影响。GI_p 越大，单位长度扭转角 θ 越小。将式（6.24）代入式（6.23）得

$$\tau=\frac{M_x\rho}{I_p} \tag{6.25}$$

式（6.25）即扭转圆轴横截面上切应力的计算公式。它说明圆轴扭转时横截面上的切应力 τ 与扭矩 M_x 成正比，且沿半径方向呈线性分布，在圆心处，切应力为零。

在横截面周边各点处，切应力达到最大值，其值为

$$\tau_{\max}=\frac{M_xR}{I_p}$$

令

$$W_p=\frac{I_p}{R}$$

则有

$$\tau_{\max}=\frac{M_x}{W_p} \tag{6.26}$$

上式中 W_p 称为抗扭截面系数，是反映杆件抵抗扭转变形的几何量，其单位为 m^3 或 mm^3。

对实心圆轴　$$W_p=\frac{\pi R^3}{2}$$

对外半径为 R，内半径为 r 的空心圆轴，则

$$W_p=\frac{\pi R^3}{2}(1-\alpha^4) \tag{6.27}$$

式（6.24）～式（6.26）是在材料符合胡克定律的前提下推导出来的，因此，这些公式使用条件是等直圆杆在线弹性范围内扭转。

4. 圆轴扭转时的强度计算

为了保证受扭圆轴安全可靠地工作，必须使圆轴的最大工作切应力 $\tau_{\max}$ 不超过材料的扭转许用切应力 $[\tau]$。因此，圆轴的强度条件为

$$\tau_{\max}\leqslant[\tau]$$

对于等直圆轴，其强度条件为

$$\frac{|M_x|_{\max}}{W_p} \leqslant [\tau] \tag{6.28}$$

式中：$|M_x|_{\max}$是扭矩图上绝对值最大的扭矩，最大切应力 $\tau_{\max}$ 发生在 $|M_x|_{\max}$ 所在截面的圆周边上。对于阶梯形变截面圆轴，因为 W_p 不是常量，$\tau_{\max}$ 不一定发生在 $|M_x|_{\max}$ 的截面上。这就要综合考虑扭矩 M_x 和抗扭截面系数 W_p 两者的变化情况来确定 $\tau_{\max}$。

在静荷载作用下，扭转许用切应力 $[\tau]$ 与许用拉应力 $[\sigma_t]$ 之间有如下关系：

对塑性材料：$\qquad\qquad [\tau]=(0.5\sim0.6)[\sigma_t]$

对脆性材料：$\qquad\qquad [\tau]=(0.8\sim1.0)[\sigma_t]$

应用式（6.28）可解决圆轴扭转时的三类强度计算问题：

（1）强度校核。已知材料的许用切应力 $[\tau]$、截面尺寸，以及所受荷载，直接应用式（6.28）检查构件是否满足强度要求。

（2）选择截面。已知圆轴所受的荷载及所用材料，可按式（6.28）计算 W_p 后，再进一步确定截面直径。此时式（6.28）改写为

$$W_p \geqslant \frac{|M_x|_{\max}}{[\tau]} \tag{6.29}$$

（3）确定许可荷载。已知构件的材料和尺寸，按强度条件计算出构件所能承担的扭矩 $|M_x|_{\max}$，再根据扭矩与扭力偶的关系，计算出圆轴所能承担的最大扭力偶。此时式（6.28）改写为

$$|M_x|_{\max} \leqslant [\tau]W_p \tag{6.30}$$

例题 6.12　一电机传动钢轴，直径 $d=40\text{mm}$，轴传递的功率为 30kW，转速 $n=1400\text{r/min}$。轴的许用切应力 $[\tau]=40\text{MPa}$，试校核此轴的强度。

解：1. 计算扭力偶矩和扭矩。扭力偶距为

$$m_x=9549\frac{P}{n}=9549\times\frac{30}{1400}=204(\text{N}\cdot\text{m})$$

由截面法求得轴横截面上的扭矩为

$$M_x=m_x=204\text{N}\cdot\text{m}$$

2. 强度校核。

轴的抗扭截面系数为

$$W_p=\frac{\pi R^3}{2}=\frac{\pi\times20^3}{2}=1.255\times10^4(\text{mm}^3)$$

将 W_p 代入式（6.28）得

$$\tau_{\max}=\frac{|M_x|_{\max}}{W_p}=\frac{204\times10^3}{1.255\times10^4}=16.3(\text{MPa})$$

因为 $\tau_{\max}<[\tau]=40\mathrm{MPa}$

轴满足扭转强度条件。

例题 6.13　图 6.47 所示为汽车传动轴简图，轴选用无缝钢管，其外半径 $R=45\mathrm{mm}$，内半径 $r=42.5\mathrm{mm}$。许用切应力 $[\tau]=60\mathrm{MPa}$，根据强度条件，求轴能承受的最大扭矩。

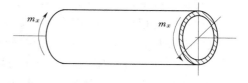

图 6.47

解：按强度条件确定最大扭矩。

$$\alpha=\frac{r}{R}=\frac{42.5}{45}=0.944$$

$$W_p=\frac{\pi R^3}{2}(1-\alpha^4)=\frac{\pi\times 45^3}{2}(1-0.944^4)=29400(\mathrm{mm}^3)$$

由强度条件得

$$|M_x|_{\max}\leqslant[\tau]W_p=60\times 29400=1764\times 10^3(\mathrm{N\cdot mm})=1764(\mathrm{N\cdot m})$$

轴能承受的最大扭矩为 1764N·m。

例题 6.14　某传动轴，轴内的最大扭矩 $M_x=1.5\mathrm{kN\cdot m}$，若许用切应力 $[\tau]=50\mathrm{MPa}$，试按下列两种方案确定轴的横截面尺寸，并比较其重量。①实心圆截面轴；②空心圆截面轴，其内、外半径的比值 $\dfrac{r_2}{R_2}=0.9$。

解：1. 确定实心圆轴的半径。根据强度条件式（6.28）可得

$$W_p\geqslant\frac{|M_x|_{\max}}{[\tau]}$$

将实心圆轴的抗扭截面系数 $W_p=\dfrac{\pi R_1^3}{2}$ 代入上式得

$$R_1\geqslant\sqrt[3]{\frac{2M_{x\max}}{\pi[\tau]}}=\sqrt[3]{\frac{2\times 1.5\times 10^6}{\pi\times 50}}=26.73(\mathrm{mm})$$

取

$$R_1=27\mathrm{mm}$$

2. 确定空心圆轴的内、外半径。将空心圆轴的抗扭截面系数 $W_p=\dfrac{\pi R_2^3}{2}(1-\alpha^4)$ 代入强度条件式（6.28）可得

$$R_2\geqslant\sqrt[3]{\frac{2M_{x\max}}{\pi[\tau](1-\alpha^4)}}=\sqrt[3]{\frac{2\times 1.5\times 10^6}{\pi\times 50\times(1-0.9^4)}}=38.15(\mathrm{mm})$$

其内半径相应为

$$r_2=0.9R_2=0.9\times 38.15=34.34(\mathrm{mm})$$

取

$$R_2=39\mathrm{mm},\ r_2=34\mathrm{mm}$$

3. 重量比较。上述空心与实心圆轴的长度与材料均相同，所以，二者的重量比 β 等于其横截面面积之比，即

$$\beta=\frac{\pi(R_2^2-r_2^2)}{\pi R_1^2}=\frac{39^2-34^2}{27^2}=0.5$$

上述数据充分说明，在强度相同的情况下，空心轴远比实心轴轻。

5. 矩形截面杆的自由扭转简介

在建筑工程中，经常采用矩形、T形、工字形等非圆截面的杆件，因此必须了解非圆截面杆，特别是矩形截面杆的扭转问题。

试验与分析表明，非圆截面轴扭转时，横截面不再保持平面而发生翘曲［图 6.48(b)］。在轴的固定端支座处，横截面的翘曲将受到限制，这时，横截面上不仅存在切应力，而且还存在正应力。反之，如果轴扭转时各横截面均可自由翘曲，则横截面上将只有切应力而无正应力。横截面的翘曲受到限制的扭转，称为限制扭转。各横截面的翘曲不受任何约束，各横截面的翘曲程度完全相同，这种扭转称为自由扭转或纯扭转。精确分析表明，对于一般非圆的实心轴，限制扭转引起的正应力很小，实际计算时可以忽略不计。

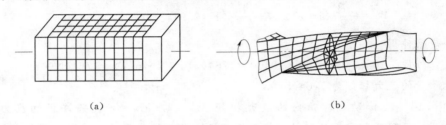

（a）　　　　　　　　　　（b）

图 6.48

对于非圆截面杆的扭转，由于横截面不再是平面而发生翘曲，平面假设不再成立。因此，在平面假设基础上推导出的关于圆截面杆扭转时横截面上的应力与变形的计算公式都不再适用。非圆截面杆的扭转属于弹性力学研究的问题。在非圆的实心轴中，矩形截面轴最为常见，下面只简单介绍矩形截面杆在纯扭转时由试验和弹性力学分析得出的一些结论。

（1）横截面周边各点处的切应力方向与周边相切（图 6.49），角点处的切应力为零；最大切应力 τ_{max} 发生在截面长边的中点处，而短边中点处的切应力 τ_1 也有相当大的数值。切应力沿周边均呈非线性变化。

（2）截面内两条对称轴上各点处切应力方向都垂直于对称轴，其他线上各点的切应力则是程度不同的倾斜。截面中心处切应力为零。

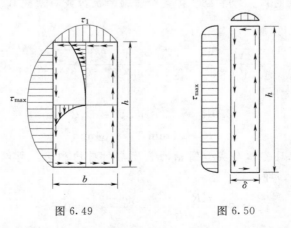

图 6.49　　　　　图 6.50

根据弹性理论的研究结果，矩形截面轴的扭转切应力 τ_{max} 与 τ_1 以及扭转变形的计算公

式分别为

$$\tau_{\max} = \frac{M_x}{\alpha h b^2} \tag{6.31}$$

$$\tau_1 = \gamma \tau_{\max} \tag{6.32}$$

$$\varphi = \frac{M_x l}{G \beta h b^3} \tag{6.33}$$

式中：h 与 b 分别代表矩形截面长边与短边的长度，系数 α、β 与比值 h/b 有关，其值见表 6.3。

表 6.3　　　　　　　　矩形截面扭转的有关系数 α、β 与 γ

h/b	1.0	1.2	1.5	1.75	2.0	2.5	3.0	4.0	6.0	8.0	10.0	∞
α	0.208	0.219	0.231	0.239	0.246	0.258	0.267	0.282	0.299	0.307	0.313	0.333
β	0.141	0.166	0.196	0.214	0.229	0.249	0.263	0.281	0.299	0.307	0.313	0.333
γ	1.000	0.930	0.859	0.820	0.795	0.766	0.753	0.745	0.743	0.742	0.742	0.742

从表中可以看出，当 $h/b \geqslant 10$ 时，α 与 β 均接近于 1/3。所以，对于长为 h，宽为 δ 的狭长矩形截面轴（图 6.50），其最大扭转切应力和扭转变形分别为

$$\tau_{\max} = \frac{3M_x}{h\delta^2} \tag{6.34}$$

$$\varphi = \frac{3M_x l}{Gh\delta^3} \tag{6.35}$$

（3）狭长矩形截面扭转杆切应力的变化规律，如图 6.50 所示。虽然最大切应力 $\tau_{\max}$ 在长边的中点，但沿长边各点切应力实际变化不大，接近相等，只在靠近短边处才迅速减小为零。

思考题

10. 扭转轴的破坏先从轴的表面开始还是从轴心开始？为什么？
11. 塑性材料圆轴的扭转破坏面与脆性材料圆轴的扭转破坏面是否相同？
12. 圆轴扭转时横截面上是否有正应力？为什么？

习题

12. 圆轴直径 $d = 100\text{mm}$，长 $l = 1\text{m}$，两端作用扭力偶 $m = 14\text{kN·m}$，如图 6.51 所示。材料的剪切弹性模量 $G = 80\text{GPa}$，试求：（1）图示截面上 A、B、C 三点处的切应力及方向。（2）最大切应力 $\tau_{\max}$。

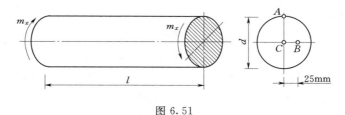

图 6.51

13. 图 6.52 所示空心圆轴外径 $D=80$mm，内径 $d=62$mm，两端承受扭力偶矩 $m_x=1$kN·m 的作用，试求：空心圆轴中最大切应力和最小切应力。

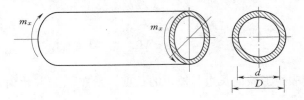

图 6.52

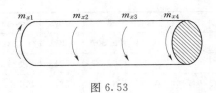

图 6.53

14. 一钢轴长 $l=1$m，承受扭力偶矩 $m_x=18$kN·m 的作用，材料的容许切应力 $[\tau]=40$MPa，试按强度条件确定圆轴的直径 d。

15. 如图 6.53 所示实心圆轴直径 $D=76$mm，$m_{x1}=4.5$kN·m，$m_{x2}=2$kN·m，$m_{x3}=1.5$kN·m，$m_{x4}=1$kN·m。材料的许用切应力 $[\tau]=60$MPa，试校核该轴的强度。

§6.6 平面弯曲梁的正应力

工程中大多数梁的横截面至少有一个对称轴，各截面的对称轴形成一个纵向对称平面。若荷载与约束力均作用在梁的纵向对称平面内，梁的轴线也在该平面内弯成一条曲线，这样的弯曲称为平面弯曲，梁发生平面弯曲时横截面上一般产生剪力 F_Q 和弯矩 M。梁发生平面弯曲时，只有横截面上切向分布的内力才能组成剪力 F_Q，而横截面上法向分布的内力才能组成弯矩 M。所以梁的横截面上将产生连续分布的切应力和正应力。本节将介绍梁横截面上应力的分布规律以及应力与内力之间的定量关系，由此来建立梁的强度条件。

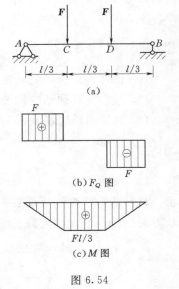

图 6.54

1. 纯弯曲梁横截面上的正应力

对于平面弯曲梁，根据其横截面上内力存在形式不同可分为纯弯曲和横力弯曲。纯弯曲是指梁段的各个横截面上只有弯矩而无剪力，如图 6.54 中所示的 CD 梁段。横力弯曲是指梁段的各个横截面既有剪力又有弯矩，如图 6.54 中所示的 AC、DB 梁段。由于梁的正应力与弯矩有关，为了使正应力的研究不受切应力的影响，先取纯弯曲梁段来研究其横截面上的正应力。

（1）变形假设。取一矩形等截面梁，在梁未承受荷载之前，在其表面上做两种标记，一种是与梁轴平行的纵向线；另一种是与纵向线相垂直的横向线，如图 6.55（a）所示。然后，在梁的两端施加一对大小相等，方向相反的弯力偶，梁将发生纯弯曲变形，如图 6.55（b）所示。受力后可观察到三种主要变形现象：

横向线变形后仍保持为直线，只是它们相对旋转了一个角度，但仍与纵向线成正交。各纵向线变形后仍保持平行，但由直线变成了曲线；梁凹侧的纵向线缩短，凸侧纵向线伸长；对应纵向线缩短区域的横截面变宽，纵向线伸长区域的横截面变窄，如图 6.55（b）所示。

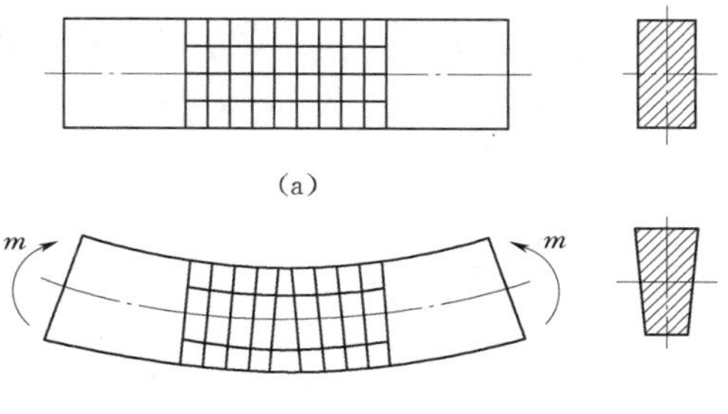

根据上述两种现象，由材料的均匀连续性假设推测，梁内部的变形也与表面变形相应，因而可作如下相应的两种假设：

平面假设——梁弯曲变形后，其横截面仍保持为平面，且仍与弯曲后的纵线正交，这就是梁弯曲变形后的平面假设。

纵向纤维单向受力假设——将梁看成是由无数多条纵向纤维组成的。假设梁各层的纵向纤维之间无挤压现象（即垂直于横截面的纵向截面上无正应力）。所以，各条纵向纤维仅承受轴向拉伸或压缩变形，即处于单向受力状态。

图 6.55

由平面假设知，梁变形后各横截面仍保持与纵线正交，所以切应变为零，由应力与应变的相应关系知，纯弯曲梁段无切应力存在。

图 6.55 中的梁弯曲后，上部各层纵向纤维缩短，下部各层纵向纤维伸长，根据梁变形的连续性推断，中间必有一层长度不变的过渡纤维层，称为中性层，

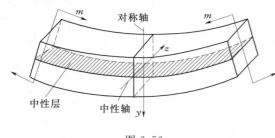

图 6.56

中性层与横截面的交线称为中性轴，中性轴把横截面分为两部分，一部分受拉，另一部分受压。变形后仍保持为平面的横截面绕中性轴作相对转动（图 6.56）。

（2）正应力公式推导。根据上述分析，考虑几何、物理与静力学等三方面关系建立弯曲正应力公式。

变形几何关系分析。根据图 6.55（b）的变形情况和平面假定，用 $m_1 - m_1$ 和 $n_1 - n_1$ 截面在梁上截取相距为 dx 的梁段，并且杆轴线设为 x 轴，截面对称轴为 y 轴，中性轴为 z 轴，如图 6.57（a）所示。两截面的相对转角为 $d\theta$，如图 6.57（b）所示，由 o_1o_2 所代表的中性层的曲率半径用 ρ 表示。则中性层的曲率半径 ρ 由图示几何关系可得

$$\rho = \frac{dx}{d\theta}$$

故　　　　　　　　　　　　　　$dx = d\theta \cdot \rho$

考察距中性层为 y 处的一层纤维 ab 的变形（同一层上各条纤维的变形相同）。

ab 原长为　　　　　　　　　$dx = d\theta \cdot \rho$

ab 变形后为弧线，其长度为　　　$d\theta(\rho + y)$

于是可得，纵向纤维 ab 的线应变为

$$\varepsilon=\frac{\mathrm{d}\theta(\rho+y)-\mathrm{d}\theta\cdot\rho}{\mathrm{d}x}=\frac{\mathrm{d}\theta\cdot y}{\mathrm{d}x}=\frac{1}{\rho}y \tag{6.36}$$

由变形几何关系得出，各层纵向纤维的应变与它到中性轴的距离成正比。并且，梁越弯（即曲率 $1/\rho$ 越大），同一位置的线应变也越大。

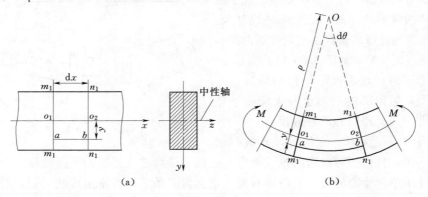

图 6.57

物理关系分析。当变形在弹性范围时，各条纤维均处于单向应力状态，根据胡克定律得

$$\sigma=E\varepsilon \tag{6.37}$$

将式（6.36）代入式（6.37）中得

$$\sigma=E\,\frac{y}{\rho} \tag{6.38}$$

式（6.38）表明，距中性轴等距离的各点正应力相同，并且横截面上任意点的正应力与该点到中性轴的距离成正比。即沿梁截面高度正应力的分布呈线性规律变化。中性轴上各点的正应力均为零（图 6.58）。

静力学关系分析。式（6.38）说明了横截面上各点 σ 的变化规律，但中性层的曲率半径 ρ 以及中性轴的位置均是未知的。需通过静力学关系分析解决。

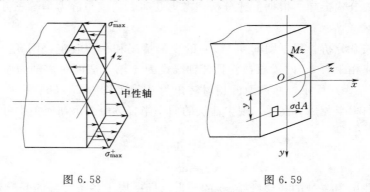

图 6.58   图 6.59

梁弯曲时，横截面上的内力只有弯矩 M_z。所以，横截面上的法向微内力 $\sigma\mathrm{d}A$ 合成的轴力 F_N 应等于零；各微内力对 z 轴之矩 $\sigma\mathrm{d}A\cdot y$ 的代数和应等于该截面上的弯矩 M_z（图 6.59）。于是有

$$F_N = \int_A \sigma \mathrm{d}A = 0 \tag{6.39}$$

$$M_z = \int_A \sigma y \mathrm{d}A \tag{6.40}$$

将式 (6.38) 代入式 (6.39) 中得 $\dfrac{E}{\rho}\displaystyle\int_A y \mathrm{d}A = 0$，此式中 $E/\rho =$ 常量，故只有积分式 $\displaystyle\int_A y \mathrm{d}A = 0$。此积分式即为横截面对 z 轴的静矩 S_z，静矩等于零，说明中性轴 z 轴必通过截面形心。中性轴是截面的形心轴。

将式 (6.38) 代入式 (6.40) 得

$$M_z = \int_A \frac{E}{\rho} y^2 \mathrm{d}A = \frac{E}{\rho}\int_A y^2 \mathrm{d}A = \frac{E}{\rho} I_z$$

则
$$\frac{1}{\rho} = \frac{M_z}{EI_z} \tag{6.41}$$

式 (6.41) 表示的是中性层的曲率方程，也代表梁轴线的曲率方程。

将式 (6.41) 代入式 (6.38) 中，便得纯弯曲梁横截面上任一点处正应力计算公式

$$\sigma = \frac{M_z y}{I_z} \tag{6.42}$$

式中：M_z 为所求应力点所在横截面上的弯矩；y 为所求的应力点相对中性轴的坐标；I_z 为截面对中性轴的惯性矩。

利用式 (6.42) 时，M_z、y 可直接代入代数值，最后根据计算结果正负号判定应力的拉压。

2. 横力弯曲梁横截面上的正应力

对于横力弯曲梁，由于横截面上切应力的作用，梁受载后，横截面将发生翘曲；同时，由于剪力的作用，梁各纵向纤维不再是单向受力，而在各纵向纤维之间还存在着挤压。因此，在推导纯弯曲梁横截面上正应力时的平面假设和单向受力假设已不再成立。但是由弹性力学的精确分析证明对于梁跨度 l 与截面高度 h 之比 $\dfrac{l}{h}$ 大于 5 的细长梁，应用式 (6.42) 计算梁的正应力，误差很小，满足工程精度所允许的范围。因此，式 (6.42) 也可应用于 $\dfrac{l}{h}$ 大于 5 的横力弯曲的细长梁。

梁的正应力计算公式虽然用的是矩形截面梁，但公式在推导过程中，并不涉及矩形截面的几何性质。所以，只要发生平面弯曲的梁，式 (6.42) 均适用。

3. 最大正应力

对一指定截面而言，弯矩 M，惯性矩 I_z 为常量，y 值越大，则正应力越大，所以最大正应力发生在截面的上下边缘处，其值为

$$\sigma_{\max} = \frac{M_z y_{\max}}{I_z}$$

令
$$W_z = \frac{I_z}{y_{\max}}$$
(6.43)

则
$$\sigma_{\max} = \frac{M_z}{W_z}$$
(6.44)

式中：W_z 称为抗弯截面系数，是衡量截面抗弯强度的一个几何量，单位一般用 mm^3 或 m^3。

对于宽为 b、高为 h 的矩形截面：
$$W_z = \frac{I_z}{y_{\max}} = \frac{\dfrac{bh^3}{12}}{\dfrac{h}{2}} = \frac{bh^2}{6}$$
(6.45)

对于半径为 R 的圆截面：
$$W_z = \frac{I_z}{y_{\max}} = \frac{\dfrac{\pi R^4}{4}}{R} = \frac{\pi R^3}{4}$$
(6.46)

对于内半径为 r，外半径为 R 的圆环形截面：
$$W_z = \frac{I_z}{y_{\max}} = \frac{\dfrac{\pi R^4}{4}(1-\alpha^4)}{R} = \frac{\pi R^3}{4}(1-\alpha^4)$$
(6.47)

其中
$$\alpha = \frac{r}{R}$$

关于各种型钢截面惯性矩 I_z 和抗弯截面系数 W_z 的数值，可从附录表中查到。

例题 6.15 悬臂梁受力及截面尺寸如图 6.60 所示。求：梁 $1-1$ 截面上 a、b 两点的正应力。

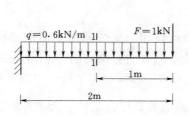
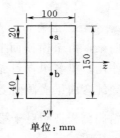

图 6.60

解： 1. 计算 $1-1$ 截面上的弯矩。应用截面法，求得该截面上的弯矩为
$$M_1 = -1 \times 1 - 0.6 \times 1 \times 0.5 = -1.3 (\text{kN} \cdot \text{m})$$

2. 确定中性层的位置，并计算惯性矩。因为截面有两根对称轴，如果力沿着 y 轴方向，则中性轴必为另一根对称轴 z，矩形截面对中性轴的惯性矩为
$$I_z = \frac{bh^3}{12} = \frac{100 \times 150^3}{12} = 2810 \times 10^4 (\text{mm}^4)$$

3. 计算 a、b 两点的正应力
$$\sigma_a = \frac{M_1 y_a}{I_z} = \frac{-1.3 \times 10^6 \times (-55)}{2810 \times 10^4} = 2.54 (\text{MPa})$$

$$\sigma_b = \frac{M_1 y_b}{I_z} = \frac{-1.3 \times 10^6 \times 35}{2810 \times 10^4} = -1.62(\text{MPa})$$

由应力的正负号可知，1—1 截面上点 a 处为拉应力，点 b 处为压应力。

例题 6.16　T 形截面悬臂梁尺寸及荷载如图 6.61（a）所示，截面对形心轴 z 的惯性矩 $I_z = 10180\text{cm}^4$，$h_2 = 96.4\text{mm}$。试计算该梁 C 截面上 a、b 两点处的正应力及此截面上的最大拉应力和最大压应力，并说明最大拉应力和最大压应力发生在何处。作出 C 截面上正应力沿截面高度的分布图。

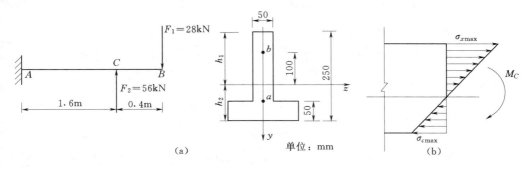

图 6.61

解：1. 计算 C 截面上的弯矩值。应用截面法，求得该截面上的弯矩为

$$M_c = -F_1 \times 0.4 = -11.2(\text{kN} \cdot \text{m})$$

2. 求截面 C 上 a、b 两点处的正应力。

$$I_z = 10180\text{cm}^4 \qquad y_a = h_2 - 50 = 96.4 - 50 = 46.4(\text{mm}) \qquad y_b = -100\text{mm}$$

$$\sigma_b = \frac{M_c y_b}{I_z} = \frac{-11.2 \times 10^6 \times (-100)}{10180 \times 10^4} = 11.0(\text{MPa})$$

$$\sigma_a = \frac{M_c y_a}{I_z} = \frac{-11.2 \times 10^6 \times 46.4}{10180 \times 10^4} = -5.1(\text{MPa})$$

3. 求截面 C 上的最大拉应力和最大压应力。因为 $M_c < 0$，所以最大拉应力 $\sigma_{t\max}$ 发生在截面的上边缘，$y_{t\max} = h_1 = 153.6\text{mm}$。最大压应力 $\sigma_{c\max}$ 发生在截面的下边缘，$y_{c\max} = h_2 = 96.4\text{mm}$，其值分别为

$$\sigma_{t\max} = \frac{M_c y_{t\max}}{I_z} = \frac{11.2 \times 10^6 \times 153.6}{10180 \times 10^4} = 16.9(\text{MPa})$$

$$\sigma_{c\max} = \frac{M_c y_{c\max}}{I_z} = \frac{11.2 \times 10^6 \times 96.4}{10180 \times 10^4} = 10.6(\text{MPa})$$

截面 C 上正应力沿截面分布如图 6.61（b）所示。

思考题

13. 中性轴是梁受拉和受压部分的分界线，梁的中性轴是如何确定的？

14. 何谓纯弯曲？为什么推导弯曲正应力公式时，首先从纯弯曲梁开始进行研究？

15. 梁弯曲时横截面上的正应力按什么规律分布？最大正应力和最小正应力发生在何处？

习题

16. 求图 6.62 所示外伸梁 1-1 截面上 a、b、c、d 等四点处的正应力，并作出该截面上正应力沿截面高度的分布图。

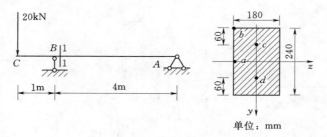

图 6.62

17. 一外径为 $D=240$mm，内径为 $d=200$mm 的圆环截面简支梁（图 6.63），受到向下均布荷载 $q=2$kN/m 的作用，求最大弯矩截面上 a、b 两点的正应力。

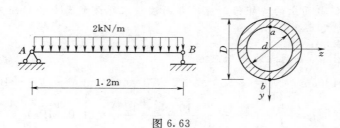

图 6.63

18. 试计算如图 6.64 所示梁的最大弯矩截面上的最大拉应力，并说明最大拉应力所在位置。$I_z=40\times10^6$mm^4。

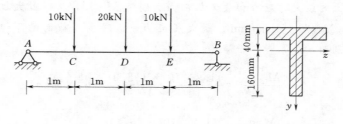

图 6.64

19. 试计算图 6.65 所示梁的最大弯矩截面上的最大拉应力和最大压应力，并说明最大应力所在位置。梁采用 45a 工字形钢。

20. 图 6.66 为一 T 形截面铸铁梁，其尺寸如图 6.66 所示。已知此截面对形心轴 z 的惯性矩为 $I_z=763$cm^4，且 $y_1=52$mm，$y_2=88$mm。试分别求 B、C 两截面上的最大拉应力和最大压应力。

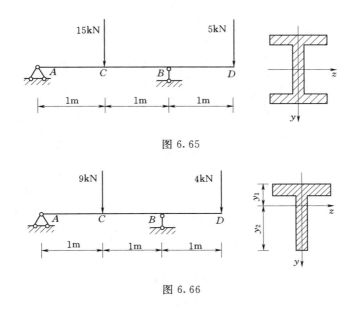

图 6.65

图 6.66

§6.7 平面弯曲梁的切应力

横力弯曲的梁横截面上既有正应力也有切应力。一般情况下，切应力只是影响梁强度的次要应力，所以本节只简单介绍几种工程中常见截面的等直梁横截面上切应力的计算公式，而不进行切应力公式的推导。

1. 矩形截面梁切应力分布规律

设有一矩形截面梁，其截面宽度为 b、高度为 h，并在纵向对称面内承受外力作用，梁发生平面横力弯曲，其横截面上的剪力 F_Q 沿 y 轴方向，如图 6.67（a）所示，根据切应力互等定理和工程上的精度要求，对梁横截面上的切应力方向及分布规律作出两个假设。横截面上任一点处的切应力 τ 方向均平行于剪力 F_Q；切应力沿截面宽度均匀分布。矩形截面梁切应力计算公式为

$$\tau = \frac{F_Q S_z}{I_z b} \tag{6.48}$$

式中：F_Q 为所求横截面上的剪力；I_z 为整个横截面对中性轴的惯性矩；b 为所求切应力点处的截面宽度；S_z 为过所求切应力点处作中性轴的平行线，将截面分为两部分，任一部分对中性轴的静矩。利用式（6.48）时，F_Q、S_z 可直接代绝对值。

图 6.67（b）所示矩形截面，求此截面上任一点的切应力。设该点到中性轴的距离为 y，过该点作中性轴的平行线，此线以上面积对中性轴的静矩为

$$S_z = S_{z1} - S_{z2} = \frac{b y_1^2}{2} - \frac{b y^2}{2} = \frac{b}{2}(y_1^2 - y^2) \tag{6.49}$$

截面对中性轴的惯性矩为

$$I_z = \frac{b h^3}{12} \tag{6.50}$$

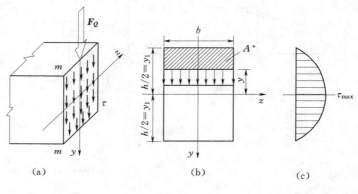

图 6.67

将式（6.49）和式（6.50）代入式（6.48）中得

$$\tau = \frac{3F_Q}{2bh}\left[1-\left(\frac{y}{y_1}\right)^2\right] \tag{6.51}$$

由式（6.51）可知，截面的最大切应力发生在 $y=0$ 处，最大切应力为

$$\tau_{max} = \frac{3F_Q}{2bh} = 1.5\frac{F_Q}{A} \tag{6.52}$$

由式（6.52）可知，矩形截面上的最大切应力等于整个横截面平均切应力的 1.5 倍，且发生在中性轴处。

将式（6.52）代入式（6.51）中，得矩形截面上任意点切应力计算公式为

$$\tau = \tau_{max}\left[1-\left(\frac{y}{y_1}\right)^2\right] \tag{6.53}$$

式（6.53）明显地反映了矩形截面梁横截面上切应力沿截面高度方向是二次分布，在截面的上下边缘处（$y=y_1$）切应力为零，中性轴处（$y=0$）切应力最大。

2. 其他截面梁的切应力

（1）工字形截面及 T 形截面。工字形截面是由上下翼缘及中间腹板组成的。腹板截面是一个窄长的矩形，切应力计算公式仍按矩形截面切应力公式计算，即

$$\tau = \frac{F_Q S_z}{I_z \delta}$$

式中：δ 为所求切应力点处截面的宽度（平行于中性轴方向的），所求切应力点在腹板上，$\delta=d$，所求切应力点在翼缘上，$\delta=b$；S_z 为过所求切应力点处作中性轴的平行线，将截面分为两部分，任一部分对中性轴的静矩（图 6.68）。

切应力沿腹板高度仍是按抛物线规律分布，最大切应力发生在中性轴上，其值为

$$\tau_{max} = \frac{F_Q S_{zmax}}{I_z d} \tag{6.54}$$

式中：S_{zmax} 为中性轴一侧截面对中性轴的静矩；d 为腹板宽度。腹板上最小切应力发生在腹板与翼缘交接处。横截面上的剪力绝大部分由腹板所承担，可达到横截面上剪力 F_Q 的 95% 左右。因此，通常只计算腹板上的切应力。经推导腹板上任一点的切应力可应用下

式求得，即

$$\tau = \tau_{\max} - \frac{F_Q y^2}{2 I_z} \tag{6.55}$$

式中：y 为腹板上所求切应力点到中性轴的坐标值，如图 6.68 所示。

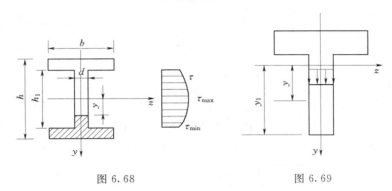

图 6.68　　　　　　　　　　　图 6.69

工程中还会遇到 T 形截面（图 6.69）。T 形截面是由两个矩形组成。腹板的窄长矩形仍可用矩形截面的切应力式（6.54）或式（6.55）计算。最大切应力仍发生在截面的中性轴上。

（2）圆形及圆环形截面。圆形及圆环形截面上的切应力情况比较复杂。但最大切应力仍发生在中性轴上各点处，并且切应力方向都与剪力 F_Q 的方向平行，且各点处的切应力均相等（图 6.70），其值为

圆形　　　　　　　　　　$$\tau_{\max} = \frac{4}{3} \frac{F_Q}{A_1} \tag{6.56}$$

圆环形　　　　　　　　　$$\tau_{\max} = 2 \frac{F_Q}{A_2} \tag{6.57}$$

式中：F_Q 为所求点横截面上的剪力；A_1 为圆形截面的面积；A_2 为圆环形截面的面积。

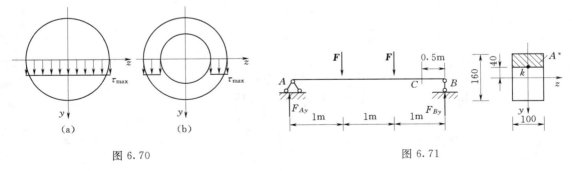

图 6.70　　　　　　　　　　　　图 6.71

例题 6.17　一矩形截面简支梁如图 6.71 所示。已知梁跨度 $l = 3\text{m}$，$h = 160\text{mm}$，$b = 100\text{mm}$，$F = 6\text{kN}$，求 C 截面上 k 点的切应力。

解：1. 由平衡条件求支座约束力，得

$$F_{Ay} = F_{By} = 6\text{kN}$$

求 C 截面上的剪力，得

$$F_{Qm} = -6\text{kN}$$

2. 计算截面的惯性矩及面积 A^* 对中性轴的静矩。

$$I_z = \frac{bh^3}{12} = \frac{100 \times 160^3}{12} = 34.1 \times 10^6 (\text{mm}^4)$$

$$S_z = A^* y_c = 100 \times 40 \times 60 = 24 \times 10^4 (\text{mm}^3)$$

3. 计算 C 截面上 k 点的切应力值

$$\tau_k = \frac{F_{QC} S_z}{I_z b} = \frac{6 \times 10^3 \times 24 \times 10^4}{34.1 \times 10^6 \times 100} = 0.42 (\text{MPa})$$

另外，还可以用式（6.53）计算 k 点切应力。

$$\tau = \tau_{max} \left[1 - \left(\frac{y}{y_1} \right)^2 \right] = \frac{3 \times 6 \times 10^3}{2 \times 100 \times 160} \left[1 - \left(\frac{40}{80} \right)^2 \right] = 0.42 (\text{MPa})$$

例 6.18 一矩形截面简支梁在跨中受集中力 $F = 40\text{kN}$ 作用，如图 6.72（a）所示，已知 $l = 10\text{m}$，$b = 100\text{mm}$，$h = 200\text{mm}$。（1）比较梁中的最大正应力和最大切应力。（2）若采用 32a 号工字钢，求最大切应力。

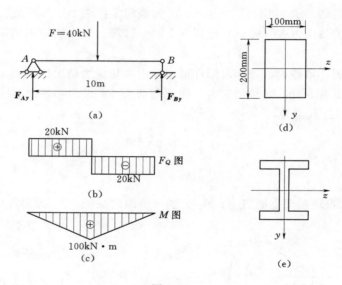

图 6.72

解： 1. 对矩形截面计算。由平衡条件求约束力得

$$F_{Ay} = F_{By} = 20\text{kN}$$

绘制内力图如图 6.72（b）、（c）所示。从内力图中看出，梁内的最大弯矩发生在跨中截面，其值为

$$M_{zmax} = \frac{1}{4} Fl = \frac{1}{4} \times 40 \times 10 = 100 (\text{kN} \cdot \text{m})$$

因为截面关于中性轴对称，最大正应力发生在截面的上下边缘处，大小相等，符号相反，其值为

$$|\sigma_{max}| = \frac{M_{zmax}}{W_z} = \frac{100 \times 10^6}{\frac{1}{6} \times 100 \times 200^2} = 150 (\text{MPa})$$

梁内最大的剪力值为

$$F_{Q\max}=20\text{kN}$$

最大切应力发生在中性轴处，其值为

$$\tau_{\max}=1.5\frac{F_Q}{A}=1.5\times\frac{20\times10^3}{100\times200}=1.5(\text{MPa})$$

由 $\dfrac{|\sigma_{\max}|}{\tau_{\max}}=\dfrac{150}{1.5}=100$ 可知，梁中的最大正应力远远大于最大切应力。所以，一般情况下，梁的强度条件是由正应力控制的，切应力的影响很小。

2. 对工字形截面进行计算。由型钢表查得

32a 号工字钢 $h=320\text{mm}$，$I_z=11080\text{cm}^4$，$S_{z\max}=400.5\text{cm}^3$，$d=9.5\text{mm}$，$t=15\text{mm}$。截面上的最大切应力发生在中性轴上，其值为

$$\tau_{\max}=\frac{F_Q S_{z\max}}{I_z d}=\frac{20\times10^3\times400.5\times10^3}{11080\times10^4\times9.5}=7.61(\text{MPa})$$

思考题

16. 梁在横向力作用下，矩形截面上切应力大小沿截面高度按什么规律变化？横截面上哪些点的切应力最大？

17. 矩形截面、圆形截面和圆环截面等这三种截面上的最大切应力如何计算？发生在什么位置？

18. 工字形或 T 形截面梁，在横向力作用下，腹板与翼缘交界处，在腹板一侧的点切应力较大，而在翼缘一侧的点切应力较小。切应力在此处为什么会发生突变？这种变化是否在箱形截面中也存在？

习题

21. 矩形截面木梁受力如图 6.73 所示，试求在离右支座 0.5m 的截面上与梁的底边相距 40mm 处 a 点的切应力，并求此截面上中性轴处的最大切应力。

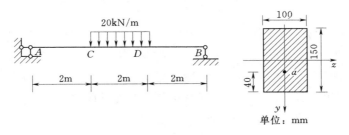

图 6.73

22. 如图 6.74 所示工字形截面上的剪力为 $F_Q=300\text{kN}$（F_Q 沿 y 轴并向上）。试计算最大弯曲切应力以及腹板与翼缘交界处的弯曲切应力（长度单位：mm）。

23. 梁截面如图 6.75 所示，若剪力 $F_Q=200\text{kN}$（F_Q 沿 y 轴并向上）。试计算最大弯曲切应力以及腹板与翼缘交界处的弯曲切应力（长度单位：mm）。

24. 梁截面如图 6.76 所示，若剪力 $F_Q=60\text{kN}$（F_Q 沿 y 轴并向下）。求 A 和 B 两点

的切应力（长度单位：mm）。

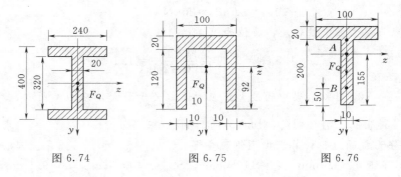

图 6.74   图 6.75   图 6.76

§6.8 梁 的 强 度 条 件

为了保证梁在荷载作用下不发生破坏，能安全正常地工作，梁必须满足强度条件，即梁在荷载作用下产生的最大应力值不能超过材料的许用应力值。

1. 正应力强度条件

一般情况下，梁弯曲时，各个截面上的弯矩和剪力是变化的，而且截面上的应力（包括正应力和切应力）分布是不均匀的。根据材料力学性能的不同，具体分以下两种情况讨论：

（1）塑性材料梁。塑性材料的力学性能是许用拉应力和许用压应力相等，不再区分拉压许用应力，统称为许用应力，即表示为$[\sigma_t]=[\sigma_c]=[\sigma]$。

梁横截面的形式可分为两种情况，一种是横截面关于中性轴对称，另一种是横截面关于中性轴不对称。但无论哪种情况，只要使梁内绝对值最大的正应力不超过材料的许用应力值即可。对于等截面梁危险点则发生在最大弯矩作用的截面离中性轴最远的点处。强度条件为

$$\sigma_{\max}=\frac{|M_z|_{\max}}{W_z}\leqslant[\sigma] \tag{6.58}$$

为了使横截面上最大拉压应力同时达到其许用应力，工程中通常将塑性材料梁的横截面做成关于中性轴对称的形状。

（2）脆性材料梁。脆性材料的力学性能是许用拉应力小于许用压应力，即$[\sigma_t]<[\sigma_c]$。为了充分利用材料，通常将脆性材料梁的横截面做成关于中性轴不对称的形状，且中性轴靠近受拉侧。所以强度条件应为

$$\left.\begin{array}{l}\sigma_{t,\max}\leqslant[\sigma_t]\\\sigma_{c,\max}\leqslant[\sigma_c]\end{array}\right\} \tag{6.59}$$

即要求梁横截面上的最大拉应力 $\sigma_{t,\max}$ 不超过材料在单向拉伸时的许用拉应力 $[\sigma_t]$；梁横截面上的最大压应力 $\sigma_{c,\max}$ 不超过材料在单向压缩时的许用压应力 $[\sigma_c]$。

这种等截面梁的危险截面可能是两个，即最大正弯矩（$M_{\max}^+$）面和绝对值最大的负弯矩（$|M^-|_{\max}$）面。最大拉应力和最大压应力所发生的危险面判定方法如下：

先求出 $\dfrac{M_{\max}^+}{|M^-|_{\max}}=m$ 和 $\dfrac{y_1}{y_2}=k$ 两个值。y_1 为梁下边缘到中性轴距离，y_2 为梁上边缘到中性轴距离，用 $\sigma_{t,\max}^+$ 表示最大正弯矩面上的最大拉应力，$\sigma_{c,\max}^+$ 表示最大正弯矩面上的最大压应力；用 $\sigma_{t,\max}^-$ 表示最大负弯矩面上的最大拉应力，$\sigma_{c,\max}^-$ 表示最大负弯矩面上的最大压应力。

因为 $mk=\dfrac{M_{\max}^+}{|M^-|_{\max}}\cdot\dfrac{y_1}{y_2}=\dfrac{M_{\max}^+\cdot y_1/I_z}{|M^-|_{\max}\cdot y_2/I_z}=\dfrac{\sigma_{t,\max}^+}{\sigma_{t,\max}^-}$，所以，最大拉应力 $\sigma_{t,\max}$ 危险面可由 mk 值判定。

若 $mk>1$，最大拉应力危险面为最大正弯矩面。若 $mk<1$，最大拉应力危险面为最大负弯矩面。

同理，最大压应力 $\sigma_{c,\max}$ 危险面可由 $\dfrac{m}{k}$ 值判定。若 $\dfrac{m}{k}>1$，最大压应力危险面为最大正弯矩面。若 $\dfrac{m}{k}<1$，最大压应力危险面为最大负弯矩面。

2. 正应力强度计算

运用正应力强度条件，可解决梁中的三类强度计算问题。

(1) 强度校核。已知梁的横截面形状及尺寸、材料的许用应力 $[\sigma]$ 及所受荷载，校核梁是否满足正应力强度条件。应当指出，如果工作应力 $\sigma_{\max}$ 超过了许用应力 $[\sigma]$，但只要不超过许用应力的 5%，在工程计算中仍然是允许的。

(2) 截面设计。已知梁所承受的荷载及材料的许用应力 $[\sigma]$，设计梁所需的横截面尺寸，即利用强度条件计算所需的抗弯截面系数。然后，根据梁的截面系数 W_z 进一步确定截面的具体尺寸或型钢号。

(3) 确定许可荷载。已知梁的横截面尺寸及材料的许用应力 $[\sigma]$，根据强度条件计算梁所能承受的最大弯矩，再由 $M_{z\max}$ 与荷载之间的关系，计算梁所能承受的最大荷载。

3. 切应力强度计算

就全梁而言，最大切应力一般发生在最大剪力 $F_{Q\max}$ 所在截面的中性轴上各点处。为了保证梁安全正常工作，梁不但要满足正应力强度条件，同时还要满足切应力强度条件，即梁内的最大切应力值不能超过材料在纯剪切时的许用切应力 $[\tau]$，即

$$\tau_{\max}=\dfrac{F_{Q\max}\cdot S_{z\max}}{I_z b}\leqslant[\tau] \tag{6.60}$$

在梁的强度计算中，必须同时满足正应力和切应力两个强度条件。但对于梁的跨度比截面高度大得多的细长梁，正应力强度条件是梁强度计算的控制条件。因此按照正应力强度条件所设计的截面（或确定的荷载），常可使切应力远小于许用切应力。所以，只需按正应力强度条件进行计算即可。

因为薄壁截面梁腹板较薄，使得中性轴处的切应力值较大；因为短粗梁或集中荷载作用在支座附近的梁，通常引起梁的最大弯矩较小，而剪力值较大；因木梁在横力弯曲时，中性层处将产生较大的切应力值，由于木材在顺纹方向的抗剪能力较差，因而可能使木梁在顺纹方向发生剪切破坏。对于以上这几种梁，不但要考虑正应力强度条件，而且还要考虑切应力强度条件。

例题 6.19 一外伸工字钢梁，型号为 22a，梁上荷载及梁长如图 6.77（a）所示。已知 $F=30$kN，$q=6$kN/m，材料的许用应力值分别为 $[\sigma]=170$MPa，$[\tau]=100$MPa，试校梁的强度。

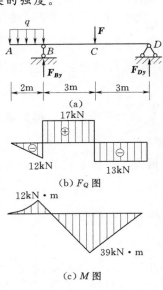

图 6.77

解： 1. 由静力平衡方程求得支座约束力分别为
$$F_{By}=29\text{kN}, \quad F_{Dy}=13\text{kN}$$

2. 绘制梁的内力图如图 6.77（b）、（c）所示。由内力图可知最大的内力值为
$$M_{z\max}=39\text{kN·m}, \quad F_{Q\max}=17\text{kN}$$

3. 强度校核。由型钢表查得，22a 工字钢弯曲截面系数 $W_z=309.8\text{cm}^3$，惯性矩 $I_z=3406\text{cm}^4$，腹板厚度 $d=8$mm，对中性轴的最大静距为 $S_{z\max}=177.7\text{cm}^3$。

正应力强度校核：
$$\sigma_{\max}=\frac{M_{z\max}}{W_z}=\frac{39\times10^6}{309.8\times10^3}=126(\text{MPa})<[\sigma]=170(\text{MPa})$$

切应力强度校核：
$$\tau_{\max}=\frac{F_{Q\max}S_{z\max}}{I_z d}=\frac{17\times10^3\times177.7\times10^3}{3406\times10^4\times8}$$
$$=11.1(\text{MPa})<[\tau]=100(\text{MPa})$$

此梁强度符合要求。

例题 6.20 矩形截面悬臂梁全跨受均布荷载作用，如图 6.78（a）所示。梁横截面尺寸为 $b=120$mm，$h=180$mm，材料的许用应力值分别为 $[\sigma]=100$MPa，$[\tau]=40$MPa。试校核此梁的强度。

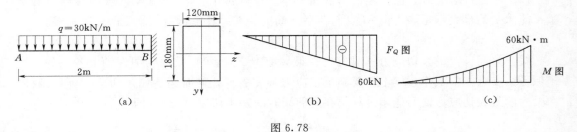

图 6.78

解： 1. 梁的内力图如图 6.78（b）、（c）所示。梁的最大剪力及最大弯矩均发生在固端截面处，其值分别为
$$M_{z\max}=60(\text{kN·m}), F_{Q\max}=60(\text{kN})$$

2. 梁的正应力强度校核。弯曲截面系数为
$$W_z=\frac{bh^2}{6}=\frac{120\times180^2}{6}=6.48\times10^5(\text{mm}^3)$$

最大正应力值为
$$\sigma_{\max}=\frac{M_{z\max}}{W_z}=\frac{60\times10^6}{6.48\times10^5}=92.6(\text{MPa})<[\sigma]=100(\text{MPa})$$

3. 梁的切应力强度校核。

$$\tau_{max}=1.5\frac{F_{Qmax}}{bh}=\frac{60\times10^3}{120\times180}=4.17(\text{MPa})<[\tau]=40(\text{MPa})$$

此梁强度符合要求。

例题 6.21　一 T 形截面铸铁梁的荷载和截面尺寸如图 6.79（a）所示。若已知此截面对形心轴 z 的惯性矩 $I_z=763\text{cm}^4$，且 $y_2=52\text{mm}$，$y_1=88\text{mm}$；铸铁的许用拉应力 $[\sigma_t]=30\text{MPa}$，许用压应力 $[\sigma_c]=90\text{MPa}$。试校核梁的正应力强度。

解：1. 求支座反力。由静力平衡方程求得支座反力分别为

$$F_{Ay}=2.5\text{kN},F_{By}=10.5\text{kN}$$

2. 该梁弯矩图如图 6.79（b）所示。截面 C、B 为危险截面，且两截面弯矩值分别为

$$M_{zC}=2.5\text{kN}\cdot\text{m},M_{zB}=-4\text{kN}\cdot\text{m}$$

3. 强度校核。截面 C 产生最大正弯矩，最大拉应力发生在截面的下边缘，最大压应力发生在截面的上边缘，如图 6.79（c）所示，其值分别为

$$\sigma_{tmax}=\frac{M_{zC}y_1}{I_z}=\frac{2.5\times10^6\times88}{763\times10^4}=28.8(\text{MPa})<[\sigma_t]=30(\text{MPa})$$

$$\sigma_{cmax}=\frac{M_{zC}y_2}{I_z}=\frac{2.5\times10^6\times52}{763\times10^4}=17.1(\text{MPa})<[\sigma_c]=90(\text{MPa})$$

B 截面产生最大负弯矩，最大拉应力发生在截面的上边缘，最大压应力发生在截面的下边缘，如图 6.79（c），其值分别为

$$\sigma_{tmax}=\frac{M_{zB}y_2}{I_z}=\frac{4\times10^6\times52}{763\times10^4}=27.26(\text{MPa})<[\sigma_t]=30(\text{MPa})$$

$$\sigma_{cmax}=\frac{M_{zB}y_1}{I_z}=\frac{4\times10^6\times88}{763\times10^4}=46.13(\text{MPa})<[\sigma_c]=90\text{MPa}$$

显然，此梁强度符合要求。

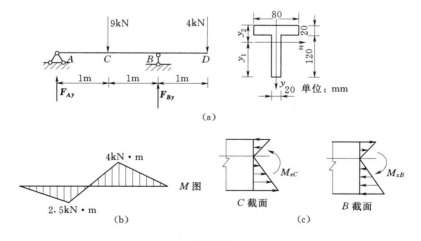

图 6.79

例题 6.22　图 6.80（a）所示为普通热轧工字钢制成的简支梁。受 $F=120\text{kN}$ 集中力作用，钢材的许用正应力 $[\sigma]=150\text{MPa}$，许用切应力 $[\tau]=100\text{MPa}$，试选择该梁工字钢型号。

解： 1. 求支座约束力。由静力平衡方程求得支座约束力分别为

$$F_{Ay}=80\text{kN}, F_{By}=40\text{kN}$$

2. 梁的内力图如图 6.80 (b)、(c) 所示。由内力图可知梁内最大剪力和最大弯矩分别为

$$F_{Q\max}=80\text{kN}, M_{z\max}=80\text{kN}\cdot\text{m}$$

3. 按正应力强度条件选择截面。由正应力强度条件得

$$W_z\geqslant\frac{M_{z\max}}{[\sigma]}=\frac{80\times10^6}{150}=533\times10^3(\text{mm}^3)$$

查型钢表得，选 28b 号工字钢，其弯曲截面系数为 $W_z=534.4\text{cm}^3$，比计算所需的 W_z 略大，故可选用 28b 号工字钢。

4. 对梁进行切应力强度校核。查型钢表得 28b 号工字钢的截面几何参数值为

$$\frac{I_z}{S_{z\max}}=\frac{7481}{312.3}=24(\text{cm}), b=10.5\text{mm}$$

梁的最大切应力为

$$\tau_{\max}=\frac{F_{Q\max}S_{z\max}}{I_z b}=\frac{80\times10^3}{24\times10\times10.5}=31.74(\text{MPa})<[\tau]=100(\text{MPa})$$

所以梁满足切应力强度条件，该梁可选用 28b 号工字钢。

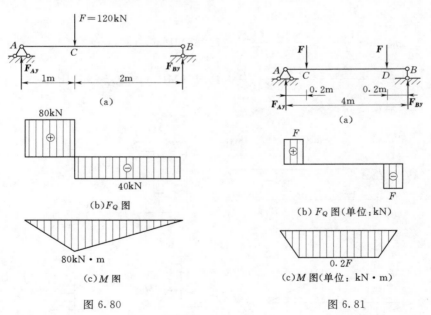

图 6.80   图 6.81

例题 6.23 图 6.81 (a) 所示简支梁，截面为 22a 工字钢，已知 $[\sigma]=160\text{MPa}$，$[\tau]=100\text{MPa}$，试确定许可荷载 $[F]$。

解： 1. 由静力平衡方程求得支座约束力分别为

$$F_{Ay}=F, \quad F_{By}=F$$

2. 根据梁上所受外力作梁的剪力图和弯矩图如图 6.81 (b)、(c) 所示，由内力图可知梁内最大剪力和最大弯矩分别为

$$F_{Q\max}=F\ (\mathrm{kN}),\ M_{z\max}=0.2F\ (\mathrm{kN\cdot m})$$

3. 按正应力强度条件求许用荷载。查型钢表得 $W_z=309.8\mathrm{cm}^3$，由正应力强度条件 $M_{z\max}\leqslant[\sigma]W_z$ 得

$$0.2F\times10^6\leqslant160\times309.8\times10^3$$

即

$$F\leqslant\frac{160\times309.8\times10^3}{0.2\times10^6}=247.8(\mathrm{kN})$$

所以初步取 $[F]=247.8\mathrm{kN}$

4. 进行切应力强度校核。查型钢表得

$$\frac{I_z}{S_{z\max}}=\frac{3406}{177.7}=19.2(\mathrm{cm}),b=7.5\mathrm{mm}$$

梁的最大切应力为

$$\tau_{\max}=\frac{F_{Q\max}S_{z\max}}{I_zb}=\frac{247.8\times10^3}{19.2\times10\times7.5}=172.1(\mathrm{MPa})$$

显然，梁中 $\tau_{\max}=172.1\mathrm{MPa}>[\tau]=100\mathrm{MPa}$，不满足切应力强度条件。

5. 按切应力强度条件重新确定许用荷载 $[F]$。由切应力强度条件 $F_{Q\max}\leqslant[\tau]b\dfrac{I_z}{S_{z\max}}$ 得

$$F\times10^3\leqslant100\times7.5\times19.2\times10$$

即

$$F\leqslant144\mathrm{kN}$$

综合考虑梁同时满足正应力和切应力强度条件，该梁的许用荷载为 $[F]=144\mathrm{kN}$。

思考题

19. 由塑性材料制成的梁，一般采用中性轴为对称轴的截面；由脆性材料制成的梁，一般采用中性轴不为对称轴的截面。对这两种梁进行正应力强度计算时，考察的危险面各有几个？

20. 矩形截面梁的横截面高度增加到原来的两倍，截面的抗弯能力将增加到原来的几倍？矩形截面梁的横截面宽度增加到原来的两倍，则截面的抗弯能力将增加到原来的几倍？

21. 在铅直荷载作用下，矩形截面梁沿其竖直纵向对称面剖为双梁，其截面的抗弯能力是否有变化？若沿其水平纵向对称面剖为双梁，其截面的抗弯能力是否有变化？

习题

25. 如图 6.82 所示一个作用均布荷载的外伸梁，采用矩形截面，$b\times h=60\mathrm{mm}\times$

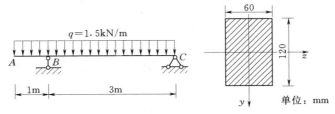

图 6.82

120mm，已知荷载 $q = 1.5\text{kN/m}$，材料的弯曲许用正应力 $[\sigma] = 10\text{MPa}$，许用切应力 $[\tau] = 1.2\text{MPa}$。校核梁的强度。

26. 如图 6.83 所示外伸梁，已知材料的许用拉应力 $[\sigma_t] = 35\text{MPa}$，许用压应力 $[\sigma_c] = 70\text{MPa}$，$I_z = 40.3 \times 10^6 \text{mm}^4$，$y_1 = 139\text{mm}$，$y_2 = 61\text{mm}$。校核梁的正应力强度。

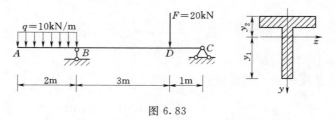

图 6.83

27. 槽形截面梁的受力及尺寸如图 6.84 所示。已知：$I_z = 1.729 \times 10^8 \text{mm}^4$，$y_1 = 183\text{mm}$，$y_2 = 317\text{mm}$，材料为铸铁，其许用拉应力 $[\sigma_t] = 40\text{MPa}$，许用压应力 $[\sigma_c] = 80\text{MPa}$，试求该梁的许用荷载 $[F]$。

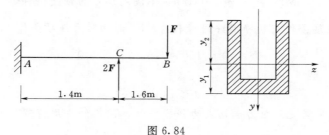

图 6.84

28. 图 6.85 所示吊车梁用 25a 工字钢制成，已知材料的许用弯曲正应力 $[\sigma] = 170\text{MPa}$，许用弯曲切应力 $[\tau] = 100\text{MPa}$。试求该梁的许用荷载 $[F]$。

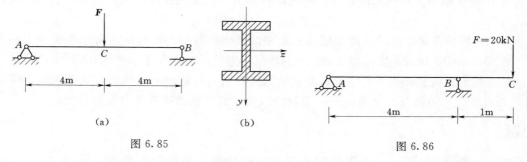

图 6.85   图 6.86

29. 如图 6.86 所示外伸梁，承受荷载 $F = 20\text{kN}$ 作用，材料的许用正应力 $[\sigma] = 160\text{MPa}$，许用切应力 $[\tau] = 90\text{MPa}$，试选择工字钢型号。

§6.9   提高梁弯曲强度的措施

在设计梁时，既要保证梁有足够的强度，同时又应使设计的梁能充分发挥材料性能，以节省材料，达到既安全又经济的要求。由于弯曲正应力是控制梁强度的主要因素。由等

截面梁的正应力强度条件

$$\sigma_{max} = \frac{M_{zmax}}{W_z} \leqslant [\sigma]$$

可以看出，降低最大弯矩值 M_{max}、增大抗弯截面系数 W_z、充分发挥材料的抗破坏能力等都可提高梁的承载能力。

1. 降低梁的最大弯矩值 M_{max}

梁的强度计算是以最大弯矩为依据的，降低梁内最大弯矩，则可使梁的工作应力减少，相对地提高了梁的强度。合理安排梁的支承与合理布置荷载，都是降低梁最大弯矩值的较好措施。

（1）合理安排梁的支承。例如，均布荷载作用下的简支梁［图 6.87（a）］，跨中最大弯矩为 $M_{max} = 0.125ql^2$，若将梁支座的位置向中间移动 $0.2l$，此梁改为外伸梁，如图 6.87（b）所示，则最大弯矩减少为 $M_{max} = 0.025ql^2$，仅为前者的 $\frac{1}{5}$，也就是说，若按图 6.87（b）所示布置支座，荷载还可以增加 4 倍。因此，工程中龙门吊车的大梁、锅炉筒体等一般多采用外伸梁形式。

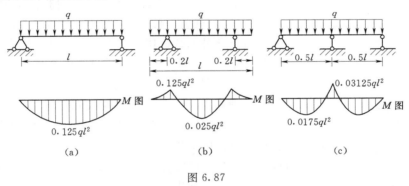

图 6.87

此外，还可以采用增加支座的方法来提高梁的承载能力。例如在图 6.87（a）所示的简支梁的中间增加一个支座，如图 6.87（c）所示，最大弯矩为 $|M_{zmax}| = 0.03125ql^2$，此弯矩仅为原简支梁的最大弯矩的 $\frac{1}{4}$。

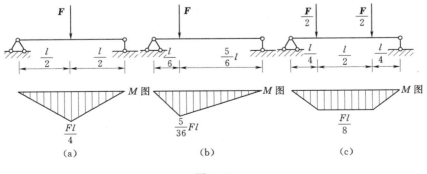

图 6.88

（2）合理布置荷载。在工作条件允许的情况下，可采用将荷载分散布置的方法，或者将荷载靠近支座布置，都可以降低梁的最大 M_{max}。如图 6.88（a）所示简支梁，将荷载作用点靠近支座布置［图 6.88（b）］，或者将其分散布置［图 6.88（c）］，都将显著地降低最大弯矩值。我国现存的古建筑中的一些屋架，也就是用分散荷载这种方法提高木梁的强度。

2. 选择合理的截面形状

（1）根据截面几何性质选择截面形状。当梁的跨度、支承、受力及所用的材料已经确定的情况下，增大 W_z 值则可提高梁的抗弯能力。若采用加大横截面面积来提高 W_z，则会增加材料的用量。所以，合理的截面形状应是在截面面积相等的条件下获得最大的抗弯截面系数。W_z 值与截面的高度及截面面积分布有关。截面的高度越大，面积分布得离中性轴越远，W_z 值就越大。由于矩形和圆形截面的大部分材料靠近中性轴，其 W_z 值就小。若将圆形截面改为空心圆截面，它的 W_z 值将大大增大。对矩形截面来说，竖放比横放合理。若再将矩形截面中部的一些材料移至上下边缘处，远离中性轴，改用工字形截面，W_z 也将大大增加。

梁的合理截面也可以从梁截面的正应力分布情况来分析。梁弯曲时，距中性轴越远，正应力越大，梁的强度计算是以最大正应力达到材料许用应力为条件的。由于中性轴附近各点处的正应力很小，这部分材料并没有充分发挥作用。将大部分材料布置到离中性轴较远的位置，就能充分地提高材料的利用率。如矩形截面相比圆形截面合理，工字型截面比矩形截面合理，箱型截面比矩形截面合理［图 6.89（a）～图 6.89（c）］。

以上分析只是从强度方面考虑的合理截面。在工程中，还要综合考虑刚度、稳定性、加工制作以及使用等各种因素。如矩形截面过高，过窄，梁则容易发生侧向失稳破坏；木料加工成圆环形截面，其加工工艺难度与费用都将增大。

（2）根据材料特性选择截面形状。从材料的特性上看，当危险截面的最大拉应力与压应力均达到许用应力值时，材料才能得到充分利用。因此，对于抗拉与抗压强度相同的塑性材料梁，宜采用截面关于中性轴对称的形式。而对于抗拉与抗压强度不同的脆性材料梁，则最好采用中性轴偏于受拉一侧的截面，例如，槽形与 T 形截面等，如图 6.89（d）、（e）所示。

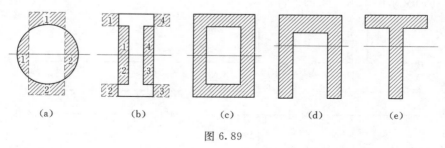

(a)　　　(b)　　　(c)　　　(d)　　　(e)

图 6.89

3. 采用等强度梁

在一般情况下，梁各截面的弯矩大小是随截面的位置变化的，等截面梁是根据危险截面上的最大弯矩来确定截面尺寸的，所以只有弯矩最大值所在的截面上，最大应力才有可能接近许用应力，而其他截面上，弯矩很小，应力也较低，材料未充分利用。为了节约材料，减轻自重，在弯矩较大的截面，采用大截面，在弯矩较小的截面，采用小截面，使梁的截面尺寸随弯矩的大小而变化，这种截面尺寸沿梁轴变化的梁称为变截面梁。从弯曲强度方面考虑，最理想的变截面梁，是使所有横截面上的最大正应力均等于许用应力，这种梁称为等强度梁。即

$$\sigma_{max} = \frac{M(x)}{W_z(x)} = [\sigma]$$

由上式可得

$$W_z(x) = \frac{M(x)}{[\sigma]}$$

式中，$M(x)$ 为梁的弯矩函数，$W_z(x)$ 为梁的抗弯截面系数随截面位置变化的函数。

等强度梁是一种理想的变截面梁，但这种梁的加工制作比较困难，因此，在工程中通常采用较简单的变截面梁。如工业厂房中的鱼腹式吊车梁［图 6.90（a）］，阳台或雨篷的悬臂梁［图 6.90（b）］。显然，这些变截面梁都是近似的等强度梁。

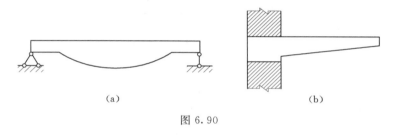

图 6.90

思考题

22. 何谓变截面梁？何谓等强度梁？

23. 由 4 根 $100 \times 80 \times 10$ 不等边角钢焊成一体的梁，在纯弯曲条件下按图示四种形式组合，试问哪一种强度最高？哪一种强度最低？

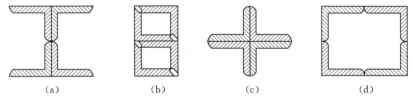

图 6.91

24. 扁担的形状是两头细中间粗且通体扁薄，它是一种近似的等强度变截面梁，这种梁在应用中有何优点？工程中应用近似的等强度变截面梁很多，你能列举出几个实例吗？

§6.10　组　合　变　形

1. 组合变形的概念

实际工程中有些杆件的受力情况比较复杂，其变形不只是单一的基本变形，杆件往往

会同时发生两种或两种以上的基本变形。将这类复杂的变形形式称之组合变形。组合变形的杆件在工程中是比较多的。如图 6.92（a）所示的烟囱，除由自重引起的轴向压缩外，还有因水平方向的风力作用而产生的弯曲变形；图 6.92（b）所示的厂房柱由于受到偏心压力的作用，使得柱子产生压缩和弯曲变形；图 6.92（c）所示的屋架檩条，荷载不作用在纵向对称平面内，所以檩条的弯曲不是平面弯曲，檩条的变形是由两个互相垂直的平面弯曲组合而成。

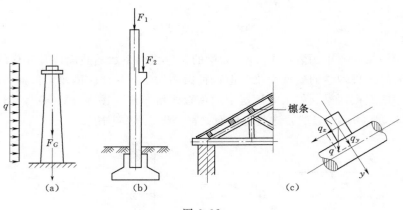

图 6.92

2. 组合变形的分析方法

解决组合变形的强度问题的基本方法是叠加法，其分析步骤如下：

（1）将杆件的组合变形分解为几种基本变形。

（2）计算杆件在每一种基本变形情况下所产生的应力。

（3）将同一点的应力叠加，可得到杆件在组合变形下任一点的应力。

实践证明，只要杆件符合小变形条件，且材料在弹性范围内工作，由上述叠加法所计算的结果与实际情况基本上是符合的。

本节只介绍在建筑工程中较为常见的两种组合变形——斜弯曲和偏心压缩（拉伸）。

3. 斜弯曲

工程中的有些杆件，它所受的外力虽然与杆轴垂直，而外力作用平面却不与杆的纵向对称平面重合，实验和理论分析结果表明，在这种情况下，杆的挠曲轴所在平面与外力作用平面之间有一定夹角，即挠曲轴不在外力作用平面内。这种弯曲称为斜弯曲。

以图 6.93（a）所示矩形截面悬臂梁为例，讨论斜弯曲问题的特点和强度计算方法。

（1）荷载分组。设坐标系如图 6.93（a）所示，将力 F 沿截面的两个对称轴 y 和 z 分解为两个分力，得

$$F_y = F\cos\varphi, \quad F_z = F\sin\varphi$$

分力 F_y 将使梁在 $x-y$ 平面内产生平面弯曲，分力 F_z 将使梁在 $x-z$ 平面内产生平面弯曲。这样，就将斜弯曲分解为两个相互垂直平面内的平面弯曲。

（2）内力计算。在 $x-y$ 平面内的平面弯曲，中性轴为 z 轴，因此，此平面弯曲的弯矩记为 M_z；同理，在 $x-z$ 平面内的平面弯曲，中性轴为 y 轴，弯矩记为 M_y。两个平面

弯曲的弯矩方程分别为

$$M_z = -F_y(l-x) = -F\cos\varphi(l-x) \quad (0 \leqslant x \leqslant l)$$
$$M_y = F_z(l-x) = F\sin\varphi(l-x) \quad (0 \leqslant x \leqslant l)$$

每一平面弯曲，当受拉侧在坐标轴的正向一侧时，弯矩为正，反之为负。弯矩图分别为图 6.93（b）、（c）所示。

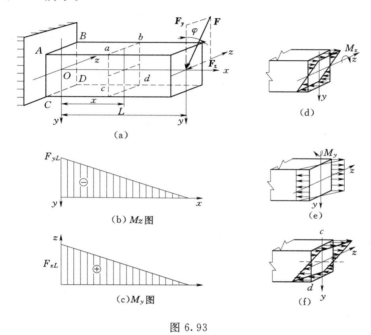

图 6.93

（3）应力计算。距固定端为 x 的横截面上任意一点 K 处（坐标 y，z），由 M_z 和 M_y 所引起的正应力分别为

$$\sigma_{Mz} = \frac{M_z y}{I_z}, \quad \sigma_{My} = \frac{M_y z}{I_y}$$

作各平面弯曲截面上正应力分布图，作此图的目的是为了以后便于判定危险点。对于图 6.93（a）所示梁，在 x-y 平面内及在 x-z 平面内弯曲时，在截面上正应力分布图分别如图 6.93（d）、（e）所示。

根据叠加原理，截面上某点的正应力 σ 为

$$\sigma = \sigma_{Mz} + \sigma_{My} = \frac{M_z y}{I_z} + \frac{M_y z}{I_y} \tag{6.61}$$

式（6.61）中的弯矩（M_z，M_y）和坐标（z，y）按代数值代入，计算结果为正，说明为拉应力；反之为压应力。

（4）强度条件。进行强度计算时，首先确定危险截面及危险点的位置。图 6.93（a）所示的悬臂梁，固定端截面的弯矩最大，是危险截面。由 M_z 产生的最大拉应力发生在该截面的 AB 边上；由 M_y 产生的最大拉应力发生在该截面的 BD 边上；可见，悬臂梁的最大拉应力发生在 AB 边和 BD 边的交点 B 处。同理最大压应力发生在 C 点。此时 B、C 两点就是危险点。因为最大拉应力值等于最大压应力值，这里不再区分拉压，统称为最大应

力，即

$$\sigma_{\max} = \frac{|M_z|}{W_z} + \frac{|M_y|}{W_y} \tag{6.62}$$

若材料的抗拉和抗压强度相等，则斜弯曲的强度条件为

$$\sigma_{\max} \leqslant [\sigma]$$

根据这一强度条件，同样可以进行强度校核、截面设计和确定许用荷载。在设计截面尺寸时，因为有 W_z 和 W_y 两个未知量，所以需假定一个比值 $\frac{W_z}{W_y}$。对于矩形截面，一般取 $\frac{W_z}{W_y} = \frac{h}{b} = 1.2 \sim 2$；对于工字型截面，一般取 $\frac{W_z}{W_y} = 8 \sim 10$；对于槽型截面，一般取 $\frac{W_z}{W_y} = 6 \sim 8$。

例题 6.24   图 6.94 所示檩条简支在屋架上，其跨度为 3.6m。承受由屋面传来的均布荷载 $q = 1\text{kN/m}$。屋面的倾角 $\varphi = 26°34'$，檩条为矩形截面：$b = 90\text{mm}$，$h = 140\text{mm}$，材料的许用应力 $[\sigma] = 12\text{MPa}$，试校核该檩条的强度。

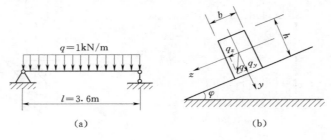

图 6.94

解：檩条在竖向荷载 q 的作用下，将产生斜弯曲变形。

1. 荷载分组。荷载 q 与 y 轴间的夹角 $\varphi = 26°34'$，将均布荷载 q 沿 y、z 轴分解，得

$$q_y = q\cos\varphi = 1 \times \cos 26°34' = 0.894(\text{kN/m})$$

$$q_z = q\sin\varphi = 1 \times \sin 26°34' = 0.447(\text{kN/m})$$

2. 内力计算。檩条在荷载 q_y 和 q_z 作用下，最大弯矩发生在跨中截面，其值分别为

$$M_{z\max} = \frac{q_y l^2}{8} = \frac{0.894 \times 3.6^2}{8} = 1.448(\text{kN} \cdot \text{m})$$

$$M_{y\max} = \frac{q_z l^2}{8} = \frac{0.447 \times 3.6^2}{8} = 0.724(\text{kN} \cdot \text{m})$$

3. 应力计算。截面对 z、y 轴的抗弯截面系数分别为

$$W_z = \frac{bh^2}{6} = \frac{90 \times 140^2}{6} = 2.94 \times 10^5(\text{mm}^3)$$

$$W_y = \frac{hb^2}{6} = \frac{140 \times 90^2}{6} = 1.89 \times 10^5(\text{mm}^3)$$

斜弯曲梁跨中截面的最大应力为

$$\sigma_{\max} = \frac{M_{z\max}}{W_z} + \frac{M_{y\max}}{W_y} = \frac{1.448 \times 10^6}{2.94 \times 10^5} + \frac{0.724 \times 10^6}{1.89 \times 10^5}$$

$$=8.76(\mathrm{MPa})$$

4. 强度校核。因为

$$\sigma_{\max}=8.76\mathrm{MPa}<[\sigma]=12\mathrm{MPa}$$

梁满足正应力强度条件。

例题 6.25　图 6.95（a）所示跨度为 4m 的简支梁，由 16 号工字钢制成。跨中作用集中力 $F=7\mathrm{kN}$，力 F 与横截面铅直对称轴的夹角 $\varphi=20°$。已知，$[\sigma]=160\mathrm{MPa}$。试校核梁的强度。

解：1. 荷载分组。将荷载分解为 $x-y$ 平面弯曲组和 $x-z$ 平面弯曲组。即

$$F_y=F\cos20°=7\times0.940=6.578(\mathrm{kN})$$
$$F_z=F\sin20°=7\times0.342=2.394(\mathrm{kN})$$

2. 作弯矩图、判定危险面。分别作两组外力作用下的弯矩图。显然，在力 F_y 作用下的弯矩图如图 6.95（b）所示；在力 F_z 荷载作用下的弯矩图如图 6.95（c）所示。由两个平面弯曲的弯矩图可以看出，在跨中截面 C 处，以上两平面弯曲都有相当大的弯矩，因此，这一截面为危险面，其弯矩值为

$$M_z=\frac{F_yl}{4}=\frac{6.578\times4}{4}=6.578(\mathrm{kN\cdot m})$$

$$M_y=-\frac{F_zl}{4}=-\frac{2.394\times4}{4}=-2.394(\mathrm{kN\cdot m})$$

3. 求危险面上的最大应力。

查型钢表得，16 号工字钢 $W_z=141\mathrm{cm}^3$，$W_y=21.2\mathrm{cm}^3$。危险点应为 a、b 两角点，a 点为压应力，b 点为拉应力。最大正应力为

$$\sigma_{\max}=\frac{|M_z|_{\max}}{W_z}+\frac{|M_y|_{\max}}{W_y}=\frac{6.578\times10^6}{141\times10^3}+\frac{2.394\times10^6}{21.2\times10^3}=159.6(\mathrm{MPa})$$

因为 $\sigma_{\max}=159.6\mathrm{MPa}<[\sigma]=160\mathrm{MPa}$，所以，梁满足强度条件。

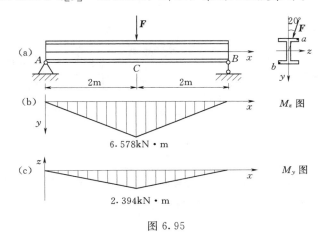

图 6.95

4. 偏心压缩（拉伸）

作用在杆件上的外力，当其作用线与杆的轴线平行但不重合时，杆件就会受到偏心压缩或偏心拉伸。如图 6.96（a）所示为矩形截面杆，力的作用点在 y 轴上，偏离 z 轴，力

的作用点距 z 轴的距离 e 称之偏心距，荷载 F 称为偏心力。当偏心力只偏离一个轴时，称单向偏心压缩（拉伸）。下面只对单向偏心压缩（拉伸）进行分析。

（1）荷载简化。将偏心力 F 平移到截面形心 O 处，如图 6.95（b）所示。得到一个通过形心的轴向压力 F 和一个附加一力偶。附加力偶的矩为偏心力 F 对 z 轴的矩，记为 M_e，其大小为

$$M_e = Fe$$

（2）内力计算。图 6.96（b）所示杆的弯矩和轴力分别为

$$M_z = -M_e = -Fe, \quad F_N = -F$$

注意，图 6.96（b）中，因弯曲时杆的受拉侧在设定的 y 轴负向，所以弯矩 M_z 取负值；若弯曲时杆的受拉侧在设定的 y 轴正向，弯矩 M_z 就取正值。

（3）应力计算。杆横截面上任一点的正应力应为轴向压缩时产生的正应力 σ_N［图 6.95（c）］与弯曲时产生的正应力 σ_M［图 6.95（d）］之叠加，即

$$\sigma = \sigma_N + \sigma_M = \frac{F_N}{A} + \frac{M_z y}{I_z} \tag{6.63}$$

由式（6.63）计算正应力时，F_N、M_z、y 均用代数值代入，计算结果为正，弯曲正应力为拉应力，反之为压应力。式（6.63）也适用于偏心拉伸。

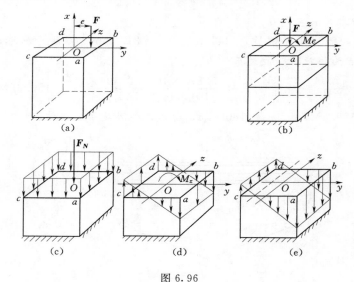

图 6.96

（4）强度条件。单向偏心压缩时，横截面上最大压应力发生在纯弯曲时的受压区且距中性轴最远（$y_{c,\max}$）的各点，如图 6.96（e）中的 ab 边上。最大压应力为

$$\sigma_{\max \cdot c} = \frac{F_{Nc}}{A} + \frac{|M_z| y_{\max \cdot c}}{I_z} \tag{6.64}$$

单向偏心压缩时，最大应力发生在受拉区且距中性轴最远的作用边各点［图 6.96（e）中的 cd 边）。其计算式为

$$\sigma_{\max}=\frac{|M_z|\,y_{\max\cdot t}}{I_z}-\frac{F_{Nc}}{A} \qquad (6.65)$$

式（6.64）和式（6.65）中：$y_{\max\cdot c}$ 为弯矩作用下截面的受压区高度，$y_{\max\cdot t}$ 为弯矩作用下截面的受拉区高度。F_{Nc} 为受压轴力值，因用角码（Nc）已反映了受压，因此，式中要按绝对值代入。

应用式（6.65）计算时，结果为正，即为最大拉应力；结果为负，即为最小压应力。强度条件为

$$\left.\begin{array}{l}\sigma_{\max\cdot t}\leqslant[\sigma_t]\\[4pt]\sigma_{\max\cdot c}\leqslant[\sigma_c]\end{array}\right\}$$

对于双向偏心压缩（拉伸），是在单向偏心压缩（拉伸）的计算基础上再叠加另一向弯曲即可。这里不再详述。

例题 6.26　图 6.97（a）所示为一厂房的牛腿柱。由屋架传来的压力 $F_1=100\text{kN}$，由吊车梁传来的压力 $F_2=30\text{kN}$，F_2 与柱子轴线有一偏心距 $e=0.2\text{m}$，如果柱横截面宽度 $b=180\text{mm}$，试求当 h 为多少时，截面才不会出现拉应力，并求柱这时的最大压应力。

解：1. 外力计算。将 F_2 平移到柱轴线处，柱的受力如图 6.97（b）所示，附加力偶的矩为

$$M_e=F_2e=30\times0.2=6(\text{kN}\cdot\text{m})$$

2. 内力计算。作柱的轴力图和弯矩图如图 6.97（c）、（d）所示。由内力图可知，危险面的轴力和弯矩为

$$F_N=-130\text{kN},\ M_z=-M_e=-6\text{kN}\cdot\text{m}$$

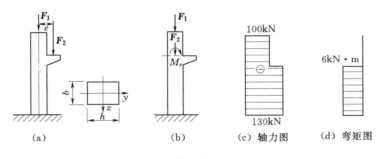

(a)　　　　　(b)　　　　　(c) 轴力图　　　　(d) 弯矩图

图 6.97

3. 应力计算。使截面不出现拉应力的条件是截面上另一极值应力 $\sigma_{\max}$ 等于零，由式（6.65）可得

$$\sigma_{\max}=\frac{|M_Z|\,y_{\max\cdot t}}{I_Z}-\frac{F_{N\cdot c}}{A}=0$$

则有

$$\frac{6\times10^6\times\left(\dfrac{h}{2}\right)}{\left(180\times\dfrac{h^3}{12}\right)}-\frac{130\times10^3}{180\times h}=0$$

由上式解得

$$h=\frac{6\times10^6\times6}{130\times10^3}=277(\text{mm})$$

由式（6.64）可求柱的最大压应力

$$\sigma_{max \cdot c} = \frac{|M_z| \, y_{max \cdot c}}{I_z} + \frac{F_{N \cdot c}}{A} = \frac{6 \times 10^6 \times \left(\frac{277}{2}\right)}{\left(180 \times \frac{277^3}{12}\right)} + \frac{130 \times 10^3}{180 \times 277} = 5.13(\text{MPa})$$

5. 截面核心的概念

偏心力只要作用在截面形心附近的某个区域内，截面上只出现一种性质的应力（拉应力或压应力），这个区域称之截面核心。土建工程中，大量使用的砖、石、混凝土等材料，其抗拉能力远远小于抗压能力。由这些材料制成的杆件在偏心压力作用下，截面上最好不出现拉应力，以免被拉裂。因此，要求偏心压力的作用点在截面核心之内。

工程上常见的矩形截面、圆形截面、工字形截面的截面核心如图6.98所示。

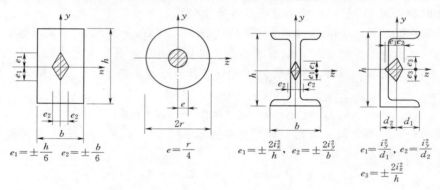

图 6.98

思考题

25. 何谓平面弯曲？何谓斜弯曲？什么是偏心压缩或拉伸，它与轴向压缩或拉伸有何区别？

26. 悬臂梁受集中力 **F** 作用，力 **F** 与 y 轴的夹角 β 如图6.99所示。当截面分别为圆形、长方形和正方形时，梁是否都发生平面弯曲？为什么？

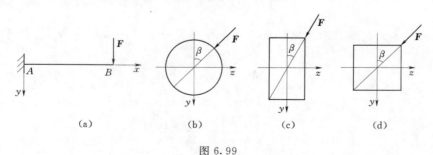

图 6.99

27. 图示三根短柱受力 **F** 作用，图6.100（b）、（c）柱子各挖去一部分。试判断在图6.100所示三种情况下，短柱中的最大压应力的大小和位置。

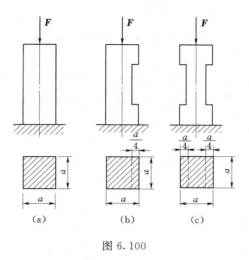

图 6.100

习题

30. 如图 6.101 所示水塔盛满水时连同基础总重为 $F_G = 6000\text{kN}$，在离地面 $H = 15\text{m}$ 处受水平风力的合力 $F_w = 60\text{kN}$ 作用，圆形基础的直径 $d = 6\text{m}$，埋置深度 $h = 3\text{m}$，若地基土壤的许用荷载 $[\sigma] = 0.3\text{MPa}$，试校核地基土壤的强度。

31. 砖墙和基础如图 6.102 所示，设在 1m 长的墙上有偏心力 $F = 40\text{kN}$ 的作用，偏心距 $e = 0.05\text{m}$，试分别画出 $1-1$、$2-2$、$3-3$ 截面上正应力分布图。

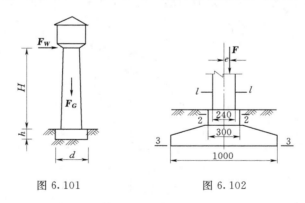

图 6.101　　　　　　　　　图 6.102

32. 如图 6.103 所示悬臂梁，承受荷载 $F_1 = 0.8\text{kN}$ 与 $F_2 = 1.6\text{kN}$ 作用。许用应力 $[\sigma] = 160\text{MPa}$，试分别按下列要求确定截面尺寸。（1）截面为矩形，且 $h = 2b$；（2）截面

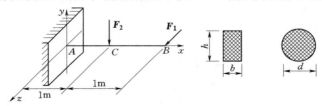

图 6.103

为圆形。

33. 图 6.104 所示结构中，杆 AB 为 18 号工字钢，已知 $[\sigma]=170\text{MPa}$。试校核 AB 杆的强度。

34. 如图 6.105 所示一矩形截面厂房边柱，所受压力 $F_1=100\text{kN}$，$F_2=45\text{kN}$，$\boldsymbol{F_2}$ 与柱轴线偏心距 $e=200\text{mm}$，截面宽 $b=200\text{mm}$，如要求柱截面上不出现拉应力，截面高 h 应为多少？此时最大压应力为多大？

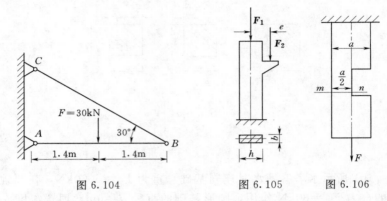

图 6.104　　　图 6.105　　　图 6.106

35. 有一正方形截面木质杆，边长为 a，拉力 $\boldsymbol{F}$ 与杆轴线重合。若因使用上的需要，在杆的某一段范围内开一宽为 $\dfrac{a}{2}$ 的切口，如图 6.106 所示。试求截面 $m-n$ 上的最大拉应力和最大压应力。这个最大拉应力是截面削弱前的最大拉应力值的几倍？

第7章 应力状态与强度理论

§7.1 应力状态的概述

轴向拉压、扭转和弯曲等基本变形的应力计算公式都是对构件的横截面而言，但构件破坏除了发生在横截面上，还经常发生于斜截面上。如低碳钢试件拉伸至屈服时，会出现与轴线约成45°角的滑移线，而铸铁拉伸时是沿试件的横截面断裂的；低碳钢圆轴扭转时沿横截面破坏，而铸铁圆轴扭转时则沿与轴线约成45°角的螺旋面断裂。要解释这些破坏现象，就必须研究点在各个方向截面上的应力情况。

1. 应力状态的概念

过一点各个方向上的应力情况称为该点的应力状态。应力状态分析就是要研究杆件中一点（特别是危险点）各个方向上的应力之间的关系，确定该点处的最大正应力、最大切应力及其所在截面方位，为解决复杂应力状态下杆件的强度问题提供理论依据。

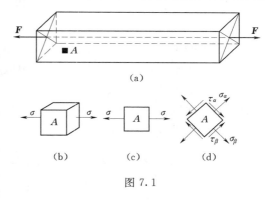

图 7.1

研究应力状态的方法是从杆件中任一点取出一个微小的六面体，称为单元体。单元体在三个方向上的尺寸无穷小，在它的每一个面上，应力都是均匀的，且每一对平行平面上的应力则大小相等、方向相反。当单元体上三个互相垂直平面上的应力均已知时，运用截面法就可以确定通过该点的其他截面上的应力，也就确定了该点的应力状态。

图 7.1（a）所示为横截面为矩形的受拉直杆，假想围绕 A 点从杆内截取单元体，将其放大如图 7.1（b）所示；对于平面问题，此单元体可表示成平面图，如图 7.1（c）所示。单元体的左右面与杆件横截面平行，面上的应力均为 $\sigma = \dfrac{F}{A}$；单元体的其余四个面均平行于杆件的外表面，显然这四个面上均无应力。若按图 7.1（d）所示的方式截取单元体，其中两个面与纸面平行，另外四个面均与纸面垂直，且不平行或垂直杆件轴线，成为斜截面，则在这四个面上，不仅有正应力而且还有切应力。从上述例子可以看出，过一点不同的截面上，其应力情况是不相同的，这也是杆件破坏有不同破坏类型的原因。

单元体的平面用其外法线方向来命名，如图 7.2 所示单元体及所设坐标系，单元体的左、右面是以 x 轴为法线，称为 x 面；上、下面称为 y 面；前、后面称为 z 面。一般规定正应力以拉为正值（压为负值）；正应力 σ 的下标表示该正应力所在的面，如 σ_x 即表明是 x 面上的正应力，亦即方向平行于 x 轴。规定切应力 τ 以使单元体顺时针转向为正值（逆时针转向为负值）；切应力 τ 可以采用双下标表示，第一个下标表示该切应力所在的面，第二个下标指示该切应力的方向。图 7.2（a）所示单元体中，τ_{xy} 为正，表示 x 面上沿 y 轴方向的切应力分量；τ_{yx} 为负，表示 y 面上沿 x 轴方向的切应力分量。当面上的切应力只在一个方向上有时，可仅用 1 个下标表示该切应力所在面即可，如图 7.2（b）所示。

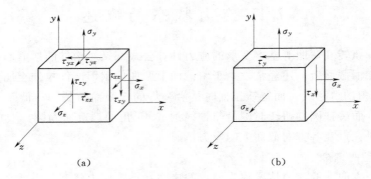

图 7.2

2. 应力状态分类

在单元体的三组相互垂直的面中，三组面上都有应力，称这种应力状态为空间应力状态，如图 7.2 所示；若三组面中至少有一组应力为零时，则称为平面应力状态，如图 7.3 所示。在基本变形及部分组合变形的杆件中，所取单元体的应力状态不外乎如图 7.3 所示三种形式的平面应力状态中的一种。

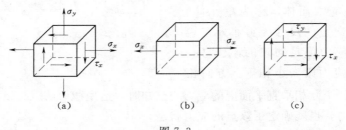

图 7.3

工程中许多受力杆件的危险点都是处于平面应力状态。因此，本章主要对平面应力状态进行分析。

§7.2　平　面　应　力　状　态

1. 斜截面上的应力

一般情况下的平面应力状态单元体如图 7.4（a）所示，单元体 x 面上的应力为 σ_x、τ_x；y 面上的应力为 σ_y、τ_y；z 面上的应力为零，因此，可将单元体表达成平面形式，即得图 7.4（b）所示。若单元体表面上的应力均为已知，现在研究与坐标轴 z 平行的任一斜面 ab 上的应力。斜截面的方位用其外法线 n 与坐标轴 x 的夹角 α 表示。由 x 轴逆时针转到斜截面外法线 n 的 α 角为正，反之为负；该截面上的应力用 σ_α 与 τ_α 表示。

沿斜截面 ab 将单元体切开，选三角形微体 abc 为研究对象。设截面 ab 的面积为 $\mathrm{d}A$，则截面 ac 与 cb 的面积分别为 $\cos\alpha\mathrm{d}A$ 与 $\sin\alpha\mathrm{d}A$，微体 abc 三个面上应力如图 7.4（c）所示。由三角形微体的平衡条件可得

$$\sum F_n = 0$$

$$\sigma_\alpha \mathrm{d}A - \sigma_x \cos\alpha\mathrm{d}A\cos\alpha - \sigma_y \sin\alpha\mathrm{d}A\sin\alpha + \tau_x \cos\alpha\mathrm{d}A\sin\alpha + \tau_y \sin\alpha\mathrm{d}A\cos\alpha = 0$$

$$\sigma_\alpha = \sigma_x \cos^2\alpha + \sigma_y \sin^2\alpha - (\tau_y + \tau_y)\sin\alpha\cos\alpha \tag{7.1}$$

$$\sum F_t = 0$$

$$\tau_\alpha \mathrm{d}A - \sigma_x \cos\alpha\mathrm{d}A\sin\alpha + \sigma_y \sin\alpha\mathrm{d}A\cos\alpha - \tau_x \cos\alpha\mathrm{d}A\cos\alpha + \tau_y \sin\alpha\mathrm{d}A\sin\alpha = 0$$

$$\tau_\alpha = (\sigma_x - \sigma_y)\sin\alpha\cos\alpha + \tau_x \cos^2\alpha - \tau_y \sin^2\alpha \tag{7.2}$$

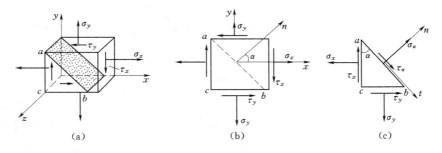

| (a) | (b) | (c) |

图 7.4

根据切应力互等定理知，τ_x 与 τ_y 的数值相等；由三角函数关系可知

$$\cos^2\alpha = \frac{1+\cos2\alpha}{2}$$

$$\sin^2\alpha = \frac{1-\cos2\alpha}{2}$$

$$\sin2\alpha = 2\sin\alpha\cos\alpha$$

将上述关系式代入式（7.1）与式（7.2）中，于是得平面应力状态下斜截面上应力的一般公式为

$$\sigma_\alpha = \frac{\sigma_x + \sigma_y}{2} + \frac{\sigma_x - \sigma_y}{2}\cos2\alpha - \tau_x \sin2\alpha \tag{7.3}$$

$$\tau_\alpha = \frac{\sigma_x - \sigma_y}{2}\sin2\alpha + \tau_x \cos2\alpha \tag{7.4}$$

由式（7.3）可求出与 α 面垂直的 $\alpha+90°$ 面上的正应力为

$$\sigma_{\alpha+90°} = \frac{\sigma_x + \sigma_y}{2} - \frac{\sigma_x - \sigma_y}{2}\cos2\alpha + \tau_x \sin2\alpha \tag{7.5}$$

将式（7.5）与式（7.3）相加可得

$$\sigma_\alpha + \sigma_{\alpha+90°} = \sigma_x + \sigma_y = 常量 \tag{7.6}$$

式（7.6）表明，在单元体中互相垂直的两个截面上的正应力之和等于常量。

2. 应力圆的概念

前面用解析法分析的平面应力状态所得到的各种计算公式和结论，同样也可以用图解法得到。图解法具有形象、直观的特点，容易理解，且应用方便。

将式（7.3）与式（7.4）改写成如下形式

$$\left(\sigma_a - \frac{\sigma_x + \sigma_y}{2}\right) = \left(\frac{\sigma_x - \sigma_y}{2}\cos 2\alpha - \tau_x \sin 2\alpha\right)$$

$$(\tau_a - 0) = \left(\frac{\sigma_x - \sigma_y}{2}\sin 2\alpha + \tau_x \cos 2\alpha\right)$$

先将以上两式各自两端平方，然后将两式相加，消去参变量 2α，可以得到

$$\left(\sigma_a - \frac{\sigma_x + \sigma_y}{2}\right)^2 + (\tau_a - 0)^2 = \left(\frac{\sigma_x - \sigma_y}{2}\right)^2 + \tau_x^2 \tag{7.7}$$

将式（7.7）与圆的一般方程 $(x-a)^2 + (y-b)^2 = R^2$ 比较，可知式（7.7）是以 σ_a 与 τ_a 为变量的圆的方程。可以看出，在以 σ 为横坐标轴、τ 为纵坐标轴的平面内，式（7.7）的轨迹为圆（图 7.5），圆心坐标为 $\left(\frac{\sigma_x + \sigma_y}{2},\ 0\right)$，半径为 $\sqrt{\left(\frac{\sigma_x - \sigma_y}{2}\right)^2 + \tau_x^2}$，这个圆称为应力圆或莫尔圆。

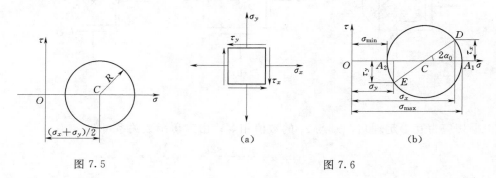

图 7.5   图 7.6

3. 应力圆的作法

已知图 7.6（a）所示单元体，x 面上的应力为 $(\sigma_x,\ \tau_x)$，y 面上的应力为 $(\sigma_y,\ \tau_y)$，根据 x、y 面上的已知应力作此单元体对应的应力圆，其方法和步骤如下：

（1）建立 σ-τ 直角坐标系。

（2）按适当的比例尺，在 σ-τ 坐标系内，由单元体两截面上的应力为坐标确定点 $D(\sigma_x, \tau_x)$、点 $E(\sigma_y, \tau_y)$。

（3）连接 D 与 E 点，交 σ 轴于 C 点（若 D、E 在 σ 轴上，则取其中点为 C 点）。以 C 为圆心、CD 或 CE 为半径作圆，即得到式（7.7）表示的应力圆，如图 7.6（b）所示。

由上述方法所作圆的圆心 C 的坐标显然为 $\left(\frac{\sigma_x + \sigma_y}{2},\ 0\right)$，圆的半径 R 为 $\sqrt{\left(\frac{\sigma_x - \sigma_y}{2}\right)^2 + \tau_x^2}$。

4. 应力圆的应用

在利用应力圆分析应力时，应注意应力圆与单元体的以下几个对应关系。图 7.7（a）

所示单元体的应力状态，与其对应的应力圆如图 7.7（b）所示，二者的对应关系有以下几点：

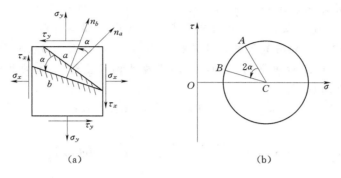

（a）　　　　　　　　　　　　　（b）

图 7.7

（1）一个点的应力状态对应着一个应力圆。

（2）过点的一个截面对应着应力圆圆周上的一个点。图 7.7（a）中的 a 截面、b 截面分别对应着应力圆［图 7.7（b）］圆周上的 A 点与 B 点。

（3）应力圆圆周上各点的坐标代表着单元体相应面上的应力（σ, τ）。

（4）单元体上两个面的外法线之间夹角为 α 时，则在应力圆周上对应两面的两点之间所夹圆心角为 2α，且两者的转向一致。在图 7.7（a）中 a 到 b 面逆时针旋转，两个面外法线的夹角为 α，则在图 7.7（b）中的应力圆圆周上从代表 a 面的 A 点到代表 b 面的 B 点也应该是逆时针旋转，且 $\angle ACB = 2\alpha$。

以上四点可以简单地用 1 句话概括：点面对应，转向一致，转角两倍。

应力圆具有以下 3 个方面的作用：可以量测出某些量的大小，并读出方向等要素。可以利用其明晰的几何关系辅助推导、记忆一些基本公式。可以用于分析和解决一些难度较大的问题。

例题 7.1　受力构件内某一点的单元体如图 7.8（a）所示，应力单位为 MPa。试用解析法和应力圆法求图示斜截面上的应力。

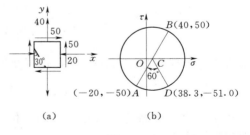

（a）　　　（b）

图 7.8

解：如图 7.8（a）所示，右面外法线为 x 轴（称为 x 面），经过逆时针旋转 30°（即 $\alpha = 30°$）到达斜截面外法方向。

x 面应力为 $\sigma_x = -20\text{MPa}$，$\tau_x = -50\text{MPa}$，y 面应力 $\sigma_y = 40\text{MPa}$，$\tau_y = 50\text{MPa}$。

1. 用解析法求解。将以上数据代入式（7.3）与式（7.4）中，得

$$\sigma_{30°} = \frac{\sigma_x + \sigma_y}{2} + \frac{\sigma_x - \sigma_y}{2}\cos 2\alpha - \tau_x \sin 2\alpha$$

$$= \frac{(-20) + 40}{2} + \frac{(-20) - 40}{2}\cos(60°) - (-50)\sin(60°) = 38.3(\text{MPa})$$

$$\tau_{30°} = \frac{\sigma_x - \sigma_y}{2}\sin 2\alpha + \tau_x \cos 2\alpha$$

$$= \frac{-20-40}{2}\sin(60°)+(-50)\cos(60°)=-51.0(\text{MPa})$$

2. 用应力圆法求解。选择适应比例尺，将 x、y 面应力标绘在 $\sigma-\tau$ 直角坐标系中，分别对应点 A、B，连接点 A、B 交横轴于点 C，以 C 为圆心、以 CA 为半径作应力圆。由于图 7.8（a）中 x 面到斜截面逆时针旋转了 $30°$，所以在图 7.8（b）中，应从点 A 逆时针旋转 $30°\times 2=60°$ 圆心角得到点 D，然后根据比例尺量得 D 点的两个坐标 $\sigma_{30°}$ 和 $\tau_{30°}$ 值，即为斜截面上的应力。

$$\sigma_{30°}=38.3\text{MPa} \qquad \tau_{30°}=-51.0\text{MPa}$$

§7.3 应力极值与主应力

1. 平面应力状态应力极值

一平面应力状态点的应力圆如图 7.9（b）所示。该圆与坐标轴 σ 相交于 A_1、A_2 两点。明显，在平行于 z 轴的各截面中，最大与最小正应力分别对应应力圆周上的点 A_1 和点 A_2，由几何关系得

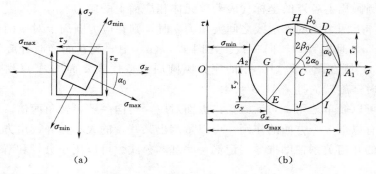

(a)   (b)

图 7.9

$$\left.\begin{array}{r}\sigma_{\max}\\ \sigma_{\min}\end{array}\right\}=OC\pm CA=\frac{\sigma_x+\sigma_y}{2}\pm\sqrt{\left(\frac{\sigma_x-\sigma_y}{2}\right)^2+\tau_x^2} \tag{7.8}$$

最大正应力所在截面的方位角 α_0 由三角形 DFA，可知，α_0 可表示为

$$\tan\alpha_0=\tan(\sigma_x,\sigma_{\max})=\frac{\sigma_x-\sigma_{\max}}{\tau_x} \tag{7.9}$$

用角 α_0 也可直接确定最大正应力的方位，即由 σ_x 方位旋转角 α_0（正为逆转，负为顺转）即到 $\sigma_{\max}$ 所在方位。

在应力圆中，横坐标极值点 A_1 与点 A_2 位于应力圆上同一直径的两端（两点相差 $180°$），即最大与最小正应力作用面在单元体上应相互垂直。当最大正应力 $\sigma_{\max}$ 作用方位确定后，最小正应力方位也可随之确定，如图 7.9（a）所示。

由图 7.9（b）还可以看出，应力圆上有两个切应力极值点，即点 H 和点 J，其纵坐标值绝对值等于半径长度。这表明，在平行于 z 轴的各截面中，最大与最小切应力分别为

$$\left.\begin{array}{r}\tau_{\max}\\ \tau_{\min}\end{array}\right\}=\pm\sqrt{\left(\frac{\sigma_x-\sigma_y}{2}\right)^2+\tau_x^2}=\pm\frac{\sigma_{\max}-\sigma_{\min}}{2} \tag{7.10}$$

在图 7.9 (b) 中，由三角形 HDG 几何关系可得一点应力状态中切应力 τ_x 作用线向最大切应力 τ_{max} 作用线旋转的角度 β_0，β_0 角应满足以下三角函数关系，即

$$\tan\beta_0 = \tan(\tau_x, \tau_{max}) = 2\frac{\tau_{max} - \tau_x}{\sigma_x - \sigma_y} \tag{7.11}$$

式中：正号表示由 x 截面至最大切应力作用面为逆时针方向。用角 β_0 也可直接确定最大切应力的方位，即由 τ_x 方位旋转角 β_0（正为逆转，负为顺转）即到 τ_{max} 所在方位。

2. 主应力概念

单元体上切应力为零的面称为主平面，主平面上作用的正应力称为主应力。全部由主平面组成的单元体称为主单元体。可以证明，对于受力构件内任一点，总可以找到一个由 3 对相互垂直的主平面组成的主单元体。在应力分析中，三对主平面上的主应力按照代数值排序，分别记为 σ_1、σ_2 和 σ_3，即 $\sigma_1 \geqslant \sigma_2 \geqslant \sigma_3$。

根据主应力不为零的数目，又可将一点的应力状态分为三类：

(1) 单向应力状态，只有一个主应力不为零。

(2) 二向应力状态，有两个主应力不为零。

(3) 三向应力状态，三个主应力都不为零。

其中单向应力状态和二向应力状态属平面应力状态，三向应力状态属空间应力状态；单向应力状态也称为简单应力状态，二向和三向应力状态又称为复杂应力状态。

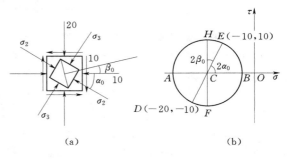

图 7.10

例题 7.2　从构件中取一单元体，各截面的应力如图 7.10 (a) 所示，试用解析法与图解法确定主应力的大小及方位，并求此平面应力状态的最大切应力及其方位。

解：1. 用解析法求解。x 与 y 截面的应力分别为

$$\sigma_x = -10\text{MPa}, \sigma_y = -20\text{MPa}, \tau_x = 10\text{MPa}, \tau_y = -10\text{MPa}$$

将其代入式 (7.8) 与式 (7.9) 得

$$\left.\begin{array}{r}\sigma_{max}\\\sigma_{min}\end{array}\right\} = \frac{\sigma_x + \sigma_y}{2} \pm \sqrt{\left(\frac{\sigma_x - \sigma_y}{2}\right)^2 + \tau_x^2}$$

$$= \frac{-10 + (-20)}{2} \pm \sqrt{\left[\frac{-10 - (-20)}{2}\right]^2 + 10^2} = \left\{\begin{array}{l}-3.8\,(\text{MPa})\\-26.2\,(\text{MPa})\end{array}\right.$$

$$\tan\alpha_0 = \frac{\sigma_x - \sigma_{max}}{\tau_x} = \frac{-10 - (-3.8)}{10} = -0.62 \text{ 得 } \alpha_0 = -31.7°$$

由于 α_0 为负值，其表示由 σ_x 到主应力 σ_{max} 应是顺时针转 31.7°。

将求得的 σ_{max}、σ_{min} 与 0 按代数值从大到小进行排序，可得三个主应力分别为：$\sigma_1 = 0$，$\sigma_2 = -3.8\text{MPa}$，$\sigma_3 = -26.2\text{MPa}$。

将 x 截面与 y 截面的应力代入式 (7.10) 与式 (7.11) 中可得

$$\left.\begin{array}{r}\tau_{\max}\\\tau_{\min}\end{array}\right\}=\pm\sqrt{\left(\frac{\sigma_x-\sigma_y}{2}\right)^2+\tau_x^2}=\pm\sqrt{\left[\frac{-10-(-20)}{2}\right]^2+10^2}=\left\{\begin{array}{c}11.2(\mathrm{MPa})\\-11.2(\mathrm{MPa})\end{array}\right.$$

$$\tan\beta_0=2\frac{\tau_{\max}-\tau_x}{\sigma_x-\sigma_y}=2\frac{11.2-10}{-10-(-20)}=0.24\ 得\ \beta_0=13.3°$$

2. 用图解法求解。特别说明的是，用图解法求解过程中所得结果，与解析法求解的结果可能有一定的差异，这也是允许的。

在 $\sigma-\tau$ 平面内，按选定的比例尺，在坐标系中确定 $D(-20,-10)$ 与 $E(-10,10)$ 两点 [图 7.10（b）]；以 DE 为直径画圆，即得此点的应力圆。

应力圆与坐标轴 σ 相交于 A 与 B 点，按选定的比例尺，量得 $OA=-26\mathrm{MPa}$，$OB=-4\mathrm{MPa}$，所以

$$\sigma_1=0,\sigma_2=-4\mathrm{MPa},\sigma_3=-26\mathrm{MPa}$$

从应力圆中量得 $\angle ECB=63°$，因为由半径 CE 向 CB 的转向为顺时针方向，所以主应力 σ_2 的方位角为

$$\alpha_0=-\frac{\angle ECB}{2}=-\frac{63°}{2}=-31.5°$$

从应力圆中量得 $CH=11\mathrm{MPa}$，所以，$\tau_{\max}=11\mathrm{MPa}$

从应力圆中量得 $\angle HCE=27°$，而且，自半径 CE 向 CH 的转向为逆时针方向，因此，最大切应力的方位角

$$\beta_0=\frac{\angle ECH}{2}=\frac{27°}{2}=13.5°$$

3. 主应力迹线

如图 7.11（a）所示矩形截面简支梁，在横截面 $m-m$ 上分别选取 a、b、c、d、e 等五点，如图 7.11（b）所示。应用此截面的弯矩 M 和剪力 F_Q，求出各点横截面上的弯曲正应力 σ 与切应力 τ。在横截面上、下边缘的 a 与 e 点处 [图 7.11（b）]，处于单向应力状态；中性轴上的 c 点，处于纯剪切状态；而在其间的 b 与 d 点，则同时承受弯曲正应力 σ 与切应力 τ。

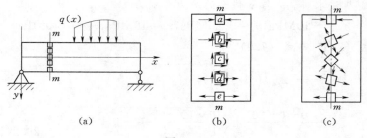

图 7.11

应用截面上各点的弯曲正应力 σ 与切应力 τ，根据式（7.8）和式（7.9），求出各点处的主应力大小及其方位角。将 $\sigma_x=\sigma$，$\sigma_y=0$，$\tau_x=\tau$，代入式中可得

$$\sigma_1=\frac{1}{2}(\sigma+\sqrt{\sigma^2+4\tau^2})>0 \tag{7.12}$$

$$\sigma_3=\frac{1}{2}(\sigma-\sqrt{\sigma^2+4\tau^2})<0 \tag{7.13}$$

$$\sigma_2 = 0$$

$$\tan\alpha_0 = \frac{\sigma - \sigma_1}{\tau}$$

式（7.12）与式（7.13）表明，在梁内任一点处的两个非零主应力中，其中一个必为拉应力，而另一个必为压应力。$m-m$ 截面上，a、b、c、d、e 等五点的主应力方向如图 7.11（c）所示。在正弯矩作用下，梁横截面上从上向下各点的主拉应力由铅直方向逐渐转向水平方向，各点的主压应力方向则由水平逐渐转向铅直。

用多个截面沿梁轴将梁等分 [图 7.12（a）]，从 1-1 截面上任一点 a 起，求出 a 点的主应力 σ_1 方向，延长方向线与截面 2-2 交于 b 点；再求 b 点的主应力方向，也延长该方向线交于截面 3-3 的 c 点，……依次下去。当截面取得较密时，则折线 $abcd\cdots$ 变为一条光滑曲线，曲线上任一点的切线必然是梁主应力 σ_1 的方向，这条曲线称为主应力迹线。依照这种方法，在梁上可以画出很多主应力迹线 [图 7.12（b）]。同理可画出 σ_3 的主应力迹线，如图 7.12（b）所示的虚线。由于各点处的主拉应力 σ_1 与主压应力 σ_3 相互垂直，所以，上述两组曲线相互正交。图 7.12（b）所示为承受均布荷载简支梁的主应力迹线。对于钢筋混凝土梁常按主拉应力迹线配置受拉钢筋，使钢筋承担拉力，如图 7.12（c）所示。

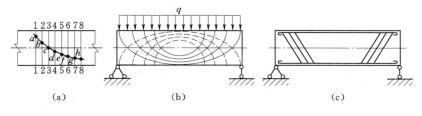

图 7.12

思考题

1. 根据一点的主应力分布情况，将应力状态分为哪三类？并用工程实例说明。

2. 一个点的平面应力状态完全可由一个应力圆表达。你是否能将研究点上的面、面上的正应力和切应力与应力圆中的元素相对应？

3. 图 7.13 所示为一平面应力状态的单元体及应力圆，试在应力圆上表示出单元体中所示三个截面的对应点。

4. 一点上的切应力为零的面称为这点的一个主平面。你根据切应力互等定理，推断一点有几个主平面？各面之间存在什么几何关系？

5. 在单元体上最大正应力作用面上有没有切应力？在最大切应力作用面上有没有正应力？

6. 平面应力状态一定是双向应力状态，空间应力状态一定是三向应力状态？并举例说明。

7. 平面应力分析得到的 σ_{max} 及 σ_{min} 就是 σ_1 和 σ_2？

8. 主应力迹线反映了构件中每一点的主应力方向和主应力在构件中走向路线。钢筋混凝土构件中主要钢筋的布置一般应与构件的何种主应力迹线相吻合？

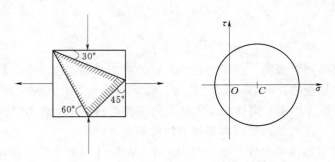

图 7.13

习题

1. 如图 7.14 所示一根等截面直圆杆，直径 $D=100\text{mm}$，承受扭力矩 $M=M'=8\text{kN}\cdot\text{m}$ 及轴向拉力 $F=F'=40\text{kN}$ 作用。如在杆的表面上一点处截取单元体如图 7.14 所示。求此单元体各面的应力，并将这些应力画在单元体上。

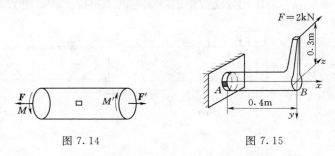

图 7.14 图 7.15

2. 如图 7.15 所示一直角曲柄把手，AB 段为圆截面，直径 $d=40\text{mm}$，作用力 $F=2\text{kN}$。若在杆的 A 截面处截取如图 7.15 所示单元体，求此单元体各面的应力，并将这些应力画在单元体上。

3. 已知应力状态如图 7.16 所示（应力单位为 MPa），试用解析法计算图中指定截面上的正应力和切应力。

4. 已知应力状态如图 7.17 所示（应力单位为 MPa），试用解析法计算图中指定截面上的正应力和切应力。

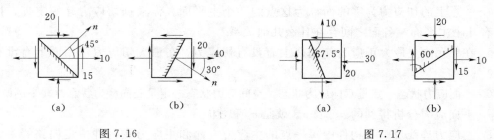

图 7.16 图 7.17

5. 单元体各截面的应力如图 7.18 所示（应力单位为 MPa），试用应力圆求图中指定截面上的正应力和切应力。

6. 单元体各截面的应力如图 7.19 所示（应力单位为 MPa），试用应力圆求图中指定截面上的正应力和切应力。

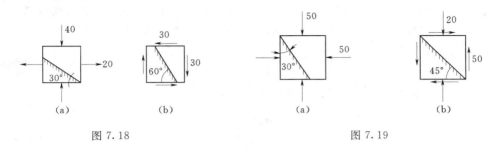

图 7.18　　　　　　　　　　　　　图 7.19

7. 单元体各截面的应力如图 7.20 所示（应力单位为 MPa），试用解析法与应力圆计算主应力的大小及所在截面的方位，并在单元体中画出。

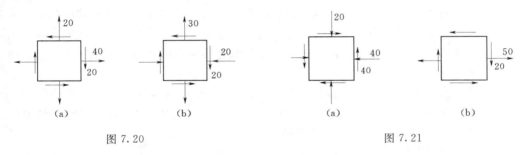

图 7.20　　　　　　　　　　　　　图 7.21

8. 单元体各截面的应力如图 7.21 所示（应力单位为 MPa），试用解析法与应力圆计算主应力的大小及所在截面的方位，并在单元体中画出。

§7.4　强　度　理　论

在第 6 章中，应用正应力强度条件（$\sigma_{\max} \leqslant [\sigma]$）和切应力强度条件（$\tau_{\max} \leqslant [\tau]$）对构件进行强度计算。前者适用于单向应力状态，其工作应力 $\sigma_{\max}$ 为拉（压）杆横截面上的正应力或梁横截面上的最大弯曲正应力；后者适用于纯剪切应力状态，其工作应力 $\tau_{\max}$ 为圆轴扭转时横截面上的最大切应力或梁在横力弯曲时横截面上的最大弯曲切应力。上述单向应力状态和纯剪切应力状态下的判断，都是通过实验确定极限应力值除以相应的安全系数得到。在工程实际中许多构件的危险点是处于复杂应力状态下（如二向或三向应力状态），同一材料不同的 σ_1、σ_2、σ_3 之间的比值会对应不同的破坏应力，显然在应力比值无数组合的情况下完成试验是难以实现的。同时大量的关于材料失效的实验结果以及工程构件失效的实例表明，复杂应力状态虽然各式各样，但是材料在各种复杂应力状态下的强度失效形式却是共同的。归纳起来，强度不足引起的失效现象主要是断裂和屈服两种类型。

长期以来，人们根据对材料的失效现象的分析与研究，提出了各种关于材料破坏规律的假说或学说，称为强度理论。强度理论的假说或学说的正确性必须经受试验与实践的检验，下面将主要介绍在工程中常用的四个强度理论。

1. 关于断裂的强度理论

(1) 最大拉应力理论（第一强度理论）。最大拉应力理论认为：引起材料断裂的主要因素是最大拉应力，即不论材料处于何种应力状态，只要最大拉应力 σ_1 达到材料单向拉伸断裂时的最大拉应力值 σ_b（材料的拉伸强度极限），材料即发生断裂。

材料的断裂条件为

$$\sigma_1 = \sigma_b \tag{7.14}$$

由式（7.14）并考虑安全因素后，即得相应的强度条件为

$$\sigma_1 \leqslant \frac{\sigma_b}{n}$$

或

$$\sigma_1 \leqslant [\sigma] \tag{7.15}$$

式中：σ_1 为材料危险点处的最大拉应力；$[\sigma]$ 为材料单向拉伸时的许用应力。

铸铁等脆性材料在单向拉伸时，断裂发生于拉应力最大的横截面。脆性材料的扭转也是沿拉应力最大的螺旋斜面断裂。这些都与最大拉应力理论相符。但这一理论没有考虑其他两个主应力的影响，也即认为不论三向、二向还是单向应力状态，它们的危险状态的达到并没有什么区别，这显然是不合理的。此外对没有拉应力的状态（如单向压缩、三向压缩等）也无法应用。

(2) 最大拉应变理论（第二强度理论）。最大拉应变理论认为：引起材料断裂的主要因素是最大拉应变，即不论材料处于何种应力状态，只要最大拉应变 ε_1 达到材料单向拉伸断裂时的最大拉应变 ε_{1u}，材料即发生断裂。

复杂应力状态下的最大拉应变为

$$\varepsilon_1 = \frac{1}{E}[\sigma_1 - \mu(\sigma_2 + \sigma_3)] \tag{7.16}$$

材料在单向拉伸断裂时的最大拉应变为

$$\varepsilon_{1u} = \frac{\sigma_b}{E} \tag{7.17}$$

最大拉应变理论的断裂条件为

$$\varepsilon_1 = \varepsilon_{1u}$$

将式（7.16）和式（7.17）代入上式，即得用主应力表示的断裂条件为

$$\sigma_1 - \mu(\sigma_2 + \sigma_3) = \sigma_b \tag{7.18}$$

由式（7.19）并考虑安全因素后，即得相应的强度条件为

$$\sigma_1 - \mu(\sigma_2 + \sigma_3) \leqslant [\sigma] \tag{7.19}$$

式中：σ_1、σ_2 与 σ_3 为构件危险点处的主应力；$[\sigma]$ 为材料单向拉伸时的许用应力。

试验表明，脆性材料在两向拉抻一向压缩应力状态下，且压应力值超过拉应力值时，此理论与试验结果大致符合。此外，砖、石等脆性材料，压缩时之所以沿纵向截面裂开，也可由此理论得到解释。

按照这一理论，铸铁在二向拉伸时应比单向拉伸更安全，但这与试验结果不符，这也是第二强度理论的不足之处。

2. 关于屈服的强度理论

(1) 最大切应力理论（第三强度理论）。最大切应力理论认为：引起材料屈服的主要

因素是最大切应力，即不论材料处于何种应力状态，只要最大切应力 $\tau_{\max}$ 达到材料单向拉伸屈服时的最大切应力 τ_s，材料即发生屈服。

复杂应力状态下的最大切应力为

$$\tau_{\max} = \frac{\sigma_1 - \sigma_3}{2} \qquad (7.20)$$

材料单向拉伸屈服时的最大切应力为

$$\tau_s = \frac{\sigma_s}{2} \qquad (7.21)$$

最大切应力理论的屈服条件为

$$\tau_{\max} = \tau_s$$

将式（7.20）和式（7.21）代入上式，即得用主应力表示的屈服条件为

$$\sigma_1 - \sigma_3 = \sigma_s \qquad (7.22)$$

由式（7.22）并考虑安全因素后，即得相应的强度条件为

$$\sigma_1 - \sigma_3 \leqslant [\sigma] \qquad (7.23)$$

式中：σ_1 与 σ_3 为构件危险点处的主应力；$[\sigma]$ 为材料单向拉伸时的许用应力。

对于塑性失效，最大切应力理论与试验结果很接近，因此该理论在工程中得到广泛应用，但实践表明，该理论往往偏于安全。该理论的缺点是未考虑主应力 σ_2 的作用，而试验表明，主应力 σ_2 对材料屈服的确存在一定影响。

（2）畸变能理论（第四强度理论）。弹性材料在外力作用下发生变形，弹性体因变形而储存能量。外力作用下的微元体，其形状与体积一般均发生改变，将形状发生改变而储存的能量称之畸变能；把体积发生改变而储存的能量称之体积改变能。单位体积内的畸变能称之畸变能密度，用 v_d 表示。

畸变能理论认为：引起材料屈服的主要因素是畸变能密度，即不论材料处于何种应力状态，只要畸变能密度 v_d 达到材料单向拉伸屈服时的畸变能密度 v_{ds}，材料即发生屈服。

复杂应力状态下的畸变能密度为

$$v_d = \frac{(1+\mu)}{6E}\left[(\sigma_1-\sigma_2)^2 + (\sigma_2-\sigma_3)^2 + (\sigma_3-\sigma_1)^2\right] \qquad (7.24)$$

材料单向拉伸屈服时的畸变能密度为

$$v_{ds} = \frac{(1+\mu)}{3E}\sigma_s^2 \qquad (7.25)$$

畸变能理论的屈服条件为

$$v_d = v_{ds}$$

将式（7.24）和式（7.25）代入上式，即得用主应力表示的屈服条件为

$$\sqrt{\frac{1}{2}\left[(\sigma_1-\sigma_2)^2 + (\sigma_2-\sigma_3)^2 + (\sigma_3-\sigma_1)^2\right]} = \sigma_s \qquad (7.26)$$

由式（7.26）并考虑安全因素后，即得相应的强度条件为

$$\sqrt{\frac{1}{2}\left[(\sigma_1-\sigma_2)^2 + (\sigma_2-\sigma_3)^2 + (\sigma_3-\sigma_1)^2\right]} \leqslant [\sigma] \qquad (7.27)$$

式中：σ_1、σ_2 与 σ_3 为构件危险点处的主应力；$[\sigma]$ 为材料单向拉伸时的许用应力。

试验表明，对于塑性失效，畸变能理论比最大切应力理论更符合试验结果。这个理论在工程中也得到广泛应用。但按这一理论，材料受三向均匀拉伸时应该很难破坏，而实验结果并没有证实这一点。

3. 强度理论的选用

将前面四个强度理论综合起来，它们的强度条件可以写成如下的统一形式

$$\sigma_r \leqslant [\sigma] \qquad (7.28)$$

式中：σ_r 称为相当应力，它是由三个主应力根据各个理论要求按一定形式组合而成的。这种组合的主应力 σ_r，与单向拉伸时的拉应力在安全程度上是相当的，因此，将其称为相当应力。以上四个强度理论的相当应力依次可表示为

$$\sigma_{r1} = \sigma_1$$
$$\sigma_{r2} = \sigma_1 - \mu(\sigma_2 + \sigma_3)$$
$$\sigma_{r3} = \sigma_1 - \sigma_3$$
$$\sigma_{r4} = \sqrt{\frac{1}{2}[(\sigma_1-\sigma_2)^2 + (\sigma_2-\sigma_3)^2 + (\sigma_3-\sigma_1)^2]}$$

用式（7.28）对处于复杂应力状态的危险点进行强度计算时，要严格做到：一是要保证所用强度理论与在这种应力状态下发生的破坏形式相对应；二是要保证用来确定许用应力 $[\sigma]$ 的极限应力，也必须是相应于该破坏极限值。实践表明，上述两个条件若有一个不能满足，则理论应用失去依据，其产生的差异将很大。

一般情况下，脆性材料抵抗断裂的能力低于抵抗剪切滑移的能力；塑性材料抵抗剪切滑移的能力则低于抵抗断裂的能力。因此，最大拉应力理论与最大拉应变理论一般适用于脆性材料；而最大切应力理论与畸变能理论则一般适用于塑性材料。但是，材料失效的形式不仅与材料的性质有关，同时还与其工作条件有关。工作条件包括应力状态的形式、温度以及加载速度等。例如，在三向压缩的情况下，灰口铸铁等脆性材料也可能产生显著的塑性变形，即脆性材料处于塑性状态；在三向近乎等值的拉应力作用下，钢等塑性材料也可能毁于断裂，即塑性材料处于脆性状态。可见，同一种材料在不同工作条件下，可能由脆性状态转入塑性状态，或由塑性状态转入脆性状态。实际运用中，不同材料选用强度理论的参考范围可以查阅相关工程手册。

例题 7.3　已知钢轨与火车车轮接触点处的主应力分别为 $-700\mathrm{MPa}$，$-650\mathrm{MPa}$，$-900\mathrm{MPa}$，钢轨材料的许用应力 $[\sigma]=250\mathrm{MPa}$。试用第三强度理论和第四强度理论检验接触点处材料的强度。

解：对三个主应力按代数值大小从大到小排序得到

$\sigma_1 = -650\mathrm{MPa}$，$\sigma_2 = -700\mathrm{MPa}$，$\sigma_3 = -900\mathrm{MPa}$。

$$\sigma_{r3} = \sigma_1 - \sigma_3 = -650 - (-900) = 250(\mathrm{MPa}) = [\sigma]$$

$$\sigma_{r4} = \sqrt{\frac{1}{2}[(\sigma_1-\sigma_2)^2 + (\sigma_2-\sigma_3)^2 + (\sigma_3-\sigma_1)^2]}$$

$$= \sqrt{\frac{1}{2}\{[-650-(-700)]^2 + [-700-(-900)]^2 + [-900-(-650)]^2\}}$$

$$= 227(\mathrm{MPa}) < [\sigma]$$

从两种强度理论判定，该点满足强度要求。

§7.5 特殊应力状态点的强度计算

构件中某些点处于单向应力状态或平面纯剪切状态时，可以使用第 6 章的强度条件直接进行计算判断。当构件中还存在着某些点，属于二向应力状态，虽然正应力或切应力不是最大，但两者都均较大，这类点处于复杂应力状态，也可能成为构件中的危险点，因此也要进行强度计算。

1. 单向正应力与纯剪切组合的强度计算

工程上常见的 1 种二向应力状态如图 7.22 所示，其特点是平面内某一方向的正应力为零，利用式（7.8）可得该点的最大与最小正应力分别为

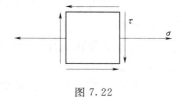

图 7.22

$$\left.\begin{array}{r}\sigma_{max}\\\sigma_{min}\end{array}\right\}=\frac{1}{2}(\sigma\pm\sqrt{\sigma^2+4\tau^2})$$

则相应的主应力为

$$\sigma_1=\frac{1}{2}(\sigma+\sqrt{\sigma^2+4\tau^2})$$

$$\sigma_2=0$$

$$\sigma_3=\frac{1}{2}(\sigma-\sqrt{\sigma^2+4\tau^2})$$

由式（7.23）得第三强度理论表达式

$$\sigma_{r3}=\sqrt{\sigma^2+4\tau^2}\leqslant[\sigma] \tag{7.29}$$

由式（7.27）得第四强度理论表达式

$$\sigma_{r4}=\sqrt{\sigma^2+3\tau^2}\leqslant[\sigma] \tag{7.30}$$

例题 7.4 用 Q235 钢焊接而成的两端简支工字梁钢，其上受一集中荷载作用，Q235 钢的许用应力 $[\sigma]=150\mathrm{MPa}$。弯矩图、剪力图及梁的横截面尺寸如图 7.23 所示。试按强度条件对最危险截面上点 a（腹板与翼缘交界处的点）进行强度验算。

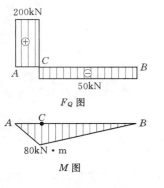

F_Q 图

M 图

图 7.23

解： 先计算横截面的惯性矩 I_z 和静矩 S_{za}^*。

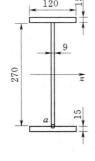

$$I_z=\frac{120\times300^3}{12}-\frac{111\times270^3}{12}=8.8\times10^7(\mathrm{mm}^4)$$

$$S_{za}^*=(120\times15)\times(150-7.5)=2.56\times10^5(\mathrm{mm}^3)$$

$$y_a=135\mathrm{mm}$$

由剪力图和弯矩图判定得最危险截面 C 处弯矩 80kN·m，截面 C 左侧剪力 $F_Q^l=200\mathrm{kN}$。最危险截面上点 a 处的应力为

$$\sigma_a=\frac{M}{I_z}y_a=\frac{80\times10^6}{8.8\times10^7}\times135=122.7(\mathrm{MPa})$$

$$\tau_a = \frac{F_Q^L S_{zu}^*}{I_z d} = \frac{200 \times 10^3 \times 2.56 \times 10^5}{8.8 \times 10^7 \times 9} = 64.6 \text{(MPa)}$$

由于 a 点是处于二向应力状态，且 Q235 钢为塑性材料，所以采用第四强度理论，由式（7.30）得

$$\sigma_{r4} = \sqrt{\sigma^2 + 3\tau^2} = \sqrt{122.7^2 + 3 \times 64.6^2}$$
$$= 166.06 \text{(MPa)}$$

因 $\sigma_{r4} > [\sigma]$，所以此点强度不足，是不安全的。

2. 圆轴弯扭组合强度计算

设一直径为 d 的等圆杆 AB，A 端固定，B 端作用有一铅直向下的力 F 及矩为 m 扭力偶，弯矩图与扭矩图分别如图 7.24（b）、（c）所示，可见杆 AB 将发生弯曲与扭转组合变形。从弯曲变化规律可知，危险截面上的最大弯曲正应力 σ 发生在铅垂直径的上、下两端点 D_1 和 D_2 处；从扭转变化规律可知，危险截面上的最大扭转切应力 τ 发生在截面周边的各点；截面上应力分布如图 7.24（d）所示。因此，危险截面上的危险点为 D_1 和 D_2。在许用拉、压应力相等的情况下，这两点的危险程度相当，为此取 D_1 点进行分析，其应力状态如图 7.24（e）所示。

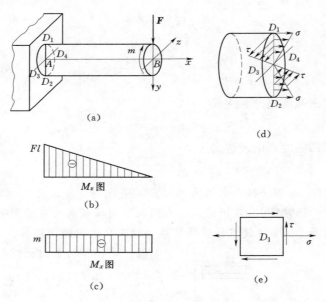

图 7.24

对图 7.24（e）所示单元体，依据式（7.8）可求得 $\sigma_{\max}$ 和 $\sigma_{\min}$，再结合另一为零的主应力，对三个主应力排序得

$$\sigma_1 = \frac{1}{2}(\sigma + \sqrt{\sigma^2 + 4\tau^2}), \sigma_2 = 0, \sigma_3 = \frac{1}{2}(\sigma - \sqrt{\sigma^2 + 4\tau^2})$$

其中弯曲正应力为 $\sigma = \frac{M_z}{W_z}$，扭转切应力为 $\tau = \frac{T}{W_p}$，又有 $W_P = 2W_z$。对于用塑性材料制成的杆件，选用第三或第四强度理论。将以上应力表达式代入相应强度理论公式，可得

$$\sigma_{r3} = \frac{\sqrt{M_z^2 + M_x^2}}{W_z} \leqslant [\sigma] \tag{7.31}$$

$$\sigma_{r4} = \frac{\sqrt{M_z^2 + 0.75M_x^2}}{W_z} \leqslant [\sigma] \tag{7.32}$$

例题 7.5　已知圆形横断面的钢质构件最危险截面处的弯矩 $M_z = 150\text{N} \cdot \text{m}$，扭矩为 $M_x = 140\text{N} \cdot \text{m}$，构件的许用应力 $[\sigma] = 160\text{MPa}$，试按第三强度理论确定构件的直径。

解：按第三强度理论确定轴直径。由式 (7.31) 得

$$W_z \geqslant \frac{\sqrt{M_z^2 + M_x^2}}{[\sigma]}$$

将 $W_z = \dfrac{\pi R^3}{4}$ 代入上式得

$$R \geqslant \sqrt[3]{\frac{4\sqrt{M_z^2 + M_x^2}}{\pi[\sigma]}} = \sqrt[3]{\frac{4\sqrt{150^2 + 140^2}}{\pi \times 160} \times 10^3} = 11.78(\text{mm})$$

构件的直径可取为 24mm。

思考题

9. 铸铁在拉伸作用下的断裂面发生在横截面，而铸铁在扭转作用下的断裂面为斜螺旋面。显然，两个破坏面的方向不同。你能用强度理论解释这两种破坏的机理吗？

10. 关于断裂的强度理论适用于处于脆性状态工作的材料，关于屈服的强度理论适用于处于塑性状态工作的材料。塑性材料在工作时都表现为塑性状态吗？脆性材料在工作时都表现为脆性状态吗？

11. 在冬天，水管内的水结冰时，水管会因受到冰的压力作用而破裂，然而管内的冰在此时也受到同样的反作用压力，冰为什么没有被压破裂而水管却破裂了，为什么？

12. 低碳钢轴扭转断裂面发生在横截面，而铸铁杆在拉伸时的断裂面也发生在横截面，显然，两个破坏面的方向相同，这两种破坏的机理相同吗？

13. 将沸水倒入厚玻璃杯时，杯子会发生破裂，这是什么原因？当杯子破裂时，裂纹是从内壁还是外壁开始形成？为什么？

14. 对于工字形截面钢梁，在横截面上腹板和翼缘交界处各点，有较大的正应力，也有较大的切应力。如何直接应用这两个应力求第三和第四强度理论相当应力？

15. 有人根据深海中近似三向等压状态下动植物生长和活动现象，认为"不论塑性还是脆性材料在三向等压应力状态下都不会发生破坏"，你同意这一观点吗？为什么？

习题

9. 某铸铁构件危险点处的应力情况如图 7.25 所示，已知铸铁的许用拉应力 $[\sigma_t] = 40\text{MPa}$。校核其强度。

10. 导轨与车轮接触处的主应力分别为 $\sigma_1 = -300\text{MPa}$、$\sigma_2 = -450\text{MPa}$ 与 $\sigma_3 = -500\text{MPa}$，若导轨的许用应力 $[\sigma] = 160\text{MPa}$，试按第四强度理论校核其强度。

11. 图 7.26 所示外伸梁承受力 $F = 130\text{kN}$ 作用，许用应力 $[\sigma] = 170\text{MPa}$。对于处于

复杂应力状态的危险点（一般取危险面上腹板与翼缘交界处的点）。采用第三强度理论校核其强度。

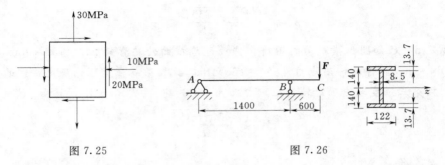

图 7.25　　　　　　　图 7.26

12. 如图 7.27 所示圆截面钢杆，受集中力 $F_1=500N$、$F_2=15kN$ 与扭力偶矩 $M_e=1.2kN \cdot m$ 的作用，许用应力 $[\sigma]=160MPa$。用第三强度理论校核该杆的强度。

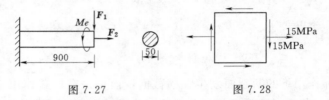

图 7.27　　　　　　　图 7.28

13. 从某铸铁构件内的危险点处取出的单元体，其各面上的应力如图 7.28 所示。已知铸铁的泊松比 $\mu=0.25$，许用拉应力 $[\sigma_t]=30MPa$。试用第一和第二强度理论校核其强度。

14. 一简支钢梁所受荷载及截面尺寸如图 7.29 所示。已知钢材的许用应力 $[\sigma]=170MPa$，$[\tau]=100MPa$，试校核梁内横截面上的最大正应力和最大切应力，并按第四强度理论对危险面上腹板与翼缘交界处的点 a 作强度校核。

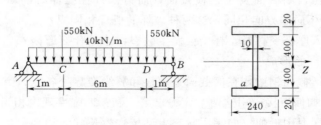

图 7.29

第8章 杆件的变形和结构的位移计算

§8.1 轴向拉压杆的变形

对于等截面轴向拉压杆，当材料在线性弹性范围内，根据胡克定律式（6.7）求杆的变形为

$$\Delta l = \frac{F_N l}{EA} \tag{8.1}$$

式（8.1）表明，轴力 F_N 在杆长 l 段内不变的情况下，EA 的乘积越大，则杆的变形 Δl 越小。因此，EA 的乘积反映了杆件抵抗弹性变形能力的大小，故称为杆件的抗拉（压）刚度。

对于轴力、横截面面积和弹性模量等沿杆轴线逐段变化的杆，要在截面变化处、轴力变化处和材料变化处分段。杆的轴向总变形量 Δl 为各段变形量 Δl_i 的代数和，即

$$\Delta l = \sum \Delta l_i = \sum_{i=1}^{n} \left(\frac{F_N l}{EA} \right)_i \tag{8.2}$$

图 8.1 所示阶梯形拉压杆，杆段 AB 为铜材料，杆段 $BCDE$ 为钢材。若要计算阶梯形杆的轴向变形，要在材料变化点 B 处，截面变化点 C 处，轴力变化点 D 处分段。即分为 AB、BC、CD 和 DE 等四段。分别计算各段变形，最后求代数和。

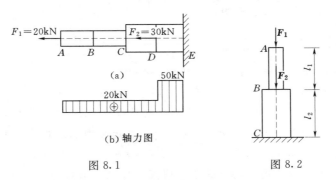

图 8.1　　　　　　图 8.2

例题 8.1　短柱如图 8.2 所示，承受荷载 $F_1 = 580\text{kN}$，$F_2 = 660\text{kN}$，其上部高度 $l_1 = 0.6\text{m}$，截面为正方形（边长为 70mm）；下部高度 $l_2 = 0.7\text{m}$，截面也为正方形（边长为 120mm）。设 $E = 200\text{GPa}$，试求短柱顶面的位移。

解：先计算柱各段轴力。上段柱和下段柱的轴力分别为

$$F_{N1} = -F_1 = -580\text{kN}$$

$$F_{N2} = -F_1 - F_2 = -1240\text{kN}$$

短柱各段的轴向变形为

$$\Delta l_1 = \frac{F_{N1} l_1}{EA_1} = \frac{-580 \times 10^3 \times 600}{200 \times 10^3 \times 70^2} = -0.355(\text{mm})$$

$$\Delta l_2 = \frac{F_{N2} l_2}{EA_2} = \frac{-1240 \times 10^3 \times 700}{200 \times 10^3 \times 120^2} = -0.301(\text{mm})$$

短柱的总变形为

$$\Delta l = \Delta l_1 + \Delta l_2 = -0.355 - 0.301 = -0.656(\text{mm})$$

由于柱下部支座没有发生位移，柱被压缩了 0.656mm，所以，柱顶向下位移 0.656mm。

例题 8.2 三角桁架受力如图 8.3（a）所示，已知 BC 杆的拉压刚度为 $(EA)_1$，BD 杆认为是刚性杆 $[(EA)_2 \to \infty]$。试求结点 B 的位移。

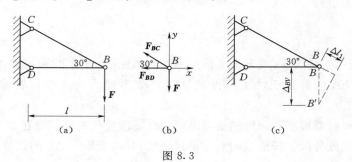

图 8.3

解：1. 根据静力平衡条件求各杆的轴力。取 B 节点为对象，作受力图如图 8.3（b）所示，由静力平衡条件得

$$\sum F_y = 0, F_{BC}\sin30° - F = 0, F_{BC} = 2F$$

$$\sum F_x = 0, -F_{BC}\cos30° - F_{BD} = 0, F_{BD} = -\sqrt{3}F$$

2. 根据式（8.1）求各杆的变形。

BC 杆的变形： $\Delta l_1 = \dfrac{F_{BC}l_1}{(EA)_1} = \dfrac{2Fl}{(EA)_1\cos30°} = \dfrac{4\sqrt{3}Fl}{3(EA)_1}$

BD 杆的变形：因为该杆是刚性杆，所以，$\Delta l_2 = 0$

3. 求 B 点的位移。桁架受力 F 之后，杆件发生变形，但变形后的杆 BC 及杆 BD 仍然相交于一点 B'。B' 的位置按如下方法确定，假想地把杆 BC、杆 BD 在点 B 拆开，并沿原来各杆的轴线方向分别增加变形量 Δl_1 和 Δl_2。然后分别以点 C 和点 D 为圆心，以变形后各杆的长度为半径作圆弧，两圆弧的交点即为 B' 点。由于各杆的变形都限制在小变形范围内，因此，我们可以用圆弧的切线代替圆弧，即在变形后的杆端作杆的垂线代替圆弧线，即可求出 B' 点，如图 8.3（c）所示。从图中可以看出，B 点的铅直位移 $\Delta_{BV} = \overline{BB'}$，即

$$\Delta_{BV} = \frac{\Delta l_1}{\sin30°} = \frac{8\sqrt{3}}{3(EI)_1}Fl$$

B 点的水平位移： $\Delta_{BH} = 0$

思考题

1. 在什么条件下，可用公式 $\Delta l = \dfrac{F_N l}{EA}$ 计算杆的绝对轴向变形？

2. 对于变截面杆（非阶梯逐段变化）或轴力沿杆轴线是线性变化（并非常数）的杆，杆的绝对变形如何计算？

3. 对简单桁架，在求出各杆的轴向变形后，如何计算结点的位移？

习题

1. 截面为方形的梯形砖柱（图 8.4），上段高 $h_1 = 3\text{m}$，截面面积 $A_1 = 240 \times 240\text{mm}^2$；下段高 $h_2 = 4\text{m}$，截面面积 $A_2 = 370 \times 370\text{mm}^2$。荷载 $F = 40\text{kN}$，砖砌体的弹性模量 $E = 3\text{GPa}$，砖柱自重不计。试求：（1）分别计算柱子上、下段的应变；（2）柱子顶部 C 的位移量。

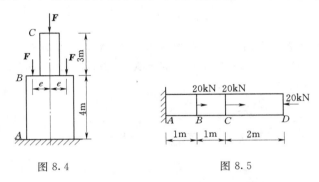

图 8.4　　　　　　　　　图 8.5

2. 图 8.5 所示钢杆的横截面面积为 200mm^2，钢的弹性模量 $E = 200\text{GPa}$，求各段的应变、轴向变形；求杆端 D 沿轴向的线位移。

3. 如图 8.6 所示梯形截面杆，其弹性模量 $E = 200\text{GPa}$，杆的横截面面积 $A_{AB} = 300\text{mm}^2$，$A_{BC} = 250\text{mm}^2$，$A_{CD} = 200\text{mm}^2$。求各段的轴向应变；求全杆的轴向总变形。

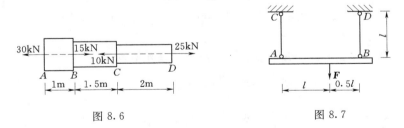

图 8.6　　　　　　　　　图 8.7

4. 图 8.7 所示刚性杆 AB 在力 F 的作用下保持水平下移，AC、BD 两杆材料相同，问 AC、BD 两杆的横截面面积之比应为何值？

§8.2　圆截面轴的扭转变形

1. 圆轴扭转变形

圆轴扭转时，各横截面之间绕轴线发生相对转动。因此，圆轴的扭转变形是用两个横

截面绕轴线的相对扭转角来度量的。由式（6.24）可知，微段 dx 的扭转变形为

$$d\varphi = \frac{M_x}{GI_P}dx$$

对于扭矩 M_x 及 GI_P 不随杆截面位置坐标 x 变化的圆轴，长度为 l 的轴两端截面的相对扭转角为

$$\varphi = \int_0^l \frac{M_x}{GI_P}dx = \frac{M_x l}{GI_P} \tag{8.3}$$

式（8.3）中，φ 的单位为 rad，其正负号与扭矩正负号一致。上式表明，扭转角 φ 与扭矩 M_x、轴长 l 成正比，与乘积 GI_P 成反比。乘积 GI_P 称为圆轴截面的抗扭转刚度。

对于扭矩、横截面面积和切变模量沿杆轴逐段变化的圆截面轴，应在扭矩变化处、截面变化处和切变模量变化处分段，分段计算截面间的相对扭转角，然后求代数和，即得整个轴两端相对扭转角。

$$\varphi = \sum_{i=1}^n \left(\frac{M_x l}{GI_P}\right)_i \tag{8.4}$$

例题 8.3　圆轴承受扭力偶作用，如图 8.8（a）所示。已知 $M_1 = 0.8\text{kN·m}$，$M_2 = 2.3\text{kN·m}$，$M_3 = 1.5\text{kN·m}$。轴段 AB 的半径 $R_1 = 2\text{cm}$，轴段 BC 的半径 $R_2 = 3.5\text{cm}$。材料的切变模量 $G = 80\text{GPa}$。试计算 φ_{AC}。

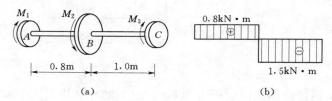

(a)　　　　　　　　　　(b)

图 8.8

解：1. 作扭矩图。轴段 AB 和轴段 BC 的扭矩分别为

$$M_{x1} = \sum M_i = M_1 = 0.8\text{kN·m}$$

$$M_{x2} = \sum M_i = M_1 - M_2 = 0.8 - 2.3 = -1.5(\text{kN·m})$$

该轴的扭矩图如图 8.8（b）所示。

2. 计算极惯性矩。轴段 AB 和轴段 BC 的极惯性矩分别为

$$I_{P1} = \frac{\pi R_1^4}{2} = \frac{\pi \times 20^4}{2} = 2.51 \times 10^5(\text{mm}^4)$$

$$I_{P2} = \frac{\pi R_2^4}{2} = \frac{\pi \times 35^4}{2} = 2.36 \times 10^6(\text{mm}^4)$$

3. 计算扭转角。由于轴段 AB 和轴段 BC 的扭矩和截面尺寸都不相同，故应分段计算相对扭转角。

$$\varphi_{AB} = \left(\frac{M_x l}{GI_P}\right)_1 = \frac{0.8 \times 10^6 \times 0.8 \times 10^3}{80 \times 10^3 \times 2.51 \times 10^5} = 0.0319(\text{rad})$$

$$\varphi_{BC} = \left(\frac{M_x l}{GI_P}\right)_2 = \frac{(-1.5) \times 10^6 \times 1.0 \times 10^3}{80 \times 10^3 \times 2.36 \times 10^6} = -0.0079(\text{rad})$$

由式（8.4）求得轴 AC 两端的相对扭转角为

$$\varphi_{AC} = \varphi_{AB} + \varphi_{BC} = 0.0319 - 0.0079 = 0.024 (\text{rad})$$

2. 轴扭转的刚度条件

为了保证圆轴的正常工作，除了要求满足强度条件外，还要求圆轴应有足够的刚度，即对其变形有一定的限制。在工程实际中，通常是限制扭转角沿轴线的变化率 $\dfrac{\mathrm{d}\varphi}{\mathrm{d}x}$，即要求轴单位长度内的扭转角不超过某一规定的许用值 $[\theta]$。扭转角的变化率为

$$\theta = \frac{\mathrm{d}\varphi}{\mathrm{d}x} = \frac{M_x}{GI_P}$$

圆轴扭转的刚度条件可表示为

$$\theta_{\max} = \left(\frac{M_x}{GI_P}\right)_{\max} \leqslant [\theta] \tag{8.5}$$

对于等截面圆轴，即要求

$$\frac{M_{x\max}}{GI_P} \leqslant [\theta] \tag{8.6}$$

式中：若切变模量 G 的单位用 Pa，极惯性矩 I_P 的单位用 m^4，扭矩 M_x 的单位用 N·m，则扭转角变化率 $\mathrm{d}\varphi/\mathrm{d}x$ 的单位为 rad/m。而单位长度许用扭转角的单位一般为 (°)/m（度/米），考虑单位换算，则得

$$\frac{M_{x\max}}{GI_P} \times \frac{180}{\pi} \leqslant [\theta] \tag{8.7}$$

不同类型圆轴的单位长度许用扭转角 $[\theta]$ 的值，可根据有关设计规范确定。对于一般传动轴，$[\theta]$ 为 0.5~1(°)/m。

应用刚度条件可以解决圆轴的扭转刚度校核、截面设计及确定许用荷载等三方面的问题。

例题 8.4　一电机传动钢轴，半径 $R = 20\text{mm}$，轴传递的功率为 30kW，转速 $n = 1400\text{r/min}$。轴的许用切应力 $[\tau] = 40\text{MPa}$，切变模量 $G = 80\text{GPa}$，轴的许用扭转角 $[\theta] = 0.7(°)/\text{m}$。试校核此轴的强度和刚度。

解：1. 计算扭力偶矩和扭矩。根据式 (5.3) 求扭力偶矩为

$$M_e = 9549 \frac{P}{n} = 9549 \times \frac{30}{1400} = 204.6 (\text{N} \cdot \text{m})$$

轴横截面上的扭矩为

$$M_x = M_e = 204.6 \text{N} \cdot \text{m}$$

2. 强度校核。

$$I_P = \frac{\pi R^4}{2} = \frac{\pi \times 20^4}{2} = 2.51 \times 10^5 (\text{mm}^4)$$

$$W_P = \frac{\pi R^3}{2} = \frac{\pi \times 20^3}{2} = 1.257 \times 10^4 (\text{mm}^3)$$

$$\tau_{\max} = \frac{M_x}{W_P} = \frac{204.6 \times 10^3}{1.257 \times 10^4} = 16.3 (\text{MPa})$$

因为 $\tau_{\max} < [\tau]$。所以，轴满足强度条件。

3. 刚度校核。轴单位长度扭转角为

$$\theta = \frac{M_x}{GI_P} \times \frac{180}{\pi} = \frac{204.6}{80 \times 10^9 \times 2.51 \times 10^{-7}} \times \frac{180}{\pi} = 0.59(°)/m$$

因为 $\theta_{max} < [\theta]$。所以，轴也满足刚度条件。

例题 8.5 一空心圆截面的传动轴，已知轴的内半径 $r = 42.5mm$，外半径 $R = 45mm$，材料的剪切许用应力 $[\tau] = 60MPa$，$G = 80MPa$。轴单位长度的许用扭转角 $[\theta] = 0.8(°)/m$。试求该轴所能传递的许用扭矩。

解：1. 按强度条件计算。轴的内外径比为

$$\alpha = \frac{r}{R} = \frac{42.5}{45} = 0.944$$

由强度条件得

$$M_{xmax} \leqslant W_P[\tau]$$

$$M_{xmax} \leqslant \frac{\pi R^3}{2}(1 - \alpha^4)[\tau]$$

$$M_{xmax} \leqslant \frac{\pi \times 45^3}{2}(1 - 0.944^4) \times 60 = 1768 \times 10^3 (N \cdot mm) = 1768(N \cdot m)$$

2. 按刚度条件计算。

$$I_P = \frac{\pi R^4}{2}(1 - \alpha^4) = \frac{\pi}{2} \times 45^4(1 - 0.944^4) = 1.326 \times 10^6 (mm^4)$$

由刚度条件得

$$\frac{M_{xmax}}{GI_P} \times \frac{180}{\pi} \leqslant [\theta]$$

$$M_{xmax} \leqslant \frac{GI_p \pi [\theta]}{180}$$

$$M_{xmax} \leqslant \frac{80 \times 10^9 \times 1.326 \times 10^{-6} \times \pi \times 0.8}{180} = 1480(N \cdot m)$$

传动轴应同时满足强度条件和刚度条件，故取扭矩较小者。即传动轴所能传递的许用扭矩 $[M_x] = 1480 N \cdot m$。

思考题

4. 在什么条件下，可用公式 $\varphi = \frac{M_x l}{GI_P}$ 计算轴的绝对扭转角？

5. 单位长度许用扭转角 $[\theta]$ 工程中一般所用的单位为 "$(°)/m$"，应用公式 $\theta = \frac{M_x}{GI_P}$ 求单位长度扭转角时，公式中各量将采用何种单位，如何将其再转换为 "度/米" 的单位？

习题

5. 图 8.9 为一钢制空心圆轴，已知 $M_{eB} = M_{eC} = 12.5 N \cdot m$，$l = 600mm$，轴的外径 $D = 21mm$，$\alpha = 0.6$，材料的切变模量 $G = 80GPa$。求轴两端截面的相对扭转角 φ_{AC}。

6. 图 8.10 为一变截面圆轴，AB 段直径 $d_1 = 40mm$，BC 段直径 $d_2 = 70mm$；外力偶

矩 $M_{eC}=1500\mathrm{N\cdot m}$，$M_{eA}=600\mathrm{N\cdot m}$，$M_{eB}=900\mathrm{N\cdot m}$；材料的切变模量 $G=80\mathrm{GPa}$；许用扭转角 $[\theta]=2(°)/\mathrm{m}$。校核该轴的刚度。

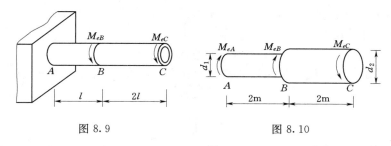

图 8.9　　　　　　　　　　　　　图 8.10

7. 图 8.11 为一变截面圆轴，AB 段直径 $d_1=50\mathrm{mm}$，BC 段直径 $d_2=35\mathrm{mm}$；材料的切变模量 $G=80\mathrm{GPa}$；若轴的两端相对扭转角不超过 $0.01\mathrm{rad}$，求轴的许可扭矩 M_x。

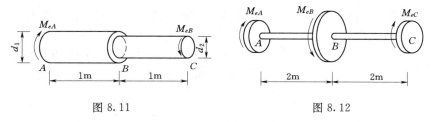

图 8.11　　　　　　　　　　　　　图 8.12

8. 图 8.12 所示轴的转速 $n=400\mathrm{r/min}$，B 轮输入功率 $P_B=60\mathrm{kW}$，A 轮和 C 轮的输出功率 $P_A=P_C=30\mathrm{kW}$。已知材料的切变模量 $G=80\mathrm{GPa}$；$[\tau]=40\mathrm{MPa}$，$[\theta]=0.5(°)/\mathrm{m}$。试按强度和刚度条件选择轴的直径。

§8.3　平面弯曲梁的变形

受弯构件除了满足强度要求外，通常还要满足刚度的要求。例如，桥梁的变形过大，就会引起行驶车辆颠簸，产生震动，危及桥梁的安全。因此，在设计受弯构件时，必须根据不同的工作要求，将构件的变形限制在一定的范围内。

图 8.13 表示一具有纵向对称面的梁 AB，xy 坐标系在梁的纵向对称面内。在力 $\boldsymbol{F}$ 作用下，梁产生弹性弯曲变形，轴线在 xy 平面内变成一条光滑连续的平面曲线 AB'，该曲线称为弹性挠曲线（简称挠曲线）。

1. 挠度

梁上任意一横截面的形心在垂直于梁原轴线方向的线位移，称为该截面处的挠度，用符号 y 表示，如图 8.13 所示的 C 截面处的挠度为 y_C。挠度与坐标轴 y 轴的正方向一致时为正，反之为负。规定 y 轴正向向下。

2. 转角

横截面绕其中性轴转过的角度称为该截面的转角，用符号 θ 表示，单位为弧度 rad，

图 8.13

规定顺时针转向为正。图 8.13 所示的截面 C 处的转角为 θ_C。

3. 挠度与转角的关系

由图 8.13 可知，挠度 y 与转角 θ 的数值随截面的位置 x 而变，y 和 θ 均为 x 的函数，挠曲线方程的一般形式为

$$y = f(x) \tag{8.8}$$

由微分学可知，挠曲线上任一点的切线的斜率 $\tan\theta$ 等于曲线函数 $y = f(x)$ 在该点的一阶导数，即

$$\tan\theta = \frac{\mathrm{d}y}{\mathrm{d}x} = y'$$

因工程中构件的转角 θ 值很小，$\tan\theta \approx \theta$，则有

$$\theta = \frac{\mathrm{d}y}{\mathrm{d}x} = y' \tag{8.9}$$

由式（8.9）可知，梁横截面的转角函数 θ 等于梁的挠度函数 y 对 x 的一阶导数。

4. 挠曲线的近似微分方程

由式（6.41）可知，弯曲变形挠曲线的曲率表达式为

$$\frac{1}{\rho(x)} = \frac{M(x)}{EI_z} \tag{8.10}$$

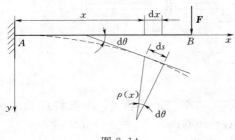

图 8.14

从梁上取出一微段 $\mathrm{d}x$，如图 8.14 所示，梁变形后相距为 $\mathrm{d}x$ 的两截面相对转动了 $\mathrm{d}\theta$ 角，两横截面间挠曲线的弧长为 $\mathrm{d}s$。它与曲率半径的关系为

$$\mathrm{d}s = \rho(x)\mathrm{d}\theta$$

由于梁的变形很小，取 $\mathrm{d}s = \mathrm{d}x$，代入上式可得

$$\frac{1}{\rho(x)} = \frac{\mathrm{d}\theta}{\mathrm{d}x} \tag{8.11}$$

将式（8.11）代入式（8.10）可得

$$\frac{\mathrm{d}\theta}{\mathrm{d}x} = \frac{M(x)}{EI_z} \tag{8.12}$$

将式（8.9）代入式（8.12），考虑坐标正向选取，可得梁的挠曲线近似微分方程为

$$y'' = -\frac{\mathrm{d}^2 y}{\mathrm{d}x^2} = -\frac{M(x)}{EI} \tag{8.13}$$

5. 计算梁位移的积分法

将式（8.13）积分一次，可得梁的转角方程，即

$$\theta = \frac{\mathrm{d}y}{\mathrm{d}x} = -\int \frac{M(x)}{EI}\mathrm{d}x + C \tag{8.14}$$

将式（8.14）再积分一次得梁的挠曲轴方程，即

$$y = -\iint \frac{M(x)}{EI}\mathrm{d}x \cdot \mathrm{d}x + Cx + D \tag{8.15}$$

对于式中的积分常数 C 与 D 可利用梁上某些截面的已知位移及位移连续条件来确定。已

知梁截面位移的条件称梁的位移边界条件。例如，梁在固端支座处横截面的挠度与转角均为零，即 $y=0$，$\theta=0$。在铰支座处，横截面的挠度为零，即 $y=0$。当弯矩方程需要分段建立或弯曲刚度沿梁轴分段变化时，挠曲轴近似微分方程也需要分段建立；在各段的积分中，将分别包含两个积分常数；虽然各段积分出的位移方程形式不同，但是，挠曲轴是连续光滑的，在相邻两梁段的交界处，应具有相同的挠度和转角，即相邻两段的位移方程在分段交界处的值相等；在分段处挠曲轴所应满足的连续光滑条件，简称梁的连续条件。

例题 8.6　悬臂梁 AB 受均布荷载 q 作用，已知梁长 l，在全梁范围内抗弯刚度 EI 为常数，如图 8.15 所示。试求此梁的最大的转角及挠度。

解：以梁左端 A 为原点，设置坐标系如图 8.15 所示。

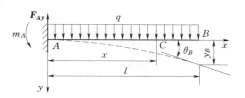

图 8.15

1. 求支座约束力。由平衡方程可求得

$$F_{Ay}=ql,\ m_A=\frac{1}{2}ql^2$$

2. 列梁的弯矩方程。在距原点 x 处取截面，梁的弯矩方程为

$$M(x)=-m_A+F_{Ay}\cdot x-\frac{q}{2}x^2=-\frac{1}{2}ql^2+qlx-\frac{1}{2}qx^2$$

3. 建立挠曲轴近似微分方程并积分。

$$EI\frac{\mathrm{d}^2y}{\mathrm{d}x^2}=\frac{ql^2}{2}-qlx+\frac{q}{2}x^2$$

上式两边相继积分两次，依次得

$$EI\theta=EI\frac{\mathrm{d}y}{\mathrm{d}x}=+\frac{ql^2}{2}x-\frac{1}{2}qlx^2+\frac{q}{6}x^3+C \qquad ①$$

$$EIy=\frac{ql^2}{4}x^2-\frac{q}{6}lx^3+\frac{1}{24}qx^4+Cx+D \qquad ②$$

4. 由边界条件确定积分常数。在 $x=0$ 时，$\theta_A=0(y'_A=0)$，$y_A=0$。将以上两边界条件代入式①和式②中，得 $C=0$，$D=0$。

5. 确定转角方程和挠度方程。将求出的积分常数 C、D 代入式①和式②中，得转角方程和挠度方程为

$$\theta=\frac{1}{EI}\left(\frac{ql^2}{2}x-\frac{ql}{2}x^2+\frac{qx^3}{6}\right) \qquad (0\leqslant x\leqslant l)$$

$$y=\frac{1}{EI}\left(\frac{ql^2}{4}x^2-\frac{ql}{6}x^3+\frac{q}{24}x^4\right) \qquad (0\leqslant x\leqslant l)$$

6. 求最大转角和最大挠度。由图可见在自由端 B 处的截面有最大转角和最大挠度。将 $x=l$ 代入上式，可得

$$\theta_{B,\max}=\frac{ql^3}{6EI},\ y_{B,\max}=\frac{ql^4}{8EI}$$

6. 用叠加法计算梁的挠度和转角

由于简单荷载作用下的挠度和转角可以直接在表 8.1 中查得，当梁的变形与荷载呈线性关系时，则可以用叠加法求梁的变形。先分别计算每种荷载单独作用下所引起的转角和

挠度，然后再将它们代数叠加，就得到梁在几种荷载共同作用下的转角和挠度。

表 8.1   梁在简单荷载作用下的挠度和转角

序号	梁及荷载	挠曲线方程	转角和挠度
1		$y=\dfrac{F_P x^2}{6EI}(3l-x)$	$\varphi_B=\dfrac{F_P l^2}{2EI}, y_B=\dfrac{F_P l^3}{3EI}$ $y_{\max}=y_B$
2		$y=\dfrac{F_P x^2}{6EI}(3a-x)$ $(0\leqslant x\leqslant a)$ $y=\dfrac{F_P a^2}{6EI}(3x-a)$ $(a\leqslant x\leqslant l)$	$\varphi_B=\dfrac{F_P a^2}{2EI}$ $y_B=\dfrac{F_P a^3}{6EI}(3l-a)$ $y_{\max}=y_B$
3		$y=\dfrac{q x^2}{24EI}(x^2-4lx+6l^2)$	$\varphi_B=\dfrac{q l^3}{6EI}, y_B=\dfrac{q l^4}{8EI}$ $y_{\max}=y_B$
4		$y=\dfrac{M x^2}{2EI}$	$\varphi_B=\dfrac{Ml}{EI}, y_B=\dfrac{Ml^2}{2EI}$ $y_{\max}=y_B$
5		$y=\dfrac{F_P x}{48EI}(3l^2-4x^2)$ $(0\leqslant x\leqslant l/2)$	$\varphi_B=-\dfrac{F_P l^2}{16EI}, \varphi_A=\dfrac{F_P l^2}{16EI}$ $y_C=\dfrac{F_P l^3}{48EI}$ $y_{\max}=y_C$
6		$y=\dfrac{F_P b x}{6EIl}(l^2-x^2-b^2)$ $(0\leqslant x\leqslant a)$ $y=\dfrac{F_P a(1-x)}{6EIl}(2xl-x^2-a^2)$ $(a\leqslant x\leqslant l)$	假定: $a\geqslant b$ $\varphi_B=-\dfrac{F_P ab(l+a)}{6EIl}$ $\varphi_A=\dfrac{F_P ab(l+b)}{6EIl}$ $y_{\max}=\dfrac{\sqrt{3}F_P b}{27EIl}(l^2-b^2)^{\frac{3}{2}}$ $y_{\max}$ 在 $x=\sqrt{\dfrac{l^2-b^2}{3}}$ 处

续表

序号	梁及荷载	挠曲线方程	转角和挠度
7		$y=\dfrac{qx}{24EI}(l^3-2x^2l+x^3)$	$\varphi_A=\dfrac{ql^3}{24EI},\varphi_B=\dfrac{-ql^3}{24EI}$ $y_{\max}=\dfrac{5ql^4}{384EI}$ $y_{\max}$在$x=\dfrac{l}{2}$处
8		$y=\dfrac{Mx}{6EIl}(l-x)(2l-x)$	$\varphi_B=\dfrac{-Ml}{6EI},\varphi_A=\dfrac{Ml}{3EI}$ $y_{\max}=\dfrac{Ml^2}{9\sqrt{3}EI}$ $y_{\max}$在$x=\left(1-\dfrac{1}{\sqrt{3}}\right)l$处
9		$y=\dfrac{Mx}{6EIl}(l^2-x^2)$	$\varphi_B=\dfrac{-Ml}{3EI},\varphi_A=\dfrac{Ml}{6EI}$ $y_{\max}=\dfrac{Ml^2}{9\sqrt{3}EI}$ $y_{\max}$在$x=\dfrac{l}{\sqrt{3}}$处
10		$y=\dfrac{Mx}{6EIl}(6al-3a^2-2l^2-x^2)$ $(0\leqslant x\leqslant a)$ 当$a=b=\dfrac{l}{2}$时 $y=\dfrac{Mx}{24EIl}(l^2-4x^2)$ $\left(0\leqslant x\leqslant\dfrac{l}{2}\right)$	$\varphi_B=\dfrac{M}{6EIl}(l^2-3a^2)$ $\varphi_A=\dfrac{M}{6EIl}(6al-3a^2-2l^2)$ 当$a=b=\dfrac{l}{2}$时 $\varphi_A=\dfrac{Ml}{24EI}$ $\varphi_B=\dfrac{Ml}{24EI}$ 在$x=\dfrac{l}{2}$有$y=0$
11		$y=-\dfrac{F_Pax}{6EIl}(l^2-x^2)$ $(0\leqslant x\leqslant l)$ $y=\dfrac{F_P(l-x)}{6EI}\left[(x-l)^2-3ax+al\right]$ $[l\leqslant x\leqslant(l+a)]$	$\varphi_B=\dfrac{F_Pal}{3EI},\varphi_A=\dfrac{-F_Pal}{6EI}$ $\varphi_C=\dfrac{F_Pa}{6EI}(2l+3a)$ $y_{x=\frac{l}{2}}=-\dfrac{F_Pal^2}{16EI}$ $y_C=\dfrac{F_Pa^2}{3EI}(l+a)$
12		$y=-\dfrac{qa^2x}{12EIl}(l^2-x^2)$ $(0\leqslant x\leqslant l)$ $y=\dfrac{q(x-l)}{24EI}\left[2a^2(3x-l)+(x-l)^2\right.$ $\left.\times(x-l-4a)\right]$ $[l\leqslant x\leqslant(l+a)]$	$\varphi_B=\dfrac{qa^2l}{6EI},\varphi_A=\dfrac{-qa^2l}{12EI}$ $\varphi_C=\dfrac{qa^2(l+a)}{6EI}$ $y_{x=\frac{l}{2}}=-\dfrac{qa^2l^2}{32EI}$ $y_C=\dfrac{qa^3}{24EI}(4l+3a)$

序号	梁及荷载	挠曲线方程	转角和挠度
13	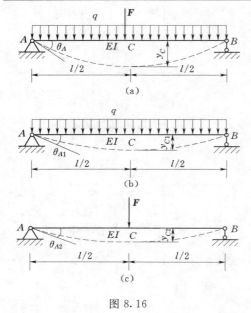	$y=-\dfrac{Mx}{6EIl}(l^2-x^2)$ $(0\leqslant x\leqslant l)$ $y=\dfrac{M}{6EI}(3x^2-4xl+l^2)$ $[l\leqslant x\leqslant(l+a)]$	$\varphi_B=\dfrac{Ml}{3EI}$ $\varphi_A=-\dfrac{Ml}{6EI}$ $\varphi_C=\dfrac{M}{3EI}(l+3a)$ $y_{x=\frac{l}{2}}=-\dfrac{Ml^2}{16EI}$ $y_C=\dfrac{Ma}{6EI}(2l+3a)$

图 8.16

例题 8.7 用叠加法求图 8.16（a）所示简支梁的跨中挠度和截面 A 处的转角。

解： 查表 8.1 求分布荷载单独作用时 ［图 8.16（b）］ 与集中力单独作用时 ［图 8.16（c）］ 的跨中挠度分别为

$$y_{C1}=\frac{5ql^4}{384EI},\ y_{C2}=\frac{Fl^3}{48EI}$$

两荷载共同作用下跨中挠度为

$$y_C=y_{C1}+y_{C2}=\frac{5ql^4}{384EI}+\frac{Fl^3}{48EI}=\frac{5ql^4+8Fl^3}{384EI}$$

同理可求得 A 处截面的转角

$$\theta_A=\theta_{A1}+\theta_{A2}=\frac{ql^3}{24EI}+\frac{Fl^2}{16EI}=\frac{2ql^3+3Fl^2}{48EI}$$

§8.4 梁 的 刚 度 条 件

1. 梁的刚度条件

梁的刚度条件是指梁的最大挠度与最大转角分别不超过各自的许用值。在有些情况下，只限制某些截面的挠度或转角不超过许用值。以 $[\theta]$ 表示许用转角，则梁的转角刚度条件为

$$[\theta]_{\max}\leqslant[\theta] \tag{8.16}$$

在土建工程中，对梁进行刚度计算时，通常只对挠度进行计算。梁的挠度容许值通常用许可挠度与梁跨长的比值 $\left[\dfrac{f}{l}\right]$ 作为标准。则梁的刚度条件为

$$\frac{|y|_{\max}}{l}\leqslant\left[\frac{f}{l}\right] \tag{8.17}$$

按照梁的工程用途，在有关设计规范中，对 $\left[\dfrac{f}{l}\right]$ 有具体规定。在土建工程中，$\left[\dfrac{f}{l}\right]$ 的值常限制在 $\dfrac{1}{250}\sim\dfrac{1}{1000}$ 范围内。

应用梁的刚度条件可进行梁的刚度校核、设计截面和计算许用荷载。但是，对于土建工程中的梁，强度条件能满足要求时，一般情况下，刚度条件也能满足要求。所以，先由强度条件进行强度计算，再由刚度条件校核，若刚度不满足，则按刚度条件重新设计。

例题 8.8　图 8.17 （a）所示简支梁，用 32a 工字钢制成。已知 $q=8\text{kN/m}$，$l=6\text{m}$，$E=200\text{GPa}$，$\left[\dfrac{f}{l}\right]=\dfrac{1}{400}$。试校核梁的刚度。

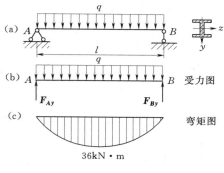

图 8.17

解：1. 梁的受力如图 8.17 （b）所示。由平衡方程 $\sum M_B(\boldsymbol{F})=0$、$\sum M_A(\boldsymbol{F})=0$ 求得支座约束力为

$$F_{Ay}=F_{By}=\frac{ql}{2}=24\text{kN}$$

作梁的弯矩图如图 8.17 （c）所示。梁的最大弯矩发生在跨中，值为

$$M_{\max}=\frac{ql^2}{8}=36\text{kN}\cdot\text{m}$$

2. 刚度条件校核。查型钢表得 $I_Z=11075.5\text{cm}^4$。由表 8.1 查得该梁的最大挠度为

$$y_{\max}=\frac{5ql^4}{384EI}$$

则

$$\frac{y_{\max}}{l}=\frac{5ql^3}{384EI}=\frac{5\times8\times6^3\times10^9}{384\times200\times10^3\times11075.5\times10^4}=\frac{1}{985}$$

因为 $\dfrac{y_{\max}}{l}=\dfrac{1}{985}<\left[\dfrac{f}{l}\right]=\dfrac{1}{400}$，所以梁的刚度满足要求。

例题 8.9　简支梁由工字钢制成，跨度中点处承受集中载荷 $\boldsymbol{F}$，如图 8.18 （a）所示。许用应力 $[\sigma]=160\text{MPa}$，挠度容许值 $\left[\dfrac{f}{l}\right]=\dfrac{1}{500}$，弹性模量 $E=2\times10^5\text{MPa}$，试选择工字钢的型号。

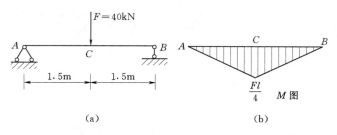

图 8.18

解：1. 按强度条件选择工字钢型号。梁的最大弯矩为

$$M_{\max}=\frac{Fl}{4}=\frac{40\times10^3\times3\times10^3}{4}=3\times10^7(\text{N}\cdot\text{mm})$$

按弯曲正应力强度条件选截面

$$W_z\geqslant\frac{M_{\max}}{[\sigma]}=\frac{3\times10^7}{160}=1.875\times10^5(\text{mm}^3)$$

查型钢表选用 20a 工字钢，其抗弯曲截面系数为 237cm^3，惯性矩 $I=2370\text{cm}^4$。

2. 校核梁的刚度。

$$\frac{y_{\max}}{l}=\frac{Fl^2}{48EI}=\frac{40\times10^3\times(3000)^2}{48\times2\times10^5\times2.37\times10^7}$$

$$\frac{y_{\max}}{l}=\frac{1}{632}<\left[\frac{f}{l}\right]=\frac{1}{500}$$

梁的刚度足够。所以，选用 20a 工字钢。

2. 提高梁刚度的措施

梁的挠度和转角与梁的抗弯刚度 EI、梁的跨度 l 和荷载作用情况有关，那么，要提高梁的抗弯刚度可以采取以下措施：

（1）增大梁的抗弯刚度 EI。梁的变形与梁的抗弯刚度 EI 成反比，增大梁的抗弯刚度 EI 将使梁的变形减小，从而提高其刚度。增大梁的抗弯刚度 EI 值主要是设法增大梁截面的惯性矩 I 值。在截面面积不变的情况下，采用材料尽量远离中性轴的截面形状，比如采用工字形、箱形、圆环形等截面，可显著增大惯性矩。

（2）减小梁的跨度 l。梁的变形与其跨度的 n 次幂成正比。设法减小梁的跨度 l，将有效地减小梁的变形，从而提高其刚度。在结构构造允许的情况下，可采用两种办法减小 l 值。

第一，增加中间支座。如图 8.19（a）所示简支梁跨中的最大挠度为

$$f_a=\frac{5ql^4}{384EI}$$

图 8.19（b）所示在跨中增加一个中间支座，使简支梁转化为两跨超静定梁，梁中的弯矩分布发生了改变，正负弯矩分布面积趋于接近，使梁的位移大大减小。

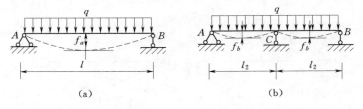

图 8.19

第二，两端支座内移。将图 8.20（a）所示简支梁的支座向中间移动而变成外伸梁 [图 8.20（b）]，一方面减小了梁的跨度，从而降低梁跨中的最大挠度；另一方面在梁外伸部分的荷载作用下，使梁跨中产生向上的挠度 [图 8.20（c）]，从而使梁中段在荷

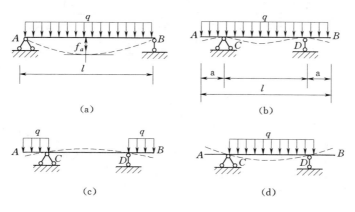

图 8.20

载作用下产生的向下的挠度 ［图 8.20 （d）］ 被抵消一部分，减小了梁跨中的最大挠度值。

（3） 改善荷载的作用情况。在结构允许的情况下，合理地调整荷载的位置及分布情况，以降低弯矩，从而减小梁的变形，提高其刚度。如图 8.21 （a） 所示简支梁，将跨中的集中力分散作用 ［图 8.21 （b）］，甚至改为分布荷载，则使最大弯矩降低，从而减小梁的变形，提高了梁的刚度。

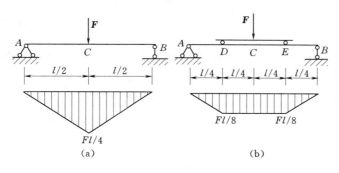

图 8.21

思考题

6. 梁的截面位移和变形有何区别？它们之间又有何联系？

7. 试分析提高梁的强度与提高梁的刚度所采用的措施有哪些不同，为什么？

习题

9. 用积分法计算如图 8.22 所示各梁右端截面的挠度和转角。已知梁的抗弯刚度 EI 为常数。

10. 用积分法计算如图 8.23 所示各梁右端截面的挠度和转角。已知梁的抗弯刚度 EI 为常数。

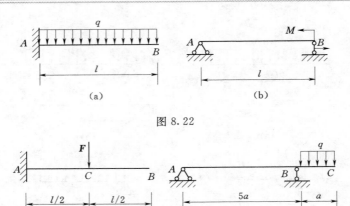

图 8.22

图 8.23

11. 用叠加法计算图 8.24 所示梁自由端截面的挠度和转角。已知梁的抗弯刚度 EI 为常数。

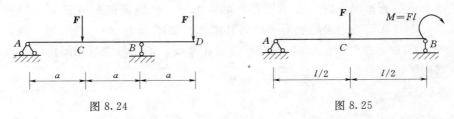

图 8.24   图 8.25

12. 用叠加法计算图 8.25 所示简支梁跨中截面的挠度。已知梁的抗弯刚度 EI 为常数。

13. 图 8.26 所示工字形截面悬臂梁，在自由端作用有集中力 $F=10\text{kN}$，梁长 $l=4\text{m}$，工字钢采用 32a，材料弹模 $E=200\text{GPa}$，$\left[\dfrac{f}{l}\right]=\dfrac{1}{400}$，校核梁的刚度。

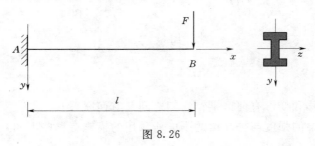

图 8.26

14. 图 8.27 为一圆形截面简支梁，材料为木材，已知 $[\sigma]=12\text{MPa}$，$E=10^4\text{MPa}$，$\left[\dfrac{f}{l}\right]=\dfrac{1}{200}$。试求梁的截面直径 D。

15. 图 8.28 所示吊车梁采用 25a 工字钢，$[\sigma]=170\text{MPa}$，$E=2\times10^5\text{MPa}$，$\left[\dfrac{f}{l}\right]=\dfrac{1}{400}$。求荷载的许用值。

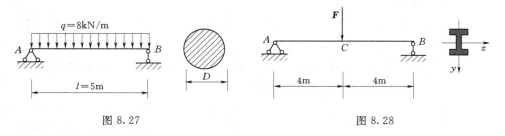

图 8.27　　　　　　　　　　　　　　图 8.28

16. 图 8.29 为一矩形截面木梁，$[\sigma]=10\text{MPa}$，$[\tau]=2\text{MPa}$，$E=10^4\text{MPa}$，$\left[\dfrac{f}{l}\right]=$ $\dfrac{1}{300}$。试对梁进行正应力、切应力强度校核以及刚度校核。

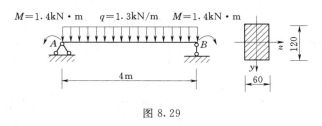

图 8.29

§8.5　结构位移计算的一般公式

1. 结构位移的概念

工程结构在荷载作用下，其形状将发生改变，结构上各点的位置会发生相应的移动，杆件的截面或杆轴线还会有转动。将结构上的点或线的空间位移改变量称为位移。

图 8.30（a）所示，刚架在均布荷载作用下发生变形，此时，A 点移动到 A' 点，即 A 点的线位移为 $\overline{AA'}$，记为 Δ_A。若将 $\overline{AA'}$ 沿水平方向和竖直方向分解 [图 8.30（b）]，则分量 Δ_{AH} 和 Δ_{AV} 分别称为 A 点的水平线位移和竖向线位移。同时，截面 A 还将转动一个角度 θ_A，这就是截面 A 的角位移。

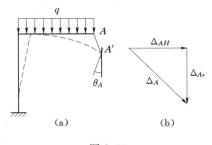

使结构产生位移的原因除了荷载作用外，还有温度改变作用、基础的沉陷或支座产生移动等，如图 8.31 所示。

图 8.30

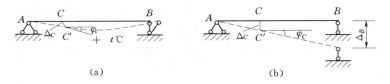

　　　（a）　　　　　　　　　　　　　　（b）

图 8.31

2. 计算静定结构位移的目的

结构设计和施工中都要对结构的位移进行计算，计算结构位移的目的主要有以下几点：

（1）结构除了要满足强度要求外，还要具有足够的刚度，以便将结构位移限制在一定的范围之内。计算结构位移对结构刚度进行校核。

（2）在分析超静定结构时，只考虑静力平衡条件是不够的，还必须根据结构的位移条件建立补充方程，才能获得正确的解答。计算结构位移为解超静定结构提供补充方程。

（3）在结构的制作、安装过程中常要预先知道结构的变形情况，以便采取一定的施工措施。计算结构位移为施工提供依据。

3. 功、实功和虚功的概念

（1）功的概念。功是物体上所作用的力与其作用点沿力方向上位移的乘积。图 8.32 所示，恒力 F 作用在物体上，使物体在水平方向上产生位移 Δ，则称力 F 在位移 Δ 上做了功，其大小为

$$W = F\Delta\cos\theta = F_x \cdot \Delta$$

如图 8.33 所示，物体在力偶 $m = F \cdot a$ 作用下而产生角位移 θ，则力偶在角位移 θ 上做了功，其大小为

$$W = \int_0^\theta Fa\,\mathrm{d}\theta = Fa\int_0^\theta \mathrm{d}\theta = m\theta$$

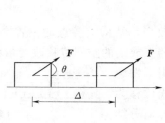

图 8.32

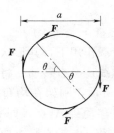

图 8.33

功是代数量，可正、可负、也可为零。当力与位移方向相同，功为正；反之，为负。功的单位为 N·m 或 kN·m 等。

（2）实功与虚功的概念。实功是指力在其自身引起的位移上所做的功；虚功是指力在其他因素所引起的位移上所做的功。如图 8.34 所示简支梁，在静力 F_1 作用下产生变形如虚线所示，其作用点沿 F_1 方向产生了位移 Δ_{11}。在力 F_1 产生的变形基础上再施加力 F_2，使梁继续发生微小变形而达到实线所示位置，力 F_2 的作用使力 F_1 方向又产生了位移 Δ_{12}。

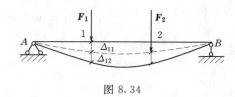

图 8.34

力 F_1 在对应的位移 Δ_{11} 上所做的功，就是 F_1 所做的实功。由于 F_1 为变力，因此实功为

$$W_{11} = \frac{1}{2} F_1 \Delta_{11}$$

力 $\boldsymbol{F}_1$ 在对应的位移 Δ_{12} 上所做的功，就称为虚功，即

$$W_{12} = F_1 \Delta_{12}$$

式中：W 和 Δ 有两个右下角标，第一个角标表示位移发生的位置和方向，第二个角标表示位移发生的原因。

4. 广义力与广义位移

为方便计算，可将功的表达式统一写成

$$W = F\Delta$$

式中：F 为广义力，可以是单个集中力、集中力偶或一对力及一对力偶；Δ 为广义位移，可以是线位移或角位移。广义力做功必须与广义位移一一对应。如果广义力是一集中力，则相应的广义位移为线位移；如果广义力是一集中力偶，则相应的广义位移为角位移。

5. 变形体虚功原理

前面讨论的是外力的功，而构件在外力作用下会产生内力，内力在其本身引起的变形上所做的功称为内力实功；内力在其他原因引起的变形上所做的功称为内力虚功。变形体处于平衡状态的充分必要条件是：外力在对应的位移上所做的外力虚功总和等于各微段上的内力在其对应的变形上所做的内力虚功总和，此结论称变形体虚功原理，即

$$W_{外} = W_{内}$$

6. 结构位移计算的一般公式

设图 8.35（a）所示平面刚架由于荷载作用、温度变化及支座移动等因素引起了如图所示虚线的变形，现在要求任一指定点 K 沿任一指定方向 K - K 上的位移 Δ_K。

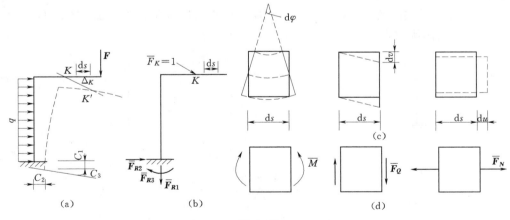

图 8.35

现在要求的位移是由给定的荷载作用、温度变化及支座移动等因素引起的，故应以此作为结构的位移状态，也称实际状态。为了使力状态中的外力能在位移状态中的所求位移 Δ_K 上作虚功，在 K 点沿 K - K 方向加一个单位集中力 $\overline{F}_K = 1$，其指向可任意假定，如图 8.35（b）所示，以此作为结构的力状态。这个力状态由于是虚设的，故称为虚拟状态。

让力状态在位移状态上作虚功。外力虚功包括单位集中力 $\overline{F}_K = 1$、由单位集中力引起

的支座约束力 $\overline{F}_{R1}$、$\overline{F}_{R2}$ 和 $\overline{F}_{R3}$ 在各自相应的位移 Δ_K、C_1、C_2 和 C_3 上所做的虚功之和,即

$$W_{外} = F_K \Delta_K + \overline{F}_{R1} C_1 + \overline{F}_{R2} C_2 + \overline{F}_{R3} C_3 = \Delta_K + \sum \overline{F}_R C$$

单位集中力 $\overline{F}_K = 1$(量纲为 1)所做的虚功在数值上恰好等于所要求的位移 Δ_K。式中 $\sum \overline{F}_R C$ 表示单位力引起的支座约束力所做虚功之和。

计算内力虚功时,实际状态中 ds 微段相应的变形为 $d\varphi$、dv、du,如图 8.35(c)所示;设虚拟状态中由单位集中力 $\overline{F}_K = 1$ 作用所引起的 ds 微段上的内力为 $\overline{M}$、$\overline{F}_Q$ 和 $\overline{F}_N$,如图 8.35(d)所示。则内力虚功为

$$W_{内} = \sum \int \overline{M} d\varphi + \sum \int \overline{F}_Q dv + \sum \int \overline{F}_N du$$

由虚功原理得

$$\Delta_K + \sum \overline{F}_R C = \sum \int \overline{M} d\varphi + \sum \int \overline{F}_Q dv + \sum \int \overline{F}_N du$$

$$\Delta_K = \sum \int \overline{M} d\varphi + \sum \int \overline{F}_Q dv + \sum \int \overline{F}_N du - \sum \overline{F}_R C \tag{8.18}$$

式(8.18)便是平面杆系结构位移计算的一般公式。这种利用虚功原理在所求位移处沿位移方向虚设单位力 $\overline{F}_K = 1$ 求位移的方法,称为单位荷载法。在虚设单位荷载时,单位力作用线与所求位移方位一致,其指向可以任意假设,如计算结果为正,即表示实际位移方向与所设单位力指向相同,否则相反。

7. 单位荷载设置

单位荷载法不仅可以用于计算结构的线位移,而且还可以计算任意的广义位移,只要所设的广义单位荷载与所计算的广义位移相适应即可。下面讨论如何依照所求位移,设置相应的单位广义荷载。

(1)当要求某点沿某方向的线位移时,应在该点沿所求位移方向加一个单位集中力。图 8.36(a)所示为求点 A 竖直位移时的虚设力状态。

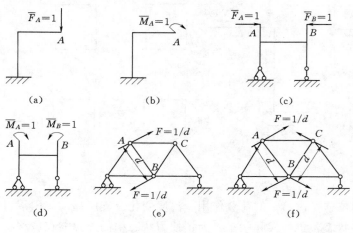

图 8.36

(2)当要求某截面的角位移时,则应在该截面处加一个单位力偶。图 8.36(b)所示为求 A 截面转角时的虚设力状态。

（3）当要求结构上两点的相对线位移时，则应在两点沿其连线方向上加 1 对指向相反的单位力。图 8.36（c）所示为求 A、B 两点的相对线位移时的虚设力状态。

（4）当要求结构上两截面的相对角位移时，则应在两截面处加 1 对转向相反的单位力偶。如图 8.36（d）所示为求 A、B 两截面的相对角位移所虚设的力状态。

（5）当要求桁架中某根杆的转角时，则应在该杆的两端加垂直杆轴但方向相反的两个力，两个力组成一个单位力偶，所以，力的大小应为杆长的倒数 $1/d$，如图 8.36（e）所示。

（6）当要求桁架中两根杆的相对角位移时，则应加两个转向相反的单位力偶，如图 8.36（f）所示。

§8.6　静定结构在荷载作用下的位移计算

1. 静定结构在荷载作用下的位移计算公式

当结构没有支座移动作用时，则式（8.18）可简化为

$$\Delta_K = \sum \int \overline{M} \mathrm{d}\varphi + \sum \int \overline{F}_Q \mathrm{d}v + \sum \int \overline{F}_N \mathrm{d}u \tag{8.19}$$

式（8.19）中微段的变形是由荷载引起的，设以 M_P、F_Q、F_N 表示实际状态中微段 $\mathrm{d}s$ 上所受弯矩、剪力和轴力，如图 8.37（a）所示。在线弹性范围内，这些内力引起微段 $\mathrm{d}s$ 上的变形如图 8.37（b）、（c）和（d）所示。这些变形可表示为

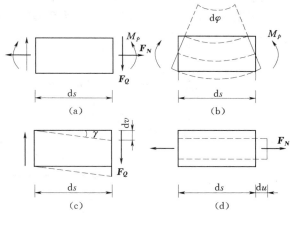

图 8.37

$$\mathrm{d}\varphi = \frac{M_P}{EI}\mathrm{d}s \quad \mathrm{d}v = \gamma \mathrm{d}s = k\frac{F_Q}{GA}\mathrm{d}s \quad \mathrm{d}u = \frac{F_N}{EA}\mathrm{d}s \tag{8.20}$$

式中：EI、GA 和 EA 分别为杆件的抗弯刚度、抗剪刚度和抗拉压刚度；k 为截面的切应力分布不均匀系数，它只与截面的形状有关，对于矩形截面取 $k=\dfrac{6}{5}$，对于圆形截面取 $k=\dfrac{10}{9}$，对于薄壁圆环截面取 $k=2$。

把式（8.20）代入式（8.19）中，得

$$\Delta_K = \sum \int \frac{\overline{M}M_P}{EI}\mathrm{d}s + \sum \int k\frac{\overline{F}_Q F_Q}{GA}\mathrm{d}s + \sum \int \frac{\overline{F}_N F_N}{EA}\mathrm{d}s \tag{8.21}$$

式（8.21）为平面杆系结构在荷载作用下的位移计算公式。式中 $\overline{M}$、$\overline{F}_Q$、$\overline{F}_N$ 代表虚设状态中由于广义单位荷载所产生的内力，M_P、F_Q、F_N 则代表原结构由于实际荷载作用所产生的内力。

2. 静定结构在荷载作用下的位移计算简化公式

式（8.21）右边 3 项分别代表结构的弯曲变形、剪切变形和轴向变形对所求位移的影

响。在实际计算中，根据结构的具体情况，常常可以只考虑其中的一项或两项。

对于梁和刚架，因为轴力和剪力的影响很小，一般可以略去；位移主要是弯矩引起的，故式（8.21）可简化为

$$\Delta_K = \sum \int \frac{\overline{M}M_P}{EI}ds \tag{8.22}$$

在桁架中，因只有轴力作用，若同一杆件的轴力 $\overline{F}_N$、F_N 及 EA 沿杆长 l 均为常数，故式（8.21）可简化为

$$\Delta_K = \sum \int \frac{\overline{F}_N F_N}{EA}ds = \sum \frac{\overline{F}_N F_N}{EA}l \tag{8.23}$$

在组合结构中，受弯的梁式杆件可只计算弯矩一项的影响，对只受轴力作用的桁架杆件则只计轴力影响，故其位移计算公式为

$$\Delta_K = \sum \int \frac{\overline{M}M_P}{EI}ds + \sum \frac{\overline{F}_N F_N}{EA}l \tag{8.24}$$

在曲梁和一般拱结构中，杆件的曲率对结构的影响都很小，可以略去不计，其位移仍可近似地按式（8.21）计算，通常只需考虑弯曲变形的影响。但在扁平拱中（跨度 l 大于 5 倍的拱高），除弯矩外，有时还需考虑轴力对位移的影响。

例题 8.10　试求图 8.38（a）所示梁跨中点 C 的竖向位移 Δ_{CV} 和截面 B 的转角 φ_B。EI 为常数。

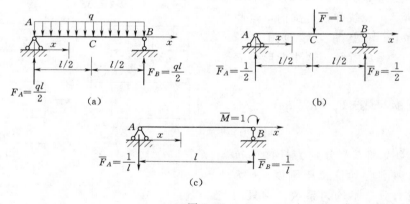

图 8.38

解： 1. 求 Δ_{CV}。在简支梁中点 C 处加一竖向单位力 $\overline{F}=1$，得虚拟状态如图 8.38（b）所示。设以支座 A 为坐标原点，沿梁轴向右为 x 轴正向，写弯矩方程。

实际状态下：

$$M_P = \frac{ql}{2}x - \frac{q}{2}x^2 = \frac{q}{2}(lx - x^2) \qquad \left(0 \leqslant x \leqslant \frac{l}{2}\right)$$

虚设单位力状态下：

$$\overline{M} = \frac{1}{2}x \qquad \left(0 \leqslant x \leqslant \frac{l}{2}\right)$$

因为对称，由式（8.22）得

$$\Delta_{CV} = \sum \int \frac{\overline{M} M_p}{EI} dx = 2 \int_0^{\frac{l}{2}} \frac{1}{EI} \cdot \frac{x}{2} \cdot \frac{q}{2}(lx - x^2) dx = \frac{5ql^4}{384EI}$$

计算结果为正，表明 C 点竖向位移方向与虚设单位力方向相同，即向下。

2. 求 φ_B。在简支梁的截面 B 处加一单位力偶 $\overline{M} = 1$，得虚设状态如图 8.38（c）所示。坐标轴设置同上，写弯矩方程。

实际状态下：

$$M_p = \frac{q}{2}(lx - x^2) \qquad (0 \leqslant x \leqslant l)$$

虚拟状态下：

$$\overline{M} = -\frac{x}{l} \qquad (0 \leqslant x \leqslant l)$$

由式（8.22）得

$$\varphi_B = \sum \int \frac{\overline{M} M_P}{EI} dx = \int_0^l -\frac{1}{EI} \cdot \frac{x}{l} \cdot \frac{q}{2}(lx - x^2) dx = -\frac{ql^3}{24EI}$$

计算结果为负，表明截面 B 的转动方向与虚设力偶的转向相反，即逆时针方向转动。

例题 8.11　试求图 8.39（a）所示结构 B 端的水平位移 Δ_{BH}。$E = 210\text{GPa}$，$I = 24 \times 10^7 \text{mm}^4$。

解：在刚架截面 B 处加一水平方向单位力 $\overline{F} = 1$，得虚设状态如图 8.39（b）所示。分别设各杆的局部 x 坐标如图 8.39 所示。则实际状态和虚设状态下各杆的弯矩方程分别为

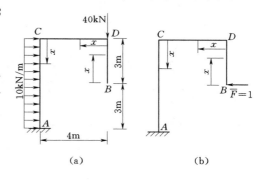

图 8.39

BD 段：　　$M_P = 0 \qquad (0 \leqslant x \leqslant 3)$

　　　　　　$\overline{M} = -x \qquad (0 \leqslant x \leqslant 3)$

DC 段：　$M_P = -40x \qquad (0 \leqslant x \leqslant 4)$

　　　　　　　　$\overline{M} = -3 \qquad (0 \leqslant x \leqslant 4)$

CA 段：　　　　　$M_P = 160 + 5x^2 \qquad (0 \leqslant x \leqslant 6)$

　　　　　　$\overline{M} = (3 - x) \times 1 = 3 - x \qquad (0 \leqslant x \leqslant 6)$

代入式（8.22）得

$$\Delta_{BH} = \sum \int \frac{\overline{M} M_P}{EI} dx = 0 + \int_0^4 \frac{1}{EI} \times (-40x) \times (-3) dx + \int_0^6 \frac{1}{EI}(3 - x)(160 + 5x^2) dx$$

$$= \frac{420 \text{kN} \cdot \text{m}^3}{EI} = \frac{420 \times 10^{12} \text{N} \cdot \text{mm}^3}{210 \times 10^3 \times 24 \times 10^7 \text{N} \cdot \text{mm}^2} = 8.33 \text{mm}$$

思考题

8. 虚功与实功有何不同？你在生活中能找到虚功的实例吗？

9. 虚功原理是将变形体的外部位移与内部微段的变形用虚功关联在一起，原理中对做虚功的力系及变形体的位移和变形有何要求？

习题

17. 用积分法计算图 8.40 所示各梁的指定位移，各杆的 EI 为常数。求图 8.40（a）的 φ_A、图 8.40（b）的 Δ_{AV}。

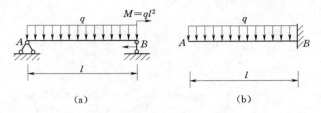

图 8.40

18. 计算图 8.41 所示桁架点 B 的竖向位移 Δ_{BV}，设各杆的 $A = 10\text{cm}^2$，$E = 2.1 \times 10^5 \text{MPa}$。

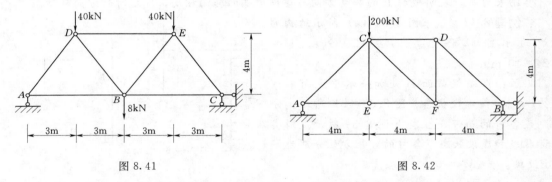

图 8.41   图 8.42

19. 计算图 8.42 所示桁架点 D 和点 E 的相对线位移 Δ_{DE}，设各杆的 $A = 12\text{cm}^2$，$E = 2.1 \times 10^5 \text{MPa}$。

§8.7 图 乘 法

1. 图乘法一般公式

当结构的构件 AB 为等截面直杆，EI 为常数，若用单位荷载法求位移时，可以将积分运算变换为乘法计算。以杆轴为 x 轴，建立 Axy 坐标系，如图 8.43 所示。线性弯矩图 $\overline{M}$ 上任一纵坐标可表达为 $\overline{M} = \tan\alpha \cdot x + a$，则求位移的积分式 $\int_A^B \dfrac{\overline{M}M_P}{EI}\mathrm{d}s$ 可演变为

$$\int_A^B \frac{\overline{M}M_P}{EI}\mathrm{d}s = \frac{\tan\alpha}{EI}\int_A^B xM_P\mathrm{d}x + \frac{a}{EI}\int_A^B M_P\mathrm{d}x = \frac{\tan\alpha}{EI}\int_0^\omega x\mathrm{d}\omega + \frac{a}{EI}\int_0^\omega \mathrm{d}\omega \qquad (8.25)$$

式中：$\mathrm{d}\omega = M_P\mathrm{d}x$ 是弯矩图 M_P 中有阴影的微面积；$\int_0^\omega x\mathrm{d}\omega$ 即为弯矩图 M_P 的面积 ω 对 y 轴的静矩。根据静矩计算公式（3.2）得

$$\int_0^\omega x\mathrm{d}\omega = x_c\omega \qquad (8.26)$$

式中：x_c 为弯矩图 M_P 的形心坐标。将式（8.26）代入式（8.25）中，得

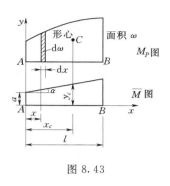

图 8.43

$$\int_A^B \frac{\overline{M}M_P}{EI}ds = \frac{\tan\alpha}{EI}x_c\omega + \frac{a}{EI}\omega = \frac{\omega}{EI}(\tan\alpha \cdot x_c + a) = \frac{\omega \cdot y_c}{EI}$$

$$(8.27)$$

式中：y_c 是线性弯矩图 $\overline{M}$ 的竖标，竖标位置是在取面积弯矩图 M_P 形心 C 处。

上述公式是将积分运算简化为图形面积 ω 与竖标 y_c 的相乘运算。因此，这种方法称为图乘法。如果结构上所有各杆段均可图乘，则结构位移计算式（8.22）可变为

$$\Delta_k = \sum\frac{y_c\omega}{EI} \qquad (8.28)$$

2. 图乘法的应用条件及注意事项

图乘法的应用条件是积分段内为同材料等截面（EI 为常数）的直杆，应用图乘法时，还应注意以下几点：

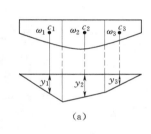
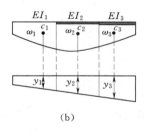

（a）　　　　　　　　　（b）

图 8.44

（1）竖标 y_c 必须取自一条直线弯矩图上，而不能从折线图或曲线图中取值。若单位力弯矩图 $\overline{M}$ 与荷载弯矩图 M_P 都是一条直线图形，则 y_c 可以取在其中任一图上。当确定从某一图上取竖标 y_c 后，则另一图形取面积，并确定其形心位置。

（2）当竖标 y_c 与面积 ω 在杆轴同一侧，乘积 $y_c\omega$ 取正号，异侧时乘积 $y_c\omega$ 取负号。

（3）若一个图是曲线图形，另一个图是由几条直线组成的折线图形，则应从折线图形转折点分开分段图乘，然后叠加。如图 8.44（a）所示，就应分三段图乘，即

$$\int\frac{\overline{M}M_P}{EI}ds = \frac{1}{EI}(\omega_1 y_1 + \omega_2 y_2 + \omega_3 y_3)$$

若为阶梯形杆（每一段的截面不同），则应当从截面变化点处分开分段图乘，然后叠加，如图 8.44（b）所示，就应分三段图乘，即

$$\int\frac{\overline{M}M_P}{EI}ds = \frac{\omega_1 y_1}{EI_1} + \frac{\omega_2 y_2}{EI_2} + \frac{\omega_3 y_3}{EI_3}$$

3. 二次图的图乘公式

对于比较复杂的直线图和二次曲线图，其面积、形心位置以及形心下对应的竖标不易确定时，可直接应用图形的控制点竖标值进行图乘，其原理与方法如下：

图 8.45（a）所示一个梯形弯矩图 $\overline{M}$ 和一个二次曲线弯矩图 M_P。把梯形图 $\overline{M}$ 分解为三角形 ADC 和三角形 ADB；把二次曲线图分解为三角形 $A'B'C'$、三角形 $B'C'D'$ 和标准二次曲线图 $C'D'E'$。各图形的两端竖标如图所示。对于标准二次曲线图 $C'D'E'$，两端竖标为零，各截面竖标与同跨度简支梁在均布荷载 q 作用下的弯矩图竖标相同，则中间点处

的竖标为 $h = \dfrac{ql^2}{8}$，M_P 图中各图形的面积和形心下对应的 $\overline{M}$ 图的竖标为

$$\omega_1 = \frac{cl}{2} \qquad y_1 = \frac{2}{3}a + \frac{1}{3}b$$

$$\omega_2 = \frac{dl}{2} \qquad y_2 = \frac{1}{3}a + \frac{2}{3}b$$

$$\omega_3 = \frac{2hl}{3} \qquad y_3 = \frac{1}{2}a + \frac{1}{2}b$$

由式（8.28）可得

$$\frac{1}{EI}\int \overline{M}M_P \mathrm{d}x = \frac{1}{EI}(\omega_1 y_1 + \omega_2 y_2 + \omega_3 y_3)$$

$$= \frac{l}{6EI}[a(2c + 2h + d) + b(2d + 2h + c)] \tag{8.29}$$

式（8.29）中 a、b、c、d、h 竖标都在基线同一侧时的图乘计算公式。

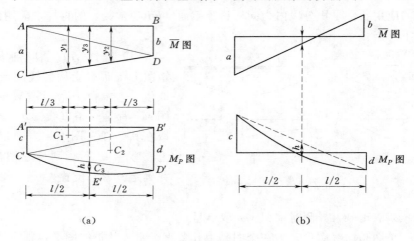

图 8.45

对于图 8.45（b）所示的图形，a、b、c、d、h 竖标分布在基线的两侧，也可应用以上方法推出如下计算公式。

$$\frac{1}{EI}\int \overline{M}M_P \mathrm{d}x = \frac{l}{6EI}[a(-2c + 2h + d) + b(-2d - 2h + c)] \tag{8.30}$$

比较式（8.29）和式（8.30）可知，直线弯矩图 $\overline{M}$ 和弯矩图 M_P 的所有竖标 a、b、c、d 和 h 恒取绝对值；弯矩图 M_P 上的竖标 c、h 和 d 与相乘的直线图的竖标 a 或 b（圆括号前的）在基线同侧其前用加号（＋），异侧用减号（－）。现在可将一二次图的图乘公式写成如下统一形式

$$\Delta_k = \sum \frac{l}{6EI}[a(\pm 2c \pm 2h \pm d) + b(\pm 2d \pm 2h \pm c)] \tag{8.31}$$

例题 8.12　试求图 8.46（a）所示外伸梁 C 端的竖向位移 Δ_{CV}，$EI = 1.5 \times 10^5 \mathrm{kN \cdot m^2}$。

解： 1. 作荷载作用下的弯矩图如图 8.46（b）所示（此梁只在外伸部分作用荷载，因此，不需要求支座约束力即可作弯矩图）。

2. 在梁端 C 处作用竖向单位力，作弯矩图如图 8.46 (c) 所示。

3. 应用式 (8.31) 求位移。

$$\Delta_{Cv} = \sum \frac{l}{6EI}[a(\pm 2c \pm 2h \pm d) + b(\pm 2d \pm 2h \pm c)]$$

$$= \frac{6 \times 10^3}{6EI} \times 6 \times 10^3 (2 \times 300 \times 10^6) +$$

$$\frac{6 \times 10^3}{6EI} \times 6 \times 10^3 (2 \times 300 \times 10^6 - 2 \times 45 \times 10^6)$$

$$= \frac{6 \times 10^{12}}{EI} \times 600 + \frac{6 \times 10^{12}}{EI} \times 510$$

$$= \frac{6660 \times 10^{12}}{1.5 \times 10^5 \times 10^9} = 44.4 \text{(mm)}$$

由计算可知，图示外伸梁在外伸部分作用荷载时 C 端的竖直向下位移 44.4mm。

例题 8.13　试求图 8.47 (a) 所示刚架结点 B 的水平位移 Δ_{BH}。EI 为常数。

解：作 M_P 图和 $\overline{M}$ 图如图 8.47 (b)、(c) 所示。

BC 段：$\overline{M}$ 图中，$a = l$（下侧），$b = 0$

$\quad\quad M_P$ 图中，$c = ql^2$（下侧），$h = \dfrac{ql^2}{8}$（下侧），$d = 0$

AB 段：$\overline{M}$ 图中，$a = l$（右侧），$b = 0$

$\quad\quad M_P$ 图中，$c = ql^2$（右侧），$h = 0$，$d = 0$

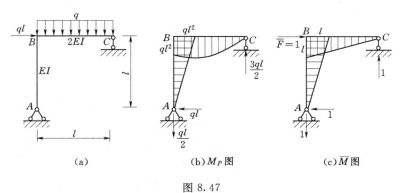

图 8.47

应用图乘公式 (8.31) 得

$$\Delta_{BH} = \sum \frac{l}{6EI}[a(\pm 2c \pm 2h \pm d) + b(\pm 2d \pm 2h \pm c)]$$

$$= \frac{l}{6(2EI)}\left[l\left(2ql^2 + 2\frac{ql^2}{8}\right)\right] + \frac{l}{6EI}[l(2ql^2)]$$

$$= \frac{3ql^4}{16EI} + \frac{2ql^4}{6EI} = \frac{25ql^4}{48EI}$$

例题 8.14 试求图 8.48（a）所示刚架 C、D 两点之间的相对水平位移 Δ_{CDH}。各杆抗弯刚度均为 EI。

解： 先作出 M_P 图如图 8.48（b）所示，其中杆 AC 和杆 BD 的弯矩图是三次标准抛物线。杆 AB 的弯矩图是二次抛物线。因要计算点 C 和点 D 之间的相对水平位移，须沿两点的连线加上一对方向相反的单位荷载作为虚设状态，并绘出 $\overline{M}$ 图如图 8.48（c）所示。

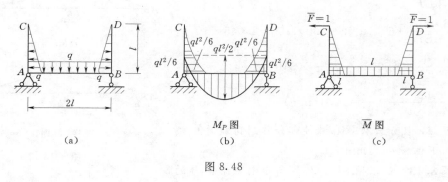

图 8.48

AB 段：$\overline{M}$ 图中，$a=l$（上侧），$b=l$（上侧）

$\quad M_P$ 图中，$c=\dfrac{ql^2}{6}$（上）

$\quad d=\dfrac{ql^2}{6}$（上侧），$h=\dfrac{q(2l)^2}{8}=\dfrac{ql^2}{2}$（下侧）

$$\Delta_{CD}=\frac{1}{EI}\left(\frac{1}{4}l\times\frac{ql^2}{6}\right)\times\frac{4}{5}l\times2+\frac{2l}{6EI}\left[l\left(2\times\frac{ql^2}{6}-2\times\frac{ql^2}{2}+\frac{ql^2}{6}\right)\times2\right]=-\frac{4ql^4}{15EI}$$

计算结果是负值，说明点 C 和点 D 实际的相对水平位移与虚设力的指向相反，即点 C 与点 D 是相互靠近。

思考题

10. 如图 8.49 所示悬臂梁，横截面为等厚的矩形。如求自由端的竖向位移，可以用单位荷载积分法吗？可以用图乘法吗？如可以，应怎样作？如不可以，为什么？

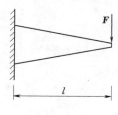

图 8.49

11. 计算有曲杆的结构位移时，对于曲杆可否能用图乘法？计算阶梯柱位移能否用图乘法？

12. 用图乘法求图 8.50 悬臂梁中点 D 位移，得

$$\Delta_{DV}=\frac{\omega y_c}{EI}=\frac{1}{EI}\times\frac{1}{2}Fl^2\times\frac{1}{3}\times\frac{l}{2}=\frac{Fl^2}{12EI},$$

试问计算方法是否正确？

13. 图 8.51 所示悬臂梁自由端受集中力 $\boldsymbol{F}$ 作用，梁上还作用均布荷载 q。欲求自由端 B 处的竖向位移，作出 M_P 图和 $\overline{M}$ 图如图 8.51 所示。应用图乘法求得位移为

$$\Delta_{BV} = \frac{\omega y_C}{EI} = \frac{1}{EI}\left(\frac{1}{3} \times ql^2 \times l\right) \times \frac{3l}{4} = \frac{ql^4}{4EI}$$

这个计算结果正确吗？为什么？

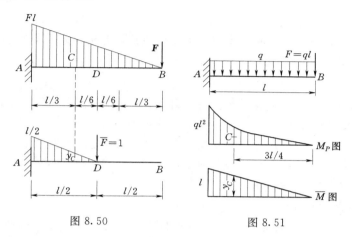

图 8.50   图 8.51

习题

20. 用图乘法求图 8.52 外伸梁 C 截面的竖向位移 Δ_{Cv} 和 B 截面的转角 θ_B，EI 为常数。

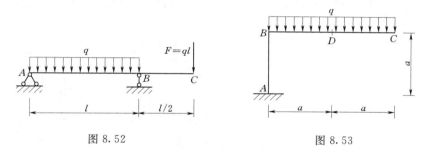

图 8.52   图 8.53

21. 求图 8.53 所示刚架横梁中点 D 的竖向位移。EI 为常数。

22. 求图 8.54 所示梁 B 支座左右截面的相对角位移，EI 为常数。

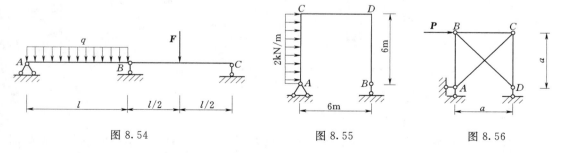

图 8.54   图 8.55   图 8.56

23. 用图乘法求图 8.55 所示刚架 B 截面的水平位移 Δ_{BH} 和 A 截面的转角 θ_A，各杆 EI 为常数。

24. 求图 8.56 桁架结点 C 的水平位移 Δ_{CH}，设各杆 EA 相等。

§8.8 支座移动、温度改变所引起的结构位移

1. 支座移动引起结构的位移

在静定结构中，支座移动时结构只产生刚体位移，并不引起内力和变形。因此，位移计算式（8.18）可简化成如下形式

$$\Delta_K = -\sum \overline{F}_R C \tag{8.32}$$

式中：$\sum \overline{F}_R C$ 为虚设状态的支座约束力在实际状态的支座位移上所作虚功之和。当 $\overline{F}_R$ 的方向与对应位移 C 的方向一致时乘积为正，否则乘积为负。

例题 8.15 图 8.57（a）所示静定刚架，若支座 A 发生如图 8.57 所示的位移：$a = 1.0\text{cm}$，$b = 1.5\text{cm}$。试求 C 点的水平位移 Δ_{CH}。

解： 1. 实际位移状态的支座位移。

$a = 1.0\text{cm}$（向右），$b = 1.5\text{cm}$（向下）

2. 虚设力状态。在 C 点处加一个水平单位力，如图 8.57（b）所示，求出其支座约束力。

$$\overline{F}_{Ax} = 1 \qquad \overline{F}_{Ay} = 1 \qquad \overline{F}_B = 1$$

3. 求位移。由式（8.32）得

$$\Delta_{CH} = -\sum \overline{F}_R C = -(\overline{F}_{Ax} \times a - \overline{F}_{Ay} \times b) = -(1 \times 1 - 1 \times 1.5) = 0.5 (\text{cm})$$

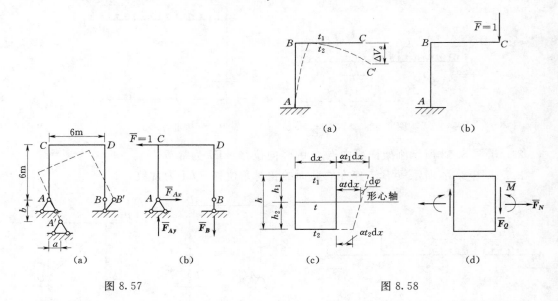

图 8.57　　　　　　　图 8.58

2. 温度改变引起结构的位移

图 8.58（a）所示结构，由于杆件的上、下面（或内、外面）产生温度差 Δt，设外侧温度 t_1 大于内侧温度 t_2，则内外温差为 $\Delta t = t_1 - t_2$。结构变形如图 8.58（a）所示。若计算位移时，仍可采用单位荷载法。例如欲求 C 点的竖向位移 Δ_{CV}，可在 C 处，沿竖向加一单位荷载 $\overline{F} = 1$，得到如图 8.58（b）所示的虚设状态，这一虚设状态对应的内力用 $\overline{M}$、$\overline{F}_N$

和 $\overline{F}_Q$ 表示 ［图 8.58 (d)］。

　　由于温度改变结构产生变形，在这一实际状态中取杆件微段 dx，如图 8.58 (c) 所示。在计算微段变形时，假定温度沿截面的高度 h 按直线规律变化。对于杆件截面对称于形心轴时 ($h_1 = h_2$)，则形心轴处的温度 t 为

$$t = \frac{1}{2}(t_1 + t_2)$$

对于杆件截面不对称于形心轴时 ($h_1 \neq h_2$)，则形心轴处的温度 t 为

$$t = \frac{t_1 h_2 + t_2 h_1}{h}$$

　　以 α 表示材料的线膨胀系数，则杆件微段 dx 由于温度改变所产生的轴向应变和横截面的转角分别为

$$du = \alpha \cdot t\,dx$$

$$d\varphi = \frac{\alpha(t_1 - t_2)dx}{h} = \frac{\alpha \Delta t}{h}dx$$

　　因温度改变不引起切应变，即 $\gamma = 0$，因此，d$v = 0$。

　　将实际状态中的微段变形 dφ 和 du 及虚设状态中的内力 $\overline{M}$ 和 $\overline{F}_N$ 代入式 (8.18) 中，并注意到支座位移为零，即得

$$\Delta_K = \sum(\pm)\alpha\int \overline{M}\frac{\Delta t}{h}dx + \sum(\pm)\alpha\int \overline{F}_N t\,dx \qquad (8.33)$$

若每一杆件沿其全长上的温度改变相同，且截面尺寸不变，则上式可写为

$$\Delta_K = \sum(\pm)\alpha\frac{\Delta t}{h}A_{\overline{M}} + \sum(\pm)\alpha t A_{\overline{N}} \qquad (8.34)$$

式中：$A_{\overline{M}}$ 代表 $\overline{M}$ 图的面积，$A_{\overline{N}}$ 代表 $\overline{F}_N$ 图面积。这里必须指出，在计算由于温度改变所引起的位移时，不能略去轴向变形的影响。应用式 (8.34) 时，对于公式中的正、负符号 ($\pm$) 可按如下的办法来确定，若实际状态与虚拟状态的变形方向相同，则取正号，反之取负号。公式中各项 t、Δt、$A_{\overline{M}}$ 和 $A_{\overline{N}}$ 均用绝对值。

　　例题 8.16　图 8.59 (a) 所示的结构中，内部温度上升 10℃，外部下降 20℃，$l = 4$m，各杆截面均为矩形截面，截面高度 $h = 40$cm，截面形心位于截面高度 1/2 处，$\alpha = 1 \times 10^{-5}$，求 C 点的竖向位移 Δ_{CV}。

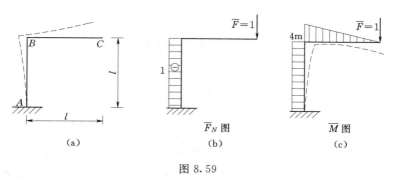

图 8.59

　　解：在 C 点加一竖向单位荷载，算出各杆的轴力 $\overline{F}_N$，绘出轴力图如图 8.59 (b) 所

示；算出各杆的弯矩 $\overline{M}$，绘出弯矩图如图 8.59（c）所示。其中：

$$A_{\overline{M}}=4\times4+\frac{4\times4}{2}=24(\mathrm{m}^2)，A_{\overline{N}}=1\times4=4(\mathrm{m})$$

$$t_1=-20°,t_2=10°$$

$$t=\frac{t_1+t_2}{2}=\frac{1}{2}\times(-20°+10°)=-5℃$$

$$\Delta t=t_1-t_2=(-20°)-(10°)=-30℃$$

以上各值在代入公式时均用绝对值，这是因为求温度改变所引起的位移，其正负号将由变形方向来决定。本例中，温度改变使竖柱缩短，而虚设状态也使柱压缩，故轴向变形的一项取正值；弯曲变形的实际状态和虚设状态各杆变形方向相反，则应取负值。由式（8.34）得

$$\Delta_{CV}=\sum(\pm)\alpha\frac{\Delta t}{h}A_{\overline{M}}+\sum(\pm)\alpha t A_{\overline{N}}$$

$$=1\times10^{-5}\times\left[-\frac{30}{0.4}\times24+5\times4\right]=-1.78\times10^{-2}(\mathrm{m})=-1.78(\mathrm{cm})$$

Δ_{CV} 结果为负值，说明 C 点的竖向位移与虚设的单位力方向相反。

§8.9 互 等 定 理

1. 功的互等定理

图 8.60 所示结构的两种状态，分别作用 F_1 和 F_2，称之为第一状态和第二状态。如果把第一状态作为力状态，把第二状态作为位移状态，根据虚功原理，第一状态的外力在第二状态相应位移上所作的外力虚功，等于第一状态的内力在第二状态相应变形上所作的内力虚功。

$$F_1\Delta_{12}=\int\frac{F_{N1}F_{N2}\mathrm{d}s}{EA}+\int\frac{kF_{Q1}F_{Q2}\mathrm{d}s}{GA}+\int\frac{M_1M_2\mathrm{d}s}{EI} \tag{8.35}$$

如果以第二状态为力状态，第一状态为位移状态，则第二状态的外力在第一状态的相应位移上所作的外力虚功，等于第二状态的内力在第一状态相应变形上所作的内力虚功。即

$$F_2\Delta_{21}=\int\frac{F_{N2}F_{N1}\mathrm{d}s}{EA}+\int\frac{kF_{Q2}F_{Q1}\mathrm{d}s}{GA}+\int\frac{M_2M_1\mathrm{d}s}{EI} \tag{8.36}$$

比较式（8.35）和式（8.36），则有

$$F_1\Delta_{12}=F_2\Delta_{21} \tag{8.37}$$

一般形式为

$$\sum F_k\Delta_{ki}=\sum F_i\Delta_{ik} \tag{8.38}$$

式（8.38）表明，在弹性结构中，第一状态的外力在第二状态的相应位移上所作的外力虚功，等于第二状态的外力在第一状态的相应位移上所作的外力虚功，这就是功的互等定理。

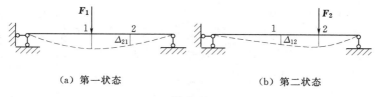

（a）第一状态　　　　　　（b）第二状态

图 8.60

2. 位移互等定理

由式（8.37）可知，当结构的两种状态中 $F_1 = F_2$ 时，则有

$$\Delta_{12} = \Delta_{21} \tag{8.39}$$

当结构的两种状态中 $F_1 = F_2 = 1$ 时，上式可记为

$$\delta_{12} = \delta_{21} \tag{8.40}$$

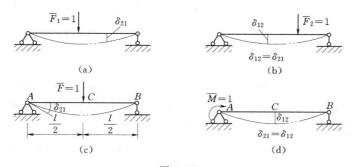

式（8.40）为位移互等定理表达式，此式表明，在一线性弹性结构中，第二个单位力所引起的第一个单位力作用点沿其方向的位移，等于第一个单位力所引起的第二个单位力作用点沿其方向的位移，如图 8.61（a）、（b）所示。

位移互等定理是功的互等定理的一种应用。单位荷载可以是广义单位力，相应的位移亦为广义位移。δ_{21} 与 δ_{12} 可能含义不同，但二者数值相等，如图 8.61（c）、（d）所示。

3. 反力互等定理

反力互等定理也是功的互等定理的一种应用，它反映在超静定结构中如果两个支座分别发生单位位移时，两个状态中相应支座反力的互等关系。

图 8.62（a）所示连续梁中，支座 1 发生单位位移 $\Delta_1 = 1$，此时在支座 2 处将产生反

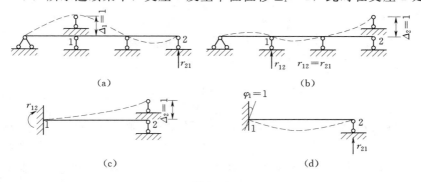

图 8.62

力 r_{21}；当图 8.62（b）所示支座 2 发生单位位移 $\Delta_2=1$ 时，支座 1 处产生的反力为 r_{12}。单位位移所引起的支座反力称为反力系数，用 r_{ij} 表示。第一个下标 i 表示反力的作用位置和性质，第二个下标 j 表示引起此反力的原因。根据功的互等定理，有

$$r_{21}\times 1=r_{12}\times 1$$

即

$$r_{21}=r_{12} \tag{8.41}$$

式（8.41）是反力互等定理的表达式，表明在一线性弹性超静定结构中，支座 1 发生单位位移所引起的支座 2 的反力，等于支座 2 发生单位位移所引起的支座 1 的反力。应注意，支座的位移与该支座的反力在做功关系上的对应关系，即线位移与集中力相对应，角位移与集中力偶相对应。可能 r_{12} 与 r_{21} 一个是反力偶，另一个是反力，但二者的数值相等，如图 8.62（c）、（d）所示。

思考题

14. 在温度改变、支座移动影响下的位移计算时，如何确定正负号？

15. 位移互等定理和反力互等定理揭示了线性弹性结构的一种力学特性，你知道两个互等定理成立的先决条件吗？位移互等定理中的两个位移是广义的，即一个是线位移，另一个可以是角位移。那么，反力互等定理中的两个反力是否也可以是广义的？

16. 反力互等定理能否用于静定结构？为什么？

习题

25. 在图 8.63 结构中，由于支座 B 发生位移，试求由其引起指定截面的位移。图 8.63（a）所示点 C 的水平线位移 Δ_{CH}；图 8.63（b）所示 $\Delta=0.2\text{cm}$，求 E 截面的竖向线位移 Δ_{EV}。

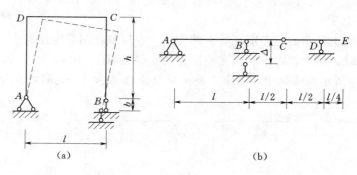

图 8.63

26. 图 8.64 所示刚架 A 支座下沉 $0.01l$，又顺时针转动 0.015rad，求 D 截面的角位移。

27. 图 8.65 所示桁架各杆温度均匀升高 $t℃$，材料线膨胀系数为 α，求 C 点的竖向位移。

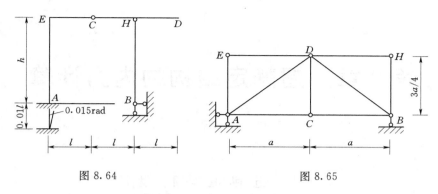

图 8.64　　　　　　　　　　图 8.65

28. 图 8.66 所示刚架杆件截面为矩形，截面高度为 h，$h/l=1/20$，材料线膨胀系数为 α，求 C 点的竖向位移。

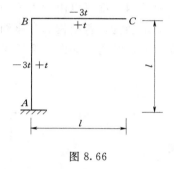

图 8.66

第9章 超静定结构的内力计算

§9.1 超静定结构概述

1. 超静定结构的概念

若结构的支座约束力和各截面的内力都可以由静力平衡条件唯一确定，这种结构称为静定结构。如图9.1所示刚架是静定结构。若结构的支座约束力和各截面的内力不能仅由静力平衡条件唯一确定，则称为超静定结构。如图9.2所示刚架是超静定结构。

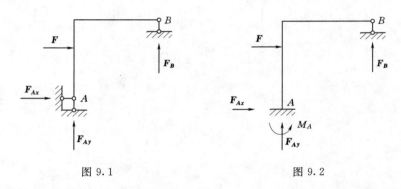

图 9.1   图 9.2

从几何组成来看，图9.1所示刚架和图9.2所示刚架都是几何不变的。如果从图9.1所示刚架中去掉支座 B 就变成几何可变体系。而从图9.2所示刚架中去掉支座 B，体系仍是几何不变的，因此，支座 B 是多余约束。由此得出如下结论：静定结构是没有多余约束的几何不变体系；超静定结构是有多余约束的几何不变体系。

2. 超静定结构次数的确定

超静定结构具有多余约束，因此具有多余约束力。通常将多余约束的数目或多余约束力的数目称为超静定结构的超静定次数。超静定结构在几何组成上，可以看作是在静定结构的基础上增加若干多余约束而构成，因此，确定超静定次数最直接的方法就是在原结构上去掉多余约束，直至超静定结构变成静定结构，所去掉的多余约束的数目，就是原结构的超静定次数，这样的方法称为"解除约束法"。

从超静定结构上去掉多余约束的方式有以下几种：

（1）切断一根链杆或去掉可动铰支座处的支杆，相当于去掉一个约束，如图9.3（a）、（b）所示。

（2）撤去一个固定铰支座或撤去一个单铰，相当于去掉两个约束，如图9.3（c）、

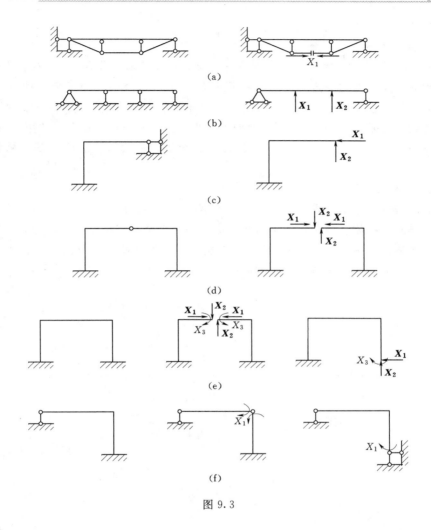

图 9.3

（d）所示。

（3）切断一根梁式杆或去掉一个固定支座，相当于去掉三个约束，如图 9.3（e）所示。

（4）将一刚结点改为单铰链或将一个固定端支座改为固定铰支座，相当于去掉一个约束。如图 9.3（f）所示。

用上述去掉多余约束的方式，可以确定任何超静定结构的超静定次数。值得注意的是：对于同一个超静定结构，可以去掉不同的多余约束而得到不同的静定结构，但结构的超静定次数是不变的。

§9.2 力 法 的 基 本 概 念

有多余约束是超静定结构区别于静定结构的基本特征，如能求解出超静定结构的多余约束力，那么超静定结构的问题就自然转化成静定结构的问题，以求多余约束力为突破口，来解超静定结构的方法称之为力法。

1. 力法基本结构与基本体系

图 9.4（a）所示一端固定、另一端铰支的梁，承受荷载 q 作用，EI 为常数，该梁有一个多余约束，是一次超静定结构。对图 9.4（a）所示的结构，如果把可动铰支座 B 作为多余约束去掉，就变成了一端固定、另一端自由的静定梁，这种去掉多余约束后得到的静定结构称为力法基本结构；若在基本结构上加上原有的荷载 q 和多余约束力 X_1，称为力法基本体系［图 9.4（b）］，它与原结构体系完全等效。值得注意的是基本结构的选取不是唯一的。

2. 力法基本未知量

现在要设法解出基本体系中的多余约束力 X_1，一旦求得多余约束力 X_1，就可用静力平衡条件求出原结构体系的所有约束力和内力，因此多余约束力是最基本的未知力，称为力法基本未知量。但是这个基本未知量 X_1 不能仅用静力平衡条件求出，而必须根据基本体系的受力和变形与原结构体系等效的原则来确定。

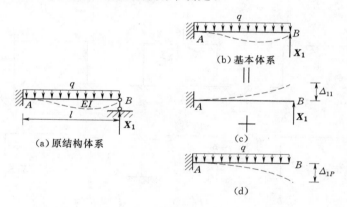

图 9.4

3. 力法基本原理与基本方程

对比原结构体系与基本体系的变形情况可知，原结构体系在支座 B 处竖向位移等于零；而基本体系中因该约束已被去掉，在 B 点处也可能产生位移，只有当 X_1 的数值与原结构体系支座链杆 B 实际产生的反力相等时，才能使基本结构在原有荷载 q 和多余未知力共同作用下，B 点的竖向位移等于零。力法基本原理就是力法基本体系与原结构体系完全等效。特别需要关注的是，超静定结构体系上任一约束方向上的位移是已知的，此位移与力法基本体系上未知约束力方向上的位移相等。可将力法基本体系分解为荷载作用状态和多余约束力作用状态，此两种状态之叠加也与原结构体系完全等效。应用多余约束力方向上位移已知条件，求解多余约束力，这就是力法基本原理。

设以 Δ_{11} 和 Δ_{1P} 分别表示多余未知力 X_1 和荷载 q 单独作用在基本结构时，B 点沿 X_1 方向上的位移，如图 9.4（c）、（d）所示。符号 Δ 右下方两个角标的含义是：第一个角标表示位移的位置和方向；第二个角标表示产生位移的原因。例如 Δ_{11} 是在 X_1 作用点沿 X_1 方向由 X_1 所产生的位移；Δ_{1P} 是在 X_1 作用点沿 X_1 方向由外荷载 q 所产生的位移。在统一正方向的前提下，根据叠加原理，应有 $\Delta_1 = \Delta_{11} + \Delta_{1P} = 0$。若以 δ_{11} 表示 $\boldsymbol{X}_1$ 为单位力（即 $\overline{X_1} = 1$）时，基本结构在 $\boldsymbol{X}_1$ 作用点沿 $\boldsymbol{X}_1$ 方向产生的位移，则有 $\Delta_{11} = \delta_{11} X_1$，于是上式可写成

$$\delta_{11} X_1 + \Delta_{1P} = 0 \tag{9.1}$$

式（9.1）就是根据原结构的变形条件建立的用以确定 $\boldsymbol{X}_1$ 的位移协调方程，即为力法的基本方程。将力法基本原理用方程表达，即得力法基本方程。

若用弯矩计算位移 δ_{11} 和 Δ_{1P}。给出基本结构单独作用单位力 $\overline{X_1} = 1$ 时（单位力作用状态）的弯矩图 $\overline{M}_1$，如图 9.5（a）所示；再给出基本结构单独作用荷载时（荷载作用状态）时的弯矩图 M_P，如图 9.5（b）所示。

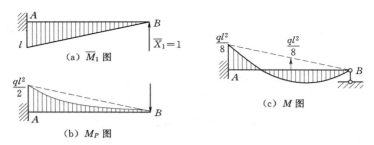

图 9.5

计算 δ_{11} 时，可用 $\overline{M}_1$ 图乘 $\overline{M}_1$ 图，叫做 $\overline{M}_1$ 图的"自乘"，即

$$\delta_{11} = \sum \int \frac{\overline{M}_1 \overline{M}_1}{EI} \mathrm{d}x = \frac{1}{EI} \times \frac{l^2}{2} \times \frac{2l}{3} = \frac{l^3}{3EI}$$

同理可用 $\overline{M}_1$ 图与 M_P 图相图乘计算 Δ_{1P}，即

$$\Delta_{1P} = \sum \int \frac{\overline{M}_1 M_P}{EI} \mathrm{d}x = -\frac{1}{EI} \left(\frac{1}{3} \times l \times \frac{ql^2}{2} \times \frac{3l}{4} \right) = -\frac{ql^4}{8EI}$$

将 δ_{11} 和 Δ_{1P} 之值代入式（9.1），即可解出多余力 X_1

$$X_1 = -\frac{\Delta_{1P}}{\delta_{11}} = -\left(\frac{-ql^4}{8EI} \right) \Big/ \frac{l^3}{3EI} = \frac{3ql}{8} (\uparrow)$$

所得结果为正值，表明 X_1 的实际方向与基本结构体系中所假设的方向相同。

多余未知力 X_1 求出后，其余所有约束力和内力都可用静力平衡条件确定。超静定结构的最后弯矩图 M，可利用已经绘出的 $\overline{M}_1$ 和 M_P 图按叠加原理绘出，即

$$M = \overline{M}_1 X_1 + M_P$$

应用上式绘制弯矩图时，可将 $\overline{M}_1$ 图的纵坐标乘以 X_1 倍，再与 M_P 图的相应纵坐标叠加，即可绘出 M 图，如图 9.5（c）所示。当然也可将已求得的多余约束力 $\boldsymbol{X}_1$ 与荷载 q 共同作用在基本结构上，按求解静定结构弯矩图的方法即可作出原结构的最后弯矩图。

综上所述，力法是以多余未知力作为基本未知量，去掉多余约束后的静定结构为基本结构，以力法基本体系和原结构体系完全等效的原则为依据，根据去掉多余约束处的已知位移条件建立基本方程，将多余约束力首先求出，而以后的计算即与静定结构无异。它可用来分析任何类型的超静定结构。

思考题

1. 超静定结构与静定结构的根本区别是什么？

2. 对于给定的超静定结构，它的力法基本结构是唯一的吗？力法基本未知量的数目是确定的吗？

3. 对图 9.6 (a) 所示的超静定结构，当分别取图 9.6 (b) 和图 9.6 (c) 为力法基本结构时，力法方程 $\delta_{11}X_1 + \Delta_{1P} = 0$ 的物理意义有何不同？

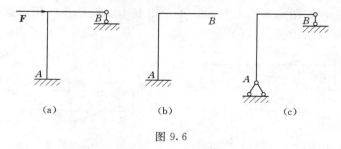

(a)   (b)   (c)

图 9.6

4. 力法基本原理是力法基本体系与对应的超静定结构体系完全等效。力法方程是根据哪一个量值的等效关系建立的？

§9.3 力法典型方程

由 §9.2 节可知，用力法计算超静定结构的关键在于根据位移条件建立力法方程，以求解多余约束力。对于多次超静定结构，其计算原理与一次超静定结构完全相同。

1. 三次超静定结构的力法方程

图 9.7 (a) 所示为三次超静定结构体系，在荷载作用下结构的变形如图 9.7 (a) 中虚线所示。用力法求解时，去掉支座 C 的三个多余约束，并以相应的多余约束力 X_1、X_2 和 X_3 代替，得到图 9.7 (b) 所示的基本体系。由于原结构体系在支座 C 处不可能有任何位移，因此，在承受原荷载和全部多余约束力形成的基本体系上，也必须与原结构体系变形位移相符，在点 C 处沿多余力 X_1、X_2 和 X_3 方向的相应位移 Δ_1、Δ_2 和 Δ_3 都应等于零。

基本结构在单位力 $\overline{X_1} = 1$ 单独作用下，点 C 沿 X_1、X_2 和 X_3 方向所产生的位移分别为 δ_{11}、δ_{21} 和 δ_{31} [图 9.7 (c) 所示]，事实上 X_1 并不等于 1，因此将图 9.7 (c) 乘上 X_1 倍后，即得 X_1 作用时点 C 的水平位移 $\delta_{11}X_1$、竖向位移 $\delta_{21}X_1$ 和角位移 $\delta_{31}X_1$。同理，由图 9.7 (d) 得 X_2 单独作用时，点 C 的水平位移 $\delta_{12}X_2$、竖向位移 $\delta_{22}X_2$ 和角位移 $\delta_{32}X_2$；由图 9.7 (e) 得 X_3 单独作用时，点 C 的水平位移 $\delta_{13}X_3$、竖向位移 $\delta_{23}X_3$ 和角位移 $\delta_{33}X_3$；在图 9.7 (f) 中，Δ_{1P}、Δ_{2P} 和 Δ_{3P} 依次表示由荷载作用于基本结构上在点 C 产生的水平位移、竖向位移和角位移。

根据叠加原理，可将基本结构体系满足的位移条件表示为

$$\left.\begin{array}{l} \Delta_1 = \delta_{11}X_1 + \delta_{12}X_2 + \delta_{13}X_3 + \Delta_{1P} = 0 \\ \Delta_2 = \delta_{21}X_1 + \delta_{22}X_2 + \delta_{23}X_3 + \Delta_{2P} = 0 \\ \Delta_3 = \delta_{31}X_1 + \delta_{32}X_2 + \delta_{33}X_3 + \Delta_{3P} = 0 \end{array}\right\}$$

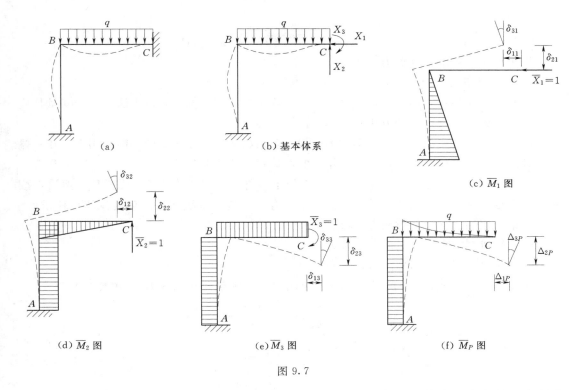

图 9.7

这就是求解多余约束力 X_1、X_2 和 X_3 所要建立的力法方程。其物理意义是：在基本结构上，由于全部多余约束力和已知荷载的共同作用，在去掉多余约束处的位移应与原结构体系中相应的位移相等。

2. n 次超静定结构的力法典型方程

对于 n 次超静定结构，用力法计算时，可去掉 n 个多余约束得到力法基本结构，在力法基本结构上在去掉的 n 个多余约束处代之以 n 个多余约束力，再作用上原荷载形成力法基本体系。当原结构体系在去掉多余约束处的位移为零时，相应地也就有 n 个已知的位移条件：$\Delta_i = 0$（$i = 1, 2, \cdots, n$）据此可以建立 n 个关于求解多余约束力的方程

$$\left.\begin{array}{l} \delta_{11} X_1 + \delta_{12} X_2 + \delta_{13} X_3 + \cdots + \delta_{1n} X_n + \Delta_{1P} = 0 \\ \delta_{21} X_1 + \delta_{22} X_2 + \delta_{23} X_3 + \cdots + \delta_{2n} X_n + \Delta_{2P} = 0 \\ \vdots \\ \delta_{n1} X_1 + \delta_{n2} X_2 + \delta_{n3} X_3 + \cdots + \delta_{nn} X_n + \Delta_{nP} = 0 \end{array}\right\} \qquad (9.2)$$

在式（9.2）所示方程中，从左上方至右下方的主对角线上的系数 δ_{ii} 称为主系数，其值恒为正，不会为负或等于零。对角线两侧的其他系数 δ_{ij}（$i \neq j$），则称为副系数，根据位移互等定理可知副系数 $\delta_{ij} = \delta_{ji}$。方程组中最后一项 Δ_{iP} 不含未知力，称为自由项。

不论基本结构如何选取，只要是 n 次超静定结构，在荷载作用下的力法方程都与式（9.2）相同，故式（9.2）称为力法典型方程。

按前面求静定结构位移的方法求得典型方程中的系数和自由项后，即可解得多余约束力 X_i。然后可按照静定结构的分析方法求得原结构的全部约束力和内力；或按下述叠加

公式求出弯矩

$$M=X_1\overline{M}_1+X_2\overline{M}_2+\cdots+X_n\overline{M}_n+M_P$$

再根据平衡条件可求得其剪力和轴力。

3. 力法计算超静定结构的步骤

（1）去掉超静定结构的多余约束得到一个静定的基本结构。并以力法基本未知量替代相应多余约束的作用，得到力法基本体系。

（2）建立力法典型方程。根据基本结构在多余约束力和原荷载的共同作用下，在去掉多余约束处的位移应与原结构体系中相应的位移相等的几何条件，建立力法典型方程。

（3）求系数和自由项。首先，令 $\overline{X}_i=1$ 作单位弯矩图 $\overline{M}_i$ 和荷载弯矩图 M_P。然后，按照求静定结构位移的方法计算系数和自由项。有些结构，系数和自由项要用积分法求解。对于桁架要用轴力求解系数和自由项。

（4）解典型方程，求出多余约束力。

（5）求出原超静定结构内力，绘制内力图。

例题 9.1　用力法分析图 9.8（a）所示刚架，作刚架的弯矩图 EI＝常数。

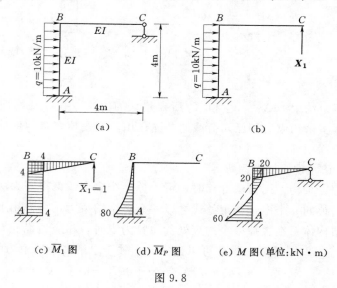

图 9.8

解：1. 确定超静定次数，选取基本结构，作基本体系图。此刚架具有一个多余约束，是一次超静定结构，去掉支座链杆 C 即为静定结构，并用 X_1 代替支座链杆 C 的作用，得到基本体系，见图 9.8（b）所示。

2. 建立力法典型方程。原结构在支座 C 处的竖向位移 $\Delta_1=0$。根据位移条件可得力法方程如下：

$$\delta_{11}X_1+\Delta_{1P}=0$$

3. 求系数和自由项。作 $\overline{X}_1=1$ 单独作用于基本结构的弯矩图 $\overline{M}_1$ 图，如图 9.8（c）所示；作荷载单独作用于基本结构时的弯矩图 M_P 图，如图 9.8（d）所示。利用图乘法求系数和自由项如下：

$$\delta_{11} = \frac{1}{EI}\left(\frac{1}{2}\times 4\times 4\times \frac{2}{3}\times 4 + 4\times 4\times 4\right) = \frac{256}{3EI}$$

$$\Delta_{1P} = -\frac{1}{EI}\left(\frac{1}{3}\times 80\times 4\times 4\right) = -\frac{1280}{3EI}$$

4. 求解多余约束力。将 δ_{11}、Δ_{1P} 代入典型方程，即

$$\frac{256}{3EI}X_1 - \frac{1280}{3EI} = 0$$

解方程得 $X_1 = 5\text{kN}$（正值说明实际方向与基本结构上假设的 X_1 方向相同，即铅直向上）。

5. 绘制内力图。各杆端弯矩可按 $M = X_1\overline{M}_1 + M_P$ 计算，最后弯矩图如图 9.8（e）所示。

例题 9.2　试用力法计算图 9.9（a）所示桁架。设各杆 EA 为常数。

解：1. 确定超静定次数，选取基本结构，作基本体系图。此桁架是一次超静定。切断 BC 杆代以多余力 X_1，得到图 9.9（b）所示的基本体系。

2. 建立力法方程。根据原结构体系切口两侧截面沿杆轴方向的相对线位移为零的条件，建立力法方程

$$\delta_{11}X_1 + \Delta_{1P} = 0$$

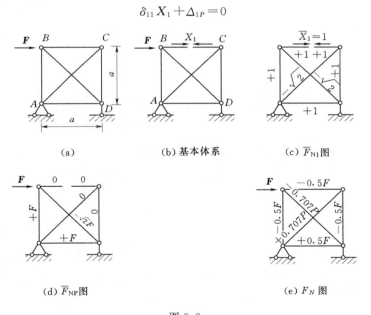

图 9.9

3. 求系数和自由项。分别求出基本结构在单位力 $\overline{X}_1 = 1$ 和荷载单独作用下各杆的内力 $\overline{F}_{N1}$ 和 F_{NP}，如图 9.9（c）、（d）所示，求系数和自由项得

$$\delta_{11} = \sum\frac{\overline{F}_{N1}^2 l}{EA} = \frac{2}{EA}\left[1^2\times a + 1^2\times a + (-\sqrt{2})^2\times\sqrt{2}a\right] = \frac{2a}{EA}(2 + 2\sqrt{2})$$

$$\Delta_{1P}=\sum\frac{\overline{F}_{N1}F_{NP}l}{EA}=\frac{1}{EA}[1\times F\times a+1\times F\times a+(-\sqrt{2}F)\times(-\sqrt{2})\times\sqrt{2}a]=\frac{Fa}{EA}(2+2\sqrt{2})$$

4. 求解多余约束力。解力法方程求得

$$X_1=-\frac{\Delta_{1P}}{\delta_{11}}=-\frac{F}{2}$$

5. 各杆轴力按下式计算

$$F_N=X_1\,\overline{F}_{N1}+F_{NP}$$

各杆轴力示于图 9.9（e）中。

例题 9.3　用力法计算图 9.10（a）所示连续梁，绘出弯矩图和剪力图，并求支座 B 的约束力。各杆 EI 为常数。

解：1. 选取力法基本结构，并作力法基本体系图。此结构为二次超静定结构。现将固端支座 A 的抗弯约束解除变为固定铰支座，将刚结点 B 的抗弯约束解除变为中间铰链，得到两跨静定连续简支梁，其力法基本体系如图 9.10（b）所示。

2. 建立力法典型方程。根据固端支座 A 处的转角为零，杆 BA 和 BC 在刚结点 B 处的相对转角为零的条件，建立力法方程如下

$$\left.\begin{array}{l}\delta_{11}X_1+\delta_{12}X_2+\Delta_{1P}=0\\\delta_{21}X_1+\delta_{22}X_2+\Delta_{2P}=0\end{array}\right\}$$

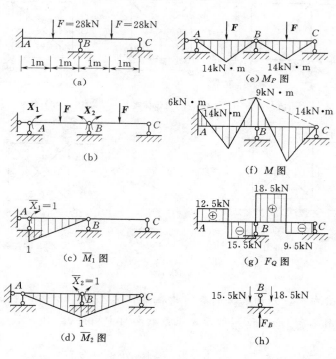

图 9.10

3. 求系数和自由项。绘出基本结构在各个 $\overline{X_1}=1$、$\overline{X_2}=1$ 和荷载单独作用下的弯矩图，如图 9.10（c）、（d）和（e）所示。计算系数和自由项如下：

$$\delta_{11}=\frac{1}{EI}\left(\frac{1}{2}\times2\times1\times\frac{2}{3}\times1\right)=\frac{2}{3EI}$$

$$\delta_{12}=\delta_{12}=\frac{1}{EI}\left(\frac{1}{2}\times2\times1\times\frac{1}{3}\times1\right)=\frac{1}{3EI}$$

$$\delta_{22}=\frac{2}{EI}\left(\frac{1}{2}\times2\times1\times\frac{2}{3}\times1\right)=\frac{4}{3EI}$$

$$\Delta_{1P}=\frac{1}{EI}\times\frac{1}{2}\times2\times14\times\frac{1}{2}\times1=\frac{7}{EI}$$

$$\Delta_{2P}=\frac{2}{EI}\times\frac{1}{2}\times2\times14\times\frac{1}{2}\times1=\frac{14}{EI}$$

4. 求未知力。将系数和自由项代入力法方程中，得

$$\left.\begin{array}{l}\frac{2}{3EI}X_1+\frac{1}{3EI}X_2+\frac{7}{EI}=0\\[2mm]\frac{1}{3EI}X_1+\frac{4}{3EI}X_2+\frac{14}{EI}=0\end{array}\right\}$$

求解得

$$X_1=-6\text{kN}\cdot\text{m}$$

$$X_2=-9\text{kN}\cdot\text{m}$$

5. 绘内力图。作弯矩图，先利用公式 $M=\overline{M_1}X_1+\overline{M_2}X_2+M_P$ 求出各杆端弯矩，然后由叠加法作出弯矩图。弯矩图如图 9.10（f）所示。分别取各杆为隔离体，利用力矩平衡条件求出各杆端剪力，再根据荷载与内力的微分关系作出剪力图。剪力图如图 9.10（g）所示。

6. 计算支座 B 的约束力。取刚结点 B 为隔离体，如图 9.10（h）所示，截面上的剪力可从剪力图上很容易地求出，截面上的剪力按真实方向画出。

由　　　$\sum F_y=0$　　　$F_B-15.5-18.5=0$

得　　　　　　　　$F_B=34\text{kN}$

思考题

5. 为什么在荷载作用下，超静定结构的内力状态只与各杆的 EI、EA 相对值有关，而与它们的绝对值无关？为什么静定结构的内力状态与各杆的 EI、EA 相对值无关？

6. 用力法分析超静定刚架、桁架及组合结构时系数和自由项的计算各有什么特点？

7. 力法典型方程中的系数 δ_{ii}、δ_{ij} 和自由项 Δ_{iP} 各表示什么意义？这些系数和自由项是

不是只能由图乘法求得？

8. 用超静定结构的最后弯矩图与力法基本结构的任一单位力弯矩图相乘，其结果表示什么？

9. 用力法计算桁架、排架和组合结构时，对于解除多余链杆约束，采用"切断"或"拿掉"两种方式，是否都可以，有什么区别？

习题

1. 试确定图 9.11 所示各结构的超静定次数。

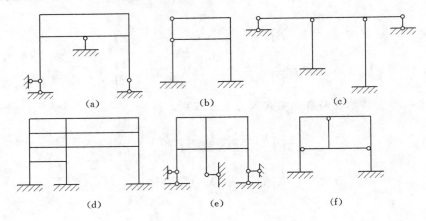

图 9.11

2. 用力法计算图 9.12 所示各超静定梁，并绘弯矩图。

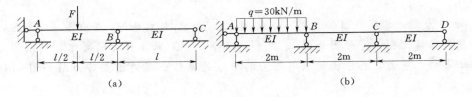

图 9.12

3. 用力法计算图 9.13 所示各超静定梁，并绘弯矩图。

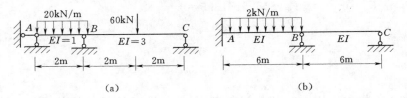

图 9.13

4. 用力法计算图 9.14 所示超静定刚架，并绘弯矩图。各杆 EI 等于常数。

5. 用力法计算图 9.15 所示超静定刚架，并绘弯矩图。各杆 EI 等于常数。

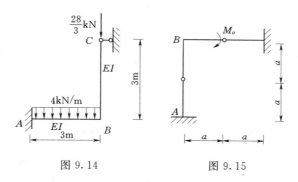

图 9.14　　　　　　　　图 9.15

6. 用力法求图 9.16 所示桁架杆 AC 的轴力。各杆 EA 相同。

7. 用力法求图 9.17 所示桁架杆 BC 的轴力，各杆 EA 相同。

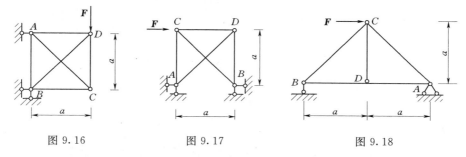

图 9.16　　　　　　　　图 9.17　　　　　　　　图 9.18

8. 用力法作图 9.18 结构杆 AB 的 M 图。各链杆抗拉刚度 EA_1 相同。梁式杆抗弯刚度为 EI，$EI = a^2 EA_1/100$，不计梁式杆轴向变形。

§9.4　对　称　性　的　利　用

用力法分析超静定结构时，其结构的超静定次数越高，方程数量越多，计算工作量就越大，如能利用对称性质可以使问题得到简化。

1. 对称结构的概念

对称结构是指具有对称性的结构，如图 9.19 所示。其性质包括两个方面：

（1）结构的几何形状和支承情况对于某一轴线对称。

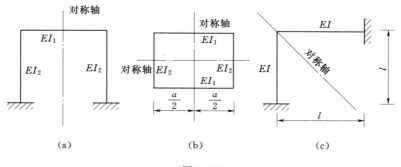

（a）　　　　　　　　（b）　　　　　　　　（c）

图 9.19

（2）各杆截面形状、尺寸和材料性质（EI、EA 等）也对此轴对称。

2. 荷载分组

任何荷载［图 9.20（a）］都可以分解成两部分的叠加，即一部分是正对称荷载，另一部分是反对称荷载。

（1）正对称荷载。绕对称轴对折后，对称轴两边的荷载彼此重合，即荷载的作用点重合、等值、同向，如图 9.20（b）所示。

（2）反对称荷载。绕对称轴对折后，对称轴两边的荷载正好相反，即荷载的作用点重合、等值、反向，如图 9.20（c）所示。

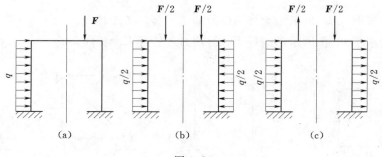

图 9.20

3. 对称性质

对称结构在正对称荷载作用下，变形及位移是对称的，支座的约束力和对称截面的内力也是正对称的，如图 9.21（a）、（b）和（c）所示。

对称结构在反对称荷载作用下，变形及位移是反对称的；支座的约束力和对称截面的内力也是反对称的，如图 9.21（d）、（e）和（f）所示。

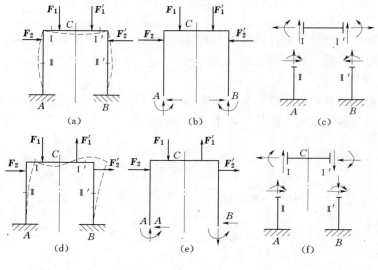

图 9.21

4. 半结构的选取

利用对称性质采用半结构法可以使复杂的超静定结构计算简化。选取半结构的原则是在对称轴截面或位于对称轴的结点处，按照原结构静力和位移条件设置相应的支撑形式，使得半结构和原结构的对应部分内力和变形完全等效。半结构的取法有以下四种情况：

（1）奇数跨对称结构在正对称荷载作用下：将结构沿对称轴切开，移走一半，在留下一半的切口处用滑动支座（也称定向支座）替代，如图 9.22（a）所示。

（2）奇数跨对称结构在反对称荷载作用下：将结构沿对称轴切开，移走一半，在留下一半的切口处用可动铰支座替代，如图 9.22（b）所示。

（3）偶数跨对称结构在正对称荷载作用下：将连同对称轴处的中柱在内的一半结构去掉，在留下一半的切口处用固定端支座替代，如图 9.22（c）所示。

（4）偶数跨对称结构在反对称荷载作用下：沿对称轴将中柱截开，移走一半，留下一半，截开后的中柱抗弯刚度（EI）变为原来的 $\dfrac{1}{2}$，如图 9.22（d）所示。

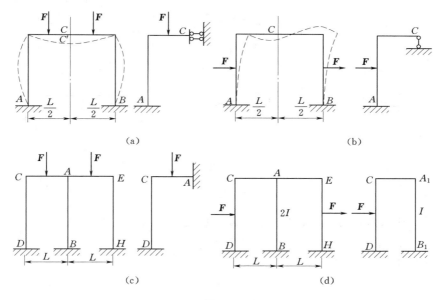

图 9.22

5. 内力图的作法

利用结构对称性取半结构进行简化计算，在作出半结构的内力图后，要利用正对称荷载产生正对称内力和反对称荷载产生反对称内力的特点，判定另一半结构内力的方向。由此判定可得，正对称荷载作用下，弯矩图的图形是正对称的；轴力的符号是正对称的；剪力的符号是反对称的。反对称荷载作用下，弯矩图的图形是反对称的；轴力的符号是反对称的；剪力的符号是正对称的。另外，对于偶数跨对称结构，要注意判定中间对称轴柱的内力（正对称荷载，中间对称轴柱上无剪力和弯矩，而轴力等于半结构的固定端支座处竖向约束力的两倍；反对称荷载，中间对称柱上无轴力，剪力和弯矩是半结构中半竖柱的剪力和弯矩的两倍）。

例题 9.4 用力法计算图 9.23（a）所示超静定刚架，绘出内力图。已知刚架各杆的 EI 均为常数。

解： 1. 取半刚架。图 9.23（a）所示刚架是偶数跨对称结构，荷载为正对称，按偶数跨对称荷载作用下取半结构要求，半结构体系在 E 处应为固端支座约束，但是原结构 E 点处本身又是铰链，结构在此处的转动没有受到约束。考虑以上位移特点，取半刚架如图 9.23（b）所示的 E 处为固定铰支座。

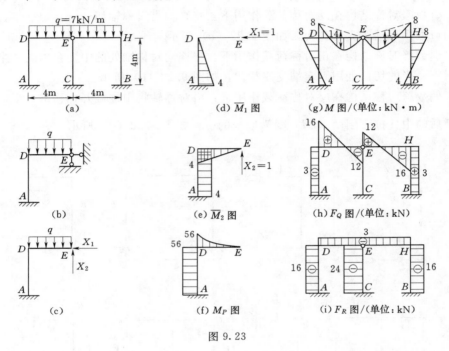

图 9.23

2. 选择力法基本结构。图 9.23（b）为二次超静定刚架，去掉 E 支座约束，代之以多余未知力 X_1、X_2，得到图 9.23（c）所示悬臂刚架的力法基本体系。

3. 建立力法典型方程。

$$\delta_{11}X_1+\delta_{12}X_2+\Delta_{1P}=0 \\ \delta_{21}X_1+\delta_{22}X_2+\Delta_{2P}=0$$

4. 求系数和自由项。绘出基本结构分别在各个单位多余约束力作用下的弯矩图 $\overline{M}_1$、$\overline{M}_2$ [图 9.23（d）、（e）] 以及在荷载作用下的弯矩图 M_P [图 9.23（f）]。利用图乘法求系数和自由项。

$$\delta_{11}=\frac{1}{EI}\left(\frac{1}{2}\times4\times4\times\frac{2}{3}\times4\right)=\frac{64}{3EI}(\text{m/kN})$$

$$\delta_{22}=\frac{1}{EI}\left(\frac{1}{2}\times4\times4\times\frac{2}{3}\times4+4\times4\times4\right)=\frac{256}{3EI}(\text{m/kN})$$

$$\delta_{12}=\delta_{21}=\frac{1}{EI}\left(4\times4\times\frac{1}{2}\times4\right)=\frac{32}{EI}(\text{m/kN})$$

$$\Delta_{1P}=-\frac{1}{EI}\left(56\times4\times\frac{1}{2}\times4\right)=-\frac{448}{EI}(\text{m})$$

$$\Delta_{2P}=\frac{4}{6EI}\times4(-2\times56+2\times14)-\frac{1}{EI}(56\times4\times4)=-\frac{1120}{EI}(\text{m})$$

5. 解方程求多余约束力。将以上所得系数和自由项代入力法典型方程中，得

$$\left.\begin{array}{l}\dfrac{64}{3EI}X_1+\dfrac{32}{EI}X_2-\dfrac{448}{EI}=0\\[2mm]\dfrac{32}{EI}X_1+\dfrac{256}{3EI}X_2-\dfrac{1120}{EI}=0\end{array}\right\}$$

解得　　　　$X_1=3\text{kN}$，$X_2=12\text{kN}$

6. 画弯矩图。根据叠加原理求半刚架 ADE 各控制截面弯矩为

$$M_{AD}=-4\times3-4\times12+56=-4(\text{kN}\cdot\text{m})$$
$$M_{DA}=0\times3-4\times12+56=8(\text{kN}\cdot\text{m})$$
$$M_{DE}=0\times3+4\times12-56=-8(\text{kN}\cdot\text{m})$$
$$M_{ED}=0$$

由于荷载是正对称的，弯矩图也是正对称的，弯矩图如图 9.23（g）所示。

7. 画剪力图。根据力法基本体系上的荷载和已求出的多余约束力，求半刚架各杆剪力。

$$F_{QED}=-X_2=-12(\text{kN})$$
$$F_{QDE}=q\times l-X_2=7\times4-12=16(\text{kN})$$
$$F_{QDA}=F_{QAD}=-X_1=-3(\text{kN})$$

由于荷载正对称，对称截面内力正对称，两对称截面剪力正、负号相反，作剪力图如图 9.23（h）所示。

8. 画轴力图。根据力法基本体系上的荷载和已求出的多余约束力，求半刚架各杆轴力。

$$F_{NDE}=F_{NED}=-X_1=-3\text{kN}$$
$$F_{NDA}=F_{NAD}=X_2-ql=12-28=-16(\text{kN})$$

由于荷载正对称，对称截面内力正对称，两对称截面轴力正、负号相同。注意，对称轴柱的弯矩和剪力为零，但轴力是半结构的代替约束处竖向约束力的两倍。

$$F_{NEC}=-2X_2=-24\text{kN}$$

作轴力图如图 9.23（i）所示。

例题 9.5　求图 9.24（a）所示刚架在水平力 F 作用下的弯矩图。

解：荷载 F 可分解为正对称荷载［图 9.24（b）所示］和反对称荷载［图 9.24（c）］。在正对称荷载作用下，可以得出只有横梁承受压力 $\dfrac{F}{2}$，而其他杆无内力的结论。这是因为在计算刚架时通常忽略轴力对变形的影响，也就是忽略横梁的压缩变形。在这个条件下，上述内力状态不仅满足了平衡条件，也同时满足了变形条件，所以它就是真正的内力状态。因此，为了求图 9.24（a）所示刚架的弯矩图，只需要求图 9.24（c）所示中刚架在反对称荷载作用下的弯矩图即可。

1. 选择对称的力法基本结构，作基本体系图。在反对称荷载作用下，切口截面的弯矩、轴力都是正对称的未知力，应为零；只有反对称未知力 X_1 存在，基本体系如图 9.24

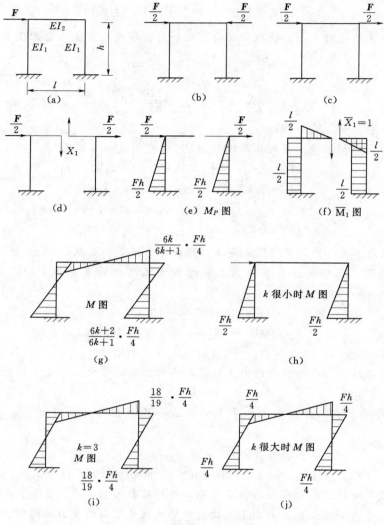

图 9.24

（d）所示。

2. 建立力法方程。列一次超静定的力法方程为

$$\delta_{11}X_1 + \Delta_{1P} = 0$$

3. 求解系数和自由项。基本结构在荷载和单位力作用下的弯矩图，如图 9.24 （e）、（f）所示。

由此得

$$\Delta_{1P} = \frac{Fh^2 l}{4EI_1}$$

$$\delta_{11} = \frac{l^2 h}{2EI_1} + \frac{l^3}{12EI_2}$$

4. 解方程求多余约束力。设 $k = \dfrac{I_2 h}{I_1 l}$，求解得

$$X_1 = -\frac{\Delta_{1P}}{\delta_{11}} = -\frac{6k}{6k+1} \times \frac{Fh}{2l}$$

5. 画弯矩图。刚架的弯矩图如图 9.24（g）所示。

结合上例讨论如下：弯矩图随横梁与立柱刚度比值 k 而改变。首先，当横梁刚度比立柱刚度小很多时，即 k 很小时（强柱弱梁情况），弯矩图如图 9.24（h）所示，此时柱顶弯矩为零。其次，当横梁刚度比立柱刚度大很多时，即 k 很大时（强梁弱柱情况），弯矩图如图 9.24（j）所示，此时柱的弯矩零点趋于柱的中点。再次，一般情况下，柱的弯矩图有零点，此弯矩零点在柱上半部范围内变动，当 $k = 3$ 时零点位置与柱中点已很接近［图 9.24（i）］。

例题 9.6 试利用对称性，对图 9.25（a）所示刚架取半结构简化计算，画出弯矩图。

解： 1. 图 9.25（a）所示刚架为三次超静定结构，如果将横梁中点原力偶分解为两个相等的力偶紧靠中点的两侧，即可视为对称结构承受反对称荷载作用的情形，如图 9.25（b）所示。则半刚架形式应为图 9.25（c）所示。取力法基本体系如图 9.25（d）所示。原三次超静定结构的计算便简化为一次超静定结构的计算。

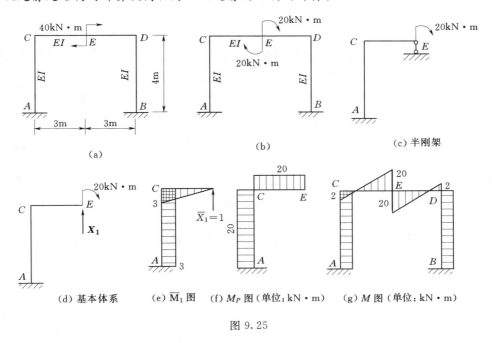

（a）　　　　　　　　　　　　（b）　　　　　　　　　（c）半刚架

（d）基本体系　　　（e）$\overline{M}_1$ 图　　（f）M_P 图（单位：kN·m）　　（g）M 图（单位：kN·m）

图 9.25

2. 列力法典型方程。

$$\delta_{11} X_1 + \Delta_{1P} = 0$$

3. 求系数和自由项。分别画出基本结构在 $\overline{X}_1 = 1$ 作用下的 $\overline{M}_1$ 图及在荷载作用下的 M_P 图，如图 9.25（e）、（f）所示。利用图乘法可得

$$\delta_{11}=\frac{1}{EI}\left(\frac{1}{2}\times3\times3\times\frac{2}{3}\times3+3\times4\times3\right)=\frac{45}{EI}(\text{m/kN})$$

$$\Delta_{1P}=-\frac{1}{EI}\left(\frac{1}{2}\times3\times3\times20+3\times4\times20\right)=-\frac{330}{EI}(\text{m})$$

4. 解方程求多余约束力。

$$X_1=-\frac{\Delta_{1P}}{\delta_{11}}=\frac{330}{EI}\times\frac{EI}{45}=\frac{22}{3}\text{kN}$$

5. 画弯矩图。根据叠加原理可得

$$M_{AC}=-3\times\frac{22}{3}+20=-2(\text{kN}\cdot\text{m})$$

$$M_{CA}=-3\times\frac{22}{3}+20=-2(\text{kN}\cdot\text{m})$$

$$M_{CE}=3\times\frac{22}{3}-20=2(\text{kN}\cdot\text{m})$$

$$M_{EC}=0\times\frac{22}{3}-20=-20(\text{kN}\cdot\text{m})$$

根据对称结构在反对称荷载作用下，内力是反对称的性质，即可判定对称截面上弯矩转向。弯矩图是反对称的，画出原刚架弯矩图如图 9.25（g）所示。

思考题

10. 自然界中的大多数植物和动物在生存过程中要适应力学环境，有的进化成对称形状。因而，人们也建造了很多对称的建筑物，你能找到几个对称结构的工程实例吗？

11. 对称结构在对称荷载作用下产生的任何量值都是对称的。据此你分析对称轴处截面或对称轴中柱的横截面上都有何种内力？

12. 如何选取图 9.26 所示结构体系的半结构体系？

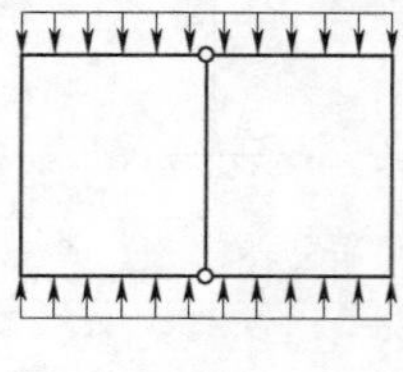

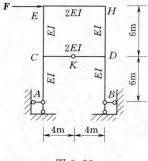

图 9.26

习题

9. 用力法计算图 9.27 所示结构并作 M 图。EI 为常数。

10. 用力法计算图 9.28 所示结构并作 M 图。EI 为常数。

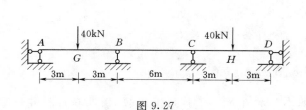

图 9.27

图 9.28

11. 用力法计算图 9.29 所示结构并作 M 图。EI 为常数。

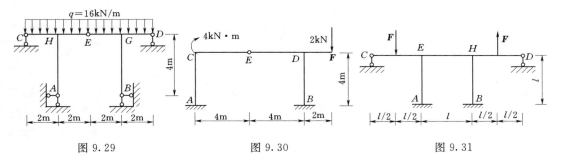

图 9.29　　　　　　图 9.30　　　　　　图 9.31

12. 用力法计算图 9.30 所示结构并作 M 图。EI 为常数。
13. 用力法计算图 9.31 所示结构并作 M 图。EI 为常数。
14. 用力法计算图 9.32 所示结构并作 M 图。EI 为常数。

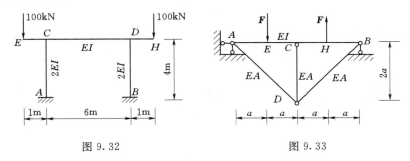

图 9.32　　　　　　　　　图 9.33

15. 用力法计算图 9.33 所示结构并作出 M 图。已知 EI 为常数，EA 为常数。

§9.5　等截面单跨超静定梁的杆端力

1. 杆端内力和杆端位移的正向规定

在位移法和力矩分配法中，规定杆端弯矩以顺时针转向为正，如图 9.34（a）所示为正向弯矩。杆端剪力以能使杆端微段发生顺时针剪切为正，如图 9.34（b）所示为正向剪力。杆端的角位移（转角）也规定以顺时针转向为正，如图 9.34（c）所示为正向转角。杆端在垂直杆轴方向上的线位移以能使杆发生顺时针转动剪切为正，如图 9.34（d）所示为正向剪切线位移，这种情况也可看作支座 A 相对支座 B 向上发生竖向位移。在以后的

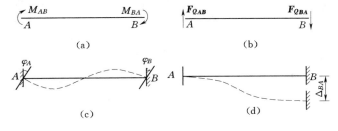

图 9.34

计算中，无论是杆端还是结点位移，一般情况下都先假设为正向位移。

2. 等截面单跨超静定梁的形常数

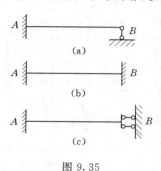

图 9.35

在结构中常遇到 3 种典型的等截面单跨超静定梁，即一端为固定端支座另一端为铰支座 [图 9.35 (a)]、两端为固定端支座 [图 9.35 (b)] 和一端为固定端支座另一端为定向支座 [图 9.35 (c)] 的三种等截面单跨超静定梁。这三种梁在杆端发生正向单位位移时必引起杆端弯矩和杆端剪力。将杆端发生正向单位位移时引起的杆端弯矩和杆端剪力称为形常数。

图 9.36 (a) 为一端固定端支座另一端为铰支座的单跨超静定梁，在固定端支座发生正向单位转角 $\varphi_A = 1$ 的作用，求其相应的杆端力。取力法基本体系如图 9.36 (b) 所示。力法典型方程为

$$\delta_{11} X_1 = \varphi_A$$

由图 9.36 (c) 所示的 $\overline{M_1}$ 图自乘求出系数 δ_{11}，即

$$\delta_{11} = \frac{1}{EI} \times \frac{l}{2} \times \frac{2}{3} \times 1 = \frac{l}{3EI}$$

将系数代入方程中得

$$\frac{l}{3EI} X_1 = 1$$

即

$$X_1 = \frac{3EI}{l}$$

令 $\frac{EI}{l} = i$，则

$$X_1 = 3i$$

由此得杆端弯矩为

$$M_{AB} = 3i, \quad M_{BA} = 0 \tag{9.3}$$

由杆端弯矩应用力矩平衡方程求杆端剪力 [隔离体图如图 9.36 (d) 所示]，即

$$F_{QAB} = F_{QBA} = -\frac{M_{AB} + M_{BA}}{l} = -\frac{3i}{l} \tag{9.4}$$

作弯矩图和剪力图如图 9.36 (e)、(f) 所示

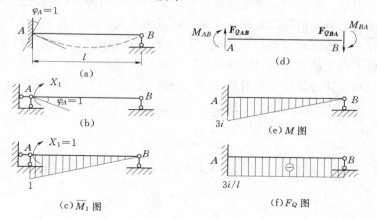

图 9.36

式（9.3）和式（9.4）中的 $i=EI/l$ 称杆件的线刚度，其反映了构件的抗弯能力。式（9.3）和式（9.4）即为一端固定另一端铰支的等截面单跨超静定梁在杆端转角 $\varphi_A=1$ 作用下的形常数。

图 9.37（a）所示为一端固定端支座另一端为铰支座的等截面梁，在垂直于梁轴方向两支座发生相对正向单位线位移 $\Delta_{AB}=1$。同样可用力法计算杆端力。取力法基本体系如图 9.37（b）所示。力法典型方程为

$$\delta_{11}X_1=\Delta_{AB}$$

由图 9.37（c）所示 $\overline{M_1}$ 图自乘求出系数 δ_{11}，即

$$\delta_{11}=\frac{1}{EI}\times\frac{l^2}{2}\times\frac{2}{3}\times l=\frac{l^3}{3EI}$$

将系数代入方程中得

$$\frac{l^3}{3EI}X_1=1$$

即

$$X_1=\frac{3EI}{l^3}=\frac{3i}{l^2}$$

由此得杆端剪力为

$$F_{QAB}=F_{QBA}=\frac{3i}{l^2} \tag{9.5}$$

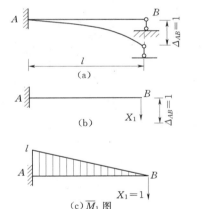

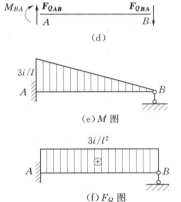

图 9.37

由杆端剪力应用力矩平衡方程求杆端弯矩［隔离体图如图 9.37（d）所示］，即

$$M_{AB}=-\frac{3i}{l},M_{BA}=0 \tag{9.6}$$

作弯矩图和剪力图如图 9.37（e）、（f）所示。

式（9.5）和式（9.6）即为一端固定另一端铰支等截面单跨超静定梁在垂直于梁轴方向两支座发生相对正向单位线位移 $\Delta_{AB}=1$ 时的形常数。

对于两端为固定端支座和一端为固定端支座另一端为定向支座的等截面梁，在杆端发生单位正向位移时，同样可用力法计算其杆端力。为了便于今后应用，现将常遇到的 3 种典型梁的形常数列于表 9.1 中。

表 9.1　　　　　　　　　　　　　　　等截面单跨超静定梁的形常数

编号	简图及弯矩图	杆端弯矩		杆端剪力	
		M_{AB}	M_{BA}	F_{QAB}	F_{QBA}
1	$\varphi_A=1$，i，L，$4i$，$2i$	$4i$	$2i$	$-\dfrac{6i}{l}$	$-\dfrac{6i}{l}$
2	i，$\Delta=1$，l，$\dfrac{6i}{L}$，$\dfrac{6i}{L}$	$-\dfrac{6i}{l}$	$-\dfrac{6i}{l}$	$\dfrac{12i}{l^2}$	$\dfrac{12i}{l^2}$
3	$\varphi_A=1$，i，l，$3i$	$3i$	0	$-\dfrac{3i}{l}$	$-\dfrac{3i}{l}$
4	i，$\Delta=1$，l，$\dfrac{3i}{L}$	$-\dfrac{3i}{l}$	0	$\dfrac{3i}{l^2}$	$\dfrac{3i}{l^2}$
5	$\varphi_A=1$，i，l，i	i	$-i$	0	0

3. 等截面单跨超静定梁的载常数

在位移法和力矩分配法的计算中，需要用到单跨超静定梁在荷载作用下引起的杆端内力。这些内力也可用力法求得。将荷载产生的杆端内力称为载常数，也称为固端弯矩

（M_{ij}^F）和固端剪力（F_{Qij}^F）。将常见等截面单跨超静定梁的载常数列于表 9.2 中，在计算时可以查用。

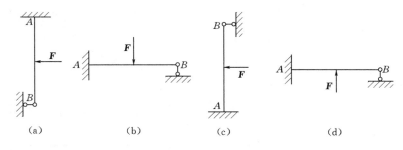

图 9.38

在应用表 9.2 查梁的杆端内力时，将梁经过平面旋转，使旋转后的梁支座与表中相应梁的支座对应，若旋转后的梁上的荷载指向与表中所示荷载指向相同，则梁的杆端内力正负符号与表中对应支座处的杆端内力符号相同；若旋转后的梁上荷载指向与表中所示荷载指向相反，则梁的杆端内力正负符号与表中对应支座处的杆端内力符号相反。对于图 9.38（a）所示的梁当经过平面逆转 90°后，得图 9.38（b），此时旋转后的梁支座位置与表中相应梁的支座对应，旋转后的梁上作用的集中力指向与表中荷载方向相同，因此，图 9.38（a）所示梁的杆端内力符号与表中对应梁支座处的杆端内力符号相同；对于图 9.38（c）所示的梁，当经过平面顺转 90°后，得图 9.38（d），此时旋转后的梁支座位置与表中相应梁的支座对应，但旋转后的梁上作用的集中力指向与表中荷载方向相反，因此，图 9.38（c）所示梁的杆端内力符号与表中对应梁支座处的杆端内力符号相反。

表 9.2　　　　　　　　　　　　　　等截面单跨超静定梁的载常数

编号	简图及弯矩图	固端弯矩		固端剪力	
		M_{AB}^F	M_{BA}^F	F_{QAB}^F	F_{QBA}^F
1		$-\dfrac{1}{12}ql^2$	$\dfrac{1}{12}ql^2$	$\dfrac{1}{2}ql$	$-\dfrac{1}{2}ql$
2		$-\dfrac{1}{8}F_P l$	$\dfrac{1}{8}F_P l$	$\dfrac{1}{2}F_P$	$-\dfrac{1}{2}F_P$

编号	简图及弯矩图	固端弯矩		固端剪力	
		M_{AB}^F	M_{BA}^F	F_{QAB}^F	F_{QBA}^F
3		$-\dfrac{F_P a b^2}{l^2}$	$\dfrac{F_P a^2 b}{l^2}$	$\dfrac{F_P b^2}{l^2}\left(1+\dfrac{2a}{l}\right)$	$-\dfrac{F_P a^2}{l^2}\left(1+\dfrac{2b}{l}\right)$
4		$-\dfrac{1}{8}ql^2$	0	$\dfrac{5}{8}ql$	$-\dfrac{3}{8}ql$
5		$-\dfrac{3}{16}F_P l$	0	$\dfrac{11}{16}F_P$	$-\dfrac{5}{16}F_P$
6		$-\dfrac{F_P b\,(l^2-b^2)}{2l^2}$	0	$\dfrac{F_P b\,(3l^2-b^2)}{2l^3}$	$-\dfrac{F_P a^2\,(2l+b)}{2l^3}$
7		$\dfrac{1}{2}M$	M	$-\dfrac{3M}{2l}$	$-\dfrac{3M}{2l}$
8		$-\dfrac{1}{3}ql^2$	$-\dfrac{1}{6}ql^2$	ql	0

续表

编号	简图及弯矩图	固端弯矩		固端剪力	
		M_{AB}^F	M_{BA}^F	F_{QAB}^F	F_{QBA}^F
9	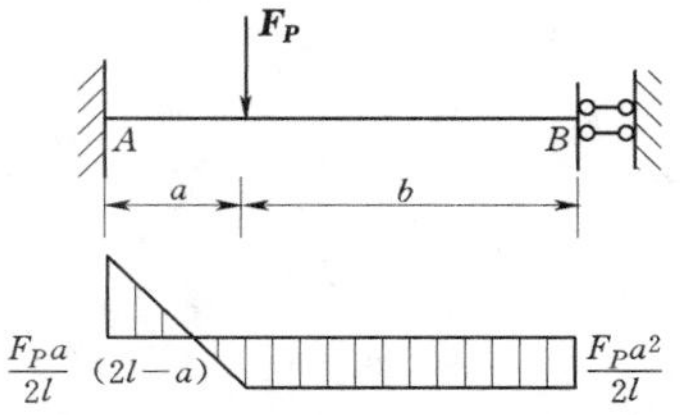	$-\dfrac{F_P a}{2l}(2l-a)$	$-\dfrac{F_P a^2}{2l}$	F_P	0

§9.6　位移法的基本概念

1. 位移法基本未知量

由 §9.5 节可知，结构中杆件的杆端力是由两部分组成，即杆端不发生相对位移时只在荷载作用下的固端力以及由杆端发生相对位移引起的杆端力。杆端单位位移引起的杆端力可由形常数表（表9.1）查得，杆件的固端力也可直接由载常数表（表9.2）查得。因此，只要求得杆端的位移后，根据叠加原理就可以求得各个杆端力。因为结构中的各个杆的杆端位移不是孤立的，结构中的结点位移与汇交于结点处各个杆的杆端位移是相等的，所以，在位移法中是以结构结点的角位移和独立线位移为基本未知量。在计算时，先要确定结点角位移和独立线位移数目。

（1）结点角位移。结构中一些杆的杆端直接受铰支座约束或与其他杆以杆端铰链相连，这些杆端在结构发生变形时，虽然有角位移产生，但杆端的弯矩是已知的（杆端铰链处无外力偶作用时，弯矩为零），因此，这些角位移不是我们现在所需要求解的。结构中的刚结点要发生整体转动，并且刚结于刚结点处各杆端的角位移相同，这些杆的杆端弯矩未知，这种杆端的角位移是我们需要求解的。因此，整个结构的角位移数目应等于结构中刚结点的数目。图 9.39（a）所示结构，B 处为刚结点，有一角位移；C 处为完全铰结点，虽然杆 CB 和杆 CD 在 C 端有角位移，但两杆 C 端的弯矩为零，因此，C 处角位移是约束所允许的，不需要求解。

（2）独立线位移。平面结构的每个结点如不受约束，则每个结点有两个自由度。为了简化计算，直杆在发生弯曲、剪切和轴向变形时，通常对杆件轴向方向的变形可以先忽略不计，每个杆的两端相对线位移就只能发生在垂直于杆轴方向；这时，每一个杆对杆端结点的约束作用相当于一个刚性链杆，在垂直于杆轴方向的位移相当于刚性链杆绕杆端铰链转动产生。因此，判定结点的线位移个数时，可以把所有杆视为刚性链杆（杆的两端都变为铰结点，允许杆件绕杆端结点发生转动），从而使结构变成一个铰接体系。当铰接体系为几何不变时，结构无线位移；当铰接体系为几何可变时，在可移动的结点处增设附加链杆支座使其不动，使整个铰接体系成为几何不变体系，最后计算出所需增设的附加链杆总数，即为结构的独立线位移个数。将图 9.39（a）所示结构进行铰化，其铰接体系如图 9.39（b）所示，显然，此铰接体系为几何可变；若在此铰接体系的结点 C 处增加一水平

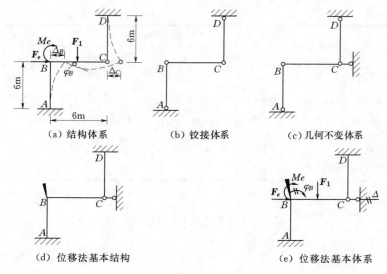

图 9.39

链杆约束，此铰接体系转变成为几何不变体系 [图 9.39（c）]，因此，这个结构只有一个独立线位移。有的结构无线位移，有的虽有多个，但其中有些不具独立性。图 9.39（a）所示结构，虽然 B 和 C 结点都发生了水平线位移，它们分别为 Δ_B 和 Δ_C，但两个线位移量相等，则此结构只有一个独立线位移。

位移法基本未知量个数等于结构角位移个数与独立线位移个数之和。为了叙述的方便和表达的统一性，无论是角位移还是线位移，位移法基本未知量都用 Z_i 符号表示，以右下角数字角码 i 来区分位移的方向和序号。

2. 位移法基本结构

在结构中有角位移的刚结点上附加一个只能控制转动的约束，这种约束称为附加刚臂；在有独立线位移的结点上附加一个只控制移动的约束，这种约束称为附加链杆。通过增加附加约束，把整个结构变换成为若干个单跨超静定梁的组合体。这样的组合体称为位移法基本结构。如图 9.39（a）所示结构体系，在刚结点 B 处附加刚臂控制结点转动，在完全铰 C 处再附加链杆，控制各个结点的线位移。其位移法基本结构如图 9.39（d）所示，即将结构变换成三个单跨超静定梁（杆 AB 为两端固定的超静定梁，杆 BC 和杆 DC 为一端固定一端铰支的超静定梁）的组合体。

3. 位移法基本体系

在位移法基本结构上加上原荷载（或其他因素）作用；并让附加刚臂发生与原结点相等的角位移，让附加链杆发生与原结点相等的线位移；但附加刚臂上的约束力偶矩为零，附加链杆上的约束力等于零。将这种体系称为原体系的位移法基本体系。图 9.39（a）所示结构体系的位移法基本体系如图 9.39（e）所示。

4. 位移法基本原理

位移法基本原理就是位移法基本体系与原结构体系完全等效。特别关注的是，原结构体系的任一结点无附加约束，位移法基本体系有些结点处虽有附加约束，但附加约束力等于零。图 9.39（a）所示结构体系与位移法基本体系 [图 9.39（e）] 是完全等效的。

　　5. 位移法基本方程

　　将位移法基本原理用方程表达，即得位移法基本方程。位移法是利用其基本体系中附加约束力等于零的条件来建立方程。为便于建立方程，我们将位移法基本体系分解为固定状态（基本结构单独作用荷载，附加约束不发生位移，但附加约束上有荷载附加约束力）和位移状态（基本结构单独作用结点位移，附加约束上有位移附加约束力）；最后再将两种状态进行叠加。

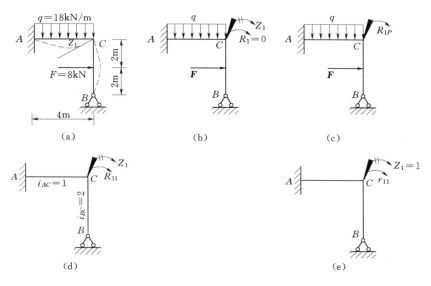

图 9.40

　　（1）结构只有一个角位移的位移法方程。图 9.40（a）所示结构体系只有一个角位移，位移法基本体系如图 9.40（b）所示。位移法基本结构单独作用荷载，C 刚结点不发生转动，附加刚臂上有荷载附加约束力偶，如图 9.40（c）所示中的 R_{1P}。基本结构单独作用结点位移，附加刚臂将产生位移附加约束力偶，如图 9.40（d）所示中的 R_{11}；若刚结点发生单位角位移 $Z_1 = 1$ 时，位移附加约束力偶矩为 r_{11}，如图 9.40（e）所示；根据叠加原理，图 9.40（d）所示的位移附加约束力偶矩为 $R_{11} = r_{11}Z_1$。根据位移法基本原理，在位移法基本体系中的任一附加刚臂处，荷载附加约束力偶矩与位移附加约束力偶矩代数和等于零，由此条件可建立方程，即

$$R_{11} + R_{1P} = 0$$

或　　　　　　　　　　　　　　$$r_{11}Z_1 + R_{1P} = 0 \qquad\qquad (9.7)$$

　　（2）结构只有一个独立线位移的位移法方程。图 9.41（a）所示结构只有一个水平线位移 Z_1。其位移法基本体系如图 9.41（b）所示，并设定线位移方向向右。位移法基本结构单独作用荷载时，附加链杆 B 处产生荷载附加约束力 R_{1P}，如图 9.41（c）所示。位移法基本结构单独发生结点线位移 Z_1 时，附加链杆 B 处也将产生位移附加约束力 R_{11}，如图 9.41（d）所示；若发生单位线位移 $Z_1 = 1$ 时，附加链杆处的位移附加约束力为 r_{11}，如图 9.41（e）所示；根据叠加原理，图 9.41（d）所示的位移附加约束力为 $R_{11} = r_{11}Z_1$。根据位移法基本原理，在位移法基本体系中的任一附加链杆处，荷载附加约束力与位移附

加约束力代数和等于零，由此条件可建立方程，即

$$R_{11} + R_{1P} = 0$$

或

$$r_{11} Z_1 + R_{1P} = 0 \tag{9.8}$$

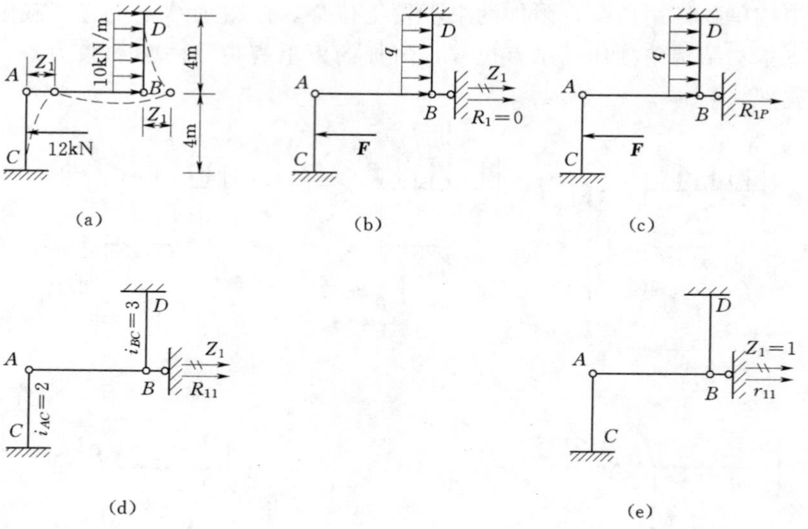

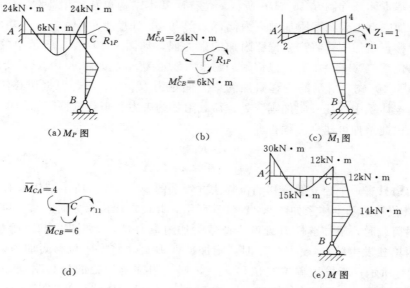

图 9.41

由以上分析可知，当结构只有一个位移量时，无论是角位移还是线位移，则所建立的方程形式完全相同。

6. 自由项和系数的计算

（1）附加刚臂上的约束力偶矩计算。对于图 9.40 （b）所示的只有一个角位移的位移法基本体系，只要求出方程 （9.7） 中的自由项和系数，即可求出位移量。

图 9.42

　　方程中的自由项 R_{1P} 计算。根据载常数求固定状态下 [图 9.40 （c）] 各杆端弯矩，作固定状态下的弯矩图如图 9.42 （a） 所示。取其刚结点 C 为对象，作隔离体图如图 9.42 （b）所示（杆端弯矩以顺时针转向为正，而杆端作用于结点上的反作用弯矩要画成逆时针转向），由结点的力矩平衡条件可得

$$\sum M_C = 0 \qquad R_{1P} - M_{CA}^F - M_{CB}^F = 0$$
$$R_{1P} = M_{CA}^F + M_{CB}^F$$

将各杆端弯矩代入得

$$R_{1P} = 24 + 6 = 30 (\text{kN} \cdot \text{m})$$

　　由上式可知，汇交于结点处所有杆端弯矩之代数和等于作用在结点上的外力偶矩，规定作用在结点上的外力偶顺时针转向的力偶矩为正，逆时针转向的力偶矩为负。即

$$M_e = \sum M_{ij} \tag{9.9}$$

　　方程中的系数 r_{11} 计算。根据形常数公式求单位位移状态下 [图 9.40 （e）] 各杆端弯矩，作单位位移状态下的弯矩图如图 9.42 （c） 所示。取其刚结点 C 为对象，作隔离体图如图 9.42 （d） 所示，根据式 （9.9） 求系数 r_{11} 得

$$r_{11} = \overline{M}_{CA} + \overline{M}_{CB} = 4i_{CA} + 3i_{CB} = 10$$

　　将系数 r_{11} 和自由项 R_{1P} 数值代入方程式 （9.7） 中，可解得 $Z_1 = -3$。再根据叠加公式 $M = M_P + \overline{M}_1 \times Z_1$ 计算结构体系的各杆端弯矩，作弯矩图如图 9.42 （e） 所示。

　　（2） 附加链杆上的约束力计算。对于图 9.41 （b） 所示的只有一个线位移的位移法基本体系，位移法方程 （9.8） 中的自由项和系数可用力投影平衡方程求解。

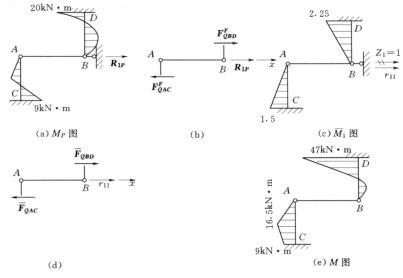

(a) M_P 图　　　(b)　　　(c) $\overline{M}_1$ 图

(d)　　　(e) M 图

图 9.43

　　方程中的自由项 R_{1P} 计算。根据载常数求固定状态下 [图 9.41 （c）] 各杆端弯矩，作固定状态下的弯矩图如图 9.43 （a） 所示。根据载常数再求出发生线位移的各杆端剪力，即

$$F_{QAC}^F = -\left(-\frac{5}{16}F\right) = \frac{30}{8} = 3.75 (\text{kN})$$

$$F_{QBD}^F = -\left(-\frac{3}{8}ql\right) = \frac{120}{8} = 15(\text{kN})$$

取有相同线位移结点 A 和 B 所连系的杆件 AB 为脱离体，如图 9.43 （b）所示。由力投影平衡条件可得

$$\sum F_x = 0 \qquad R_{1P} - F_{QAC}^F + F_{QBD}^F = 0$$

$$R_{1P} = F_{QAC}^F - F_{QBD}^F = \frac{30}{8} - \frac{120}{8} = -\frac{90}{8}(\text{kN})$$

由上式可知，结点上的外力在位移方向上的投影（结点上的外力方向与设定的线位移方向相同时投影为正，反之为负），等于汇交于结点上的发生正向剪切位移杆的杆端剪力（$\sum F_{Qj}{}^+$）减去负向剪切位移杆的杆端剪力（$\sum F_{Qk}{}^-$），即

$$F_e = \sum F_{Qj}{}^+ - \sum F_{Qk}{}^- \tag{9.10}$$

方程中的系数 r_{11} 计算。根据形常数求单位位移状态下 ［图 9.41(e)］各杆端弯矩，作单位位移状态下的弯矩图如图 9.43(c) 所示。根据形常数再求出发生线位移的各杆端剪力，即

$$\overline{F}_{QAC} = \frac{3i_{AC}}{l^2} = \frac{6}{16}$$

$$\overline{F}_{QBD} = -\left(\frac{3i_{BD}}{l^2}\right) = -\frac{9}{16}$$

取有相同线位移结点 A 和 B 所连系的杆件 AB 为脱离体，如图 9.43 （d）所示。根据式（9.10）求系数 r_{11} 得

$$r_{11} = \overline{F}_{QAC} - \overline{F}_{QBD} = \frac{6}{16} - \left(-\frac{9}{16}\right) = \frac{15}{16}$$

将系数 r_{11} 和自由项 R_{1P} 数值代入方程式（9.8）中，可解得 $Z_1 = 12$。再根据叠加公式 $M = M_P + \overline{M}_1 \times Z_1$ 计算结构体系的各杆端弯矩，作弯矩图如图 9.43 （e）所示。

例题 9.7 用位移法计算图 9.44(a) 所示结构，并作弯矩图。结构中各杆 EI 为常数。

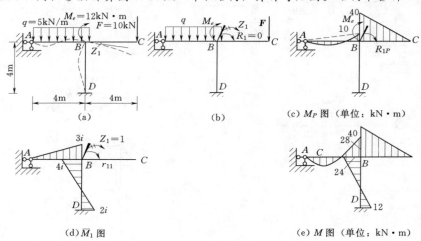

图 9.44

解：1. 作位移法基本体系图。此结构只有一个刚结点 B，即只有一个角位移 Z_1，且没有线位移。作位移法基本体系图如图 9.44 （b）所示。各杆的线刚度都为 $i = \dfrac{EI}{4}$。

2. 列位移法方程。将基本体系可看待成固定状态和位移状态之叠加。根据附加刚臂上约束力偶矩为零的条件建立方程。

$$r_{11}Z_1 + R_{1P} = 0$$

3. 求系数和自由项。作固定状态下的弯矩图，求自由项 R_{1P}。作位移法基本结构单独在荷载作用下的弯矩图，如图 9.44（c）所示。根据载常数得固定状态下各杆端弯矩，

$$M^F_{AB} = M^F_{CB} = M^F_{BD} = M^F_{DB} = 0$$

$$M^F_{BA} = -\left(-\frac{1}{8}ql^2\right) = 10(\text{kN·m})$$

$$M^F_{BC} = -F \times l = -40(\text{kN·m})$$

考虑结点 B 的平衡条件，由式（9.9）得

$$R_{1P} + M_e = M^F_{BA} + M^F_{BD} + M^F_{BC}$$

$$R_{1P} = M^F_{BA} + M^F_{BD} + M^F_{BC} - M_e = 10 + 0 - 40 - 12 = -42(\text{kN·m})$$

作单位位移状态下的弯矩图，求系数 r_{11}。作位移法基本结构单独在单位正向位移状态下的弯矩图，如图 9.44（d）所示。根据形常数得基本结构单独在单位正向位移状态下各杆端弯矩

$$\overline{M}_{AB} = \overline{M}_{BC} = \overline{M}_{CB} = 0$$

$$\overline{M}_{BA} = 3i, \overline{M}_{BD} = 4i, \overline{M}_{DB} = 2i$$

考虑结点 B 的平衡条件，由式（9.9）得

$$r_{11} = \overline{M}_{BA} + \overline{M}_{BD} + \overline{M}_{BC} = 7i$$

4. 解方程。将系数 r_{11} 和自由项 R_{1P} 代入位移法方程式中，得

$$7iZ_1 - 42 = 0$$

解方程，得

$$Z_1 = \frac{6}{i}$$

5. 计算刚架的杆端弯矩并作弯矩图。根据叠加公式 $M = \overline{M}_1 \times Z_1 + M_P$ 计算各个杆端弯矩，即得

$$M_{AB} = 0, M_{BA} = 3i \times \frac{6}{i} + 10 = 28(\text{kN·m})$$

$$M_{BD} = 4i \times \frac{6}{i} = 24(\text{kN·m}), M_{DB} = 2i \times \frac{6}{i} = 12(\text{kN·m})$$

$$M_{BC} = -40\text{kN·m}, M_{CB} = 0$$

绘弯矩图如图 9.44（e）所示。

例题 9.8　用位移法计算图 9.45（a）所示结构，并作弯矩图。

解：1. 作位移法基本体系图。此结构只有一个线位移 Z_1，无角位移。作位移法基本体系图如图 9.45（b）所示。

2. 列位移法方程。将基本体系可看待成固定状态和位移状态之叠加。根据附加链杆上约束力为零的条件建立方程。

$$r_{11}Z_1 + R_{1P} = 0$$

3. 求系数和自由项。

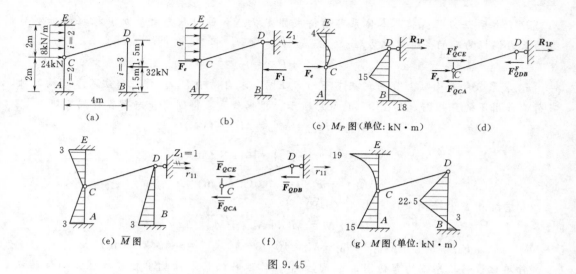

图 9.45

作固定状态下的弯矩图，求自由项 R_{1P}。作位移法基本结构单独在荷载作用下的弯矩图，如图 9.45 (c) 所示。在此图中取有相同线位移的结点 C 和结点 D 所连系的斜杆 CD 为隔离体，如图 9.45 (d) 所示（为了简化计算，也可以不作 CD 杆的隔离体图）。因假设线位移向右，所以，杆 CA 和杆 DB 发生正向剪切位移，而 CE 杆发生负向剪切位移。由式（9.10）可得

$$R_{1P} + F_e = (F_{QDB}^F + F_{QCA}^F) - (F_{QCE}^F) \qquad ①$$

由载常数得杆端剪力

$$F_{QCA}^F = 0$$

$$F_{QCE}^F = -\left(-\frac{3}{8}ql\right) = \frac{3}{8} \times 8 \times 2 = 6(\text{kN})$$

$$F_{QDB}^F = -\left(-\frac{5}{16}F\right) = \frac{5}{16} \times 32 = 10(\text{kN})$$

结点上的外力

$$F_e = 24\text{kN}$$

将以上数值代入式①中，得

$$R_{1P} + 24 = (10 + 0) - (6)$$

$$R_{1P} = 10 - 6 - 24 = -20(\text{kN})$$

作单位位移状态下的弯矩图，求系数 r_{11}。作基本结构单独在单位线位移 $Z_1 = 1$ 作用下的弯矩图 $\overline{M}_1$，如图 9.45 (e) 所示。在此图中取斜杆 CD 为隔离体，如图 9.45 (f) 所示（为了简化计算，也可以不作 CD 杆的隔离体图）。由式（9.10）可得

$$r_{11} = \overline{F}_{QCA} + \overline{F}_{QDB} - \overline{F}_{QCE} \qquad ②$$

由形常数公式求剪力，得

$$\overline{F}_{QCA} = \frac{3i}{l^2} = \frac{3 \times 2}{2^2} = 1.5$$

$$\overline{F}_{QDB} = \frac{3i}{l^2} = \frac{3 \times 3}{3^2} = 1$$

$$\overline{F}_{QCE} = -\frac{3i}{l^2} = -\frac{3 \times 2}{2^2} = -1.5$$

将以上剪力代入式②中，得

$$r_{11} = 1.5 + 1 - (-1.5) = 4$$

4. 解方程。将系数 r_{11} 和自由项 R_{1P} 代入位移法方程式中，得

$$4Z_1 - 20 = 0$$

解方程，得

$$Z_1 = \frac{20}{4} = 5$$

5. 作弯矩图。根据叠加原理求各杆端弯矩为

$$M_{AC} = \overline{M}_1 Z_1 + M_P = -3 \times 5 + 0 = -15 (\text{kN} \cdot \text{m})$$

$$M_{EC} = 3 \times 5 + 4 = 19 (\text{kN} \cdot \text{m})$$

$$M_{BD} = -3 \times 5 + 18 = 3 (\text{kN} \cdot \text{m})$$

作弯矩图如图 9.45（g）所示。

思考题

13. 若结构中单跨超静定梁上的荷载方向与载常数表中对应梁的不一致时，你如何确定固端弯矩和固端剪力的正负号？

14. 为什么可以通过分析结构铰化体的几何性质，就能确定位移法独立线位移量个数？

15. 位移法基本结构是多个单跨超静定梁的组合。那么这个组合体与对应的原结构有哪些对应点？

16. 位移法基本原理是位移法基本体系与对应的结构体系完全等效。位移法方程是根据哪一个量值的等效关系建立的？

17. 为什么用刚结点的转角作为位移法基本未知量，而铰结点处的转角不作为位移法基本未知量？

习题

16. 确定图 9.46 所示结构的位移法基本未知量数目。

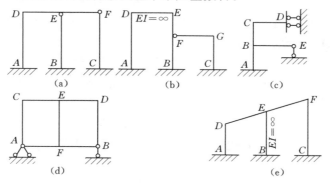

图 9.46

17. 用位移法计算图 9.47 所示刚架，并作内力图。

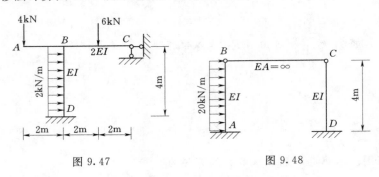

图 9.47   图 9.48

18. 用位移法计算图 9.48 所示排架，并作弯矩图。

§9.7   位 移 法 典 型 方 程

9.6 节通过对只包含 1 个位移未知量的结构体系求解，介绍了位移法的基本原理。本节将按前述位移法解题思路，将对具有两个位移量的结构体系求解，进而建立多个位移量结构体系的位移法方程。

1. 建立两个位移量的位移法方程

图 9.49（a）所示结构体系，其基本未知量为刚结点 C 的角位移 Z_1 和结点 C、D 的水平线位移 Z_2，位移法基本体系如图 9.49（b）所示。基本结构单独作用原荷载，在附加刚臂 C 处产生荷载附加约束力偶矩 R_{1P}，在附加链杆 D 处产生荷载附加约束力 $\boldsymbol{R}_{2P}$，如图 9.49（c）所示。基本结构单独作用位移 Z_1，在附加刚臂 C 处产生位移附加约束力偶矩 $\boldsymbol{R}_{11}$，在附加链杆 D 处产生位移附加约束力 $\boldsymbol{R}_{21}$，如图 9.49（d）所示。基本结构单独作用位移 Z_2，在附加刚臂 C 处产生位移附加约束力偶矩 R_{12}，在附加链杆 D 处产生位移附加约束力 $\boldsymbol{R}_{22}$，如图 9.49（e）所示。图 9.49（c）、（d）、（e）三种状态的叠加与基本体系 ［图 9.49（b）］完全等效，此时，附加刚臂 C 的约束力偶矩，附加链杆 D 的约束力应满足下式

$$\left. \begin{array}{l} R_1 = R_{11} + R_{12} + R_{1P} = 0 \\ R_2 = R_{21} + R_{22} + R_{2P} = 0 \end{array} \right\} \tag{9.11}$$

基本结构单独作用单位位移 $Z_1 = 1$，如图 9.49（f）所示，其位移附加约束力乘以 Z_1 倍等于图 9.49（d）所示的位移附加约束力，即

$$R_{11} = r_{11} Z_1, R_{21} = r_{21} Z_1 \tag{9.12}$$

基本结构单独作用单位位移 $Z_2 = 1$，如图 9.49（g）所示，其位移附加约束力乘以 Z_2 倍等于图 9.49（e）所示的位移附加约束力，即

$$R_{12} = r_{12} Z_2, R_{22} = r_{22} Z_2 \tag{9.13}$$

将式（9.12）和式（9.13）代入式（9.11）中，即得具有两个位移的位移法基本方程

$$\left. \begin{array}{l} r_{11} Z_1 + r_{12} Z_2 + R_{1P} = 0 \\ r_{21} Z_1 + r_{22} Z_2 + R_{2P} = 0 \end{array} \right\} \tag{9.14}$$

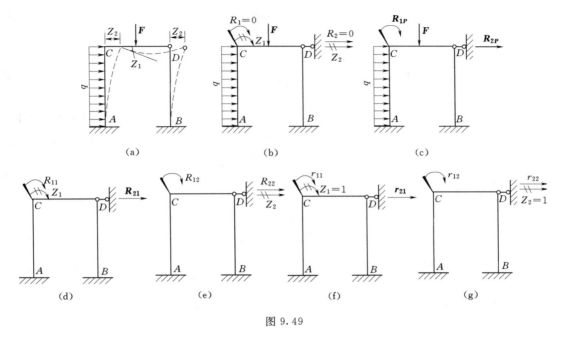

图 9.49

2. 建立 n 个位移量的位移法方程

根据一个基本未知量和两个基本未知量的位移法基本方程类推，可得出具有 n 个基本未知量的位移法方程为

$$
\left.
\begin{aligned}
r_{11}Z_1 + r_{12}Z_2 + \cdots + r_{1n}Z_n + R_{1P} &= 0 \\
r_{21}Z_1 + r_{22}Z_2 + \cdots + r_{2n}Z_n + R_{2P} &= 0 \\
&\vdots \\
r_{n1}Z_1 + r_{n2}Z_2 + \cdots + r_{nn}Z_n + R_{nP} &= 0
\end{aligned}
\right\}
\tag{9.15}
$$

式 (9.15) 就是 n 个位移法基本未知量的位移法典型方程。

上述方程中主对角线上的系数 r_{ii} 称为主系数，它表示基本结构在 $Z_i = 1$ 时，引起第 i 个附加约束的位移约束力，且恒为正值。副系数 r_{ij} 表示基本结构在 $Z_j = 1$ 时，引起第 i 个附加约束的位移约束力，其有正、有负，也可能为零。自由项 R_{iP} 表示基本结构在荷载作用下，引起第 i 个附加约束的荷载附加约束力，其有正、有负，也可能为零。

3. 系数和自由项计算

有 n 个基本未知量的位移法方程中有 n^2 个系数和 n 个自由项。求系数和自由项时，先从形常数表（表 9.1）和载常数表（表 9.2）中查得各杆端内力；作出固定状态下和各个正向单位位移状态下的弯矩图，用式 (9.9) 可求得附加约束力偶矩；或取某些杆件为隔离体，用式 (9.10) 可求得附加约束力。根据反力互等定理，副系数 r_{ij} 与 r_{ji} 相等，即 $r_{ij} = r_{ji}$。由此可知，$(n^2 - n)$ 个副系数中只需求出一半即可。

4. 截面弯矩计算

由位移法方程解出位移未知量 Z_1、Z_2、$\cdots$、Z_n 后，结合计算过程中已作出的单位弯矩图和荷载弯矩图，根据叠加原理计算超静定结构的弯矩，即

$$M=\overline{M}_1 Z_1+\overline{M}_2 Z_2+\cdots+\overline{M}_n Z_n+M_p \tag{9.16}$$

根据各控制面弯矩作弯矩图。

5. 用位移法计算结构体系的步骤

（1）确定位移法基本未知量数目，作出位移法基本体系图。

（2）列位移法基本方程。

（3）求系数和自由项。作位移法基本结构单独在各个单位正向位移作用下的弯矩图（$\overline{M}_1$、$\overline{M}_2$、…、$\overline{M}_n$ 图），作位移法基本结构单独在荷载作用下的弯矩图（M_P 图）。依据结点的平衡条件，应用式（9.9）、式（9.10）求系数和自由项。

（4）解算方程组，求出各基本未知量。

（5）根据叠加法作弯矩图。

（6）取各个杆为对象，根据各杆的杆端弯矩和杆上的作用荷载，依据杆件的平衡条件，求各杆端剪力。取各个结点为对象，根据各杆对结点作用的剪力，应用平衡条件求各杆的轴力。作结构体系的剪力图和轴力图。

例题 9.9 用位移法求图 9.50（a）所示刚架，并作弯矩图。

解：1. 确定基本未知量数目，作出位移法基本体系图。此结构只有一个刚结点 C，因此只有一个角位移 Z_1；C、D 结点有一个独立线位移 Z_2。基本体系如图 9.50（b）所示。

2. 列位移法基本方程。

$$\left.\begin{array}{l} r_{11}Z_1+r_{12}Z_2+R_{1P}=0 \\ r_{21}Z_1+r_{22}Z_2+R_{2P}=0 \end{array}\right\}$$

3. 求系数和自由项。根据载常数和形常数作 $\overline{M}_1$、$\overline{M}_2$、M_P 图，如图 9.50（c）、（d）、（f）所示。

由 $\overline{M}_1$ 图及式（9.9）可得

$$r_{11}=6i+4i=10i$$

由 $\overline{M}_2$ 图及式（9.9）可得

$$r_{12}=r_{21}=-1.5i$$

查形常数表可得 $Z_2=1$ 时各线位移杆端的剪力为

$$\overline{F}_{QCA}=\frac{12i}{l^2}=\frac{12i}{16}=\frac{3i}{4},\overline{F}_{QDB}=\frac{3i}{l^2}=\frac{3i}{16}$$

取 CD 杆为隔离体如图 9.50（e）所示。由式（9.10）可得

$$r_{22}=\overline{F}_{QCA}+\overline{F}_{QDB}=\frac{3i}{4}+\frac{3i}{16}=\frac{15i}{16}$$

查载常数表可得基本结构单独在荷载作用下各杆的杆端剪力为

$$F^F_{QCA}=0,F^F_{QDB}=-\frac{3}{8}ql=-\frac{3}{8}\times10\times4=-15(\text{kN})$$

取 CD 杆为隔离体如图 9.50（g）所示。由式（9.10）可得

$$R_{2P}=F^F_{QCA}+F^F_{QDB}=0+(-15)=-15(\text{kN})$$

由 M_P 图可知 $\qquad\qquad R_{1P}=0$

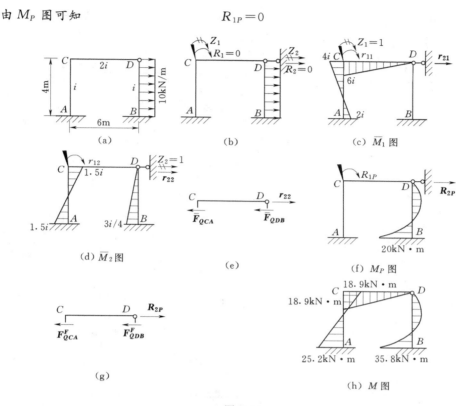

图 9.50

4. 解算方程组。将系数和自由项代入位移法基本方程中，得

$$
\left.
\begin{aligned}
10iZ_1-1.5iZ_2+0&=0\\
-1.5iZ_1+\frac{15}{16}iZ_2-15&=0
\end{aligned}
\right\}
$$

解方程，得

$$
Z_1=\frac{3.15}{i},\ Z_2=\frac{21}{i}
$$

5. 根据叠加法作弯矩图。计算杆端弯矩。

$$
M_{AC}=2i\times\frac{3.15}{i}-1.5i\times\frac{21}{i}=-25.2(\mathrm{kN\cdot m})
$$

$$
M_{CA}=4i\times\frac{3.15}{i}-1.5i\times\frac{21}{i}=-18.9(\mathrm{kN\cdot m})
$$

$$
M_{CD}=6i\times\frac{3.15}{i}=18.9(\mathrm{kN\cdot m})
$$

$$
M_{BD}=-0.75i\times\frac{21}{i}-20=-35.8(\mathrm{kN\cdot m})
$$

作 M 图如图 9.50 (h) 所示。

例题 9.10 用位移法计算图 9.51（a）所示对称刚架，并作弯矩图（EI 为常数）。

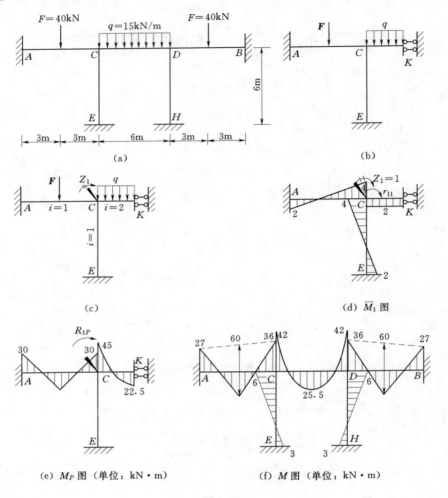

图 9.51

解： 1. 取半刚架。此结构为对称刚架，且承受对称荷载，故可取半刚架计算，半刚架计算简图如图 9.51（b）所示。

2. 作位移法基本体系图。半刚架只有一个刚结点 C，只有一个角位移，无线位移。位移法基本体系如图 9.51（c）所示。

3. 列位移法基本方程。

$$r_{11}Z_1 + R_{1P} = 0$$

4. 求系数和自由项。令 $i_{AC} = i_{CE} = \dfrac{EI}{6} = 1$，$i_{CK} = \dfrac{EI}{3} = 2$。根据载常数和形常数作 $\overline{M}_1$、M_P 图 [图 9.51（d）、（e）]。由 $\overline{M}_1$ 图及式（9.9）可得

$$r_{11} = 4 + 4 + 2 = 10$$

由 M_P 图及式（9.9）可得

$$R_{1P} = 30 - 45 = -15(\text{kN} \cdot \text{m})$$

5. 解算方程。将系数和自由项代入位移法基本方程中，得

$$10Z_1 - 15 = 0$$

解方程，得

$$Z_1 = 1.5$$

6. 根据叠加法作弯矩图。计算杆端弯矩。

$$M_{AC} = 1.5 \times 2 - 30 = -27(\text{kN} \cdot \text{m})$$

$$M_{CA} = 1.5 \times 4 + 30 = 36(\text{kN} \cdot \text{m})$$

$$M_{CK} = 1.5 \times 2 - 45 = -42(\text{kN} \cdot \text{m})$$

$$M_{KC} = 1.5 \times (-2) - 22.5 = -25.5(\text{kN} \cdot \text{m})$$

$$M_{CE} = 1.5 \times 4 = 6(\text{kN} \cdot \text{m})$$

$$M_{EC} = 1.5 \times 2 = 3(\text{kN} \cdot \text{m})$$

由杆端弯矩作半刚架的弯矩图，再由对称性作出结构的另一半弯矩图。结构最终的弯矩图如图 9.51（f）所示。

思考题

18. 既然位移法典型方程是静力平衡方程，那么在位移法中是否只用平衡条件可以确定结构的内力？在位移法中在哪些方面考虑了结构的变形条件？

19. 图 9.52 所示结构中横梁 AB 的抗弯刚度为无穷大。用位移法求内力时，如何确定基本结构？

20. 图 9.53 所示结构中横梁 BC 在 C 端为定向支承，BC 梁的两端有剪切线位移，此线位移是否要作为位移法的基本未知量？

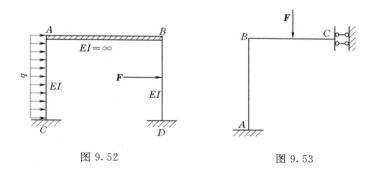

图 9.52　　　　　　　　图 9.53

21. 位移法典型方程中的系数 r_{ii}、r_{ij} 和自由项 R_{iP} 各表示什么意义？这些系数和自由项是如何求得？

习题

19. 用位移法计算图 9.54 所示刚架，并作弯矩图。

20. 用位移法计算图 9.55 所示结构，并作弯矩图。

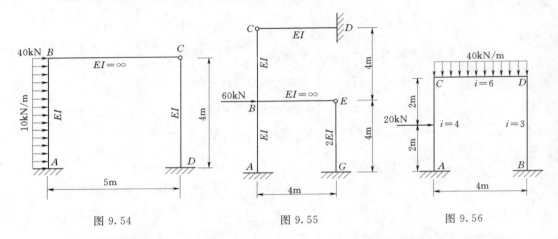

图 9.54　　　　　　图 9.55　　　　　　图 9.56

21. 利用对称性及位移法求解图 9.56 所示刚架，并作弯矩图。EI 等于常数。

22. 利用对称性及位移法求解图 9.57 所示刚架，并作弯矩图。EI 等于常数。

23. 利用对称性及位移法求解图 9.58 所示刚架，并作弯矩图。EI 等于常数。

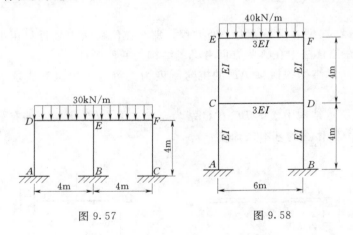

图 9.57　　　　　　图 9.58

§9.8 力矩分配法的基本概念

计算超静定结构，不论采用力法或位移法，都要解算典型方程，对于一些常用的特殊结构，为了避免解联立方程组，可采用较简单的渐近法——力矩分配法。力矩分配法对杆端转角、杆端弯矩和结点上的外力偶矩都规定顺时针转向为正。

1. 转动刚度

（1）杆端转动刚度。当杆件 AB 的 A 端转动单位正角时，需在 A 端（又称近端）施

加的弯矩 M_{AB} 称为该杆端的转动刚度，用 S_{AB} 来表示，其标志着该杆端抵抗转动能力的大小。根据单跨梁的形常数可得以下四种远端约束情况下的杆端转动刚度。

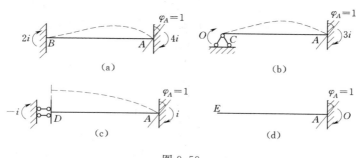

图 9.59

远端固定 [图 9.59 (a)]：$\qquad S_{AB}=4i$

远端铰支 [图 9.59 (b)]：$\qquad S_{AC}=3i$

远端定向支座 [图 9.59 (c)]：$\qquad S_{AD}=i$

远端自由 [图 9.59 (d)]：$\qquad S_{AE}=0$

式中：i 为杆的线刚度，$i=\dfrac{EI}{l}$，EI 为抗弯刚度，l 为杆长。

（2）刚结点转动刚度。使结构中的刚结点发生单位正向转角（与转动结点相连接各杆的远端不发生约束所能限制的位移）时，需在该结点施加的力偶矩值称结点转动刚度。用符号 S_i 表示，其中角码 i 表示转动的结点。由式（9.9）可知，结点转动刚度等于汇交于结点处的所有杆端转动刚度之和，即

$$S_i = \sum_{j=1}^{n} S_{ij} \tag{9.17}$$

如图 9.60 (a) 所示结构，当刚结点 A 发生单位正向转角 $\varphi_A=1$ 时，要在结点 A 处需加力偶矩为

$$S_A = S_{AB} + S_{AC} + S_{AD} = 4i_1 + 3i_2 + i_3 \tag{9.18}$$

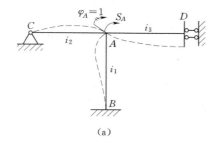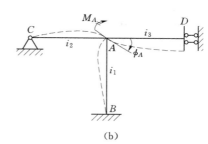

图 9.60

2. 分配系数

由式（9.18）可知，作用在刚结点 A 上的力偶矩 S_A，可使结点发生单位转角，同时这个力偶矩 S_A 要按一定的比例分配到各个杆端，各个杆端产生相应的弯矩 S_{AB}、S_{AC}、S_{AD}，并发生单位转角。将杆端的弯矩与作用在刚结点上的力偶矩之比值称这个杆端的分

配系数，用 μ_{ij} 表示。

$$\mu_{ij}=\frac{S_{ij}}{S_i} \qquad (9.19)$$

图 9.60（a）所示结构，刚结在点 A 的各杆杆端 A 的分配系数为

$$\left.\begin{aligned}\mu_{AB}&=\frac{S_{AB}}{S_A}=\frac{4i_1}{S_A}\\[4pt]\mu_{AC}&=\frac{S_{AC}}{S_A}=\frac{3i_2}{S_A}\\[4pt]\mu_{AD}&=\frac{S_{AD}}{S_A}=\frac{i_3}{S_A}\end{aligned}\right\} \qquad (9.20)$$

由式（9.18）和式（9.20）可得，刚结于同一点处的各个杆端的分配系数之和应等于 1。

3. 分配弯矩

图 9.60（b）所示结构，若作用在结点 A 上的力偶矩是 M_A，它将使结点或各个杆端转动角度 $\varphi_A=\dfrac{M_A}{S_A}$。同时这个力偶矩 M_A 要按分配系数 μ_{ij} 分配到各个杆端，各个杆端产生相应的弯矩 M_{AB}^μ、M_{AC}^μ、M_{AD}^μ。这种杆端弯矩称分配弯矩，其计算公式为

$$M_{ij}^\mu=\mu_{ij}M_i \qquad (9.21)$$

4. 传递系数与传递弯矩

（1）传递系数。在图 9.59 中各杆，在杆端 A 作用弯矩使近端产生单位转角，同时，各个杆的远端也有相应弯矩产生，远端弯矩与近端的弯矩比值称传递系数，用 c 表示。由形常数公式可得图 9.59 中各杆的杆端弯矩传递系数分别为

远端固定［图 9.59（a）所示］： $c_{AB}=\dfrac{M_{BA}}{M_{AB}}=\dfrac{2i}{4i}=0.5$

远端铰支［图 9.59（b）所示］： $c_{AC}=\dfrac{M_{CA}}{M_{AC}}=\dfrac{0}{3i}=0$

远端定向支承［图 9.59（c）所示］： $c_{AD}=\dfrac{M_{DA}}{M_{AD}}=\dfrac{-i}{i}=-1$

（2）传递弯矩。图 9.60（b）所示结构，若作用在结点 A 上的力偶矩是 M_A，各个杆端产生相应的分配弯矩 M_{AB}^μ、M_{AC}^μ、M_{AD}^μ，这些分配弯矩，要按传递系数比例向各杆的远端传递，这时远端所得到的弯矩称传递弯矩，其计算公式为

$$M_{ji}^c=c_{ij}M_{ij}^\mu \qquad (9.22)$$

§9.9　力矩分配法基本原理

1. 单个角位移结构的力矩分配

力矩分配法与位移法的基本结构完全相同，在原结构的刚结点处加刚臂，以控制转动，将结构转化为多个单跨超静定梁的组合。将原体系分解为只在荷载作用下的无角位移的固定状态和只发生角位移的跨中无荷载的放松状态。

如图 9.61（a）所示作用集中荷载的连续梁，结构只有一个复合结点 B 处的刚结杆的角位移，将原体系分解为图 9.61（b）所示的固定状态和图 9.61（c）所示的放松状态。

（1）固定状态分析。查表可求得固定状态［图 9.61（b）］各杆端弯矩，这种弯矩称为固端弯矩，用 M^F 表示，各杆的固端弯矩查表求得

$$M_{AB}^F = -\frac{1}{8}F_1 l = -\frac{1}{8}\times 18 \times 4 = -9(\text{kN}\cdot\text{m})$$

$$M_{BA}^F = \frac{1}{8}F_1 l = \frac{1}{8}\times 18 \times 4 = 9(\text{kN}\cdot\text{m})$$

$$M_{BC}^F = -\frac{3}{16}F_2 l = -\frac{3}{16}\times 40 \times 4 = -30(\text{kN}\cdot\text{m})$$

$$M_{CB}^F = 0$$

因汇交于刚结点 B 处各杆端弯矩不能构成平衡的力偶系，故附加刚臂必产生荷载附加约束力偶矩，用 M_B 表示，并规定顺时针转动时为正，反之为负。取结点 B 为隔离体如图 9.61（e）所示，由结点 B 的力矩平衡方程求约束力偶矩 M_B，由式（9.9）得

$$M_B = M_{BA}^F + M_{BC}^F = 9 - 30 = -21(\text{kN}\cdot\text{m})$$

（2）放松状态分析。为了使结构还原为原结构，必须消除附加刚臂对结点的约束，即放松约束使结点 B 转动角 φ_B，这相当于在结点 B 处施加一个与 M_B 大小相等、方向相反的力矩即 M_B'，如图 9.61（c）所示，即

$$M_B' = -M_B = 21(\text{kN}\cdot\text{m})$$

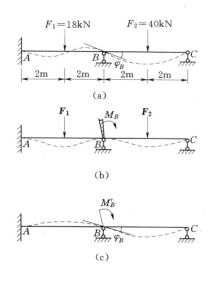

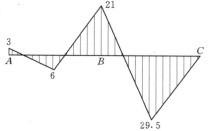

结点	A	B		C
分配系数		$\frac{4}{7}$	$\frac{3}{7}$	
固端弯矩	-9	9	-30	0
分配传递	$6 \leftarrow$	12	$9 \rightarrow$	0
杆端弯矩	-3	21	-21	0

（g）

（h）M 图（单位：kN·m）

图 9.61

因各杆长相等，且 EI 为常数，所以各杆的线刚度 i 相同。各杆端的转动刚度及分配系数计算如下：

$$S_{BA}=4i, S_{BC}=3i, S_B=S_{BA}+S_{BC}=7i$$

$$\mu_{BA}=\frac{S_{BA}}{S_B}=\frac{4i}{7i}=\frac{4}{7}, \mu_{BC}=\frac{S_{BC}}{S_B}=\frac{3i}{7i}=\frac{3}{7}$$

迫使转动的外力偶矩 M'_B 按分配系数分配到各杆端 [图 9.61 (f)] 得杆端分配弯矩。

$$M^\mu_{BA}=\mu_{BA}M'_B=\frac{4}{7}\times(-M_B)=\frac{4}{7}\times21=12(\text{kN}\cdot\text{m})$$

$$M^\mu_{BC}=\mu_{BC}M'_B=\frac{3}{7}\times(-M_B)=\frac{3}{7}\times21=9(\text{kN}\cdot\text{m})$$

分配弯矩可向杆远端传递，远端得到传递弯矩。

$$M^C_{AB}=C_{BA}M^\mu_{BA}=\frac{1}{2}M^\mu_{BA}=\frac{1}{2}\times12=6(\text{kN}\cdot\text{m})$$

$$M^C_{CB}=C_{BC}M^\mu_{BC}=0$$

分配弯矩和传递弯矩是角位移产生的。

（3）恢复原状态。将固定状态和放松状态叠加即得到原状态。每个杆的杆端弯矩为固端弯矩、分配弯矩和传递弯矩之和，即

$$M_{AB}=M^F_{AB}+M^C_{AB}=-9+6=-3(\text{kN}\cdot\text{m})$$

$$M_{BA}=M^F_{BA}+M^m_{BA}=9+12=21(\text{kN}\cdot\text{m})$$

$$M_{BC}=M^F_{BC}+M^m_{BC}=-30+9=-21(\text{kN}\cdot\text{m})$$

$$M_{CB}=M^F_{CB}+M^C_{CB}=0$$

根据各杆端弯矩和跨中荷载情况作弯矩图如图 9.61 (h) 所示。整个分配和传递过程可用列表的方法进行，如图 9.61 (g) 所示。

综上所述，可把力矩分配法的解算过程概括为"固定"和"放松"，即通过固定结点（加刚臂），把原结构变换成各单跨超静定梁的组合体。此时各杆端出现固端弯矩，刚臂上有不平衡力矩。然后放松结点让其转动，使结构恢复到原来的状态，这个过程相当于在结点上又加上了一个反号的平衡力矩，于是不平衡力矩被抵消，结点获得平衡。此时反号的平衡力矩将按分配系数的大小分配给各杆端，此为分配弯矩。同时各杆端向各自的远端传递，各远端得到传递弯矩，最后将结构的固定状态时固端弯矩与在放松时的分配弯矩及传递弯矩相叠加，就可求得原结构的杆端弯矩。

2. 多个角位移结构的力矩分配

对于连续梁和无结点线位移的刚架具有多个角位移结点时，在原结构的刚结点处加刚臂，以控制转动，将结构转化为多个单跨超静定梁的组合结构，即得到一个位移法基本结构。位移法基本结构单独在荷载作用下的状态即为固定状态，查载常数表（表 9.2）便可计算出各杆固端弯矩。位移法基本结构单独在角位移作用下的状态即为放松状态，但是，在放松时，为了仍然能保持各杆为单跨超静定梁的基本特征，每一次使发生位移的结点与不发生位移的结点在空间上是间隔的，发生位移的结点进行力矩分配，各杆近端得到分配弯矩，不发生位移的结点的各杆端得到传递弯矩；一个结点的位移与固定在时间上是交替

的。为了加快约束力偶矩趋向零的速度，首先放松约束力偶矩绝对值较大的结点。如果结点有三个以上，可以按间隔原则，分为两批，交替放松、固定。直至最后传递弯矩很小把计算停止在分配弯矩上。此时，结构也就非常接近原结构的真实变形位移状态了，即刚结点的角位移是逐步分段发生，逐步趋近实际角位移。将每一杆端每次的分配弯矩、传递弯矩和原有的固端弯矩相叠加，便可得到各杆杆端的最后弯矩值。由杆端的最后弯矩值和跨中荷载可画出结构的弯矩图。下面结合具体例子说明多结点力矩分配的方法。

　　图 9.62（a）所示四跨连续梁，体系有 B、C、D 三个刚结点，即有三个结点角位移，在 B、C、D 结点处加刚臂，并加相应的角位移，则得位移法基本体系，如图 9.62（b）所示。

　　由图 9.62（b）可知，除 DE 跨相当于一端固定一端铰支的单跨梁外，其余各跨均为两端固定的梁。由形常数表可查得各杆端转动刚度，并计算分配系数。查载常数表计算固端弯矩。将分配系数、传递系数和固端弯矩填于图 9.62（c）的相应栏中。

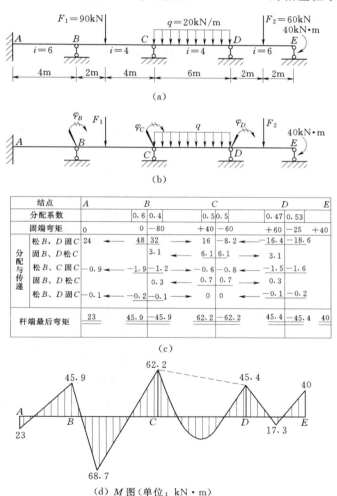

图 9.62

第一次弯矩分配与传递。固定 C 结点，使 B、D 结点发生角位移。将 B、D 结点上的固定约束力偶矩 $[M_B = -80 \text{kN} \cdot \text{m}, M_D = 60 - 25 = 35 \text{kN} \cdot \text{m}]$ 反号后进行分配与传递，在分配弯矩下画一水平短杠，表示此结点发生角位移后已达到平衡。各杆近端得到分配弯矩后，要向远端传递。

第二次弯矩分配与传递。使 C 结点发生角位移，固定 B、D 结点（在已产生的角位移基础上固定）。将 C 结点上的固定约束力偶矩 $[M_C = 40 - 60 + 16 - 8.2 = -12.1 (\text{kN} \cdot \text{m})]$ 反号后进行分配与传递。在此次分配与传递过程中，B、D 结点保持第一次放松时产生的转角不变，并接受了新的传递弯矩，所以，B、D 结点上又有了新的约束力偶矩，等待下一轮的分配。为了便于计算及检查复核，一般都采用列表计算的方式，列表如图 9.62 (c) 所示。

将以上步骤重复运用，直至各杆端的传递弯矩小到可以略去为止。将各杆端的固端弯矩与历次的分配弯矩和传递弯矩相叠加，即得各杆端的最后弯矩。根据各杆最后杆端弯矩值和跨中荷载，画弯矩图如图 9.62 (d) 所示。

3. 力矩分配法计算步骤

力矩分配法适应于无结点线位移结构，即连续梁和无侧移刚架的内力计算。力矩分配法的基本运算步骤如下：

(1) 作位移法基本体系图。

(2) 计算各杆端的分配系数。

(3) 计算各杆端的固端弯矩：查载常数表 9.2 计算出各杆固端弯矩，然后由公式 (9.9) 计算出各结点的约束力矩。

(4) 分配与传递：将结点的约束力矩反号后乘以该结点各杆端分配系数，即得各杆端的分配弯矩。分配完毕后在该结点分配弯矩下画一横线，表示该结点暂时平衡。再将分配弯矩乘以各杆的传递系数即得远端的传递弯矩，用箭头表示弯矩传递的方向。如果结构上有多个刚结点，则应相间地进行轮番固定与放松（相邻两个刚结点不能同时放松），直到分配力矩可以忽略时为止。把计算停止在分配弯矩上。

(5) 计算最后弯矩：分配与传递结束后，把各杆端的固端弯矩、分配弯矩和传递弯矩相叠加，便得各杆端的最后弯矩（表中双横线之上弯矩值）。

(6) 作内力图：用叠加法作出结构的最后弯矩图。由各杆端弯矩和杆中部荷载根据平衡方程可计算出杆端剪力和轴力，最后作出结构的剪力图和轴力图。

例题 9.11 试用力矩分配法计算图 9.63 (a) 所示连续梁，画出弯矩图。

解： 此梁的悬臂部分 DE 梁段为静定部分，这部分的内力可由静力平衡条件求得 $M_{DE} = -20 \text{kN} \cdot \text{m}$，$F_{QDE} = 10 \text{kN}$。若将 DE 悬臂部分去掉，而将 D 右截面弯矩和剪力作为外力作用于结点 D 处，则结点 D 可作为铰支端，计算简图如图 9.63 (b) 所示。

1. 作位移法基本体系图，体系有 B、C 两个刚结点，即有两个结点角位移，在 B、C 结点处加刚臂，并加相应的角位移，得位移法基本体系如图 9.63 (c) 所示。

2. 计算分配系数，确定传递系数。由图 9.63 (c) 可知，除 CD 跨相当于一端固定一端铰支的单跨梁外，其余各跨均为两端固定的梁。由形常数表可查得各杆端转动刚度，并计算分配系数。

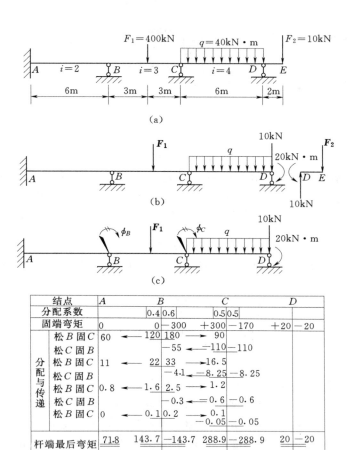

(a)

(b)

(c)

结点	A	B		C		D	
分配系数		0.4	0.6	0.5	0.5		
固端弯矩	0		0 -300	+300	-170	+20	-20
松 B 固 C	60 ← 120	180 → 90					
松 C 固 B		-55 ← -110 -110					
松 B 固 C	11 ← 22	33 → 16.5					
松 C 固 B		-4.1 ← -8.25 -8.25					
松 B 固 C	0.8 ← 1.6	2.5 → 1.2					
松 C 固 B		-0.3 ← 0.6 -0.6					
松 B 固 C	0 ← 0.1	0.2 → 0.1 -0.05 -0.05					
杆端最后弯矩	71.8	143.7 -143.7	288.9 -288.9	20 -20			

(d)

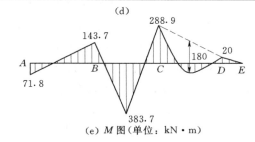

(e) M 图（单位：kN·m）

图 9.63

$$
结点\ B：
\begin{cases}
S_{BC}=4i_{BC}=4\times 3=12 \\
S_{BA}=4i_{BA}=4\times 2=8 \\
S_B=S_{BC}+S_{BA}=12+8=20 \\
\mu_{BC}=\dfrac{S_{BC}}{S_B}=\dfrac{12}{20}=0.6 \\
\mu_{BA}=\dfrac{S_{BA}}{S_B}=\dfrac{8}{20}=0.4
\end{cases}
$$

$$\begin{cases} S_{CD}=3i_{CD}=3\times4=12 \\ S_{CB}=4i_{CB}=4\times3=12 \\ S_C=S_{CD}+S_{CB}=12+12=24 \\ \mu_{CD}=\dfrac{S_{CD}}{S_C}=\dfrac{12}{24}=0.5 \\ \mu_{CB}=\dfrac{S_{CB}}{S_C}=\dfrac{12}{24}=0.5 \\ C_{BA}=C_{BC}=C_{CB}=0.5, C_{CD}=0 \end{cases}$$

结点 C：

3. 计算固端弯矩。CD 杆相当于一端固定一端铰支的单跨梁，支座 D 处的集中力 10kN，由支座直接承受，对梁不产生弯矩，其余的外力将使 CD 梁产生固端弯矩，查载常数表得

$$M_{DC}^F=M=20(\text{kN}\cdot\text{m})$$

$$M_{CD}^F=-\frac{1}{8}ql^2+\frac{1}{2}M=-\frac{1}{8}\times40\times6^2+\frac{1}{2}\times20=-170(\text{kN}\cdot\text{m})$$

$$M_{CB}^F=\frac{1}{8}Fl=\frac{1}{8}\times400\times6=300(\text{kN}\cdot\text{m})$$

$$M_{BC}^F=-\frac{1}{8}Fl=-\frac{1}{8}\times400\times6=-300(\text{kN}\cdot\text{m})$$

$$M_{BA}^F=M_{AB}^F=0$$

把以上固端弯矩填于图 9.63（d）所示的相应栏中。

4. 用图 9.63（d）所示的格式进行力矩分配与传递，方法如下：

第一次弯矩分配与传递：先放松结点 B，固定结点 C（一般情况下，先放松约束力矩绝对值大的结点），将结点 B 上的固定约束力偶矩（$M_B=-300\text{kN}\cdot\text{m}$）反号后进行分配与传递，在分配弯矩下画一水平短杠，表示此结点发生角位移后已达到平衡。

$$M_{BA}^\mu=0.4\times300=120(\text{kN}\cdot\text{m})$$

$$M_{BC}^\mu=0.6\times300=180(\text{kN}\cdot\text{m})$$

第二次弯矩分配与传递：放松结点 C，固定结点 B，将结点 C 上的固定约束力偶矩（$M_C=300-170+90=220\text{kN}\cdot\text{m}$）反号后进行分配与传递。

$$M_{CB}^\mu=-220\times0.5=-110(\text{kN}\cdot\text{m})$$

$$M_{CD}^\mu=-220\times0.5=-110(\text{kN}\cdot\text{m})$$

将以上步骤重复运用，直到各杆端传递弯矩小到可以忽略去为止。

5. 计算最后弯矩：分配与传递结束后，把各杆端的固端弯矩、分配弯矩和传递弯矩相叠加，便得各杆端的最后弯矩，即表中双横线之上弯矩值。

6. 画弯矩图：根据各杆最后杆端弯矩值和荷载，画弯矩图，如图 9.63（e）所示。

例题 9.12 用力矩分配法计算图 9.64（a）所示刚架，并作弯矩图。

解：1. 作位移法基本体系图。此结构只在 C、D 两刚结点有角位移，在 C、D 结点处加刚臂，并加相应的角位移，得位移法基本体系如图 9.64（b）所示。

2. 计算分配系数，确定传递系数。由图 9.64（b）可知，AC 跨、DB 跨相当于一端固定一端铰支的单跨梁，其余各跨均为两端固定的梁。设 $EI=1$，各杆的相对线刚度为

$$\begin{cases} i_{CA}=\dfrac{4EI}{4}=\dfrac{4\times1}{4}=1 \\[2mm] i_{CE}=\dfrac{3EI}{4}=\dfrac{3\times1}{4}=\dfrac{3}{4} \\[2mm] i_{CD}=\dfrac{5EI}{5}=\dfrac{5\times1}{5}=1 \\[2mm] i_{DF}=\dfrac{3EI}{6}=\dfrac{3\times1}{6}=\dfrac{1}{2} \\[2mm] i_{DB}=\dfrac{4EI}{4}=\dfrac{4\times1}{4}=1 \end{cases}$$

结点 C：

$$\begin{cases} S_{CA}=3i_{CA}=3\times1=3 \\[1mm] S_{CE}=4i_{CE}=4\times\dfrac{3}{4}=3 \\[1mm] S_{CD}=4i_{CD}=4\times1=4 \\[1mm] S_{C}=S_{CA}+S_{CE}+S_{CD}=3+3+4=10 \end{cases}$$

$$\begin{cases} \mu_{CA}=\dfrac{S_{CA}}{S_{C}}=\dfrac{3}{10}=0.3 \\[2mm] \mu_{CE}=\dfrac{S_{CE}}{S_{C}}=\dfrac{3}{10}=0.3 \\[2mm] \mu_{CD}=\dfrac{S_{CD}}{S_{C}}=\dfrac{4}{10}=0.4 \end{cases}$$

结点 D：

$$\begin{cases} S_{DC}=4i_{DC}=4\times1=4 \\[1mm] S_{DF}=4i_{DF}=4\times\dfrac{1}{2}=2 \\[1mm] S_{DB}=3i_{DB}=3\times1=3 \\[1mm] S_{D}=S_{DC}+S_{DF}+S_{DB}=4+2+3=9 \end{cases}$$

$$\begin{cases} \mu_{DC}=\dfrac{S_{DC}}{S_{D}}=\dfrac{4}{9}=0.445 \\[2mm] \mu_{DF}=\dfrac{S_{DF}}{S_{D}}=\dfrac{2}{9}=0.222 \\[2mm] \mu_{DB}=\dfrac{S_{DB}}{S_{D}}=\dfrac{3}{9}=0.333 \end{cases}$$

3. 计算固端弯矩。由载常数表查得各杆的固端弯矩为

$$M_{CA}^{F}=\frac{1}{8}ql^{2}=\frac{1}{8}\times20\times4^{2}=40(\text{kN}\cdot\text{m})$$

$$M_{CD}^{F}=-\frac{1}{12}ql^{2}=-\frac{1}{12}\times20\times5^{2}=-41.7(\text{kN}\cdot\text{m})$$

$$M_{DC}^{F}=\frac{1}{12}ql^{2}=\frac{1}{12}\times20\times5^{2}=41.7(\text{kN}\cdot\text{m})$$

$$M_{CE}^{F}=M_{EC}^{F}=M_{AC}^{F}=M_{DF}^{F}=M_{FD}^{F}=M_{DB}^{F}=M_{BD}^{F}=0$$

把以上固端弯矩填于图 9.64（c）所示的相应栏中。

4. 力矩分配与传递。按 D、C 顺序进行分配，为缩短计算过程，应先放松约束力偶矩绝对值较大的 D 结点。分配及传递如图 9.64（c）所示。

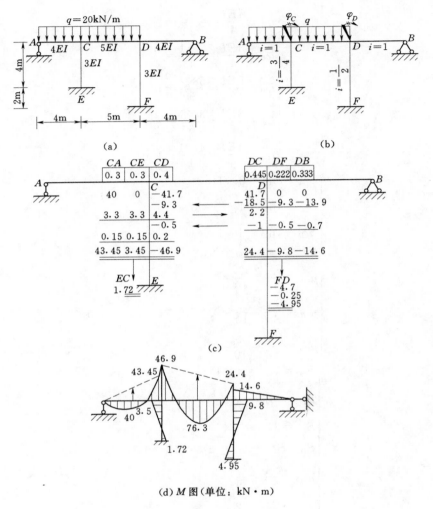

图 9.64

5. 计算最后弯矩：分配与传递结束后，把各杆端的固端弯矩、分配弯矩和传递弯矩相叠加，便得各杆端的最后弯矩（表中双横线之上弯矩值）。

6. 画弯矩图：根据各杆最后杆端弯矩值和荷载，画弯矩图，如图 9.64（d）所示。

思考题

22. 力矩分配法的力学模型是位移法还是力法？请简要说明理由。

23. 等截面直杆的弯矩传递系数 C 与哪个因素有关？

24. 力矩分配法中的分配系数是否与杆件的线刚度 i 有关？

25. 为什么在多结点力矩分配过程中不能同时放松相邻的结点？

习题

24. 用力矩分配法计算图 9.65 所示连续梁，并画弯矩图。

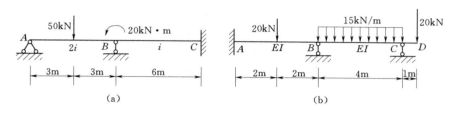

图 9.65

25. 用力矩分配法计算图 9.66 所示无侧移刚架，并画弯矩图。

26. 用力矩分配法计算图 9.67 所示各连续梁，并画弯矩图。

27. 用力矩分配法计算图 9.68 所示无侧移刚架，并画弯矩图。

28. 取半结构简化图 9.69 所示对称连续梁，用力矩分配法计算，并画弯矩图。

29. 取半结构简化图 9.70 所示对称刚架，用力矩分配法计算，并画弯矩图。

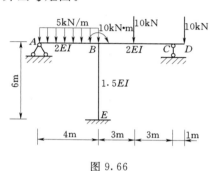

图 9.66

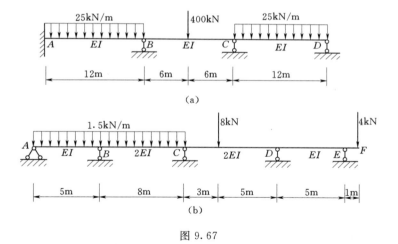

图 9.67

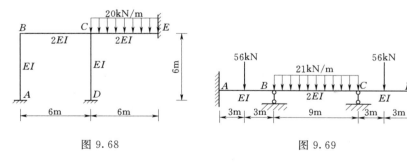

图 9.68

图 9.69

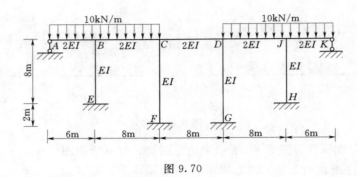

图 9.70

第 10 章 压 杆 稳 定

§10.1 压杆稳定性概念

为了保证杆件在各种荷载作用下能够安全正常地使用，除了需要满足强度和刚度的条件之外，还需要满足稳定性的要求，也就是说，还要使构件能够具有保持原有平衡状态的能力。由于杆系结构的稳定性计算涉及内容比较广泛，本章仅对轴向受压杆件的稳定问题进行讨论。

1. 压杆稳定问题的提出

工程中把承受轴向压力的直杆称为压杆。从宏观方面来看，压杆应有足够的强度是保证压杆正常工作的必要条件，但不是充分条件。许多工程实例和试验已经证明，在满足强度条件的情况下，压杆仍然可以发生破坏。如取一根宽 3cm，厚 1cm 的矩形截面杆，材料的抗压强度 $\sigma_c = 20\text{MPa}$。当杆较短时，杆长取 3cm，对其施加轴向压力，如图 10.1 (a) 所示，将杆压坏所需的压力为 6kN；当杆长为 1m 时，对其施加轴向压力，如图 10.1 (b) 所示，则不到 40N 的压力就会使压杆突然产生弯曲变形甚至破坏。从承载能力方面考虑，两者相差甚远。工程中把这种不能保持其原有直线状态的平衡而突然

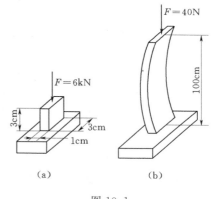

图 10.1

变弯的现象称为丧失稳定，简称失稳。结构中的压杆决不允许其发生突然的弯曲变形，因为这种突然的弯曲变形不但影响整个结构的几何形状和刚度的要求，而且可导致压杆本身以及整个结构的破坏。

2. 压杆稳定的概念

压杆的稳定性实质上就是压杆能保持其原有直线受压平衡状态的能力。图 10.2 (a) 所示竖直放置的理想刚性直杆 AB，A 端为铰支，B 端用偄强系数为 K（使弹簧产生单位长度变形所需的力）的弹簧支持。该杆在竖直荷载 F 作用下在竖直位置保持平衡。现在，给杆以微小侧向干扰，使杆端产生微小侧向位移 δ，如图 10.2 (b) 所示。这时，外力 F 对 A 点的力矩为 $F\delta$，有使杆更加偏离竖直位置的作用，而弹簧反力 $K\delta$ 对 A 点的力矩为 $K\delta l$，则有使杆恢复其初始竖直平衡位置的作用。如果 $F\delta < K\delta l$，即 $F < Kl$，则在上述干扰解除后，杆将自动恢复至初始竖直平衡位置，说明在该荷载作用下，杆在竖直位置的平

衡是稳定的。如果 $F\delta > K\delta l$，即 $F > Kl$，则在干扰解除后，杆不仅不能自动返回其初始竖直位置，而且将继续偏转，说明在该荷载作用下，杆在竖直位置的平衡是不稳定的。如果 $F\delta = K\delta l$，即 $F = Kl$，则杆既可在竖直位置保持平衡，也可在微小倾斜状态下保持平衡。由此可见，当杆长 l 与弹簧偏强系数 K 一定时，杆 AB 在竖直位置的平衡状态，是由荷载 F 的大小而定。

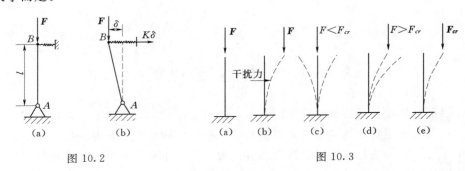

图 10.2   图 10.3

图 10.3（a）为等截面中心受压直杆，此杆与图 10.2（a）不同的是，它本身具有弹性，不需要在杆端设置弹簧。为了便于观察压杆的不同特征，在压杆上施加微小侧向干扰力，使其产生弹性弯曲变形。若取掉干扰力，会观察到以下情况：

（1）当轴向压力 F 较小时，压杆将在直线平衡位置附近左右摇摆，压杆最终能恢复到原来的直线受压形状，如图 10.3（c）所示。

（2）当轴向压力较大时，则压杆不仅不能恢复直线受压形状，而且将继续弯曲，产生显著的弯曲变形，甚至发生破坏，如图 10.3（d）所示。

（3）当轴向压力等于某一值时，压杆不能恢复到原有的直线状态，而是处于微弯曲状态下的平衡，如图 10.3（e）所示。

3. 压杆受压状态类型

压杆既可在直线状态下保持平衡，当受到干扰后又可在微弯状态下保持平衡，这种受压称为临界受压状态，此时的轴向压力称为临界荷载，用 F_{cr} 表示。从以上情况表明，在轴向压力逐渐增大的过程中，无干扰的情况下，压杆本身经历了两种不同性质的平衡。当压杆的轴向压力 F 小于临界荷载 F_{cr} 时，压杆将始终保持直线受压，这种受压称为稳定受压状态；当轴向压力 F 大于临界荷载 F_{cr} 时，压杆只有在不受干扰的情况下是直线受压，这种受压称为不稳定受压状态。处于不稳定受压状态的压杆，当受到干扰后将产生弯曲而破坏，这种破坏称压杆失稳。

§10.2   细长压杆的临界荷载

由压杆的稳定性概念可知，压杆是否会丧失稳定，主要取决于轴向压力 F 是否达到临界荷载 F_{cr}。因此，确定临界荷载 F_{cr} 是解决压杆稳定问题的关键。

1. 两端铰支细长压杆的临界荷载

由上节讨论可知，当轴向压力 F 达到临界荷载 F_{cr} 时，压杆既可保持直线状态的平衡，又可保持在微弯状态的平衡。因此，使压杆在微弯状态保持平衡的最小轴向压力，即为压杆的临界荷载。

设压杆在临界荷载 F_{cr} 作用下处于微弯状态的平衡，如图 10.4（a）所示。此时，在任一横截面上存在弯矩 $M(x)$，如图 10.4（b）所示，其值为

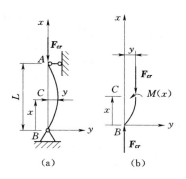

图 10.4

$$M(x) = F_{cr}y \qquad (10.1)$$

当杆内应力不超过材料的比例极限时，压杆挠曲轴方程 $y = y(x)$ 应满足公式

$$\frac{\mathrm{d}^2 y}{\mathrm{d}x^2} = -\frac{M(x)}{EI} \qquad (10.2)$$

将式（10.1）代入式（10.2）中，得

$$\frac{\mathrm{d}^2 y}{\mathrm{d}x^2} = -\frac{F_{cr}}{EI}y \qquad (10.3)$$

令 $K^2 = \dfrac{F_{cr}}{EI}$，代入式（10.3）中，可得一个二阶常系数线性齐次微分方程

$$\frac{\mathrm{d}^2 y}{\mathrm{d}x^2} + K^2 y = 0 \qquad (10.4)$$

微分方程式的通解为

$$y = A\sin(Kx) + B\cos(Kx) \qquad (10.5)$$

式中：常数 A、B 与 K 均为未知，其值由压杆的位移边界条件与变形状态确定。将位移边界条件 $x=0$、$y=0$ 代入式（10.5）中，可得 $B=0$。于是得

$$y = A\sin(Kx) \qquad (10.6)$$

将位移边界条件 $x=l$、$y=0$ 代入式（10.6）中，可得 $A\sin(Kl)=0$。此方程有两组可能的解，或者 $A=0$，或者 $\sin(Kl)=0$。显然，如果 $A=0$，由式（10.6）可知，各截面的挠度均为零，即压杆的轴线始终为直线，而这与微弯状态的前提不符。因此，由其变形状态可知，其解应为

$$\sin(Kl) = 0 \qquad (10.7)$$

由式（10.7）可得

$$Kl = n\pi \qquad (n = 0,1,2,3\cdots) \qquad (10.8)$$

将式（10.8）代入 $K^2 = \dfrac{F_{cr}}{EI}$ 中，于是得

$$F_{cr} = \frac{n^2 \pi^2 EI}{l^2} \qquad (n = 0,1,2,3\cdots) \qquad (10.9)$$

使压杆在微弯状态下保持平衡的最小轴向压力为压杆的临界荷载，因此，式（10.9）中取 $n=1$，即得两端铰支细长压杆的临界荷载为

$$F_{cr} = \frac{\pi^2 EI}{l^2} \qquad (10.10)$$

式（10.10）称临界荷载的欧拉公式，该荷载又称为欧拉临界荷载。当压杆在各个方向的支承相同时，惯性矩 I 应取压杆横截面的最小惯性矩。

在临界荷载作用下，则有 $K=\dfrac{\pi}{l}$，由式（10.6）得

$$y=A\sin\frac{\pi x}{l} \tag{10.11}$$

由式（10.11）可知，两端铰支细长压杆临界状态时的挠曲轴为一半波正弦曲线，如图10.4（a）所示，其最大挠度 A 取决于压杆微弯的程度。

2. 其他支承情况下细长压杆的临界荷载

对于其他支承形式细长压杆的临界荷载，同样可按上述方法求得，临界荷载公式见表10.1。从表中可看到，这几种细长压杆的临界荷载公式基本相似，只是分母中杆长 l 前的系数不同。为应用方便，可以写成统一形式，即

$$F_{cr}=\frac{\pi^2 EI}{(\mu l)^2} \tag{10.12}$$

式中：乘积 μl 称为压杆的相当长度或计算长度；系数 μ 称为长度因数，其代表支承方式对临界荷载的影响。不同支承下的长度因数见表10.1。

表 10.1 各种支承情况下等截面细长压杆的临界荷载公式

杆端约束情况	两端铰支	一端固定一端自由	一端固定一端铰支	两端固定
挠曲轴形状	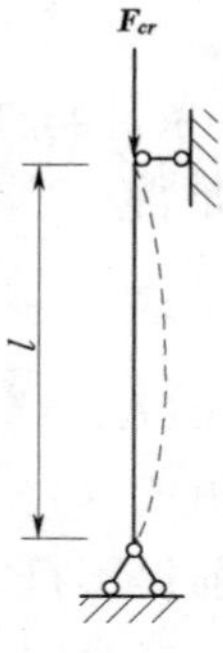	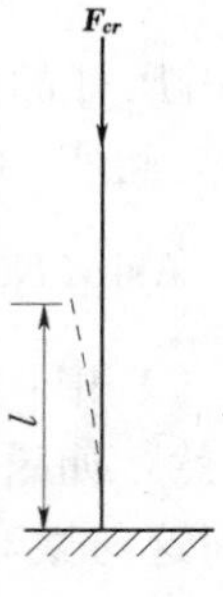	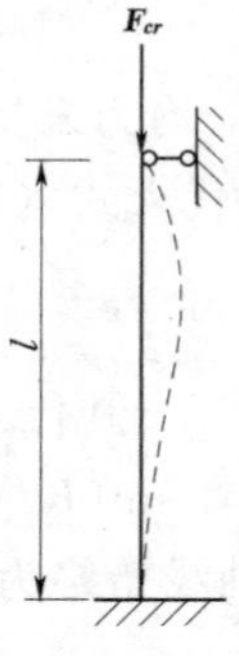	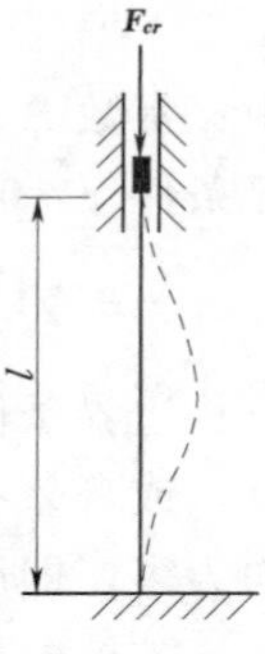
临界荷载公式	$F_{cr}=\dfrac{\pi^2 EI}{(l)^2}$	$F_{cr}=\dfrac{\pi^2 EI}{(2l)^2}$	$F_{cr}=\dfrac{\pi^2 EI}{(0.7l)^2}$	$F_{cr}=\dfrac{\pi^2 EI}{(0.5l)^2}$
长度因数 μ	1.0	2.0	0.7	0.5

从表10.1中各支承情况下压杆的弹性曲线的形状可以看到，各压杆的相当长度 μl 相当于两端铰支压杆的长度，或压杆挠曲轴线拐点间的距离。对于有些压杆，将其挠曲轴与两端铰支细长压杆的挠曲轴比较，即可确定其相当长度，这种方法称之类比法。

例题 10.1 一矩形截面的细长木柱，轴向受压，柱高 $l=8m$，材料的弹性模量 $E=10GPa$。柱的支承情况为：在最大刚度平面（xy 平面内，z 为中性轴）内弯曲时为两端铰支，如图10.5（a）所示；在最小刚度平面（xz 平面内，y 为中性轴）内弯曲时为两端固定，如图10.5（b）所示。求木柱的临界荷载。

解： 因为最大与最小刚度平面内的支承情况不同，所以需要分别计算。

1. 计算最大刚度平面内的临界荷载。

$$I_z = \frac{120 \times 200^3}{12} = 8 \times 10^7 \,(\text{mm}^4)$$

由于两端铰支，长度因数 $\mu = 1$，代入公式（10.12），得

$$F_{cr} = \frac{\pi^2 E I_z}{(\mu l)^2} = \frac{3.14^2 \times 10 \times 10^3 \times 8 \times 10^7}{(1 \times 8 \times 10^3)^2} = 123 \times 10^3 \,(\text{N})$$

2. 计算最小刚度平面内的临界荷载。

$$I_y = \frac{200 \times 120^3}{12} = 2.88 \times 10^7 \,(\text{mm}^4)$$

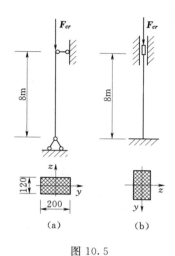

图 10.5

由于两端固定，长度因数 $\mu = 0.5$，代入公式（10.12），得

$$F_{cr} = \frac{\pi^2 E I_y}{(\mu l)^2} = \frac{3.14^2 \times 10 \times 10^3 \times 2.88 \times 10^7}{(0.5 \times 8 \times 10^3)^2} = 177.5 \times 10^3 \,(\text{N})$$

比较计算结果可知，第一种情况的临界力小，若此压杆失稳，将在最大刚度平面内发生。

§10.3　压杆的临界应力

1. 欧拉临界应力公式

当压杆处于临界状态时，横截面上的平均应力称为压杆的临界应力，用 σ_{cr} 表示。由式（10.12）可知，细长压杆的临界应力为

$$\sigma_{cr} = \frac{F_{cr}}{A} = \frac{\pi^2 E I}{(\mu l)^2 A} \tag{10.13}$$

令 $i = \sqrt{\dfrac{I}{A}}$，i 称为惯性半径，代入式（10.13）中，得

$$\sigma_{cr} = \frac{\pi^2 E}{(\mu l)^2} i^2 = \frac{\pi^2 E}{(\mu l / i)^2} \tag{10.14}$$

令 $\lambda = \dfrac{\mu l}{i}$，$\lambda$ 称为压杆的柔度或长细比，是一个无量纲的量。它集中反映了压杆的长度、支撑情况、截面形状及尺寸等因素对临界应力的影响。将 λ 代入式（10.14）中，得

$$\sigma_{cr} = \frac{\pi^2 E}{\lambda^2} \tag{10.15}$$

式（10.15）称为欧拉临界应力公式，它实际上是欧拉公式（10.12）的另一种表达形式。此式表明，细长压杆的临界应力与柔度的平方成反比，柔度越大，临界应力越小，则压杆越容易失稳。

2. 欧拉公式的适用范围

欧拉公式是根据挠曲轴近似微分方程建立的，而近似微分方程仅适用于杆内应力不超

过材料比例极限 σ_P 的情况。因此，应用欧拉公式求出的临界应力是不能超过材料的比例极限，即 $\sigma_{cr} = \dfrac{\pi^2 E}{\lambda^2} \leqslant \sigma_P$，或要求

$$\lambda \geqslant \pi \sqrt{\frac{E}{\sigma_P}} \tag{10.16}$$

令 $\lambda_P = \pi \sqrt{\dfrac{E}{\sigma_P}}$，代入式（10.16）中，得

$$\lambda \geqslant \lambda_P \tag{10.17}$$

式（10.17）是用柔度表示的欧拉公式适用条件。λ_P 值仅与材料的弹性模量及比例极限有关。所以，λ_P 值仅随材料而异。当压杆的柔度 λ 满足式（10.17）时，压杆的临界应力一定不大于材料的比例极限，这时压杆的临界应力可用欧拉临界应力公式求得。将符合这种条件的压杆称为大柔度杆或细长压杆。

3. 临界应力的直线经验公式

当压杆满足条件式（10.17）时，这类杆件的临界应力由欧拉公式计算。若杆件柔度不满足式（10.17）时即为非细长压杆。这类压杆的临界应力通常采用经验公式进行计算。这些公式是在试验与分析的基础上建立的。这些公式又可分为直线经验公式和抛物线经验公式。这里主要介绍直线经验公式。

对于由合金钢、灰口铸铁、铝合金和松木等材料制作的非细长压杆，可采用直线经验公式计算临界应力，直线经验公式的一般表达式为

$$\sigma_{cr} = a - b\lambda \tag{10.18}$$

式中：a 和 b 为与材料有关的常数。几种常用材料的 a 与 b 的值见表 10.2。

表 10.2 　　　　　　　　　几种常用材料的 a、b、λ_P 和 λ_0 值

材　　料	a/MPa	b/MPa	λ_P	λ_0
硅钢 $\sigma_s = 353\text{MPa}$ $\sigma_b \geqslant 510\text{MPa}$	577	3.74	100	60
铬钼钢	980	5.29	55	0
硬铝	372	2.14	50	0
灰口铸铁	331.9	1.453		
松木	39.2	0.199	59	0

当压杆的应力达到材料的压缩极限应力时，压杆已因强度不够而失效。因此，式（10.18）计算所得临界应力的最大值应为材料的压缩极限应力。塑性材料的压缩极限应力为材料的屈服极限 σ_s，令 $\sigma_{cr} = \sigma_s$ 代入式（10.18）中得

$$\lambda_0 = \frac{a - \sigma_s}{b} \tag{10.19}$$

由此可得用柔度 λ 表达直线经验公式（10.18）的使用条件为 $\lambda_0 \leqslant \lambda < \lambda_P$。将符合这种条件的压杆称为中柔度杆。几种常用材料的 λ_0 与 λ_P 的值也列于表 10.2 中，以便查用。

对于柔度 λ 小于 λ_0（$\lambda < \lambda_0$）的压杆，称为小柔度杆。对于小柔度杆应按强度问题处理。

4. 临界应力总图

由以上讨论可知，无论大柔度杆、中柔度杆，其临界应力，都是随压杆柔度变化的函数。为便于应用，将临界应力 σ_{cr} 与柔度 λ 的函数关系用曲线表达，如图 10.6 所示，称为临界应力总图。

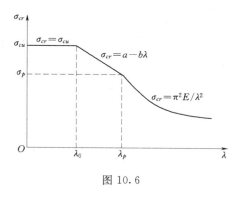

图 10.6

思考题

1. 工程中对压杆的应用非常广泛，如脚手架中的竖杆、建筑结构中的柱子等。压杆在没有受到干扰的情况下，形态上也可以都是轴向受压，但压杆所处的状态可能有所不同。根据压杆受到干扰后的工作状况将压杆分为哪三类？

2. 把其他支承条件的细长压杆与两端铰支的细长压杆通过类比什么，可以得出不同支承条件下压杆长度因数 μ。

3. 压杆的柔度 λ 和材料的力学性质决定着压杆的临界应力值。压杆的柔度是对压杆的哪些条件的综合反映？

4. 应用欧拉公式的条件是什么？如果超过范围继续使用欧拉公式求压杆临界应力，则计算结果是偏于安全还是偏于危险？

5. 有一圆截面细长压杆，试问：杆长 l 增加一倍与直径 d 增加一倍对临界力的影响如何？

6. 对于两端铰支，由 Q235 钢制成的圆截面压杆，问杆长 l 应比直径 d 大多少倍时，才能应用欧拉公式？

习题

1. 两端在 x-y 和 x-z 平面内都为铰支的 22a 工字钢细长压杆（图 10.7），材料为 Q235 钢，其弹性模量 $E = 200\text{GPa}$。试求压杆的临界力。

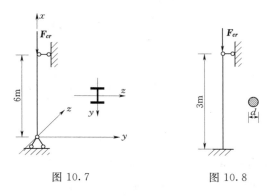

图 10.7　　　　　图 10.8

2. 一端固定一端铰支的圆截面细长压杆，$d = 50\text{mm}$，材料为 Q235 钢，其弹性模量

$E=200\text{GPa}$（图 10.8）。试求压杆的临界力。

3. 如图 10.9 所示正方形桁架，各杆的抗弯刚度均为 EI，各杆都是细长杆。试问当荷载 F 为何值时，结构中的哪一根杆件将失稳？如果将荷载 F 的方向改为相向，则使杆件失稳的荷载 F 又为何值？

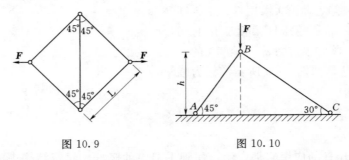

图 10.9   图 10.10

4. 图 10.10 所示结构由两个圆截面杆组成，两杆的直径及所用材料均相同，且两杆均为细长杆。当 F 从零开始逐渐增加时，哪根杆首先失稳（只考虑图示平面内）？

5. 图 10.11 所示压杆由 Q235 钢制成，材料的弹性模量 $E=200\text{GPa}$，在 $x-y$ 平面内，两端为铰支；在 $x-z$ 平面内，两端固定，两个方向均为细长压杆。试求该压杆的临界力。

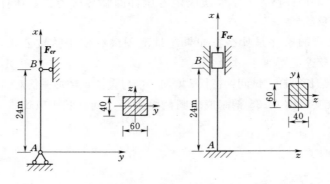

图 10.11

§10.4　压杆的稳定计算

1. 压杆稳定条件

在工程中，为了保证压杆在轴向压力作用下不致失稳，必须使其横截面上的工作应力满足下述条件

$$\sigma \leqslant \frac{\sigma_{cr}}{n_{st}} = [\sigma_{st}] \tag{10.20}$$

式中：σ 为压杆的工作应力；$[\sigma_{st}]$ 为稳定容许应力；n_{st} 为稳定安全因数。

在选择稳定安全系数时，除应遵循确定强度安全系数的一般原则外，还应考虑加载偏心与压杆原本存在弯曲现象等不利因素。因此，稳定安全系数一般大于强度安全系数。其值可从有关设计规范中查得。几种常见压杆的稳定安全因数见表 10.3。

表 10.3　　　　　　　　　　几种常见压杆的稳定安全因数

实际压杆	金属结构中的压杆	矿山与冶金设备中的压杆	机床丝杠	精密丝杠	水平长丝杠	磨床油缸活塞杆	低速发动机挺杆	高速发动机挺杆
n_{st}	1.8～3.0	4～8	2.5～4	>4	>4	2～5	4～6	2～5

2. 折减系数法

为了计算上的方便，在工程实际中，常采用折减系数法进行稳定计算。将稳定容许应力值写成下列形式 $[\sigma_{st}]=\varphi[\sigma]$，则稳定条件为

$$\sigma \leqslant \varphi[\sigma] \quad 或 \quad \frac{F_N}{A} \leqslant \varphi[\sigma] \qquad (10.21)$$

式中：$[\sigma]$ 为强度计算时的容许压应力；F_N 为压杆轴力；A 为压杆横截面的面积，截面的局部削弱对整体刚度的影响甚微，因而不考虑面积的局部削弱，但要对削弱处进行强度验算；φ 是一个小于 1 的系数，称为折减系数。因为临界应力 σ_{cr} 和稳定安全因数 n_{st} 总是随柔度 λ 的改变而改变，故折减系数与压杆的柔度、所用材料、截面类型等有关。关于各种扎制和焊接钢构件的折减系数，可查阅《钢结构设计规范》（GBJ 17—88）；木质受压构件的折减系数，可查阅《木结构设计规范》（GBJ 5—88）。结构钢（Q215，Q235）、低合金钢（16Mn）以及木压杆的 φ-λ 曲线如图 10.12 所示，这些曲线是根据上述规范绘制而成，以便在计算时可查用。

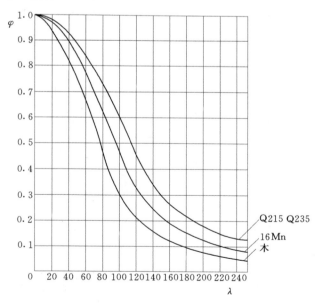

图 10.12

3. 压杆稳定计算

压杆稳定计算与强度计算类似，也可以解决常见的三类问题，即稳定校核、确定容许

荷载及设计截面。对于前两种计算相对较简单，而在设计截面时，由于稳定条件中截面尺寸未知，所以柔度 λ 和折减系数 φ 也未知，因而要采用试算的方法确定截面。试算时可按图 10.13 所示的流程进行。一般先假设 $\varphi_1=0.5$，由式 $\dfrac{F_N}{A}\leqslant\varphi\,[\sigma]$，求得截面积 A_1，用式 $i=\sqrt{\dfrac{I}{A}}$ 及 $\lambda=\dfrac{\mu l}{i}$，求得 λ，再由 λ 查出 φ'_1；若 φ'_1 与假设的 φ_1 值相差较大，再进行第二次试算。第二次试算可假设 $\varphi_2=\dfrac{\varphi_1+\varphi'_1}{2}$，重复以上步骤，可查出 φ'_2，当 φ'_2 与 φ_2 值相差较小，可停止试算。否则可重复试算，直至 φ_i 与 φ'_i 相差不大，最后再进行稳定校核。

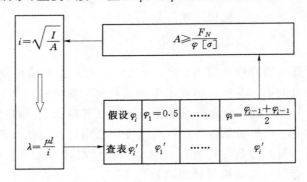

图 10.13

例题 10.2　图 10.14（a）所示结构，由两根直径相同的轧制圆杆组成，材料为 Q235 钢。已知 $h=0.4$m，直径 $d=20$mm，材料的容许应力 $[\sigma]=170$MP，荷载 $F=15$kN。试校核两杆的稳定性。

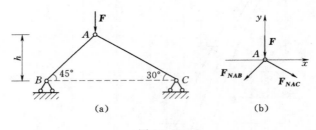

图 10.14

解：分别对 AB 和 AC 两杆进行计算。

1. 求每根杆所承受的压力。

取结点 A 为研究对象，受力如图 10.14（b）所示。由平衡条件得

$$\sum F_x=0\quad -F_{NAB}\cos45°+F_{NAC}\cos30°=0$$
$$\sum F_y=0\quad -F_{NAB}\sin45°-F_{NAC}\sin30°-F=0$$

解方程得二杆的轴力为

$$F_{NAB}=-13.44\text{kN}$$
$$F_{NAC}=-10.98\text{kN}$$

2. 求各杆的工作应力。

$$\sigma_{AB} = \frac{F_{NAB}}{A} = \frac{-13.44 \times 10^3}{3.14 \times 10^2} = -42.8 (\text{MPa})$$

$$\sigma_{AC} = \frac{F_{NAC}}{A} = \frac{-10.98 \times 10^3}{3.14 \times 10^2} = -34.9 (\text{MPa})$$

3. 计算柔度，查折减系数 φ。

$$i = \sqrt{\frac{I}{A}} = \sqrt{\frac{\frac{\pi}{4}R^4}{\pi R^2}} = \frac{R}{2} = \frac{10}{2} = 5 (\text{mm})$$

两杆的长度分别为 $\qquad l_{AB} = 0.566\text{m}, l_{AC} = 0.8\text{m}$

两杆的柔度分别为

$$\lambda_{AB} = \frac{\mu l_{AB}}{i} = \frac{1 \times 566}{5} = 113$$

$$\lambda_{AC} = \frac{\mu l_{AC}}{i} = \frac{1 \times 800}{5} = 160$$

由图 10.12 查得：$\varphi_{AB} = 0.541$，$\varphi_{AC} = 0.273$。

4. 求各杆的稳定容许应力，进行稳定校核。

杆 AB 和杆 AC 的稳定容许应力分别是

$$[\sigma_{st}] = \varphi_{AB}[\sigma] = 0.541 \times 170 = 92 (\text{MPa})$$

$$[\sigma_{st}] = \varphi_{AC}[\sigma] = 0.273 \times 170 = 46.4 (\text{MPa})$$

因为

$$\sigma_{AB.c} = 42.8 (\text{MPa}) < [\sigma_{st}] = 92 (\text{MPa})$$

$$\sigma_{AC.c} = 34.9 (\text{MPa}) < [\sigma_{st}] = 46.4 (\text{MPa})$$

所以两杆满足稳定条件。

例题 10.3 图 10.15 (a) 所示结构，杆 BD 为正方形截面木杆，$a = 0.1\text{m}$。容许应力 $[\sigma] = 10\text{MPa}$。试从杆 BD 的稳定考虑，计算该结构所能承受的最大荷载 $F_{\max}$。

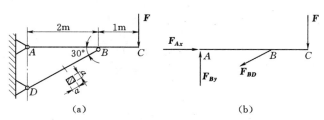

(a)　　　　　　　　　　　(b)

图 10.15

解：1. 求压杆 BD 的轴力 $\textbf{\textit{F}}_{BD}$ 与 $\textbf{\textit{F}}$ 荷载的函数关系。取 ABC 杆为对象，受力如图 10.15 (b) 所示，由平衡条件得

$$\sum M_A(\textbf{\textit{F}}) = 0 \quad -F_{BD}\sin 30° \times 2 - F \times 3 = 0$$

由上式可求得 $F_{BD} = -3F$

2. 计算压杆柔度，确定折减系数 φ。

$$l_{BD} = \frac{2}{\cos 30°} = 2.31 (\text{m})$$

$$i = \sqrt{\frac{I}{A}} = \sqrt{\frac{a^4}{12 \times a^2}} = \frac{0.1 \times 10^3}{\sqrt{12}} = 28.87(\text{mm})$$

$$\lambda = \frac{\mu l_{BD}}{i} = \frac{1 \times 2.31 \times 10^3}{28.87} = 80$$

由图 10.12 查得

$$\varphi = 0.47$$

3. 计算结构承受的最大荷载。由 BD 杆的稳定条件可得

$$\frac{F_{BD \cdot c}}{A} \leqslant \varphi[\sigma]$$

$$3F \leqslant A\varphi[\sigma]$$

$$F \leqslant \frac{A\varphi[\sigma]}{3} = \frac{0.1^2 \times 10^6 \times 0.47 \times 10}{3} = 15.6 \times 10^3(\text{N})$$

即得结构所能承受的最大荷载为 15.6kN。

例题 10.4 图 10.16 所示，立柱下端固定，上端承受轴向压力 $F = 200\text{kN}$ 作用。立柱用工字钢制成，材料为 Q235 钢，容许应力 $[\sigma] = 160\text{MPa}$。在立柱中点横截面 C 处，因构造需要开一直径为 $d = 70\text{mm}$ 的圆孔。试选择工字钢型号。

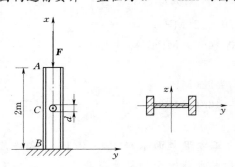

图 10.16

解：由于压杆在 $x-y$ 与 $x-z$ 平面内两端支承条件相同，所以采用最小惯性矩 I_y 确定工字钢型号。

1. 第一次试算。

设 $\varphi_1 = 0.5$，则由式 $\frac{F_N}{A} \leqslant \varphi[\sigma]$ 得

$$A \geqslant \frac{200 \times 10^3}{0.5 \times 160} = 2.5 \times 10^3(\text{mm}^2)$$

从型钢表中查得 16 号工字钢的横截面面积 $A = 2.61 \times 10^3 \text{mm}^2$，最小惯性半径 $i_{min} = 18.9\text{mm}$。如果选用该型钢作立柱，则其柔度为 $\lambda = \frac{\mu l}{i_{max}} = \frac{2 \times 2000}{18.9} = 211$。由图 10.12 查得相应于 $\lambda = 211$ 的折减系数为 $\varphi_1' = 0.163$。显然 φ_1' 与假设的 φ_1 值相差较大，必须进一步试算。

2. 第二次试算。

设 $\varphi_2 = \frac{\varphi_1 + \varphi_1'}{2} = \frac{0.5 + 0.163}{2} = 0.332$，则由式 $\frac{F_N}{A} \leqslant \varphi[\sigma]$ 得

$$A \geqslant \frac{200 \times 10^3}{0.332 \times 160} = 3.77 \times 10^3(\text{mm}^2)$$

从型钢表中查得，22a 工字钢的横截面面积 $A = 4.21 \times 10^3 \text{mm}^2$，最小惯性半径 $i_{min} = 23.1\text{mm}$。如果选用该型钢作立柱，则其柔度为 $\lambda = \frac{2 \times 2000}{23.1} = 173$，由此得 $\varphi_2' = 0.235$。显然 φ_2' 与 φ_2 值相差还较大，仍需作进一步试算。

3. 第三次试算。

设 $\varphi_3 = \frac{\varphi_2 + \varphi_2'}{2} = \frac{0.332 + 0.235}{2} = 0.284$，则由式 $\frac{F_N}{A} \leqslant \varphi[\sigma]$ 得

$$A \geqslant \frac{200 \times 10^3}{0.284 \times 160} = 4.40 \times 10^3 (\text{mm}^2)$$

从型钢表中查得，25a 工字钢的横截面面积 $A = 4.854 \times 10^3 \text{mm}^2$，最小惯性半径 $i_{\min} = 24\text{mm}$。如果选用该型钢作立柱，则其柔度为 $\lambda = \frac{2 \times 2000}{24} = 166.7$，由此得 $\varphi_3' = 0.258$。显然 φ_3' 与 φ_3 值比较接近。因此可进一步进行稳定性校核。

工作应力为

$$\sigma = \frac{F}{A} = \frac{200 \times 10^3}{4.854 \times 10^3} = 41.2 (\text{MPa})$$

稳定容许应力为

$$[\sigma_{st}] = \varphi [\sigma] = 0.258 \times 160 = 41.28 (\text{MPa})$$

则有 $\sigma < [\sigma_{st}]$，压杆满足稳定条件。

4. 强度校核。

从型钢表中查得，25a 工字钢的腹板厚度 $\delta = 8\text{mm}$，横截面 C 的净面积为

$$A_c = A - \delta d = 4.85 \times 10^3 - 8 \times 70 = 4.29 \times 10^3 (\text{mm}^2)$$

截面的工作应力为

$$\sigma = \frac{F}{A_c} = \frac{200 \times 10^3}{4.29 \times 10^3} = 46.6 (\text{MPa})$$

则有 $\sigma < [\sigma]$，由此可见，选用 25a 工字钢作立柱，其强度也符合要求。

§ 10.5　提高压杆稳定性的措施

提高压杆的临界应力或临界荷载，也就相对地提高了压杆的稳定性。由临界应力的计算公式可知，影响临界应力的主要因素是柔度。减小柔度即可大幅度提高临界应力。因此，提高压杆稳定性必须从减小柔度入手。

1. 减小压杆的长度

从柔度计算式 $\lambda = \frac{\mu l}{i}$ 中可以看出，减小压杆的长度 l 是降低压杆柔度提高压杆稳定性的有效方法之一。在条件允许的情况下，应尽量使压杆的长度减小，或者在压杆中间增加支撑，如图 10.17 所示。例如，对建筑施工中的塔吊，每隔一定高度将塔身与已成建筑物用铰链相连，可大大提高塔身的稳定性。

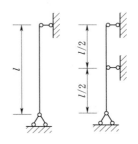

图 10.17

2. 选择合理的截面形状

在截面面积不变的情况下，增大惯性矩 I，从而达到增大惯性半径 i，减小压杆柔度 λ。如图 10.18 所示，在截面积相同的情况下，圆环形截面比实心圆截面合理。例如，在建筑施工中，常采用空心圆钢管搭脚手架。

对于压杆在各个弯曲平面内的支承条件相同时，压杆的临界应力由最小惯性半径 $i_{\max}$ 方向所控制。因此，应尽量使两向的惯性半径接近，这样可使压杆在各个弯曲平面内有接近的柔度。如由两根槽钢组合而成的压杆，采用图 10.19 （a）的形式比图 10.19 （b）的

形式好。

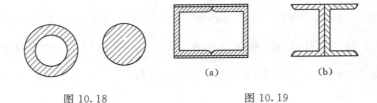

图 10.18　　　　　　　　　　　　图 10.19

对于压杆在各个弯曲平面内的支承条件不同时$[(\mu l)_z \neq (\mu l)_y]$，可采用 $I_z \neq I_y$ 的截面来与相应的支承条件配合，使压杆在两相互垂直平面的柔度值相等，即

$$\frac{(\mu l)_z}{\sqrt{\dfrac{I_z}{A}}} = \frac{(\mu l)_y}{\sqrt{\dfrac{I_y}{A}}} \quad 或 \quad \frac{\mu_z}{\sqrt{I_z}} = \frac{\mu_y}{\sqrt{I_y}}$$

在满足该公式时，就可保证压杆在这两个方向上具有相同的稳定性。

3. 加强杆端约束

由于压杆两端固定得越牢固，μ 值越小，计算长度 μl 就越小，它的临界压力就越大，故采用 μ 值小的支座形式，可以提高压杆的稳定性。如将两端铰支的压杆改为两端固定时，其计算长度会减少一半，临界压力变为原来的 4 倍。但杆端支座约束形式往往要根据使用的要求来决定。

4. 合理选择材料

由式 $\sigma_{cr} = \dfrac{\pi^2 E}{\lambda^2}$ 可以看出，细长压杆的临界应力与材料的弹性模量 E 有关。因此，选择高弹模材料，显然可以提高细长压杆的稳定性。但是，就钢而言，由于各种钢的弹模大致相同，因此，如果从稳定性考虑，选用高强度钢作细长压杆是不必要的。中柔度压杆的临界应力与材料的强度有关，强度越高的材料，临界应力越高。所以，选用高强度材料作中柔度压杆显然有利于稳定性的提高。

思考题

7. 压杆稳定条件与强度条件的表达形式是相同的，但二者的根本区别在什么地方？

8. 在施工中用已有的钢管搭建脚手架，为了提高脚手架的稳定性，你可以在哪几个方面采取措施？

9. 采用高强度钢材能有效地提高中长压杆的临界应力，而不能够有效地提高细长压杆的临界应力，这种说法对吗？

10. 为什么梁通常采用矩形截面，而压杆则采用方形或圆形截面？

习题

6. 图 10.20 所示压杆的横截面为 $b \times h$ 的矩形，试从稳定方面考虑，b/h 为何值最佳。当压杆在 $x - z$ 平面内失稳时，可取长度因数 $\mu_y = 0.7$。当压杆在 $x - y$ 平面内失稳时，可取长度因数 $\mu_z = 1.0$。

7. 图 10.21 所示托架的斜撑 BC 为圆截面木杆，容许压应力 $[\sigma]=10\mathrm{MPa}$，试确定斜撑 BC 所需直径 d。

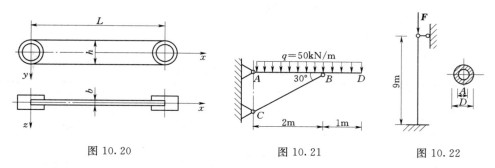

图 10.20   图 10.21   图 10.22

8. 已知柱的上端在两个方向都为铰支，下端为固定支座（图 10.22），外径 $D=200\mathrm{mm}$，内径 $d=100\mathrm{mm}$，材料为 Q235 钢，弹性模量 $E=200\mathrm{GPa}$，容许应力 $[\sigma]=160\mathrm{MPa}$，求柱的容许荷载 $[F]$。

9. 图 10.23 所示结构中的钢梁 AC 及柱 BD 分别由 10 号工字钢和圆木构成，梁的材料为 Q235 钢，容许应力 $[\sigma]=160\mathrm{MPa}$；柱的材料为松木，直径 $d=160\mathrm{mm}$，容许应力 $[\sigma]=11\mathrm{MPa}$，两端铰支。试校核梁的强度和立柱的稳定性。

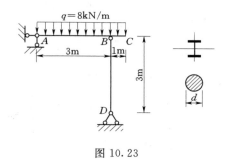

图 10.23

附 录 型 钢 表

附表 1　　　　　　　　热轧等边角钢（GB/T 9787—1988）

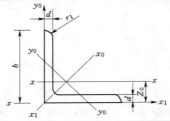

符号意义：

b—边宽度	I—惯性矩
d—边厚度	i—惯性半径
r—内圆弧半径	W—截面系数
r_1—边端内圆弧半径	z_0—重心距离

角钢号数	尺寸/mm			截面面积/cm²	理论质量/(kg/m)	外表面积/(m²/m)	参 考 数 值										
							$x-x$			x_0-x_0			y_0-y_0			x_1-x_1	$z_0/$cm
	b	d	r				$I_x/$cm⁴	$i_x/$cm	$W_x/$cm³	$I_{x0}/$cm⁴	$i_{x0}/$cm	$W_{x0}/$cm³	$I_{y0}/$cm⁴	$i_{y0}/$cm	$W_{y0}/$cm³	$I_{x1}/$cm⁴	
2	20	3	3.5	1.132	0.889	0.078	0.40	0.59	0.29	0.63	0.75	0.45	0.17	0.39	0.20	0.81	0.60
		4		1.459	1.445	0.077	0.50	0.58	0.36	0.78	0.73	0.55	0.22	0.38	0.24	1.09	0.64
2.5	25	3		1.432	1.124	0.098	0.82	0.76	0.46	1.29	0.95	0.73	0.34	0.49	0.33	1.57	0.73
		4		1.859	1.459	0.097	1.03	0.74	0.59	1.62	0.93	0.92	0.43	0.48	0.40	2.11	0.76
3.0	30	3	4.5	1.749	1.373	0.117	1.46	0.91	0.68	2.31	1.15	1.09	0.61	0.59	0.51	2.71	0.85
		4		2.276	1.786	0.117	1.84	0.90	0.87	2.92	1.13	1.37	0.77	0.58	0.62	3.63	0.89
3.6	36	3		2.109	1.656	0.141	2.58	1.11	0.99	4.09	1.39	1.61	1.07	0.71	0.76	4.68	1.00
		4		2.756	2.163	0.141	3.29	1.09	1.28	5.22	1.38	2.05	1.37	0.70	0.93	6.25	1.04
		5		3.382	2.654	0.141	3.95	1.08	1.56	6.24	1.36	2.45	1.65	0.70	1.09	7.84	1.07
4	40	3	5	2.359	1.852	0.157	3.59	1.23	1.23	5.69	1.55	2.01	1.49	0.79	0.96	6.41	1.09
		4		3.086	2.422	0.157	4.60	1.22	1.60	7.29	1.54	2.58	1.91	0.79	1.19	8.56	1.13
		5		3.791	2.976	0.156	5.53	1.21	1.96	8.76	1.52	3.01	2.30	0.78	1.39	10.74	1.17
4.5	45	3	5	2.659	2.088	0.177	5.17	1.40	1.58	8.20	1.76	2.58	2.14	0.90	1.24	9.12	1.22
		4		3.486	2.736	0.177	6.65	1.38	2.05	10.56	1.74	3.32	2.75	0.89	1.54	12.18	1.26
		5		4.292	3.369	0.176	8.04	1.37	2.51	12.74	1.72	4.00	3.33	0.88	1.81	15.25	1.30
		6		5.076	3.985	0.176	9.33	1.36	2.95	14.76	1.70	4.64	3.89	0.88	2.06	18.36	1.33
5	50	3	5.5	2.971	2.332	0.197	7.18	1.55	1.96	11.37	1.96	3.22	2.98	1.00	1.57	12.50	1.34
		4		3.897	3.059	0.197	9.26	1.54	2.56	14.70	1.94	4.16	3.82	0.99	1.96	16.69	1.38
		5		4.803	3.770	0.196	11.21	1.53	3.13	17.79	1.92	5.03	4.64	0.98	2.31	20.90	1.42
		6		5.688	4.465	0.196	13.05	1.52	3.68	20.68	1.91	5.85	5.42	0.98	2.63	25.14	1.46

续表

角钢号数	尺寸/mm			截面面积/cm²	理论质量/(kg/m)	外表面积/(m²/m)	参考数值										
							$x-x$			x_0-x_0			y_0-y_0			x_1-x_1	z_0/cm
	b	d	r				I_x/cm⁴	i_x/cm	W_x/cm³	I_{x0}/cm⁴	i_{x0}/cm	W_{x0}/cm³	I_{y0}/cm⁴	i_{y0}/cm	W_{y0}/cm³	I_{x1}/cm⁴	
5.6	56	3	6	3.343	2.624	0.221	10.19	1.75	2.48	16.14	2.20	4.08	4.24	1.13	2.02	17.56	1.48
		4		4.390	3.446	0.220	13.18	1.73	3.24	20.92	2.18	5.28	5.46	1.11	2.52	23.43	1.53
		5		5.415	4.251	0.220	16.02	1.72	3.97	25.42	2.17	6.42	6.61	1.10	2.98	29.33	1.57
		8		8.367	6.568	0.219	23.63	1.68	6.03	37.37	2.11	9.44	9.89	1.09	4.16	47.24	1.68
6.3	63	4	7	4.978	3.907	0.248	19.03	1.96	4.13	30.17	2.46	6.78	7.89	1.26	3.29	33.35	1.70
		5		6.143	4.822	0.248	23.97	1.94	5.08	36.77	2.45	8.25	9.57	1.25	2.90	41.73	1.74
		6		7.288	5.721	0.247	27.12	1.93	6.00	43.03	2.43	9.66	11.20	1.24	4.46	50.14	1.78
		8		9.515	7.469	0.247	34.46	1.90	7.75	54.56	2.40	12.25	14.33	1.23	5.47	67.11	1.85
		10		11.657	9.151	0.246	44.09	1.88	9.39	64.85	3.36	14.56	17.33	1.22	6.36	84.31	1.93
7	70	4	8	5.570	4.372	0.275	26.39	2.18	5.14	41.80	2.74	8.44	10.99	1.40	4.17	45.74	1.86
		5		6.875	5.397	0.275	32.21	2.16	6.32	51.08	2.73	10.32	13.34	1.39	4.95	57.21	1.91
		6		8.160	6.406	0.275	37.77	2.15	7.48	59.93	2.71	12.11	15.61	1.38	5.67	58.73	1.95
		7		9.424	7.398	0.275	43.09	2.14	8.59	68.35	2.69	13.81	17.82	1.38	6.34	80.29	1.99
		8		10.667	8.373	0.274	48.17	2.12	9.68	76.37	2.68	15.43	19.98	1.37	6.98	91.92	2.03
7.5	75	5	9	7.367	5.818	0.295	39.97	2.33	7.32	63.30	2.92	11.94	16.63	1.50	5.77	70.56	2.04
		6		8.797	6.905	0.294	46.95	2.31	8.64	74.38	2.90	14.02	19.51	1.49	6.67	84.55	2.07
		7		10.160	7.976	0.294	53.57	2.30	9.93	84.96	2.89	16.02	22.18	1.48	7.44	98.71	2.11
		8		11.503	9.030	0.294	59.96	2.28	11.20	95.07	2.88	17.93	24.86	1.47	8.19	112.97	2.15
		10		14.126	11.089	0.293	71.98	2.26	13.64	113.92	2.84	21.48	30.05	1.46	9.56	141.71	2.22
8	80	5	9	7.912	6.211	0.315	48.79	2.48	8.34	77.33	3.13	13.67	20.25	1.60	6.66	85.36	2.15
		6		9.397	7.376	0.314	57.35	2.47	9.87	90.98	3.11	16.08	23.72	1.59	7.65	102.50	2.19
		7		10.860	8.525	0.314	65.58	2.46	11.37	104.07	3.10	18.40	27.09	1.58	8.58	119.70	2.23
		8		12.303	9.658	0.314	73.49	2.44	12.83	116.60	3.08	20.61	30.39	1.57	9.46	136.97	2.27
		10		15.126	11.874	0.313	88.43	2.42	15.64	140.09	3.04	24.76	36.77	1.56	11.08	171.74	2.35
9	90	6	10	10.637	8.350	0.354	82.77	2.79	12.61	131.26	3.51	20.63	34.28	1.80	9.95	145.87	2.44
		7		12.301	9.656	0.354	94.83	2.78	14.54	150.47	3.50	23.64	29.18	1.78	11.19	170.30	2.48
		8		13.944	10.946	0.353	106.47	2.76	16.42	168.97	3.48	26.55	43.97	1.78	12.35	194.80	2.52
		10		17.167	13.476	0.353	128.58	2.74	20.07	203.90	3.45	32.04	53.26	1.76	14.52	244.07	2.59
		12		20.306	15.940	0.352	149.22	2.71	23.57	236.21	3.41	37.12	62.22	1.75	16.49	293.76	2.67

续表

| 角钢号数 | 尺寸/mm | | | 截面面积/cm² | 理论质量/(kg/m) | 外表面积/(m²/m) | 参 考 数 值 | | | | | | | | | | z₀/cm |
| | | | | | | | x—x | | | x₀—x₀ | | | y₀—y₀ | | | x₁—x₁ | |
	b	d	r				I_x/cm⁴	i_x/cm	W_x/cm³	I_{x0}/cm⁴	i_{x0}/cm	W_{x0}/cm³	I_{y0}/cm⁴	i_{y0}/cm	W_{y0}/cm³	I_{x1}/cm⁴	
10	100	6	12	11.932	9.366	0.393	114.95	3.01	15.68	181.98	3.90	25.74	47.92	2.00	12.69	200.07	2.67
		7		13.796	10.830	0.393	131.86	3.09	18.10	208.97	3.89	29.55	54.74	1.99	14.26	233.54	2.71
		8		15.638	12.276	0.393	148.24	3.08	20.47	235.07	3.88	33.24	61.41	1.98	15.75	267.09	2.76
		10		19.261	15.120	0.392	179.51	3.05	25.06	284.68	3.84	40.26	74.35	1.96	18.54	334.48	2.84
		12		22.800	17.898	0.391	208.90	3.03	29.48	330.95	3.81	46.80	86.84	1.95	21.08	402.34	2.91
		14		26.256	20.611	0.391	236.53	3.00	33.73	374.06	3.77	52.90	99.00	1.94	23.44	470.75	2.99
		16		29.627	23.257	0.390	262.53	2.98	37.82	414.16	3.74	58.57	110.89	1.94	25.63	539.80	3.06
11	110	7	12	15.196	11.928	0.433	177.16	3.41	22.05	280.94	4.30	36.12	73.38	2.20	17.51	310.64	2.96
		8		17.238	13.532	0.433	199.46	3.40	24.95	316.49	4.28	40.69	82.42	2.19	19.39	355.20	3.01
		10		21.261	16.690	0.432	242.19	3.38	30.60	384.39	4.25	49.42	99.98	2.17	22.91	444.65	3.09
		12		25.200	19.782	0.431	282.55	3.35	36.05	448.17	4.22	57.62	116.93	2.15	26.15	534.60	3.16
		14		29.056	22.809	0.431	320.71	3.32	44.31	508.01	4.18	65.31	133.40	2.14	19.14	625.16	3.24
12.5	125	8	14	19.750	15.504	0.492	297.03	3.88	32.52	470.89	4.88	53.28	123.16	2.50	25.86	521.01	3.37
		10		24.373	19.133	0.491	361.67	3.85	39.97	573.89	4.85	64.93	149.46	2.48	30.62	651.93	3.45
		12		28.912	22.696	0.491	423.16	3.83	41.17	671.44	4.82	75.96	174.88	2.46	35.03	783.42	3.53
		14		33.367	26.193	0.490	481.65	3.80	54.16	763.73	4.78	86.41	199.57	2.45	39.13	915.61	3.61
14	140	10	14	27.373	21.488	0.551	514.65	4.34	50.58	817.27	5.46	82.56	212.04	2.78	39.20	915.11	3.82
		12		32.512	25.522	0.551	603.68	4.31	59.80	958.79	5.43	96.85	248.57	2.76	45.02	1099.28	3.90
		14		37.567	29.490	0.550	688.81	4.28	68.75	1093.56	5.40	110.47	284.06	2.75	50.45	1284.22	3.98
		16		42.539	33.393	0.549	770.24	4.26	77.46	1221.81	5.36	123.42	318.6	2.74	55.55	1470.07	4.06
16	160	10	16	31.502	24.729	0.630	779.53	4.98	66.70	1237.30	6.27	109.36	321.76	3.20	52.76	1365.33	4.31
		12		37.411	29.391	0.630	916.58	4.95	78.98	1455.68	6.24	128.67	377.49	3.18	60.74	1639.57	4.39
		14		43.296	33.987	0.629	1048.36	4.92	90.95	1665.02	6.20	147.17	431.70	3.16	68.244	1914.68	4.47
		16		49.067	38.518	0.629	1175.08	4.89	102.63	1865.57	6.17	164.89	484.59	3.14	75.31	2190.82	4.55
18	180	12	16	42.241	33.159	0.170	1321.35	5.59	100.82	2100.10	7.05	165.00	542.61	3.58	78.41	2332.80	4.89
		14		48.896	38.388	0.709	1514.48	5.56	116.25	2407.42	7.02	189.14	625.53	3.56	88.38	2723.48	4.97
		16		55.467	43.542	0.709	1700.99	5.54	131.13	2703.37	6.98	212.40	698.60	3.55	97.83	3115.29	5.05
		18		61.955	48.634	0.708	1875.12	5.50	145.64	2988.24	6.94	234.78	762.01	3.51	105.14	3502.43	5.13
20	200	14	18	54.642	42.894	0.788	2103.55	6.20	144.70	3343.26	7.82	236.40	863.83	3.98	111.82	3734.10	5.46
		16		62.013	48.680	0.788	2366.15	6.18	163.65	3760.89	7.79	265.93	971.41	3.96	123.96	4270.39	5.54
		18		69.301	54.401	0.787	2620.64	6.15	182.22	4164.54	7.75	294.48	1076.74	3.94	135.52	4808.13	5.62
		20		76.505	60.056	0.787	2867.30	6.12	200.42	4554.55	7.72	322.06	1180.04	3.93	146.55	5347.51	5.69
		24		90.661	71.168	0.785	2338.25	6.07	236.17	5294.97	7.64	274.41	1381.53	3.90	133.55	6457.16	5.87

附表 2　热轧不等边角钢（GB/T 9788—1988）

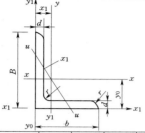

符号意义：
B—长边宽度　　　　b—短边宽度
d—边厚度　　　　　r—内圆弧半径
r_1—边端内圆弧半径　I—惯性矩
i—惯性半径　　　　W—截面系数
x_0—重心距离　　　y_0—重心距离

角钢号数	尺寸/mm				截面面积/cm²	理论质量/(kg/m)	外表面积/(m²/m)	参 考 数 值												
								x—x			y—y			x1—x1		y1—y1		x1—x1			
	B	b	d	r				I_x/cm⁴	i_x/cm	W_x/cm³	I_y/cm⁴	i_y/cm	W_y/cm³	I_{x1}/cm⁴	y_0/cm	I_{y1}/cm⁴	x_0/cm	I_u/cm⁴	i_u/cm	W_u/cm³	tanα
2.5/1.6	25	16	3	3.5	1.162	0.912	0.080	0.70	0.78	0.43	0.22	0.44	0.19	1.56	0.86	0.43	0.42	0.14	0.34	0.16	0.392
			4		1.499	1.176	0.076	0.88	0.77	0.55	0.27	0.43	0.24	2.09	0.90	0.59	0.46	0.17	0.34	0.20	0.381
3.2/2	32	20	3		1.492	1.171	0.102	1.53	1.01	0.72	0.46	0.55	0.30	3.27	1.08	0.82	0.49	0.28	0.43	0.25	0.382
			4		1.939	1.522	0.101	1.93	1.00	0.93	0.57	0.54	0.39	4.37	1.12	1.12	0.53	0.35	0.42	0.32	0.374
4/2.5	40	25	3	4	1.890	1.484	0.127	3.08	1.28	1.15	0.93	0.70	0.49	6.39	1.32	1.59	0.54	0.56	0.54	0.40	0.386
			4		2.467	1.936	0.127	3.93	1.26	1.49	1.18	0.69	0.63	8.53	1.37	2.14	0.63	0.71	0.54	0.52	0.381
4.5/2.8	45	28	3	5	2.149	1.687	0.143	4.45	1.44	1.47	1.34	0.79	0.62	9.10	1.47	2.23	0.64	0.80	0.61	0.51	0.383
			4		2.806	2.203	0.143	5.69	1.42	1.91	1.70	0.78	0.80	12.13	1.51	3.00	0.68	1.02	0.60	0.66	0.380
5/3.2	50	32	3	5.5	2.431	1.908	0.161	6.24	1.60	1.84	2.02	0.91	0.82	12.49	1.60	3.31	0.73	1.20	0.70	0.68	0.404
			4		3.177	2.494	0.160	8.02	1.59	2.39	2.58	0.90	1.06	16.65	1.65	4.45	0.77	1.53	0.69	0.87	0.402
5.6/3.6	56	36	3	6	2.743	2.153	0.181	8.88	1.80	2.32	2.92	1.03	1.05	17.54	1.78	4.70	0.80	1.73	0.79	0.87	0.408
			4		3.590	2.813	0.180	11.45	1.79	3.03	3.76	1.02	1.37	23.39	1.82	6.33	0.85	2.23	0.79	1.13	0.408
			5		4.415	3.466	0.180	13.86	1.77	3.71	4.49	1.01	1.65	29.25	1.87	7.94	0.88	2.67	0.78	1.36	0.404
6.3/4	63	40	4	7	4.058	3.185	0.202	16.49	2.02	3.87	5.23	1.14	1.70	33.30	2.04	8.63	0.92	3.12	0.88	1.40	0.398
			5		4.993	3.920	0.202	20.02	2.00	4.74	6.31	1.12	2.71	41.63	2.08	10.86	0.95	3.76	0.87	1.71	0.396
			6		5.908	4.638	0.201	23.36	1.96	5.59	7.29	1.11	2.43	49.98	2.12	13.12	0.99	4.34	0.86	1.99	0.393
			7		6.802	5.339	0.201	26.53	1.98	6.40	8.24	1.10	2.78	58.07	2.15	15.47	1.03	4.97	0.86	2.29	0.389
7/4.5	70	45	4	7.5	4.547	3.570	0.226	23.17	2.26	4.86	7.55	1.29	2.17	45.92	2.24	12.26	1.02	4.40	0.98	1.77	0.410
			5		5.609	4.403	0.225	27.95	2.23	5.92	9.13	1.28	2.65	57.10	2.28	15.39	1.06	5.40	0.98	2.19	0.407
			6		6.647	5.218	0.225	32.54	2.21	6.95	10.62	1.26	3.12	68.35	2.32	18.58	1.09	6.35	0.98	2.59	0.404
			7		7.657	6.011	0.225	37.22	2.20	8.03	12.01	1.25	3.57	79.99	2.36	21.84	1.13	7.16	0.97	2.94	0.402
7.5/5	75	50	5	8	6.125	4.808	0.245	34.86	2.39	6.83	12.61	1.44	3.30	70.00	2.40	21.04	1.17	7.41	1.10	2.74	0.435
			6		7.260	5.699	0.245	41.12	2.38	8.12	14.70	1.42	3.88	84.30	2.44	25.37	1.21	8.54	1.08	3.19	0.435
			8		9.467	7.431	0.244	52.39	2.35	10.52	18.53	1.40	4.99	112.50	2.52	34.23	1.29	10.87	1.07	4.10	0.429
			10		11.590	9.098	0.244	62.71	2.33	12.79	21.96	1.38	6.01	140.80	2.60	43.43	1.36	13.10	1.06	4.99	0.423
8/5	80	50	5	8	6.375	5.005	0.255	41.96	2.56	7.78	12.82	1.42	3.32	85.21	2.60	21.06	1.14	7.66	1.10	2.74	0.388
			6		7.560	5.935	0.255	49.49	2.56	9.25	14.95	1.41	3.91	102.53	2.65	25.41	1.18	8.85	1.08	3.20	0.387
			7		8.724	6.848	0.255	56.16	2.54	10.58	16.96	1.39	4.48	119.33	2.69	29.82	1.21	10.18	1.08	3.70	0.384
			8		9.67	7.745	0.254	62.83	2.52	11.92	18.85	1.38	5.03	136.41	2.73	24.32	1.25	11.38	1.07	4.16	0.381

续表

角钢号数	尺寸/mm B	b	d	r	截面面积/cm²	理论质量/(kg/m)	外表面积/(m²/m)	参考数值 x—x I_x/cm⁴	i_x/cm	W_x/cm³	y—y I_y/cm⁴	i_y/cm	W_y/cm³	x₁—x₁ I_{x1}/cm⁴	y_0/cm	y₁—y₁ I_{y1}/cm⁴	x_0/cm	x₁—x₁(u) I_u/cm⁴	i_u/cm	W_u/cm³	$\tan\alpha$
9/5.6	90	56	5	9	7.212	5.661	0.287	60.45	2.90	9.92	18.32	1.59	4.21	121.32	2.91	29.53	1.25	10.98	1.23	3.49	0.385
			6		8.557	6.717	0.286	71.03	2.88	11.74	21.42	1.58	4.96	145.59	2.95	35.58	1.29	12.90	1.23	4.18	0.384
			7		9.880	7.756	0.286	81.01	2.86	13.49	24.36	1.57	5.70	169.66	3.00	41.71	1.33	14.67	1.22	4.72	0.382
			8		11.18	8.779	0.286	91.03	2.85	15.27	27.15	1.56	6.41	194.17	3.04	47.93	1.36	16.34	1.21	5.29	0.380
10/6.3	100	63	6	10	9.617	7.550	0.320	99.06	3.21	14.64	30.94	1.79	6.35	199.71	3.24	50.50	1.43	18.42	1.38	5.25	0.394
			7		11.111	8.722	0.320	113.45	3.29	16.88	35.26	1.78	7.29	233.00	3.28	59.14	1.47	21.00	1.38	6.02	0.393
			8		12.584	9.878	0.319	127.37	3.18	19.08	39.39	1.77	8.21	266.32	3.32	67.88	1.50	23.50	1.37	6.78	0.391
			10		15.467	12.142	0.319	153.81	3.15	23.32	47.12	1.74	9.98	333.06	3.40	85.73	1.58	28.33	1.35	8.24	0.387
10/8	100	80	6	10	10.627	8.350	0.354	107.04	3.17	15.19	61.24	2.40	10.16	199.83	2.95	1102.68	1.97	31.65	1.72	8.37	0.627
			7		12.304	9.656	0.354	122.73	3.16	17.52	70.08	2.39	14.71	233.20	3.00	119.98	2.01	36.17	1.72	9.60	0.626
			8		13.914	10.946	0.353	137.92	3.14	19.81	78.58	2.37	13.21	266.61	3.04	137.37	2.05	40.58	1.71	10.80	0.625
			10		17.167	13.476	0.353	166.87	3.12	24.24	94.65	2.35	16.12	333.63	3.12	172.48	2.13	49.10	1.69	13.12	0.622
11/7	110	70	6	10	10.637	8.350	0.354	133.37	3.54	17.85	42.92	2.01	7.90	265.78	3.53	69.08	1.57	25.36	1.54	6.53	0.403
			7		12.301	9.656	0.354	153.00	3.53	20.60	49.01	2.00	9.09	310.07	3.57	80.82	1.61	28.95	1.53	7.50	0.402
			8		13.944	10.946	0.353	172.04	3.51	23.30	54.87	1.98	10.25	354.39	3.62	92.70	1.65	32.45	1.53	8.45	0.401
			10		17.167	13.476	0.353	208.39	3.48	28.54	65.88	1.96	12.48	443.13	3.70	116.83	1.72	39.20	1.51	10.29	0.397
12.5/8	125	80	7	11	14.096	11.066	0.403	277.98	4.02	26.86	74.42	2.30	12.01	454.99	4.01	120.32	1.80	43.81	1.76	9.92	0.408
			8		15.989	12.551	0.403	256.77	4.01	30.41	83.49	2.28	13.56	519.99	4.06	137.85	1.84	49.15	1.75	11.18	0.407
			10		19.712	15.474	0.402	312.04	3.98	37.33	100.67	2.26	16.56	650.09	4.14	173.40	1.92	59.45	1.74	13.64	0.404
			12		23.351	18.330	0.402	364.41	3.95	44.01	116.67	2.24	19.43	780.39	4.22	209.67	2.00	69.35	1.72	16.01	0.400
14/9	140	90	8	12	18.038	14.160	0.453	365.64	4.50	38.48	120.69	2.59	17.34	730.53	4.50	195.79	2.04	70.83	1.98	14.31	0.411
			10		22.261	17.475	0.452	445.50	4.47	47.31	146.03	2.56	21.22	913.20	4.58	254.92	2.12	85.82	1.96	17.48	0.409
			12		26.400	20.724	0.451	521.59	4.44	55.87	169.79	2.54	24.95	1096.09	4.66	296.89	2.19	100.21	1.95	20.54	0.406
			14		30.456	23.908	0.451	594.10	4.42	64.18	192.10	2.51	28.54	1279.26	4.74	348.82	2.27	114.13	1.94	23.52	0.403
16/10	160	100	10	13	25.315	19.872	0.512	668.69	5.14	62.13	205.03	2.85	26.56	1362.89	5.24	336.59	2.28	121.74	2.19	21.92	0.390
			12		30.054	23.592	0.511	784.91	5.11	73.49	239.06	2.82	31.28	1635.56	5.32	405.94	2.36	142.33	2.17	25.79	0.388
			14		34.709	27.247	0.510	896.30	5.08	84.56	271.20	2.80	35.83	1908.50	5.40	476.42	2.43	162.23	2.16	29.56	0.385
			16		39.281	30.835	0.510	1003.04	5.05	95.33	301.60	2.77	40.24	2181.79	5.48	548.22	2.51	182.57	2.16	33.44	0.382
18/11	180	110	10	14	28.373	22.273	0.571	956.25	5.80	78.96	278.11	3.13	32.49	1940.40	5.89	447.22	2.44	166.50	2.42	26.88	0.376
			12		33.712	26.464	0.571	1124.72	5.78	93.53	325.03	3.10	38.32	2328.38	5.98	538.94	2.52	194.87	2.40	31.66	0.374
			14		38.967	30.589	0.570	1286.91	5.75	107.76	369.55	3.08	43.97	2716.60	6.06	631.95	2.59	222.30	2.39	36.32	0.372
			16		44.139	34.649	0.569	1443.06	5.72	121.64	411.85	3.06	49.44	3105.15	6.14	726.46	2.67	248.94	2.38	40.87	0.369
20/12.5	200	125	12	14	37.912	29.761	0.641	1570.90	6.44	116.73	483.16	3.57	49.99	3193.85	6.54	787.74	2.83	285.79	2.74	41.23	0.392
			14		43.867	34.436	0.640	1800.97	6.41	134.65	550.83	3.54	57.44	3726.17	6.02	922.47	2.91	326.58	2.73	47.34	0.390
			16		49.739	39.045	0.639	2023.35	6.38	152.18	615.44	3.52	64.69	4258.86	6.70	1058.86	2.99	366.21	2.71	53.32	0.388
			18		55.526	43.588	0.639	2238.30	6.35	169.33	677.19	3.49	71.74	4792.00	6.78	1197.13	3.06	404.83	2.70	59.18	0.385

附表 3

热轧工字钢（GB/T 706—1988）

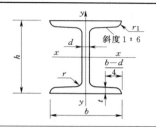

符号意义：

h—高度　　　　　　r_1—腿端圆弧半径

b—腿宽度　　　　　I—惯性矩

d—腰厚度　　　　　W—截面系数

t—平均腿厚度　　　i—惯性半径

r—内圆弧半径　　　S—半截面的静矩

型号	尺寸/mm						截面面积/cm²	理论质量/(kg/m)	参考数值						
									x—x				y—y		
	h	b	d	t	r	r_1			I_x/cm⁴	W_x/cm³	i_x/cm	$I_x : S_x$/cm	I_y/cm⁴	W_y/cm³	i_y/cm
10	100	68	4.5	7.6	6.5	3.3	14.3	11.2	245	49	4.14	8.59	33	9.72	1.52
12.6	126	74	5	8.4	7	3.5	18.1	14.2	488.43	77.529	5.195	10.85	46.906	12.677	1.609
14	140	80	5.5	9.1	7.5	3.8	21.5	16.9	712	102	5.76	12	64.4	16.1	1.73
16	160	88	6	9.9	8	4	26.1	20.5	1130	141	6.58	13.8	93.1	21.2	1.89
18	180	94	6.5	10.7	8.5	4.3	30.6	24.1	1660	185	7.36	15.4	122	26	2
20a	220	110	7.5	12.3	9.5	4.8	42	33	3400	309	8.99	18.9	225	40.9	2.31
20b	220	112	9.5	12.3	9.5	4.8	46.4	36.4	3570	325	8.78	18.7	239	42.7	2.27
22a	220	110	7.5	12.3	9.5	4.8	42.13	33.07	3400	309	8.99	18.9	225	40.9	2.31
22b	220	112	9.5	12.3	9.5	4.8	46.53	36.52	3570	325	8.78	18.7	239	42.7	2.27
25a	250	118	8	13	10	5	48.5	38.1	5023.54	401.88	10.18	21.58	280.046	48.283	2.403
25b	250	118	10	13	10	5	53.5	42	5283.96	422.72	9.938	21.27	309.297	52.423	2.404
28a	280	122	8.5	13.7	10.5	5.3	55.45	43.4	7114.14	508.15	11.32	24.62	345.051	56.565	2.295
28b	280	124	10.5	13.7	10.5	5.3	61.05	47.9	7480	534.29	11.08	24.24	379.496	61.209	2.404
32a	320	130	9.5	15	11.5	5.8	67.05	52.7	11075.5	692.2	12.84	27.46	459.93	70.758	2.619
32b	320	132	11.5	15	11.5	5.8	73.45	57.7	11621.4	726.33	12.58	27.09	501.53	75.989	2.614
32c	320	134	13.5	15	11.5	5.8	79.95	62.8	12167.5	760.47	12.34	26.77	543.81	81.166	2.608
36a	360	136	10	15.8	12	6	76.3	59.9	15760	875	14.4	30.7	552	81.2	2.69
36b	360	138	12	15.8	12	6	83.5	65.6	16530	919	14.1	30.3	582	84.3	2.64
36c	360	140	14	15.8	12	6	90.7	71.2	17310	962	13.8	29.9	612	87.4	2.6
40a	400	142	10.5	16.5	12.5	6.3	86.1	67.6	21720	1090	15.9	34.1	660	93.2	2.77
40b	400	144	12.5	16.5	12.5	6.3	94.1	73.8	22780	1140	15.6	33.6	692	96.2	2.71
40c	400	146	14.5	16.5	12.5	6.3	102	80.1	23850	1190	15.2	33.2	727	99.6	2.65
45a	450	150	11.5	18	13.5	6.8	102	80.4	32240	1430	17.7	38.6	855	114	2.89
45b	450	152	13.5	18	13.5	6.8	111	87.4	33760	1500	17.4	38	894	118	2.84
45c	450	154	15.5	18	13.5	6.8	120	94.5	35280	1570	17.1	37.6	938	122	2.79
50a	500	158	12	20	14	7	119	93.6	46470	1860	19.7	42.8	1120	142	3.07
50b	500	160	14	20	14	7	129	101	48560	1940	19.4	42.4	1170	146	3.01
50c	500	162	16	20	14	7	139	109	50640	2080	19	41.8	1220	151	2.96
56a	560	166	12.5	21	14.5	7.3	135.25	106.2	65585.6	2342.31	22.02	47.73	1370.16	165.08	3.182
56b	560	168	14.5	21	14.5	7.3	146.45	115	68512.5	2446.69	21.63	47.17	1486.75	174.25	3.162
56c	560	170	16.5	21	14.5	7.3	157.85	123.9	71439.4	2551.41	21.27	46.66	1558.39	183.34	3.158
63a	630	176	13	22	15	7.5	154.9	121.6	93916.2	2981.47	24.62	54.17	1700.55	193.24	3.314
63b	630	178	15	22	15	7.5	167.5	131.5	98083.6	3163.38	24.2	53.51	1812.07	203.6	3.289
63c	630	180	17	22	15	7.5	180.1	141	102251.1	3298.42	23.82	52.92	1924.91	213.88	3.268

附表 4 　　　　　　　　　　热轧槽钢（GB/T 707—1988）

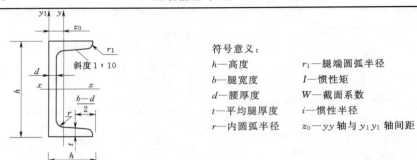

符号意义：

h—高度　　　　　　　r_1—腿端圆弧半径

b—腿宽度　　　　　　I—惯性矩

d—腰厚度　　　　　　W—截面系数

t—平均腿厚度　　　　i—惯性半径

r—内圆弧半径　　　　z_0—yy 轴与 y_1y_1 轴间距

型号	尺寸 mm						截面面积/ cm²	理论质量/ (kg/m)	参 考 数 值							
									x—x			y—y			y_1—y_1	z_0/ cm
	h	b	d	t	r	r_1			W_x/ cm³	I_x/ cm⁴	i_x/ cm	W_y/ cm³	I_y/ cm⁴	i_y/ cm	I_{y1}/ cm	
5	50	37	4.5	7	7	3.5	6.93	5.44	10.4	26	1.94	3.55	8.3	1.1	20.9	1.35
6.3	63	40	4.8	7.5	7.5	3.75	8.444	6.63	16.123	50.786	2.453	4.50	11.872	1.185	28.38	1.36
8	80	43	5	8	8	4	10.24	8.04	25.3	101.3	3.15	5.79	16.6	1.27	37.4	1.43
10	100	48	5.3	8.5	8.5	4.25	12.74	10	39.7	198.3	3.95	7.8	25.6	1.41	54.9	1.52
12.6	126	53	5.5	9	9	4.5	15.69	12.37	62.137	391.466	4.953	10.242	37.99	1.576	77.09	1.59
14a	140	58	6	9.5	9.5	4.75	18.51	14.53	80.5	563.7	5.52	13.01	53.2	1.7	107.1	1.71
14b	140	60	8	9.5	9.5	4.75	21.31	16.73	87.1	609.4	5.35	14.12	61.1	1.69	120.6	1.69
16a	160	63	6.5	10	10	5	21.95	17.23	108.3	866.2	6.28	16.3	73.3	1.83	144.1	1.8
16	160	65	8.5	10	10	5	25.15	19.74	116.8	934.5	6.1	17.55	83.4	1.82	160.8	1.75
18a	180	68	7	10.5	10.5	5.25	25.69	20.17	141.4	1272.7	7.04	20.03	98.6	1.96	189.7	1.88
18	180	70	9	10.5	10.5	5.25	29.29	22.99	152.2	1369.9	6.84	21.52	111	1.95	210.1	1.84
20a	200	73	7	11	11	5.5	28.83	22.63	178	1780.4	7.86	24.2	128	2.11	244	2.01
20	200	75	9	11	11	5.5	32.83	25.77	191.4	1913.7	7.64	25.88	143.6	2.09	268.4	1.95
22a	220	77	7	11.5	11.5	5.75	31.84	24.99	217.6	2393.9	8.67	28.17	157.8	2.23	298.2	2.1
22	220	79	9	11.5	11.5	5.75	36.24	28.45	233.8	2571.4	8.42	30.05	176.4	2.21	326	2.03
25a	250	78	7	12	12	6	34.91	27.47	269.597	3369.62	9.823	30.607	175.529	2.243	322.256	2.065
25b	250	80	9	12	12	6	39.91	31.39	282.402	3530.04	9.405	32.657	196.421	2.218	353.187	1.982
25c	250	82	11	12	12	6	44.91	35.32	295.236	3690.45	9.065	35.926	218.415	2.206	384.133	1.921
28a	280	82	7.5	12.5	12.5	6.25	40.02	31.42	340.328	4764.59	10.90	35.718	217.989	2.333	387.566	2.097
28b	280	84	9.5	12.5	12.5	6.25	45.62	35.81	366.46	5130.45	10.6	37.929	242.144	2.304	427.589	2.016
28c	280	86	11.5	12.5	12.5	6.25	51.22	40.21	392.594	5496.32	10.35	40.301	267.602	2.286	426.597	1.951
32a	320	88	8	14	14	7	48.7	38.22	474.879	7598.06	12.49	46.473	304.787	2.502	552.31	2.242
32b	320	90	10	14	14	7	55.1	43.25	509.102	8144.2	12.15	49.157	366.332	2.471	592.933	2.158
32c	320	92	12	14	14	7	61.5	48.28	543.145	8690.33	11.88	52.642	374.175	2.467	643.299	2.092
36a	360	96	9	16	16	8	60.89	47.8	659.7	11874.2	13.97	63.54	455	2.73	818.4	2.44
36b	360	98	11	16	16	8	68.09	53.45	702.9	12651.8	13.63	66.85	496.7	2.7	880.4	2.37
36c	360	100	13	16	16	8	75.29	50.1	746.1	13429.4	13.36	70.02	536.4	2.67	947.9	2.34
40a	400	100	10.5	18	18	9	75.05	58.91	878.9	17577.9	15.30	78.83	592	2.81	1067.7	2.49
40b	400	102	12.5	18	18	9	83.05	65.19	932.2	18644.5	14.98	82.52	640	2.78	1135.6	2.44
40c	400	104	14.5	18	18	9	91.05	71.47	985.6	19711.2	14.71	86.19	687.8	2.75	1220.7	2.42

部分习题参考答案

第 2 章

1 $F_R = 4.97$kN（第三象限） $\alpha = 46.6°$（F_R 与 x 轴夹角）

2 $F_1 = 11.42$kN $F_2 = 12.34$kN

3 $F_D = 45$kN（↑）

   $F_A = 75$kN（第三象限） $\alpha = 36.8°$（F_A 与 x 轴夹角）

4 $F_{AC} = -5.28$kN（受压） $F_{AB} = 2.73$kN（受拉）

5 $F = 15$kN $\alpha = 36.9°$时，$F_{min} = 12$kN

6 (a) $M_O(F) = -Fa\sin(\alpha+\beta)$

   (b) $M_O(F) = -F(a\cos\alpha + b\sin\alpha)$

7 $M_O(F_G) = -117$kN·m $M_O(F_1) = 84.13$kN·m   墙不会倾倒

8 工件能转动

9 (a) $F_A = 3$kN（↓） $F_B = 3$kN（↑）

   (b) $F_A = 6$kN（第四象限，与 x 轴夹角 30°）

   $F_B = 6$kN（第二象限，与 x 轴夹角 30°）

10 $F_A = \sqrt{2}\dfrac{M}{l}$（↘）

11 $F_R = 151.4$kN（第一象限） $\alpha = 8.19°$（合力与 x 轴夹角）

   合力作用线位置：垂直合力作用线且距 A_4 点 $d = 23.7$mm 处。

12 向 O 点简化后，主矢 $F_R' = 10406$kN（第四象限） $\alpha = 70.38°$（合力与 x 轴夹角）

   主矩 $M_O(F) = -116500$kN·m

   合力 $F_R = 10406$kN

   作用线到点 O 的距离为 $d = 11.2$m，且在点 O 的右侧

13 $F_G = 18$kN   合力位置：竖直向下，距 F_{G_3} 作用线 $d = 0.078$m 处。

14 $\alpha = 60°$时，$F_{Tmin} = \dfrac{4F_G r}{l}$

15 $F_C = 40$kN（沿 BC 杆轴线，使 BC 杆受拉）

   $F_{Ax} = 32$kN（→） $F_{Ay} = 24$kN（↑）

16 (a) $F_{Ax} = 0$ $F_{Ay} = 9.5$kN（↑） $F_B = 3.5$kN（↑）

   (b) $F_{Ax} = 7.07$kN（→）$F_{Ay} = 12.07$kN（↑）$M_A = 38.28$kN·m（逆时针）

   (c) $F_{Ax} = 0$ $F_{Ay} = 70$kN（↑） $F_B = 50$kN（↑）

   (d) $F_{Ax} = 1$kN（←） $F_{Ay} = 1.62$kN（↓） $F_B = 3.35$kN（↑）

   (e) $F_{Ax} = 15$kN（→） $F_{Ay} = 15$kN（↑） $F_B = 21.21$kN（垂直支撑面向上）

17　(a) $F_{Ax}=3\text{kN}$（←）　$F_{Ay}=0.25\text{kN}$（↓）　$F_B=4.25\text{kN}$（↑）

　　(b) $F_{Ax}=0$　　　　　　$F_{Ay}=4\text{kN}$（↑）　　　$M_A=0$

　　(c) $F_{Ax}=24\text{kN}$（←）　$F_{Ay}=12\text{kN}$（↑）　　$F_B=28\text{kN}$（↑）

18　$F_{Ax}=0$　　　　　　　　$F_{Ay}=105\text{kN}$（↑）　　$F_B=95\text{kN}$（↑）

19　(a) $F_{Ax}=0$　$F_{Ay}=14\text{kN}$（↓）　$M_A=48\text{kN}\cdot\text{m}$（顺时针）　$F_D=20\text{kN}$（↑）

　　(b) $F_{Ax}=0$　$F_{Ay}=\dfrac{29}{6}\text{kN}$（↓）　$F_B=\dfrac{35}{2}\text{kN}$（↑）　　$F_D=\dfrac{16}{3}\text{kN}$（↑）

　　(c) $F_{Ax}=0$　$F_{Ay}=25\text{kN}$（↑）　　$M_A=80\text{kN}\cdot\text{m}$（逆时针）　$F_C=15\text{kN}$（↑）

20　(a) $F_{Ax}=25\text{kN}$（→）　　$F_{Ay}=75\text{kN}$（↑）　　$F_{Bx}=75\text{kN}$（←）$F_{By}=125\text{kN}$（↑）

　　　　$F_{Cx}=75\text{kN}$（←→）$F_{Cy}=25\text{kN}$（↑↓）

　　(b) $F_{Ax}=20\text{kN}$（→）　$F_{Ay}=70\text{kN}$（↑）　$F_{Bx}=20\text{kN}$（←）$F_{By}=50\text{kN}$（↑）

　　　　$F_{Cx}=20\text{kN}$（←→）$F_{Cy}=10\text{kN}$（↓↑）

　　(c) $F_{Ax}=0$　$F_{Ay}=0$　$F_{Bx}=5\text{kN}$（←）$F_{By}=40\text{kN}$（↑）

　　　　$F_{Cx}=5\text{kN}$（←→）$F_{Cy}=0$

21　$F_{Ax}=30\text{kN}$（→）　　$F_{Ay}=45\text{kN}$（↑）　　$F_B=30\text{kN}$（↑）　　$F_C=15\text{kN}$（↑）

22　滑动：$F\geqslant1.6\text{kN}$　倾倒：$F\geqslant1.5\text{kN}$　先倾倒

　　棱柱体倾倒时，$F=1.5\text{kN}$

23　(1) $F_s=17160\text{kN}>F$，此坝不会滑动

　　(2) $M_{倾}=44070\text{kN}\cdot\text{m}$，$M_{抗}=827200\text{kN}\cdot\text{m}$，此坝不会绕 B 点翻倒

24　$20.92\text{kN}\leqslant F_T\leqslant26.06\text{kN}$

25　$F_{Gmin}=5274.85\text{kN}$

第 3 章

1　$y_c=300\text{mm}$，$z_c=360\text{mm}$

2　(a) $s_y=0$，$s_z=2400\text{mm}^3$；(b) $s_y=0$，$s_z=42250\text{mm}^3$

3　$I_z=641.66\times10^6\text{mm}^4$，$I_y=35.42\times10^6\text{mm}^4$

4　$I_{yx}=4447.9\text{cm}^4$

5　$I_{yc}=39.1\times10^6\text{mm}^4$，$I_{zc}=23.4\times10^6\text{mm}^4$

6　$a=11.12\text{cm}$

7　$I_z=3.59\times10^6\text{mm}^4$

第 4 章

1　几何不变体系，且无多余约束。

2　几何不变体系，有 3 个多余约束。

3　几何瞬变体系。

4　几何不变体系，且无多余约束。

5　几何不变体系，有 6 个多余约束。

6 几何不变体系，且无多余约束。

7 几何不变体系，且无多余约束。

8 几何不变体系，且无多余约束。

9 几何不变体系，有 6 个多余约束。

10 几何不变体系，有 2 个多余约束。

11 几何不变体系，有 6 个多余约束。

12 几何不变体系，且无多余约束。

13 几何可变体系。

14 几何可变体系。

第 5 章

1 (a) $F_{N1}=F$ $F_{N2}=0$ $F_{N3}=2F$

(b) $F_{N1}=-2\text{kN}$ $F_{N2}=2\text{kN}$ $F_{N3}=-4\text{kN}$

(c) $F_{N1}=2F$ $F_{N2}=F$

2 (a) 5 根 EF、ED、FG、GH、CB

(b) 9 根 FD、DC、HD、ED、DB、BC、BH、GH、AC

(c) 4 根

(d) 6 根

(e) 6 根

3 (a) $F_{N1}=0$ $F_{N2}=10\text{kN}$（压） $F_{N3}=10\text{kN}$（压）

(b) $F_{N4}=F_{N5}=F_{N6}=F_{N7}=0$ $F_{N8}=F_{N9}=F_{N10}=20\text{kN}$（压）

$F_{N1}=F_{N2}=F_{N3}=10\sqrt{3}\text{kN}$（拉）

(c) $F_{N2}=0$ $F_{N1}=20\sqrt{2}\text{kN}$（拉）

4 (a) $F_{N1}=-9\text{kN}$（压） $F_{N2}=-30\text{kN}$（压） $F_{N3}=-27\text{kN}$（拉）

(b) $F_{N1}=-\dfrac{20}{3}\text{kN}$（压） $F_{N2}=-\dfrac{20}{3}\text{kN}$（压） $F_{N3}=\dfrac{20}{3}\text{kN}$（拉）

5 (a) $M_{AB}=2\text{kN}\cdot\text{m}$ $M_{BC}=3\text{kN}\cdot\text{m}$ $M_{CD}=-1\text{kN}\cdot\text{m}$

(b) $M_{AB}=-2\text{kN}\cdot\text{m}$ $M_{BC}=3\text{kN}\cdot\text{m}$ $M_{CD}=1\text{kN}\cdot\text{m}$

6 $M_{1-1}=0.17\text{kN}\cdot\text{m}$ $M_{2-2}=-0.4\text{kN}\cdot\text{m}$ $M_{3-3}=-0.29\text{kN}\cdot\text{m}$

$M_{4-4}=-0.08\text{kN}\cdot\text{m}$

7 (a) $F_{Ay}=5\text{kN}$（↑） $F_{By}=1\text{kN}$（↑） $F_{Q1-1}=5\text{kN}$ $F_{Q2-2}=-1\text{kN}$

$F_{Q3-3}=-1\text{kN}$ $F_{Q4-4}=-1\text{kN}$ $M_{1-1}=10\text{kN}\cdot\text{m}=M_{2-2}$

$M_{3-3}=7\text{kN}\cdot\text{m}$ $M_{4-4}=2\text{kN}\cdot\text{m}$

(b) $F_{Ay}=12\text{kN}$（↑） $F_{By}=21\text{kN}$（↑） $F_{Q1-1}=12\text{kN}$ $F_{Q2-2}=12\text{kN}$

$F_{Q3-3}=0\text{kN}$ $F_{Q4-4}=-21\text{kN}$ $M_{1-1}=24\text{kN}\cdot\text{m}=M_{2-2}$

$M_{3-3}=42\text{kN}\cdot\text{m}=M_{4-4}$

8 (a) $F_Q(x)=\begin{cases}45 & (0\leqslant x\leqslant 2)\\ 75-15x & (2<x\leqslant 3)\end{cases}$

$$M\ (x) = \begin{cases} 45x - 127.5 & (0 \leqslant x \leqslant 2) \\ 75x - 7.5x^2 - 157.5 & (2 < x \leqslant 3) \end{cases}$$

(b) $F_Q(x) = 8 - 4x(0 \leqslant x \leqslant 5)$

$M(x) = 10 + 8x - 2x^2(0 \leqslant x \leqslant 5)$

9 (a) $F_{Ay} = 24$kN（↑） $F_{By} = 28$kN（↑） $F_{QB左} = -16$kN $F_{QB右} = 12$kN

$F_{QC} = 0$ $M_A = 0$ $M_B = -24$kN・m $M_C = 0$

(b) $F_{Ay} = F_{By} = 16$kN（↑） $F_{QC} = 0$ $F_{QA左} = -8$kN $F_{QA左} = 8$kN

$F_{QB左} = -8$kN $F_{QB右} = 8$kN $F_{QD} = 0$ $M_C = 0$ $M_A = -4$kN・m

$M_B = -4$kN・m $M_D = 0$

(c) $F_{Ay} = 6$kN（↑） $F_{By} = 6$kN（↑） $F_{QA} = 6$kN $F_{QC左} = 6$kN $F_{QC右} = -2$kN

$F_{QD} = -2$kN $F_{QB} = -6$kN $M_A = 0$ $M_C = 6$kN・m $M_D = 4$kN・m

$M_B = 0$

(d) $F_{Ay} = 44$kN（↑） $F_{By} = 56$kN（↑） $F_{QA} = 44$kN $F_{QC} = 44$kN

$F_{QD} = 4$kN $F_{QE左} = 4$kN $F_{QE右} = -56$kN $= F_{QB}$ $M_A = 0$

$M_C = 44$kN・m $M_{D左} = 92$kN・m $M_{D右} = 52$kN・m $M_E = 56$kN・m

$M_B = 0$

10 (a) $F_{Ay} = 50$kN（↑） $F_{By} = 40$kN（↑） $F_{QC} = -10$kN $F_{QA左} = -10$kN

$F_{QA右} = 40$kN $F_{QB左} = -40$kN $F_{QB右} = 0 = F_{QD}$ $M_C = 0$

$M_A = -10$kN・m $M_B = M_D = -10$kN・m

(b) $F_{Ay} = 9$kN（↑） $F_{By} = 3$kN（↑） $F_{QC} = 0$ $F_{QA左} = -2$kN $F_{QA右} = 7$kN

$F_{QD} = 3$kN $F_{QE左} = 3$kN $F_{QE右} = -3$kN $= F_{QB}$

$M_C = 0$ $M_A = -1$kN・m $M_D = 9$kN・m $M_E = 12$kN・m $M_B = 9$kN・m

(c) $F_{Ay} = 4$kN（↑） $F_{QA} = 4$kN $F_{QB} = 0$ $M_A = -6$kN・m

$M_B = -2$kN・m

(d) $F_{Ay} = 175$kN（↑） $F_{By} = 65$kN（↑） $F_{QA} = 175$kN $F_{QC左} = 175$kN

$F_{QC右} = 95$kN $= F_{QD}$

$F_{QE} = F_{QB} = F_{QH} = -65$kN $M_A = 0$ $M_C = 175$kN・m $M_D = 270$kN・m

$M_B = 0$

$M_{H左} = 225$kN・m $M_{H右} = 65$kN・m $M_E = 290$kN・m

11 $F_{Ay} = 16.25$kN（竖直向上），$F_{Cy} = 38.75$kN（竖直向上），

$F_{Ey} = 15$kN（竖直向上），$M_{BA} = 32.5$kN・m，$F_{QCB} = -23.75$kN

12 $F_{Cy} = 30$kN（竖直向上），$M_{AB} = -60$kN・m，$F_{QAB} = 40$kN

13 $F_{Dy} = 20$kN（竖直向上），$M_{AB} = -40$kN・m，$F_{QAB} = 10$kN

14 $F_{Ay} = 60$kN（竖直向上），$F_{By} = 126.7$kN（竖直向上），

$F_{Cy} = 35.6$kN（竖直向下），$F_{Dy} = 8.9$kN（竖直向上）

$M_{BE} = -160$kN・m，$F_{QFB} = 26.7$kN，$M_{CD} = 53.4$kN・m，$F_{QCD} = -8.9$kN

15 $F_{Ay} = 10$kN（竖直向上），$F_{Dy} = 20$kN（竖直向上），

$F_{Ey} = 70$kN（竖直向上），$F_{Hy} = 20$kN（竖直向上），

$M_{EF}=-60\text{kN}\cdot\text{m}$，$F_{QDE}=10\text{kN}$

16 （a）$M_{CB}=-90\text{kN}\cdot\text{m}$（上侧受拉），$M_{CD}=-120\text{kN}\cdot\text{m}$（上侧受拉），
　　　$M_{CA}=30\text{kN}\cdot\text{m}$（左侧受拉）
　　　$F_{QCB}=-60\text{kN}$，$F_{QCD}=40\text{kN}$
　　　$N_{CA}=-100\text{kN}$

（b）$M_{CD}=-20\text{kN}\cdot\text{m}$（右侧受拉），$M_{CB}=-20\text{kN}\cdot\text{m}$（上侧受拉），
　　　$M_{BC}=-30\text{kN}\cdot\text{m}$（上侧受拉），$M_{AB}=-30\text{kN}\cdot\text{m}$（右侧受拉）
　　　$F_{QCD}=F_{QDC}=20\text{kN}$，$F_{QAB}=-20\text{kN}$，$F_{QBC}=10\text{kN}$
　　　$F_{NAB}=F_{NBA}=-10\text{kN}$，$F_{NBC}=F_{NCB}=-20\text{kN}$

17 （a）$M_{EA}=-80\text{kN}\cdot\text{m}$（右侧受拉），$M_{CE}=-80\text{kN}\cdot\text{m}$（右侧受拉），
　　　$M_{CD}=80\text{kN}\cdot\text{m}$（下侧受拉）
　　　$F_{QAE}=F_{QEA}=40\text{kN}$，$F_{QEC}=F_{QCE}=0$，$F_{QCD}=20\text{kN}$
　　　$F_{NAC}=F_{NCA}=-20\text{kN}$，$F_{NDB}=F_{NBD}=-60\text{kN}$

（b）$M_{CA}=80\text{kN}\cdot\text{m}$（左侧受拉），$M_{CD}=-80\text{kN}\cdot\text{m}$（上侧受拉），
　　　$M_{DC}=-80\text{kN}\cdot\text{m}$（上侧受拉），$M_{DF}=-40\text{kN}\cdot\text{m}$（上侧受拉）
　　　$M_{DE}=-40\text{kN}\cdot\text{m}$（右侧受拉）
　　　$F_{QCA}=F_{QAC}=-20\text{kN}$，$F_{QCD}=40\text{kN}$，$F_{QDC}=-40\text{kN}$
　　　$F_{NAC}=F_{NCA}=-40\text{kN}$，$F_{NCD}=F_{NDC}=-20\text{kN}$，$F_{NDB}=F_{NBD}=-80\text{kN}$

18 （a）$M_{DA}=125\text{kN}\cdot\text{m}$（左侧受拉），$M_{DC}=-125\text{kN}\cdot\text{m}$（上侧受拉）
　　　$M_{EC}=-125\text{kN}\cdot\text{m}$（上侧受拉），$M_{EB}=-125\text{kN}\cdot\text{m}$（右侧受拉）
　　　$F_{QAD}=F_{QDA}=-20.83\text{kN}$，$F_{QCD}=F_{QDC}=25\text{kN}$，$F_{QEC}=-75\text{kN}$
　　　$F_{NAD}=F_{NDA}=-25\text{kN}$，$F_{NDE}=F_{NED}=-20.83\text{kN}$

（b）$M_{DA}=-100.2\text{kN}\cdot\text{m}$（右侧受拉），$M_{DC}=-100.2\text{kN}\cdot\text{m}$（上侧受拉）
　　　$M_{EB}=-99.9\text{kN}\cdot\text{m}$（右侧受拉），$M_{EC}=-99.9\text{kN}\cdot\text{m}$（上侧受拉）
　　　$F_{QAD}=46.7\text{kN}$，$F_{QDA}=-13.3\text{kN}$　$F_{QBE}=F_{QEB}=33.3\text{kN}$，
　　　$F_{NAD}=F_{NDA}=33.3\text{kN}$，$F_{NDE}=F_{NED}=-13.3\text{kN}$

第 6 章

1　2.5MPa，－2.5MPa，5MPa

2　122.22MPa，47.77MPa

3　136.56MPa，129.75MPa，满足强度条件

4　5.62MPa

5　$d=1.16\text{mm}$　$a=3.97\text{mm}$

6　63.7MPa，－42.4MPa

7　80kN

8　安全

9　$\tau=59.71\text{MPa}$，$\sigma_C=93.75\text{MPa}$

10　$\tau=123.24\text{MPa}$，$\sigma_C=146.47\text{MPa}$，$\sigma=60\text{MPa}$，满足强度条件

11 $d=35.7\mathrm{mm}$ $b=50\mathrm{mm}$

12 $\tau_a=71.3\mathrm{MPa}$，$\tau_b=35.67\mathrm{MPa}$，$\tau_c=0$，$\tau_{\max}=71.3\mathrm{MPa}$

13 $\tau_{\max}=0.016\mathrm{MPa}$，$\tau_{\min}=0$

14 13.19

15 满足强度条件

16 $\sigma_a=0$，$\sigma_b=11.57\mathrm{MPa}$，$\sigma_b=5.79\mathrm{MPa}$，$\sigma_d=-5.79\mathrm{MPa}$

17 $\sigma_a=-0.85\mathrm{MPa}$，$\sigma_b=1.02\mathrm{MPa}$

18 $\sigma_{t\max}=120\mathrm{MPa}$（$D$ 截面下边缘的各点处）

19 $\sigma_{t\max}=3.49\mathrm{MPa}$，$\sigma_{c\max}=-3.49\mathrm{MPa}$

20 B 截面：$\sigma_{t\max}=27.26\mathrm{MPa}$，$\sigma_{c\max}=-46.13\mathrm{MPa}$

  C 截面：$\sigma_{t\max}=28.83\mathrm{MPa}$，$\sigma_{c\max}=-17.04\mathrm{MPa}$

21 $\tau_a=1.56\mathrm{MPa}$，$\tau_{\max}=2\mathrm{MPa}$

22 $\tau_{\max}=43.82\mathrm{MPa}$，翼缘与腹板交界处的弯曲切应力 $\tau=41.16\mathrm{MPa}$

23 $\tau_{\max}=102.05\mathrm{MPa}$，翼缘与腹板交界处的弯曲切应力 $\tau=91.68\mathrm{MPa}$

24 $\tau_A=35.03\mathrm{MPa}$，$\tau_B=20.7\mathrm{MPa}$

25 $\sigma_{\max}=9.24\mathrm{MPa}$，$\tau_{\max}=0.52\mathrm{MPa}$

26 B 截面：$\sigma_{t\max}=30.27\mathrm{MPa}$，$\sigma_{c\max}=-68.98\mathrm{MPa}$

  D 截面：$\sigma_{t\max}=34.49\mathrm{MPa}$，$\sigma_{c\max}=-15.14\mathrm{MPa}$

27 $[F]=0.36\mathrm{kN}$

28 $[F]=34.12\mathrm{kN}$

29 $W_z\geqslant125\mathrm{cm}^3$，选 16 号工字钢

30 $\sigma_{\max}^-=0.263\mathrm{MPa}\leqslant[\sigma]$；

31 $\sigma_{1-1}=\begin{cases}2.25\\-0.25\end{cases}\mathrm{MPa}$；$\sigma_{2-2}=\begin{cases}0.267\\0\end{cases}\mathrm{MPa}$；$\sigma_{3-3}=\begin{cases}0.052\\0.028\end{cases}\mathrm{MPa}$；

32 (1) $b=35.6\mathrm{mm}$，$h=71.2\mathrm{mm}$

  (2) $d=52.4\mathrm{mm}$

33 $M_{\max}=21\mathrm{kN\cdot m}$，$F_N=-25.98\mathrm{kN}$；$\sigma_{AB}=122\mathrm{MPa}$；

34 $h\geqslant372\mathrm{mm}$，$\sigma_{\max}^-=-3.9\mathrm{MPa}$；

35 (1) $\sigma_{\max}^+=\dfrac{8F}{a^2}$；$\sigma_{\max}^-=-\dfrac{4F}{a^2}$

  (2) 8 倍

第 7 章

1 $\sigma=5.1\mathrm{MPa}$，$\tau=40.7\mathrm{MPa}$

2 $\sigma=127.39\mathrm{MPa}$，$\tau=47.77\mathrm{MPa}$

3 (a) $\sigma_a=10.0\mathrm{MPa}$，$\tau_a=15.0\mathrm{MPa}$；(b) $\sigma_a=47.3\mathrm{MPa}$，$\tau_a=-7.3\mathrm{MPa}$

4 (a) $\sigma_a=-38.2\mathrm{MPa}$，$\tau_a=0$；(b) $\sigma_a=0.49\mathrm{MPa}$，$\tau_a=-20.5\mathrm{MPa}$

5 (a) $\sigma_a=-25\mathrm{MPa}$，$\tau_a=26\mathrm{MPa}$；(b) $\sigma_a=-26\mathrm{MPa}$，$\tau_a=15\mathrm{MPa}$

6 (a) $\sigma_\alpha=-50\text{MPa}$, $\tau_\alpha=0$; (b) $\sigma_\alpha=40\text{MPa}$, $\tau_\alpha=10\text{MPa}$

7 (a) $\sigma_1=52.4\text{MPa}$, $\sigma_2=7.64\text{MPa}$, $\sigma_3=0$, $\alpha_0=-31.8°$

  (b) $\sigma_1=37\text{MPa}$, $\sigma_2=0$, $\sigma_3=-27\text{MPa}$, $\alpha_0=-70.5°$

8 (a) $\sigma_1=11.23\text{MPa}$, $\sigma_2=0$, $\sigma_3=-71.2\text{MPa}$, $\alpha_0=52.2°$

  (b) $\sigma_1=57\text{MPa}$, $\sigma_2=0$, $\sigma_3=-7\text{MPa}$, $\alpha_0=-19°$

9 $\sigma_{max}=38.2\text{MPa}$

10 $\sigma_{r4}=180.3\text{MPa}$

11 $\sigma_{max}=154.4\text{MPa}$, $\tau_{max}=62.8\text{MPa}$, $\sigma_{r3}=169.2\text{MPa}$

12 $\sigma_{r3}=107.4\text{MPa}$

13 $\sigma_{r1}=24.3\text{MPa}$, $\sigma_{r2}=26.6\text{MPa}$

14 $\sigma_{max}=179\text{MPa}$, $\tau_{max}=96.3\text{MPa}$, $\sigma_{r4}=175.6\text{MPa}$

第 8 章

1 $\varepsilon_{BC}=-2.31\times10^{-4}$, $\varepsilon_{AB}=-2.92\times10^{-4}$, $\Delta_{CV}=1.86\text{mm}$ ($\downarrow$)

2 $\varepsilon_{AB}=0.5\times10^{-3}$, $\varepsilon_{BC}=0$, $\varepsilon_{CD}=-0.5\times10^{-3}$, $\Delta l_{AB}=0.5\text{mm}$, $\Delta l_{BC}=0$, $\Delta l_{CD}=-1\text{mm}$, $\Delta_{DH}=0.5\text{mm}$ ($\leftarrow$)

3 $\varepsilon_{AB}=0.5\times10^{-3}$, $\varepsilon_{BC}=0.3\times10^{-3}$, $\varepsilon_{CD}=0.625\times10^{-3}$, $\Delta_{AD}=2.2\text{mm}$

4 $A_{AC}:A_{BD}=1:2$

5 $\varphi_{AC}=0.023\text{rad}$

6 $\theta_{max}=1.7$ (°) m

7 $M=95\text{N}\cdot\text{m}$

8 $d=57\text{mm}$

9 (a) $\varphi_B=\dfrac{ql^3}{6EI}$, $y_B=\dfrac{ql^4}{8EI}$; (b) $\varphi_B=-\dfrac{Ml}{3EI}$, $y_B=0$

10 (a) $\varphi_B=\dfrac{Fl^2}{8EI}$, $y_B=\dfrac{5Fl^3}{48EI}$; (b) $\varphi_C=\dfrac{qa^3}{EI}$, $y_C=\dfrac{23qa^4}{24EI}$

11 $\varphi_D=\dfrac{11Fa^2}{12EI}$, $y_D=\dfrac{3Fa^3}{4EI}$

12 $y=-\dfrac{Fl^3}{24EI}$

13 $\dfrac{y_{max}}{l}=\dfrac{1}{415}$

14 $D=280\text{mm}$

15 $F=18.84\text{kN}$

16 强度满足，刚度不满足。

17 (a) $\varphi_A=-\dfrac{ql^3}{8EI}$ ($\uparrow$); (b) $\Delta_{AV}=\dfrac{ql^4}{8EI}$ ($\downarrow$)

18 $\Delta_{BV}=3.26\text{mm}$ ($\downarrow$)

19 $\Delta_{DE}=0.361\text{cm}$

20 $\Delta_{CV} = \dfrac{5ql^4}{48EI}$（↓），$\theta_B = \dfrac{ql^3}{8EI}$（↓）

21 $\Delta_{DV} = \dfrac{65qa^4}{24EI}$（↓）

22 $\theta_B = \dfrac{ql^3}{24EI} + \dfrac{Fl^2}{16EI}$（↑↑）

23 $\Delta_{BH} = \dfrac{1188}{EI}$（→），$\theta_A = \dfrac{216}{EI}$（↓）

24 $\Delta_{CH} = \dfrac{(2\sqrt{2}+1)\,Pa}{EA}$（→）

25 （a）$\Delta_{CH} = \dfrac{hb}{l}$（→）；（b）$\Delta_{EV} = 0.15\text{cm}$（↑）

26 $\varphi_D = 0.025rad$（↑）

27 $\Delta_{CV} = \sum \alpha t_0 \, \overline{N} l = \alpha t(2 \times 2 \times a/3 + 1 \times 3 \times a/4 + 2 \times (-5/6) \times 5 \times a/4) = 0$

28 $\Delta_{cv} = \alpha tl - 120\alpha tl = -119\alpha tl$（↑）

第 9 章

1 （a）4　（b）3　（c）3　（d）21　（e）8　（f）6

2 （a）$M_B = \dfrac{3}{32}FL$（上侧受拉）

　（b）$M_B = 8\text{kN·m}$（上侧受拉）$M_C = 2\text{kN·m}$（下侧受拉）

3 （a）$M_B = -24\text{kN·m}$　（b）$M_B = -2.58\text{kN·m}$

4 $M_{AB} = 31\text{kN·m}$（上侧受拉）；$M_{BC} = 15\text{kN·m}$（右侧受拉）。

5 $M_A = \dfrac{M_O}{8}$（右侧受拉）

6 $X_1 = N_{AC} = 0.561F$

7 $X_1 = N_{CB} = -0.789F$

8 $M = 0$

9 $M_B = 18\text{kN·m}$（上侧受拉），$M_H = 51\text{kN·m}$（下侧受拉）

10 $M_{FD} = 1.77F$（右侧受拉）

11 $M_{FE} = 32\text{kN·m}$（上侧受拉）

12 $M_{CE} = 3\text{kN·m}$（下侧受拉）

13 $M_{EH} = \dfrac{9FL}{80}$（上侧受拉）

14 $M_{CA} = \dfrac{600}{7}\text{kN·m}$（右侧受拉）

15 $M_E = \dfrac{Fa}{2}$（下侧受拉）

16 （a）3个；（b）4个；（c）3个；（d）6个；（e）2个

17 $M_{BD} = 0.2\text{kN·m}$，$M_{DB} = -3.9\text{kN·m}$

18　$M_{AB}=-100\text{kN}\cdot\text{m}$，$M_{DC}=-60\text{kN}\cdot\text{m}$

19　$M_{AB}=-109.33\text{kN}\cdot\text{m}$，$M_{BA}=-82.67\text{kN}\cdot\text{m}$，$M_{DC}=-48\text{kN}\cdot\text{m}$

20　$M_{AB}=M_{BA}=-68.57\text{kN}\cdot\text{m}$，$M_{BC}=34.29\text{kN}\cdot\text{m}$，$M_{GE}=-68.57\text{kN}\cdot\text{m}$

21　$M_{AC}=-9.7\text{kN}\cdot\text{m}$，$M_{CA}=26.5\text{kN}\cdot\text{m}$，$M_{BD}=-22.9\text{kN}\cdot\text{m}$

22　$M_{DE}=-20\text{kN}\cdot\text{m}$，$M_{AD}=10\text{kN}\cdot\text{m}$

23　$M_{EF}=-57.39\text{kN}\cdot\text{m}$，$M_{AC}=-5.22\text{kN}\cdot\text{m}$，$M_{CE}=20.87\text{kN}\cdot\text{m}$

24　（a）$M_{BA}=15\text{kN}\cdot\text{m}$，$M_{BC}=-35\text{kN}\cdot\text{m}$，$M_{CB}=-17.5\text{kN}\cdot\text{m}$

　　（b）$M_{AB}=-7.14\text{kN}\cdot\text{m}$，$M_{BA}=15.71\text{kN}\cdot\text{m}$，$M_{BC}=-15.71\text{kN}\cdot\text{m}$，

　　　　$M_{CB}=20\text{kN}\cdot\text{m}$，$M_{CD}=-20\text{kN}\cdot\text{m}$

25　$M_{BA}=25\text{kN}\cdot\text{m}$，$M_{BC}=-30\text{kN}\cdot\text{m}$，$M_{BE}=15\text{kN}\cdot\text{m}$，

　　$M_{EB}=7.5\text{kN}\cdot\text{m}$，$M_{CB}=10\text{kN}\cdot\text{m}$，$M_{CD}=-10\text{kN}\cdot\text{m}$

26　（a）$M_{AB}=-208\text{kN}\cdot\text{m}$，$M_{BA}=484\text{kN}\cdot\text{m}$，$M_{BC}=-484\text{kN}\cdot\text{m}$，

　　　　$M_{CB}=553\text{kN}\cdot\text{m}$，$M_{CD}=-553\text{kN}\cdot\text{m}$

　　（b）$M_{BA}=5.63\text{kN}\cdot\text{m}$，$M_{BC}=-5.63\text{kN}\cdot\text{m}$，$M_{CB}=10.4\text{kN}\cdot\text{m}$，

　　　　$M_{CD}=-10.4\text{kN}\cdot\text{m}$，$M_{DC}=1.16\text{kN}\cdot\text{m}$，$M_{DE}=-1.16\text{kN}\cdot\text{m}$，

　　　　$M_{ED}=4\text{kN}\cdot\text{m}$，$M_{EF}=-4\text{kN}\cdot\text{m}$

27　$M_{AB}=-2.1\text{kN}\cdot\text{m}$，$M_{BC}=4.3\text{kN}\cdot\text{m}$，$M_{CB}=21.6\text{kN}\cdot\text{m}$，

　　$M_{CD}=12.8\text{kN}\cdot\text{m}$，$M_{DC}=6.4\text{kN}\cdot\text{m}$，$M_{CE}=-34.4\text{kN}\cdot\text{m}$

28　$M_{AB}=-12.07\text{kN}\cdot\text{m}$，$M_{BA}=101.85\text{kN}\cdot\text{m}$，$M_{BC}=-101.85\text{kN}\cdot\text{m}$

29　$M_{BA}=54.4\text{kN}\cdot\text{m}$，$M_{BC}=-59.1\text{kN}\cdot\text{m}$，$M_{BE}=4.7\text{kN}\cdot\text{m}$，

　　$M_{CB}=27.5\text{kN}\cdot\text{m}$，$M_{CD}=-15.3\text{kN}\cdot\text{m}$，$M_{CF}=-12.2\text{kN}\cdot\text{m}$，

　　$M_{EB}=2.4\text{kN}\cdot\text{m}$，$M_{FC}=-8.1\text{kN}\cdot\text{m}$

第 10 章

1　$F_{cr}=123\text{kN}$

2　$F_{cr}=137\text{kN}$

3　当 F 指向外，$F=\dfrac{\pi^2 EI}{2l^2}$ 时，中间竖杆失稳。当 F 指向内，$F=\dfrac{\sqrt{2}\pi^2 EI}{l^2}$ 时，周围杆失稳。

4　BC 杆先失稳。

5　$F_{cr}=2.47\text{kN}$

6　$\dfrac{h}{b}=1.429$

7　$d=206\text{mm}$

8　$[F]=1800\text{kN}$

9　AC 梁的最大工作应力为 $\sigma_{max}=145\text{MPa}$，柱的许用稳定应力为 $[\sigma_{st}]=4.7\text{MPa}$

参 考 文 献

[1] 赵毅力. 建筑力学（2 版）[M]. 北京：中国水利水电出版社，2014.

[2] 李舒瑶，赵云翔. 工程力学 [M]. 郑州：黄河水利出版社，2002.

[3] 哈尔滨工业大学理论力学教研室. 理论力学 [M]. 7 版. 北京：高等教育出版社，2009.

[4] 乔宏洲. 理论力学 [M]. 北京：中国建筑工业出版社，1997.

[5] 苏炜. 工程力学 [M]. 武汉：武汉工业大学出版社，2000.

[6] 孔七一. 工程力学学习指导 [M]. 北京：人民交通出版社，2008.

[7] 刘鸿文. 材料力学 [M]. 5 版. 北京：高等教育出版社，2011.

[8] 陆才善. 材料力学 [M]. 西安：西安交通大学出版社，1989.

[9] 刘思俊. 工程力学 [M]. 2 版. 北京：机械工业出版社，2012.

[10] 董卫华. 理论力学 [M]. 武汉：武汉工业大学出版社，1997.

[11] 彭图让. 理论力学 [M]. 武汉：武汉工业大学出版社，1998.

[12] 龙驭球，包世华. 结构力学教程 [M]. 北京：高等教育出版社，1988.

[13] 吴大炜. 结构力学 [M]. 武汉：武汉理工大学出版社，2000.

[14] 朱慈勉，张伟平. 结构力学 [M]. 北京：高等教育出版社，2009.

[15] 于绥章. 材料力学 [M]. 北京：高等教育出版社，1982.